마쓰다식

임신 출산 육아 백과

-생후 5개월에서 만 1세 반까지-

마쓰다 미치오 지음
김순희 옮김

이 책을 읽는 방법

❶ 이 책은 굳이 처음부터 끝까지 전부 다 읽지 않아도 됩니다. 아기가 생후 1개월이 되면 1개월에 해당하는 내용을, 만 1세가 되었다면 만 1세 된 아기에 대한 내용을 찾아서 읽으시면 됩니다.

❷ '이 시기 아기(이)는'은 각 시기별 아기의 성장 흐름과 개성이 어떻게 나타나는지를 알려줍니다.

❸ '이 시기 육아법'과 '환경에 따른 육아 포인트'에는 엄마가 꼭 알아두어야 할 육아 정보가 담겨 있습니다. 자신의 아이에게 해당되는 월령이나 나이에 맞춰 미리 꼼꼼하게 읽어보시기 바랍니다.

❹ '엄마를 놀라게 하는 일'은 아이를 키우면서 발생할 수 있는 여러 돌발상황에 관한 정보입니다. 아이가 평소와 다른 모습인 것 같아 보일 때 해당되는 월령에 정리된 내용을 참고하면 됩니다. 아이의 이상 증상에 관한 정보는 책의 맨 뒷부분에 정리된 '색인'을 통해서도 찾아볼 수 있습니다. 하지만 엄마의 눈에 이상하게 보이는 일도 아이에게는 병이 아닌, 하나의 개성인 경우가 많습니다.

❺ '보육시설에서의 육아'는 이르면 생후 2~3개월부터 보내게 되는 공동 육아시설에 종사하는 사람들이 알아두어야 할 육아 정보를 담고 있습니다. 부모에게 또한 가정에서의 예의범절 교육을 보충하는 데 도움이 될 수 있습니다.

❻ 책 내용을 좀 더 한눈에 알아볼 수 있도록 내용이 설명하는 주체에 따라 각기 다른 그림을 사용하고 있습니다. 은 아기(이)에게서 나타나는 현상이나 변화 등 아기(이)에 관한 내용입니다. 은 부모가 알아두어야 할 육아정보입니다. 은 아빠가 알아두어야 할 정보입니다.

❼ 이 책은 아기(이)를 키우는 부모뿐 아니라 육아 관련 업종에 종사하는 모든 사람들도 함께 보고 간직해야 할 육아 필독서입니다.

유치원과 보육시설의 영·유아 교사라면 자신이 맡고 있는 아이들에게 해당되는 '이 시기 아기(이)는'을 읽어본 후, '보육시설에서의 육아'에 관한 정보를 꼼꼼히 체크할 필요가 있습니다. 특히 아이에게 '엄마를 놀라게 하는 일'의 내용과 같은 상황이 발생하면 그 월령이나 나이에 해당되는 부분의 정보를 찾아보기 바랍니다. 물론 나머지 내용도 보육시설에서 육아를 하는 데 꼭 필요한 정보입니다.

보건소에서는 육아를 지도하기 전에 해당 월령의 '이 시기 아기

(이)는'과 '이 시기 육아법'을 읽어보고 아기의 개성을 파악하면 도움이 될 것입니다.

❽ 그리고 이 책을 읽는 모든 독자가 절대 빠트리지 않고 읽어 늘 염두에 두어야 할 내용이 있습니다. 바로 '장중첩증', '돌발성 발진', '겨울철 설사'에 관한 내용입니다. 이 질병들을 모르고 지나치면 큰 병이 될 수 있습니다. 꼼꼼히 읽고 숙지하여 육아에 활용하시기 바랍니다.

목 차

10장 생후 6~7개월 88

11장 생후 7~8개월 168

12장 생후 8~9개월 224

13장 생후 9~10개월 276

14장 생후 10~11개월 328

점점 움직임이 활발해지고
주위를 인식하는 능력도 나아집니다.
힘도 세집니다. 주위에 대한 관심도
더욱 커져 무엇이든지 보고 만지려고 합니다.
장난감을 보여주면 손을 내밉니다.
손으로 잡은 것은
흔들거나 입으로 가져갑니다.
이제 아기의 상태를 잘 살피면서 이유식을
준비해야 할 때입니다.

9

생후 5~6개월

이 시기 아기는

187. 생후 5~6개월 아기의 몸

● 점점 움직임이 활발해지고 주위를 인식하는 능력도 나아진다. 아기의 상태를 잘 살피면서 이유식을 준비해야 할 때이다.

아기의 움직임이 더욱 활발해집니다.

지난달에 비해 아기는 신체 각 부분을 더욱 활발하게 움직입니다. 힘도 세집니다. 주위에 대한 관심도 더욱 커져 무엇이든지 보고 만지려고 합니다. 아기에게 보이도록 귀 뒤쪽에서 딸랑이를 흔들어주면 소리 나는 쪽으로 얼굴을 돌립니다. 안아주면 코를 잡으러 다가옵니다. 그리고 장난감을 보여주면 손을 내밉니다. 손으로 잡은 것은 흔들거나 입으로 가져갑니다.

다리 힘도 세집니다. 덮어준 이불을 차버리는 일이 잦습니다. 다리를 자유롭게 해주면 이불을 발로 차면서 놉니다. 무릎 위로 안아 올리면 잠시 서 있기도 하고 펄쩍펄쩍 뛰기도 합니다. 마음에 들지 않는 일이 있으면 몸을 뒤로 젖히고 울기도 합니다. 성장이 빠른 아기라면 옷을 얇게 입는 계절에는 뒤집기도 합니다.

그러나 모든 아기가 생후 5개월이 되었다고 이 정도를 다 할 수 있는 것은 아닙니다. 느긋한 아기라면 아직 4개월 때의 상태 그대로입니다. 안고 무릎 위에 세워도 뛰지 않는 아기도 간혹 있습니다. 대부분의 아기는 잡아주면 앉아 있을 수 있습니다. 잡아주지 않아도 10~15분 동안 앉아 있는 아기도 있습니다. 앉아서 등을 새우처럼 구부리고 발가락을 빨기도 합니다.

●

주위를 인식하는 능력도 한층 높아집니다.

엄마 얼굴도 알아봅니다. 엄마 얼굴을 보면 웃지만 다른 남자 어른의 얼굴을 보면 우는 일도 생깁니다. 지금까지 곁에 있던 엄마가 없어지면 울기 시작하는 아기도 있습니다. 손으로 눈을 가렸다가 떼면서 "까꿍!" 하면 좋아합니다. 침대에서 장난감이 떨어지면 그쪽으로 눈을 돌립니다.

그러나 모든 아기가 외부 세계를 똑같이 느끼는 것은 아닙니다. 예방접종을 해보면 잘 알 수 있습니다. 주사를 맞아도 전혀 울지 않는 아기, 주사 맞고 나서 잠시 동안 울지 않는 아기, 주삿바늘을 찌르는 순간 울기 시작하는 아기 등 각양각색입니다. 이것은 선천적인 것이지 가르쳐서 되는 것이 아닙니다.

●

밤에 잘 자는 아기도 있고 그렇지 않은 아기도 있습니다.

활동적인 아기는 수면 시간이 짧은 반면 얌전한 아기는 낮에 잘 자고 밤에도 일찍 잡니다. 그러나 아기가 외부 세계에 대한 적극적인 움직임이 활발해짐에 따라서 지난달에 비해 낮잠 시간은 대체로 짧아집니다. 오전에 1~2시간, 오후에 2~3시간 자는 경우가 많습니다. 낮에 활발하게 움직이므로 피곤해서 밤에도 푹 잡니다. 밤에 자다가 두 번 깨던 아기는 한 번만 깨고, 한 번 깨던 아기는 깨지 않고 아침까지 잡니다.

낮에 여러 가지를 보고 놀라기도 하고 무서워하는 일도 많아짐에 따라 밤에 자다가 그런 꿈을 꾸는지 갑자기 큰 소리를 지르면서 겁에 질린 듯이 우는 아기도 있습니다. 지금까지 한 번도 아픈 적이 없던 아기가 예방접종을 하고 심하게 운 뒤 그날 밤 갑자기 울기 시작하는 것도 이 때문인 것 같습니다.

아기가 밤에 갑자기 겁에 질려 한참 동안 울어서 부모를 고민하게 하는 것203 밤중에 운다은 생후 5개월에 시작되는 경우가 가장 많습니다. 아마도 기쁨과 두려움이 동전의 양면처럼 등진 채 공존하는 것은 인간의 숙명인가 봅니다.

●

대변을 하루에 1~2번 보는 아기가 많습니다.

그러나 모유를 먹는 아기라면 하루에 4~5번은 꼭 대변을 보는 아기도 많습니다.

반대로 2일마다 관장을 해야 변을 보는 변비형 아기도 적지 않습니다. 변비형 아기가 이유식을 먹기 시작한 뒤에 매일 변을 보는 일은 오히려 드뭅니다. 아직 섬유소가 많은 야채나 쇠고기를 먹지 못하기 때문이기도 합니다. 그러나 과일과 떠먹는 요구르트를 많이 먹이면 변이 쉽게 나오는 경우도 있습니다.

이 시기에 흔히 볼 수 있는 대변의 이변(異變)은 이유식을 지난달쯤부터 주기 시작해 꽤 진행되고 있는 아기가 설사를 하는 것입니다. 지금까지 꽤 진한 미음을 먹을 수 있게 된 아기가 어떤 원인(예를 들면 과식, 감기)으로 대변이 무를 때 엄마는 놀라 걱정하게 됩니다. 그래서 이유식을 모두 중단하고 다시 모유나 분유만으로 되돌리게 되는데 그렇게 해도 설사는 계속됩니다. 아기의 영양에 관해 잘 알지 못하는 내과 의사가 흔히 저지르는 실수인데, 처음에 설사를 한다는 이야기를 들은 의사가 모유 또는 분유만 먹이는 게 안전하다고 생각하여 이유식은 일절 안 된다고 지시합니다. 이렇게 하면 4일이 지나도, 5일이 지나도 변은 굳어지지 않습니다.

아기는 분유만으로는 부족하니까 배가 고파 울고, 엄마가 식사를 하고 있으면 먹고 싶어서 손을 내밉니다. 이유가 어느 정도 진행된 아기를 분유나 모유만으로 되돌려서 생긴 설사는 다시 이유식을 먹여야 멈춥니다. 201 소화불량이다 장이 약하다 소변 횟수가 비교적 적고 소변 보는 시간이 일정하고 성격이 순한 아기일 경우 따뜻한 계절에 변기에 앉히면 때마침 소변을 보는 일도 많아집니다. 그러나 이것은 기저귀 빨래를 조금 줄일 수 있을 뿐이지 훈련으로서의 의미는 없습니다. 추운 겨울에 소변 횟수가 많은 아기에게 이런 훈련을 시킨다고 해서 빨리 소변을 가리게 되는 것은 아닙니다. 야간에 기저귀를 갈아주어야 하는지에 대해서는 165 생후 4~5개월 아기의 몸을 읽어보기 바랍니다.

●

생후 5개월이 지나면 수유 직후마다 젖을 토하는 일은 없어집니다.

더운 날 주스를 마신 뒤에 분유를 많이 먹어 과식으로 토하는 경우는 가끔 있습니다. 가장 많이 일어나는 일은 가슴 속에서 그르렁거리며 가래가 끓는 아기가 밤에 잘 때쯤 기침을 해서 그 직전에 먹은 분유를 토해 버리는 것입니다. 토한 뒤에도 아주 잘 놀면 병은 아닙니다. 그러나 지금까지 잘 놀던 아기가 갑자기 어디가 아픈 것처럼 우는데, 2~3분 동안 어떻게 해도 그치지 않아 걱정하고 있노라면 어느새 그쳤다가, 또 몇 분 후에 심하게 울기 시작하여 분유라도 주면 그칠까 해서 먹이면 전부 토해 버리는 토유증상이 있다면 장중첩증[181 장중첩증이다]이 아닌지 의심해 보아야 합니다. 그리고 꼭 엑스선 검사가 가능한 외과에 데리고 가야 합니다. 장중첩증은 빨리 발견하면 수술하지 않아도 회복될 수 있습니다.

●

이유식은 아기의 현재 상태를 잘 살핀 후 조리해야 합니다.

이유식을 하려고 할 때는 무엇을 어떻게 조리하는가보다는 우선 아기의 현재 상태를 잘 살펴봐야 합니다. 숟가락질 연습만 하는 시기라면 아기를 안고 있어도 할 수 있지만, 죽을 조금씩 먹이려고 할 때는 아기가 아직 혼자 앉을 수 없다면 곤란합니다.

이불로 받쳐주어 10~20분은 앉아 있어야 생우유에 토스트를 잘게 찢어 넣어서 끓인 수프(빵죽)나 쌀죽을 숟가락으로 마음 놓고 줄 수 있습니다.

또 아기가 분유 이외의 음식을 먹을 마음이 있어야 합니다. 숟가락으로 입 속에 넣어주어도 다소 모양이 있는 음식은 혀로 내밀어 버리면 아직 이유식을 먹을 때가 되지 않은 것입니다. 반면 아기가 죽을 뜬 숟가락에까지 손을 내밀며 먹고 싶어 할 때 이유식을 시작하면 틀림없이 잘될 것입니다.

생후 5개월이 되었다거나 체중이 6kg이 되었다고 하는 수치가 이유식을 성공시키는 것은 아닙니다. 아기가 원해서 스스로 먹으려고 할 때 이유식에 성공하게 되는 것입니다. 아기의 의지를 무시하고는 아무리 훌륭한 조리법으로 만든 이유식이라 하더라도 성공할 수 없습니다. 아기가 쌀죽, 빵죽, 플레이크죽 등을 잘 먹는다고 하여 무턱대고 양을 늘리는 것은 좋지 않습니다. 체중을 재보아 10일 동안 300g 이상 증가했다면 과식하는 것입니다.

아기에 따라서는 쌀죽이나 빵죽 같은 끈적끈적한 음식을 싫어하는 경우도 있습니다. 이런 아기는 계란과자나 쌀과자를 좋아합니다. 죽을 싫어하는 아기와 싸우면서 억지로 먹이기보다 달걀이나 생선 등 동물성 단백질을 주다가 이(이것으로 씹는 것은 아니지만)가 아래위로 골고루 나면 밥을 먹여도 지장이 없습니다. 아무튼 이유식은 정신수양이 아니므로 아기가 싫어하는 것을 억지로 먹일 필요는 없습니다.

●

이 시기에 나타날 수 있는 증상으로 다음과 같은 것이 있습니다.

200~300명 중 한 명쯤 발병하는 장중첩증을 제외하고 생후 5~6개월까지는 심각한 병에 걸리지 않습니다. 지난달 항목에서 언급

한 병원 대기실에서 전염되는 병은 병원에 매일 다니다보면 걸릴 가능성이 있습니다. 단, 생후 5개월이 지나면 홍역에는 걸립니다. 206 홍역에 걸렸다 그렇지만 5개월 된 아기가 홍역에 걸리면 엄마에게서 받은 면역 항체가 아직 완전히 없어지지 않았기 때문에 매우 가볍게 지나갑니다. 지난달 항목에서 설명한 중이염, 외이염, 천식성 기관지염은 이 월령의 아기에게도 발병합니다. 요즘은 돌발성 발진에 걸리는 월령이 빨라져 5개월 된 아기에게서도 볼 수 있습니다. 처음 열이 나면 우선 돌발성 발진을 의심해 보아야 합니다. 226 돌발성 발진이다

다리가 튼튼해진 아기가 침대나 툇마루, 소파 등에서 떨어지는 일도 있습니다. 이 시기의 아기에게 제일 많은 발열은 DTap 백신을 맞은 뒤에 일어나는 것입니다. DTap백신을 접종하고 나서 6~24시간 후에 열이 나므로 원인이 예방접종에 있다는 것을 쉽게 알 수 있습니다. 처치는 150 예방접종 참고.

여름에 아기를 업거나 안고 오랫동안 길을 걸은 뒤 아기에게 고열이 날 때가 있습니다. 이것은 엄마의 체온과 높은 기온 때문에 일어난 열사병입니다.

●

바깥 공기를 많이 쐬어줍니다.

생후 5~6개월까지를 흔히 이유기라고 합니다. 그러나 영양은 인생의 일부에 불과합니다. 이유식만을 위한 이유기라는 명칭은 옳지 않습니다. 이보다는 아기가 외부세계를 잘 인식하고 몸을 잘 움직이게 되는 이 시기를 '단련 개시기'라고 하는 게 더 적당할 듯싶습

니다. 아주 추운 날을 제외하고 아기를 되도록 바깥에서 생활하도록 하는 게 좋습니다. 안전한 장소를 택해 아기를 엎드리게 하거나 옆으로 눕히거나 장난감을 잡으러 오게 하여 적극적으로 몸을 움직이도록 하는 연습을 시킵니다. 이렇게 할 의욕이 없어 보이는 느긋한 아기라면 영아체조를 시킵니다. 특히 추워지기 시작하는 계절이라고 옷을 두껍게 입히는 습관을 들이지 않도록 주의해야 합니다.

이 시기 육아법

188. 모유로 키우는 아기

● 아기의 체중 증가 추이를 보면서 보충해야 할 우유나 분유, 이유식의 양을 정한다.

이제 모유 이외의 식사에 맛을 들일 때입니다.

5개월 동안 모유만으로 키운 아기도 이 시기가 되면 모유 이외의 음식을 먹고 싶어합니다. 부모가 식사를 하고 있으면 양손을 내밀거나 입맛을 다시기도 합니다. 아기가 이런 행동을 하면 이유식을 시작해도 좋습니다.

5개월까지 모유로 충분하던 아기가 6개월이 가까워지면서 모유가 갑자기 줄어들었다면 분유(180ml)로 1회 보충해 주어도 좋습니다. 그런데 5개월이나 모유를 먹어온 아기는 아마 젖병을 잘 빨지 않을 것입니다. 먹기만 한다면 컵으로 먹여도 됩니다.

분유는 싫어하지만 생우유는 잘 먹는 아기도 있습니다. 저온 살균 우유도 좋고 고온 살균 우유도 좋으나 한 번 펄펄 끓이는 것이 좋습니다. 끓이지 않은 생우유는 만 1세까지는 미량의 장출혈을 일으킬 수 있습니다. 이유식을 먹지 않고 분유만 먹는 아기는 철분

강화 분유를 먹여 빈혈을 예방해야 합니다.

어떻게 해주어도 분유나 생우유를 먹지 않는 아기도 있습니다. 이때는 부족한 칼로리를 보충해 주기 위해서 이유식 단계를 빠르게 진행합니다. 정말로 모유가 부족한 아기는 배가 고프기 때문에 이유식을 잘 먹습니다. 그러면 이유식 단계에서 속도를 내기도 쉽습니다.

●

아기의 변이 단단하다면 떠먹는 요구르트를 먹입니다.

아기가 변을 2~3일에 한 번 보며, 변이 조금 단단해서 배변할 때 아픈 것 같아 보이고, 분유나 생우유를 싫어한다면 떠먹는 요구르트를 먹여도 좋습니다. 이것은 동시에 숟가락으로 먹는 연습도 됩니다. 매일 하루 두 번 이상 변을 보는 아기에게 요구르트를 주면 배변 횟수가 더 늘어나는 경우가 많습니다. 이럴 때는 2주 이내에 달걀을 넣은 죽이나 빵죽으로 바꾸도록 합니다.

●

체중 증가 추이를 보고 보충해야 할 양을 추측합니다.

모유가 부족하다고 생각될 때 분유나 생우유를 얼마만큼 보충해 주어야 하는지는 체중 증가추이를 보고 대략 추측하면 됩니다. 생후 5~6개월 정도에는 체중이 하루 평균 15g 전후로 증가합니다. 10일 전의 같은 시간에 재본 체중과 비교해서 150g 증가했다면 분유를 1회(180~200ml) 보충합니다. 10일 사이에 100g 이하로 증가했다면 2회 보충합니다. 그러고 나서 10일 후 다시 체중을 재보고

150g 가까이 늘어났다면 걱정하지 않아도 됩니다.

모유도 잘 나오고 아기도 만족하며 체중이 하루 평균 15g 이상 증가하는 경우도 있을 것입니다. 이런 아기도 생후 5개월이 지나면 모유 이외의 음식을 조금씩 먹이는 것이 좋습니다. 이때는 이유식 식단에 따르지 말고 집에 있는 재료로 이유식을 만들어주면192 집에 있는 재료로 이유식 만들기 자연스럽게 이유식을 시작할 수 있습니다.

모유가 충분해도 이유식을 해야 하는 것은 모유만으로는 철분이 부족하기 때문입니다. 생후 4개월 정도까지는 모체로부터 받아 비축된 철분으로 지탱할 수 있지만 5개월이 지나면 부족해집니다. 특히 태어날 때 체중이 2.5kg 이하였던 아기는 생후 2~3개월에 급속도로 평균 체중에 도달하기 때문에 혈액 증가량에 따른 헤모글로빈을 만들기 위해서 비축된 철분을 다 써버립니다. 따라서 그대로 가다가는 생후 6개월 정도 되면 빈혈을 일으킵니다. 이것을 예방하기 위해서 5개월이 되면 모유와 분유(양쪽 다 철분 부족) 이외의 음식을 주어야 합니다.

그리고 미숙아일수록 더 빨리 이유식을 시작해야 합니다. 이유식 양이 늘어남에 따라서 모유 양은 적어져도 괜찮지만, 아직 이 시기에는 이유식 양이 적으므로 이전과 같은 양의 모유를 먹여도 됩니다. 모유가 나오지 않을 때는 생우유를 먹입니다. 하지만 지금까지 모유만 먹은 아기라면 분유나 생우유를 잘 먹지 않을 것입니다. 그러면 생선이나 달걀로도 보충해 줄 수 있습니다. 아기를 위한 쇠고기나 닭고기 통조림도 있습니다, 아기에게 여러 가지를 먹여보면 어떤 것을 좋아하는지 알게 됩니다. 그것을 계속 먹이면 됩니다. 아기는 곧 무엇이든지 먹을 수 있게 됩니다.

189. 분유로 키우는 아기

● 원래부터 소식하던 아기는 이유식도 조금 먹는다. 분유를 많이 먹는 아기는 죽을 먹여 분유 양을 줄인다.

비만아가 되지 않도록 신경 써야 합니다.

생후 5~6개월 때는 분유를 많이 먹어도 이전처럼 '분유기피증'이 되지는 않습니다. 대식가형 아기라면 한없이 분유를 원하는데 원하는 대로 먹이다 보면 비만아가 됩니다. 아기가 원하더라도 하루 먹는 분유의 총량이 1000ml를 넘지 않도록 해야 합니다. 1회 200ml씩 하루 5회 먹는 아기가 많은데, 어떤 때는 200ml로는 부족하여 더 원하는 경우도 있습니다. 밤에 자기 전에 250ml 정도로 조금 많이 먹여두면 밤중에 한 번도 깨지 않는 아기의 경우에는 그렇게 줘도 됩니다. 대신 낮에 먹이는 분유 중 1회는 150ml만 주도록 합니다.

생후 5~6개월 때의 수유법에 따라 비만아가 되느냐 마느냐가 판가름 나기도 하므로 분유를 잘 먹는 아기는 10일마다 체중을 재봐야 합니다. 10일간의 체중 증가가 150~200g까지라면 괜찮습니다.

그러나 200g 이상 늘어났다면 엄마는 반성을 해야 합니다. 300g 이상 늘었다면 비만아가 되어가는 중이라고 봐야 합니다. 이런 아기는 분유를 먹이기 전후에 과즙이나 연한 요구르트를 먹여서 분유 양을 줄여야 합니다.

●

분유를 한없이 원하는 아기에게는 죽을 줍니다.

대부분의 아기가 이 시기쯤에 이유식을 시작하므로 이유식으로 분유 양을 조절하는 것이 좋습니다. 분유를 한없이 원하는 아기에게는 분유 대신 죽을 주면 좋습니다.

시판되는 인스턴트 죽을 이용해도 됩니다. 죽은 생각보다 영양가가 적지만 배는 부릅니다. 과식하는 아기는 맛에는 그다지 좌우되지 않기 때문에 이유식도 잘 먹습니다. 쌀죽, 빵죽, 플레이크죽 무엇이든지 다 좋아합니다.

200ml의 분유로는 부족하다는 듯한 표정을 지을 때는 분유를 먹이기 전에 쌀죽이나 플레이크죽을 주고(빵죽은 영양가가 높음), 된장국이나 수프 같은 것을 먹인 뒤 분유 200ml(될 수 있으면 180ml로)를 먹입니다. 이것은 대식하는 아기의 경우이고 180ml씩 5회로 충분한 아기라면 처음에는 이유식을 주고 그다음에 분유를 180ml 줘도 됩니다. 원래 분유를 그다지 좋아하지 않는 아기로 체중 증가가 하루 평균 10g 이하라면 이유식을 빨리 시작해서 이유식 단계에 속도를 내도 됩니다. 그러나 소식하는 아기는 엄마 생각대로 먹지 않는 경우가 많습니다. 일반적으로 분유를 많이 먹지 않는 아기

는 이유식도 많이 먹지 않습니다. 이런 아기는 소식하는 타입이므로 초조해할 필요는 없습니다. 미숙아로 태어난 아기는 얼마 지나지 않아 엄마에게서 받은 철분이 없어지므로 이 시기부터 꼭 이유식을 시작해야 합니다.

190. 다양한 이유법

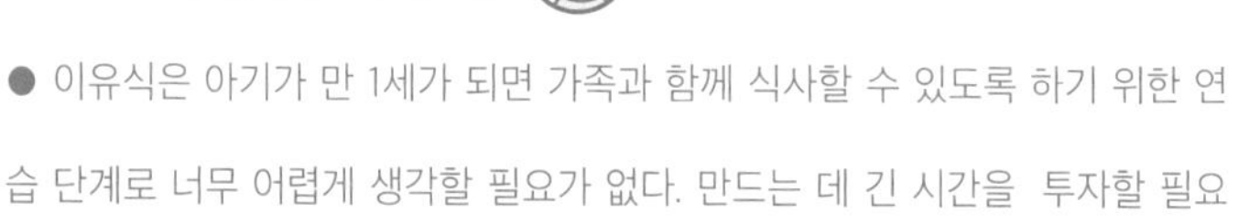

● 이유식은 아기가 만 1세가 되면 가족과 함께 식사할 수 있도록 하기 위한 연습 단계로 너무 어렵게 생각할 필요가 없다. 만드는 데 긴 시간을 투자할 필요도 없다.

이유식을 너무 어렵게 생각할 필요는 없습니다.

돌쯤 되면 거의 모든 아기들이 이유식을 합니다. 그러나 그 방법은 천차만별입니다. 어떤 특별한 이유식 방법을 따라야만 돌이라는 관문을 통과할 수 있는 것은 아닙니다. 아기가 이 시기에 이유식을 시작하여 만 1세가 되면 가족이 다 함께 모여 식사할 수 있게 됩니다. 6개월 정도 걸려서 모유 또는 분유를 먹는 식사에서 밥을 먹는 식사를 할 수 있게 되기까지 점차 익숙해지도록 하면 됩니다. 모유나 분유를 먹이다가 갑자기 밥을 주지는 말고, 그 사이에 부드러운 음식을 주는 기간을 두도록 합니다. 이 기간이 바로 이유기입니다.

●

이유식은 특별한 음식이 아닙니다.

이유기에 먹는 음식이 이유식이라고 해서 특별히 조리한 아기용 음식을 주어야만 하는 것은 아닙니다. 어른들이 보통 먹는 음식 중에도 이 시기의 아기가 먹기에 적당한 것이 많습니다. 예를 들면 반숙란, 두부, 감자 으깬 것, 흰살 생선, 고기 다진 것 등은 아기도 먹을 수 있습니다. 그러나 향신료나 기름을 넣은 음식은 첫 이유식으로는 적당하지 않습니다. 이유식이라고 해서 특별한 요리를 만들어야 하는 까다로운 것으로 생각할 필요는 없습니다. 육아 잡지에 실린 이유식 식단의 특집호를 본 엄마는 이유식을 특별한 것으로 생각하기 쉽습니다. 하지만 이유식은 되도록이면 어른을 위해서 만든 음식의 일부를 이용하는 것이 좋습니다. 부모의 식사가 양식이나 중국식과 같이 향신료나 기름이 들어 있는 음식뿐일 때는 부모의 식생활 자체에 대한 반성이 필요합니다. 그것은 고혈압과 동맥경화를 얻으려고 노력하는 것과 같기 때문입니다.

●

이유식을 만드는 데 너무 긴 시간을 허비할 필요는 없습니다.

이유식을 만들기 위해서 하루에 3~4시간을 허비하는 것은 현명하지 못합니다. 특히 이유식을 시작하고 처음 1~2개월간 아기는 아주 조금만 먹습니다. 10g의 죽을 만드는 데 1시간 30분이나 걸린다면 그만큼 아기를 밖으로 데리고 나갈 시간이 없어지는 것입니다. 식사가 인생의 전부는 아닙니다. 아기도 10g의 죽을 먹는 것보다 1시간 30분 동안 밖에서 산책하며 다른 아이들이 노는 모습을 지켜보거나 개가 달리는 모습을 보는 것이 더 즐겁습니다. 이유기니까 이유식 만드는 데만 중점을 두는 것은 잘못된 일입니다. 아기의 인생을 얼마나 즐겁게 해줄 것인지를 먼저 생각하고, 그러기 위해서 어떤 이유식을 만들지를 결정해야 합니다. 우선 이유식 자체가 아기 인생에서 즐거움이어야 합니다. 싫어하는 것을 억지로 입속에 밀어 넣는 이유식은 성공하지 못합니다.

●

반드시 생후 5개월부터 먹일 필요는 없습니다.

아기가 좋아하는 음식을 주는 것이 이유식의 첫째 조건입니다. 모유나 분유 이외의 음식을 잘 먹게 되는 시기는 아기마다 다릅니다. 계절에 따라서도 다릅니다. 생후 5개월이 되었다고 해서 꼭 이유식을 먹어야 하는 것은 아닙니다. 5개월이 지나면 젖 이외의 음식을 먹고 싶어 하는 아기가 많아지기 때문에 5개월쯤에 이유식을 시작하라는 것입니다.

예전에는 장마철이나 한여름에는 이유식을 연기했습니다. 습도와 온도가 높고 설사를 일으키는 세균이 번식하기 쉬우므로 그런 시기를 피한 것은 현명한 일이었습니다. 하지만 지금은 냉장고도 있고 엄마의 소독 기술도 향상되었기 때문에 예전처럼 장마철이나 한여름이라고 해서 이유식을 겁낼 필요는 없습니다. 다만 습도가 높거나 너무 더우면 아기의 식욕이 떨어질 수 있는데 그럴 때는 이유식을 연기하는 것이 좋습니다. 태어난 지 5개월째 되는 날 이유식을 주었더니 혀로 밀어낸다면 다음날 다시 시도하지 말고 1주 정도 기다렸다가 시작하는 것이 좋습니다.

1주가 지나서 다시 시도해 보았는데도 먹지 않으면 다시 1주 더 기다렸다가 시작합니다. 죽을 먹고 싶어 하지 않는다면 빵죽으로 시작해도 됩니다. 하여튼 생후 5개월이 지나면 그 후 1개월 동안 이유식을 시도해보라는 뜻입니다.

생후 6개월이 되어도 쌀죽이나 빵죽을 기분 좋게 먹지 않는 아기가 간혹 있습니다. 걸쭉한 것이나 끈적끈적한 것을 싫어하는 이런 아기는 죽보다는 오히려 빵을 그대로 먹거나 밥을 먹으려고 합니다. 이런 경우에는 달걀찜, 감자 으깬 것, 두부처럼 부드럽고 소화도 잘되는 것을 줘보다가 이런 것을 잘 먹을 수 있게 되었을 때 밥을 조금 질게 지어서 먹입니다.

●

아기가 잘 먹는 음식으로 진행합니다.

아기가 잘 먹는 음식으로 이유식을 진행시켜야 하므로 때로는 엄마의 생각대로 되지 않을 수도 있습니다. 그렇다고 이유식 식단에 집착할 필요는 없습니다. 아이를 여러 명 키우는 엄마들 중에는 셋째 아이 이후로 특별한 이유식을 만들지 않는 사람이 많습니다. 죽을 만들 시간이 없으니 죽 대신 밥을 먹이는 것입니다. 그래도 잘 자랍니다. 이유식은 결코 어려운 것이 아닙니다. 이유식에 실패하는 것은 엄마의 '이유식 노이로제' 때문인 경우가 많습니다.

이유식에 정말 실패한 경우라면 그것은 소독이 불완전했기 때문입니다. 아기가 잘못해서 단단한 것을 먹었다고 해서 소화불량이 되지는 않습니다. 소화시키기 어려운 단단한 것은 그대로 밖으로 배설되기 때문입니다. 그러나 이유식을 만들 때 불결한 것(세균이 묻은)이 들어가면 세균성 설사를 일으킵니다. 이것은 특히 기온이 높은 여름에 많이 발생합니다.

요리책에 쓰여 있는 이유식 요리는 잔손이 많이 갑니다. 강판에 간다든지, 분쇄기에 간다든지, 체에 거르는 것이 많습니다. 이런 음식들은 아기를 키우는 엄마의 경험으로 쓴 것이 아니라 요리 연구가가 개발한 것입니다. 강판은 모르지만 분쇄기나 체를 소독하는 것은 보통 일이 아닙니다. 분쇄기나 체를 완전 소독하여 이유식을 만들려면 2시간 이상 걸립니다. 그러므로 될 수 있으면 이런 도구보다는 끓인 물로 소독한 숟가락으로 으깨는 것이 좋습니다. 이유식 방법이 한 가지가 아니라는 것을 확인하기 위해서 생후 5개월 된 세 아기의 식단을 견본으로 살펴보고자 합니다.

◆ 아기 A(남)

06시 모유

10시 살구 주스 조금, 떠먹는 요구르트 90ml, 모유

13시 바나나 1/2개

15시 살구 주스, 보리차

17시 죽(달걀노른자 넣은 것) 60ml, 토마토, 수프, 흰살 생선 조금, 모유

20시 모유, 목욕 후 과일주스

22시 모유 먹고 취침

이 아기에게 살구 주스와 떠먹는 요구르트를 주는 것은 변이 단단하고 하루 걸러 변을 보기 때문입니다. 엄마는 부지런한 전업주부여서 이 밖에도 여러 가지 이유식을 만들어 매일 식단을 바꾸고 있습니다.

고구마나 감자나 호박 으깬 것, 말린 가다랑어로 우려낸 국물에 감자나 당근을 갈아 넣어 만든 수프, 가다랑어로 맛을 낸 수프, 리버 페이스트, 달걀찜, 두붓국, 모시조갯국 등 가지가지입니다. 아기에게 대략 어떤 것을 먹이는지 알 수 있을 것입니다. 같은 전업주부라도 더 간단하게 이유식을 준비하는 엄마도 있습니다.

● 아기 B(여)

아침 6시에서 밤 9시 사이에 분유를 180ml씩 5회 먹인다.

시간적인 여유가 있을 때 1회만 달걀 섞은 우유(생우유와 달걀을 섞어서 5분간 끓인 뒤 설탕을 조금 넣은 것)를 만들어 먹이고 점차 양을 늘려간다.

아기가 과즙을 좋아해서 1회 100ml씩 3~4회 먹인다.

이 엄마는 이전에 보육시설에 근무했던 사람으로, 아기에게 되도록 바깥 공기를 많이 쐬어주려고 이유식은 간단히 합니다. 생후 4개월부터 우동 국물, 된장국, 수박즙 등을 먹이고 5개월 후반부터 흰살 생선, 두부, 고구마 으깬 것, 맛국물로 푹 삶은 우동을 먹였습니다. '이유식은 되도록 간단하게'라고 생각하고 시판 이유식도 먹여보았지만 아기가 거부했습니다. 아기가 이렇게 시판되는 이유식에 익숙지 않은 것은 집에 있는 반찬으로도 충분했기 때문입니다.

◆ 아기 C(여)

08시 분유 200ml

12시 과일을 체에 내린 이유식 통조림 1/2캔, 인스턴트 야채 수프 50ml,
　　분유 150ml

16시 죽(달걀노른자 넣은 것) 어린이용 밥그릇 1/2공기, 과즙 50ml,
　　분유 150ml

20시 분유 200ml

이 엄마는 철저히 시판 이유식을 이용하는데 그 빈도수가 다소 많은 것 같습니다. 아기가 생후 5개월 말에는 체중이 8kg이나 되어 6개월부터 양을 조절하기 시작했습니다. 이 아기는 다른 아기에 비해 2배 정도의 시간을 집 밖에서 보냈습니다.

191. 시판 이유식

● 엄마들이 이유식을 너무 어렵게 생각하지 않도록 시중에서 판매하는 이유식을 활용하는 것도 나쁘지 않다.

반드시 집에서 직접 만들어야 하는 것은 아닙니다.

이유식 방법이 예전과는 완전히 달라졌습니다. 쌀과 물을 1대 10의 비율로 넣고 그 양이 절반이 될 때까지 약한 불에서 1시간 정도 끓여 미음을 만드는 따위의 일은 이제 하지 않게 되었습니다. 또 뚝배기에 15%의 쌀에 85%의 물을 넣어 죽을 만드는 사람도 없습니다. 요즘에는 '영양 쌀죽' 통조림으로 원하는 농도의 죽을 즉석에서 만듭니다.

삶은 야채를 체에 내리는 사람도 거의 없습니다. 4g씩 팩에 분말로 들어 있는 영양 야채 수프를 뜨거운 물에 풀든지, 체에 내린 야채를 통조림으로 만든 시판 이유식을 이용합니다, 인스턴트식품을 먹고 자란 젊은 엄마한테는 직접 쌀로 죽을 만들거나 야채를 체에 내리는 것이 오히려 자연스럽지 않은 일입니다.

●

시판 이유식도 나쁘지 않습니다.

엄마들이 시판 이유식을 이용하는 것도 좋습니다(아기가 싫어하지 않는다는 것을 전제로). 그 이유는 첫째, 엄마들이 아기의 이유식을 어렵게 생각하지 않게 되기 때문입니다. 이유식 식단이라는 것에는 생후 4개월부터 만 1세까지 먹이는 이유식의 종류와 양을 매달 조금씩 늘리도록 되어 있습니다. 그 식단을 기억하는 것도 어렵지만 거기에 쓰여 있는 이유식은 정말 만들기 번거로운 것들입니다. 요리하는 것을 아주 좋아하는 엄마 이외에는 매일 그런 이유식을 만드는 엄마는 드물 것입니다. 그리고 많은 엄마들이 집에 있는 반찬으로 이유식을 주면서(이것으로도 충분한데) 항상 자신은 이유식을 제대로 해주지 않고 있다는 열등감에 시달리게 됩니다. 그러나 시판 이유식을 이용하면 엄마들 마음이 아주 편해집니다.

둘째, 시판 이유식은 무균 상태로 만들어져 있기 때문입니다. 집에서 야채나 쇠간 등을 체에 내려 무균 상태로 만들려고 하면 보통 일이 아닙니다. 엄마의 손이 청결해야 할 뿐만 아니라 분쇄기나 체 같은 기구도 끓인 물로 철저히 소독해야 합니다. 여름에는 파리가 날아오기도 합니다. 하지만 시판 이유식은 이런 점에서 일단 안심입니다. 그리고 요즘 나오는 시판 이유식에는 인공색소도 방부제도 들어 있지 않습니다.

셋째, 시판 이유식을 이용하면 조리에 소요되는 시간을 절약하여 육아에 전념할 수 있기 때문입니다. 만약 이유식 식단에 쓰여 있는 대로 요리를 만들려고 하면 10g 먹이는 야채를 체에 내리는 일과 30g 먹이는 미음을 만드는 데 2시간은 걸립니다. 그리고 남은 미음을 처치하는 데도 애를 먹습니다. 아기가 생후 6개월이 되었을 때 이유식을 하루에 두 번 주라는 이유식 식단을 지키면서 종류가 다른 것을 매일 만들려면 조리하는 데 많은 시간을 보내야 합니다.

시판되는 이유식은 편리하지만 좋지 않은 점도 있습니다.

우선 아기가 잘 먹지 않는 경우가 있습니다. 이것은 오로지 아기의 선천적인 미각 때문입니다. 어른이 먹어 보면 알 수 있듯이 이유식 통조림이 맛있지는 않습니다. 미각에 민감한 아기는 한 숟가락 먹어보고는 혀로 밀어냅니다. 시판 이유식에는 여러 가지 종류가 있으니까 한번 거부했다고 해서 포기하지 말고 다른 종류의 음식, 다른 회사의 제품으로 다시 시도해 봅니다. 아무리 해도 먹지 않으면 그때 집에 있는 재료로 이유식을 만들어주면 됩니다.

시판되는 분말 이유식이나 플레이크 이유식, 페이스트를 쓰는 것은 겨우 1~2개월뿐입니다. 생후 5개월 때 통조림 이유식에 익숙해진 아기는 6개월이 되면 어른이 먹는 반찬도 먹을 수 있게 됩니다. 시판 이유식은 어디까지나 임시방편이라고 생각해야 합니다. 만 1세 반이나 된 아이가 당근, 시금치, 쇠고기 등이 혼합된, 병에 들어 있는 이유식을 숟가락으로 먹는 것은 좋지 않습니다. 강아지라면 그렇게 해도 되지만 사람은 어릴 때부터 다양한 음식에 대한 욕구를 키워주어야 합니다.

시판 이유식에는 방부제가 들어 있지 않으므로 분말이나 플레이크로 만든 것은 남으면 버려야 합니다. 통조림이나 병조림도 일단 뚜껑을 열면 냉장고에 보관했다고 하더라도 하루 이상 지나면 안 됩니다. 곧 곰팡이가 생기게 됩니다. 또한 시판 이유식이 있다고 하여 집에서 간단히 만들 수 있는 빵죽까지 살 필요는 없습니다.

분말은 죽이나 수프에 섞어서 사용해도 좋습니다.

192. 집에 있는 재료로 이유식 만들기 

● 집에 있는 재료로 만드는 이유식의 장점은 아기가 좋아하는 음식을 이것저것 주어봄으로써 아기의 특성을 존중할 수 있다는 것이다.

아기의 기호를 존중해서 골라 먹입니다.

집에 있는 재료로 만든 이유식이라는 것은 특별한 이유식을 준비하지 않고 어른이 먹는 음식 중에서 아기가 먹을 수 있는 것을 골라 그날그날 먹이는 이유식을 말합니다. 이때 아기의 기호를 존중해야 합니다. 전통적인 이유식은 이러한 방법이었습니다.

예전에 집에 있는 재료로 이유식을 만들어도 충분했던 것은 모유 분비량이 많았기 때문입니다. 요즘 엄마들은 만 1세가 넘은 아이에게 하루에 500~600ml의 생우유를 먹입니다. 예전 엄마들에게 이 정도 분량의 모유는 다음 아이를 가질 때까지 계속 나왔던 것 같습니다. 그러나 산업화와 현대 생활의 영향으로 도시에 사는 엄마들의 젖이 예전의 엄마들만큼 나오지 않게 되어 집에 있는 재료로 만든 이유식만으로 이유를 할 경우 영양 불량이 되는 아기가 생겨 생우유의 보충이 필요하게 되었습니다.

이유식을 준다고 해서 바로 모유나 분유를 끊는 것은 아닙니다.

예전과 같이 모유나 분유를 먹이면서 어른이 먹는 음식에 점차 익숙해지도록 하여 자연스럽게 모유나 분유의 양을 줄이는 것입니다. 집에 있는 재료로 만드는 이유식의 장점은 아기가 좋아하는 음식을 이것저것 주어봄으로써 아기의 특성을 존중할 수 있다는 것입니다.

하지만 따로 시간과 노력을 들여 만들게 되면 어떻게 해서든지 아기에게 먹이려 하고, 무의식적으로 무리하게 먹이게 됩니다. 또 부모가 인스턴트식품 위주로 식사를 하는 경우 아기에게도 자연스럽게 이유식 통조림만 먹이려고 하는 경우도 있습니다.

●

이유식 식단에 구애받을 필요는 없습니다.

저녁 식탁의 반찬인 호박 삶은 것을 조금 준다든지, 달걀국을 조금 준다든지, 익힌 감자를 숟가락으로 으깨어 준다든지 해서 아기가 먹으면 좋고 먹지 않으면 부모가 먹으면 됩니다. 오늘 이만큼 먹이지 않으면 내일의 식단으로 넘어갈 수 없다는 식으로 구속받을 필요는 없습니다. 아무리 이유식 식단대로 하려고 해도 먹지 않는 아기의 입에 억지로 음식을 밀어 넣을 수는 없습니다. 어쨌든 돌이 될 때까지 밥을 먹일 수 있으면 되므로 생후 5~6개월 때부터 초조해할 필요는 없습니다.

집에 있는 재료로 이유식을 만들 때는 어른이 먹는 반찬의 일부를 주는 것이기 때문에 준비는 간단합니다. 주식은 어디까지 모유나 분유입니다. 이유식 식단에는 죽을 먹이라고 쓰여 있지만 주식이 쌀이어야 한다는 생각은 고정관념입니다.

생후 5~6개월 때 꼭 쌀을 먹어야 하는 것은 아닙니다. 일부러 시간을 내어 쌀죽을 만들어 이유식을 해야 하는 것도 아닙니다. 꼭 곡류를 먹이고 싶으면 빵을 살짝 구운 뒤 생우유를 넣고 끓여 빵죽을 만들어주면 됩니다.

모유가 부족한데도 분유를 먹지 않는 아기나 분유를 별로 좋아하지 않는 아기 중 체중 증가가 하루 평균 10g 이하인 경우에는 칼로리가 많은 음식을 주어야 합니다. 달걀노른자, 이유식 통조림으로 된 간, 쇠고기, 참치, 닭고기 등이 좋습니다. 분유는 싫어하지만 크림은 잘 먹는 아기도 있습니다. 이런 경우라면 치즈 크래커에 생우유를 넣어 끓여주는 것도 간단합니다. 모유나 분유를 충분히 먹고 있는 아기에게 집에 있는 재료로 만들어줄 수 있는 이유식으로는 다음과 같은 것이 있습니다.

달걀찜(흰자와 노른자 다 넣어도 되며 어묵, 닭고기 등을 넣어 맛을 좋게 함), 된장국에 달걀노른자 넣은 것, 달걀탕. 분량은 모두 달걀 1/4개 정도까지. 조려서 줄 수 있는 것은 호박, 두부, 고구마, 감자(감자는 숟가락으로 으깨어 조린 국물에 잘 섞음). 분량은 10숟가락 정도까지. 인공색소를 넣지 않은 자연 식품이 좋지만 아기가 좋아한다면 시판되는 이유식도 괜찮습니다. 통조림으로 된 연어나 참치에는 인산암모늄염이 유리 조각 상태로 섞여 있는 경우가 있으므로(가열해도 녹지 않음) 주의해야 합니다.

변비인 아기에게는 사과, 복숭아, 토마토, 바나나 등을 갈거나 으깨어 주는 것도 좋습니다. 이때 소독을 철저히 해야 하는 것을 잊어서는 안 됩니다.

●

집에 있는 재료로 만든 이유식이라고 먹이는 양도 적당히 먹여서는 안 됩니다.

처음에는 1~2숟가락으로 시작합니다. 음식이 바뀔 때마다 한 숟가락부터 시작할 필요는 없습니다. 이유를 시작한 지 1개월이 되면 한 번에 10~15숟가락은 먹여도 됩니다.

10숟가락 정도는 거뜬히 먹는 아기는 집에 있는 재료로 만든 이유식을 먹일 때 꽤 다양하게 먹일 수 있습니다. 식탁에 있는 음식 가운데 잘 먹는 것이 있다면 그것을 주면 됩니다. 아침은 된장국을 같이 먹고, 점심때는 떠먹는 요구르트 30ml를 먹이며, 저녁때는 달걀찜 10숟가락을 먹이는 식입니다. 시간은 꼭 분유를 줄 때와 일치할 필요 없이 아기가 자지 않고 기분 좋을 때 주면 됩니다.

●

집에 있는 재료만 고집할 필요도 없습니다.

둘째나 셋째 아기에게 이유식을 주려는 엄마는 거의 집에 있는 재료로 이유식을 만들어줍니다. 이유식 식단대로 하지 않아도 된다는 것을 경험으로 알고 있기 때문입니다. 집에 있는 재료로 이유식을 만드는 전통적인 방법은 예전에 할머니가 함께 살면서 이유식을 만들었던 것에서 전해 내려오는 것입니다 할머니는 이미 아이를 여럿 키운 경험자로, 집에 있는 재료로 이유식을 만드는 것에 자신이 있었습니다. 게다가 가족이 함께 먹는 반찬과 별도로 작은 냄비에 따로 무언가를 만드는 일은 하지 않았습니다.

하지만 지금은 그 반대 현상을 볼 수 있습니다. 아이를 하나나 둘만 키워본 할머니가 많아지고 있습니다. 하나나 둘밖에 없는 아이를 이유식 식단대로 만들어 먹인 할머니는 집에 있는 재료만으로 이유식을 만들어준 경험이 없습니다. 그래서 그렇게 이유식을 만들어주는 며느리를 게으르다고 생각하고 그 방법을 불신합니다. 외동아들을 키운 시어머니와 같이 사는 경우에는 다투면서까지 집에 있는 재료로 만드는 이유식을 고집할 필요는 없습니다. 이유식은 어떤 방법이라도 좋기 때문입니다.

193. 맞벌이 가정에서의 이유식

● 퇴근 후 직접 이유식을 만들어야 하는 경우 만들기 간편한 종류로 정한다.

● 보육시설이나 다른 사람에게 맡길 경우 위생적인 부분만 확실하다면 굳이 교과서식의 이유식만을 고집할 필요는 없다.

이유식에 대해 너무 큰 부담을 가질 필요 없습니다.

맞벌이 가정에서는 이유식이 어렵다는 생각을 많이 합니다. 그러나 요리 전문가가 새로 발표한 이유식 식단을 보고 만드는 것은 어려울지 모르지만 아기의 이유식은 어려운 것이 아닙니다. 육아 잡지의 특집호에 딸려 있는 이유식 레시피는 전업주부인 엄마의 취미를 만족시키기 위한 것일 뿐 그다지 실용적이지 않습니다. 분쇄기로 가는 요리가 많은 것은 요리가 취미인 엄마를 위한 것입니다.

여성 잡지에 아기 옷의 자수에 대해서 실려 있어도 바쁜 엄마는 그것을 할 수 없습니다. 그런 옷을 입지 않아도 아기는 자랍니다. 그것과 마찬가지입니다. 시간과 재료가 있으면 아기가 먹을 수 있는 부드러운 음식을 여러 가지 만들어줄 수도 있다는 것일 뿐, 꼭 그렇게 일일이 만들어 먹여야만 하는 것은 아닙니다. 일하는 엄마가 요리 학원 강사가 만든 것과 똑같은 이유식을 만들 필요는 없습니다. 그러므로 자신은 시간이 없어서 아기에게 만족스러운 이유식을 만들어주지 못한다는 열등감을 가질 필요는 없습니다. 위생적인 음식을 먹인다는 원칙만 지키면 이유식은 실패하지 않습니다.

●

보육교사에게 이유식의 시작을 맡기는 것이 제일 좋습니다.

아기 이유식에 익숙한 보육시설의 교사에게 이유식의 시작을 맡기는 것이 제일 좋습니다. 생후 5~6개월까지는 하루에 한 번만 이유식을 먹이면 됩니다. 이것을 보육시설에서 해주면 다음 달부터는 집에서 한 번만 더 주면 됩니다. 이미 1개월 동안 이유식에 익숙해진 아기는 집에서도 이유식을 쉽게 먹습니다. 그러면 자연스럽게 하루에 두 번 이유식을 먹일 수 있습니다. 보육시설에서 아기를 맡아주고 이유식도 준다면 운이 좋은 것이니 엄마는 보육교사를 믿고 맡겨야 합니다.

●

이유식을 주기 시작하면 변 색깔이 조금 변합니다.

분유만 먹일 때는 희끄무레하던 아기의 변이 쌀죽이나 빵죽 또는 감자 으깬 것을 먹이기 시작하면 색깔이 좀 지저분해집니다. 때로는 무른 변을 보기도 합니다. 이렇게 평소와 다른 변을 보면 엄마는 걱정을 합니다. 변 속에 색깔이나 모양으로 알아볼 수 있을 정도의 당근이나 시금치(이것을 아기가 먹을 수 있는 상태로 만들기 위해서 보육 교사가 얼마나 고생을 했겠는가)가 섞여 나오면 소화불량이라고 생각해 버립니다. 그래서 다음 날 보육교사에게 이유식을 잠시 중단해 달라고 부탁하기도 합니다. 아기가 열도 없고 기분도 좋고 분유도 잘 먹고 이유식을 먹고 싶어 하니까 괜찮다는 보육교사의 말을 믿지 못한다면 집에서 이유식을 하는 수밖에 없습니다.

●

이유가 어려운 것이라는 선입관을 가지고 있으면 좀처럼 남에게 맡기기 힘듭니다.

아기를 보육시설에 맡기지 않고 집에서 할머니가 돌봐주는 가정에서도 이유식에 관해서는 마찰이 생깁니다. 2~3명 아기를 키워본 경험이 있는 할머니는 집에 있는 재료로 이유식을 만들려고 하는데, 엄마는 교과서에서 배운 대로의 이유식 식단을 굳게 믿고 그 식단이 아니면 안 된다고 생각하여 생기는 마찰도 많습니다.

아기의 변이 이상하다고 엄마가 불만을 호소하지만 의외로 감기 때문에 변이 물러지거나 횟수가 많아지기도 합니다. 그런데 엄마가 이것을 전부 이유식 방법이 나빴기 때문이라고 한다면 할머니는 그렇다면 마음대로 하라고 할 수밖에 없습니다. 철저히 소독한다는 것만 할머니와 잘 협상을 맺으면 나머지는 아이를 여럿 키운 경험자에게 이유식을 맡겨도 됩니다.

●

퇴근 후 직접 만드는 이유식은 손이 덜 가는 것으로 정합니다.

엄마가 출근해 있는 동안 이웃 아주머니한테 아기를 맡기거나 집에 젊은 파출부가 와서 아기를 돌보는 경우, 엄마가 퇴근 후에 직접 이유식을 만들어주어야 할 때가 많습니다. 이때 너무 손이 많이 가는 것은 피하는 것이 현명합니다. 이유식을 만드는 것보다 이유식을 주어 아기를 기쁘게 하는 데 중점을 두어야 합니다. 시판 이유식을 아기가 잘 먹는다면 그것을 이용해도 좋습니다. 쌀을 1시간 물에 담갔다가 40~50분 동안 끓여서 죽을 만드는 것보다 빵죽이나 플레이크죽을 먹이는 것이 낫습니다. 또 저녁 식사 때 이왕이면 아기도 먹을 수 있는 반찬을 준비해 아빠가 먹여주면 좋습니다.

죽은 평생 동안 먹는 것이 아닙니다. 그저 1~2개월 정도라고 생각하면 됩니다. 돌이 될 때까지 밥으로 옮겨가는 것이 목표입니다. 쌀죽을 먹든 플레이크죽을 먹든 장래에는 아무 영향이 없습니다. 헛된 시간을 보내지 않는 것도 여성의 사회적 지위 향상에 필요합니다. 시판 이유식은 일하는 엄마를 위한 무기라고 생각하면 됩니다. 따라서 보존식품에 대한 지식이 필요합니다.

194. 효과적인 이유 진행법 

● 처음 1주 동안 1~2숟가락부터 시작해서 매일 1~2숟가락씩 늘려간다.

아기에 따라 잘 먹는 아기와 잘 먹지 않는 아기가 있습니다.

이유식 식단에 쓰여 있는 대로 해야 한다는 생각에 억지로 먹이는 경우가 있습니다. 그러나 아기가 원하지 않을 때는 주지 않는 것이 좋습니다. 아기에 따라 잘 먹는 아기가 있고 잘 먹지 않는 아기도 있습니다. 그런데 엄마는 잘 먹는 아기에게는 너무 많이 먹이게 됩니다. 처음 1주 동안은 1~2숟가락부터 시작하여 매일 1~2숟가락씩 늘려가도록 합니다. 그러나 아기가 더 원하니까 첫날에 10숟가락, 다음 날에 20숟가락이 되어버리기도 합니다. 그래도 문제는 없습니다.

잘 먹지 않는 아기는 대부분 미각이 예민한 아기입니다 이런 아기는 음식이 너무 달면 먹지 않습니다. 빵죽에 설탕이 너무 많이 들어간 것은 한 숟가락만 먹어도 금방 싫어합니다. 또 미각이 예민한 아기는 감자나 호박 등을 좋아하지 않는 경우가 많습니다. 시판 이유식도 먹지 않습니다. 달걀은 먹는다면 계속 먹어도 괜찮습니다. 달걀, 스크램블드에그, 삶은 반숙 달걀 등 여러 종류로 만들어 봅니다. 성게나 조린 김, 가다랑이 등을 반드시 좋아하게 될 테니까 1개월 후에는 이런 것을 주면 좋습니다.

●

간혹 과식하는 아기가 있습니다.

집에 있는 재료로 이유식을 만들어 먹이면 좋아하는 음식이 눈에 보일 때 자꾸만 먹고 싶어져 과식하는 아기가 있습니다. 아빠가 저녁때 감자 으깬 것을 아기에게 먹여 보았더니 맛있게 먹고 좋아하니까 우쭐해져서 너무 많이 먹이게 되는 일도 자주 있습니다. 그런데도 아무 탈이 없다면 충분히 소화능력이 있는 것입니다.

●

변이 너무 무르다면 하루 정도 중단합니다.

지금까지 하루에 한 번 보던 변을 다음 날 두 번 보았는데 두 번째 변이 조금 무른 경우도 있습니다. 이럴 때 감자 으깬 것이 위생적으로 만들어졌다면(만드는 기구를 뜨거운 물로 철저히 소독하고 요리하는 사람도 손을 깨끗이 씻고 만들었다면) 과식했다고 해도 위험한 일은 일어나지 않습니다. 엄마는 변만 보고 놀라서는 안 됩니다. 아기를 보아야 합니다. 아기가 잘 놀고 분유도 잘 먹고 잘 웃고 열도 없다면 걱정할 일이 아닙니다. 이럴 때는 이유식을 완전히 중단하지 말고 이틀 전에 주었던 양만큼 주면 됩니다. 아기가 잘 먹으면 별문제는 없습니다. 다음 날에는 예전과 같이 하루에 한 번만 변을 볼 것입니다. 아기의 배변 횟수가 많아졌다고 해서 이유식을 중단하고 양도 줄이고 다시 처음으로 돌아가 이유식을 한 숟가락부터 시작하는 것은 좋지 않습니다. 그렇게 하면 변은 언제까지나 계속 무릅니다.

먹는 양이 많아지면 변을 보는 횟수도 늘어납니다.

변을 보는 간격이 짧으면 두 번째 변이 무른 것은 당연합니다. 지금까지 이유식을 10g 먹던 아기가 20g 먹게 되었을 때 이전보다 변을 보는 횟수가 많아지는 것은 흔한 일입니다. 이때 분유 양을 줄이지 않고 이유식을 계속 먹여도 잘 놀고 체중이 늘어난다면 걱정하지 않아도 됩니다.

이유식을 조금 늘리면 변 상태가 달라지는 아기와 전혀 변하지 않는 아기가 있습니다. 변 상태가 달라지는 아기는 대부분 장이 약하다고 생각하여 분유를 줄이고 이유식도 처음으로 되돌아가기 때문에 이유식을 시작한 후 체중이 감소합니다. 이것은 이유식이 잘못된 것이 아니라, 변이 걱정되어 분유를 줄였기 때문에 그만큼 배가 고파서 마른 것입니다.

이럴 때 엄마를 격려하며 이유식을 권하는 의사를 만나면 괜찮지만, 그렇지 않은 의사를 만나면 약을 먹이거나 단식을 시켜 오히려 변이 묽어집니다. 아기가 평소와 달라지면 제일 먼저 알게 되는 사람은 엄마입니다. 잘 놀고 열도 없고 음식을 원한다면 병이 아닙니다. 이유식이 청결하게 조리되었다면 소화 불량이 되는 일은 없습니다.

당근, 시금치 등을 이유식으로 주면 소화가 되지 않고 원래 색깔이나 모양대로 변에 섞여 나옵니다. 이것은 어느 아기라도 마찬가지입니다. 소화불량이 아닙니다. 이유식을 시작했을 때 변이 무르거나 색이 달라지면 이유식 때문이라고 생각하기 쉬운데, 감기 때문에 변이 물러지는 일도 있습니다. 콧물이 나오거나 기침을 하면 감기인 것이 확실합니다. 감기 치료를 받고 있는 아기가 분유 외에 이유식을 원한다면 감기가 심한 상태는 아닙니다. 또 버터를 너무 많이 먹어서 변이 물러지는 일도 있습니다.

●

가래가 끓는 아가는 이유가 늦어질 수 있습니다.

가슴 속에서 그르렁거리는 소리가 나며 가래가 끓는 아기는 이유식이 늦어질 수 있습니다. 아기가 아주 건강한데도 기침을 한다고 의사에게 데리고 갑니다. 의사는 기관지염이라든가 소아천식이라고 말합니다. 그리고 약을 주면서 하루에 세 번 먹이라고 합니다. 아기가 약을 싫어하는데 억지로 먹이면 숟가락 공포증에 걸립니다. 그러면 이유식을 줘도 먹으려고 하지 않습니다. 이것 때문에 이유가 늦어집니다. 하지만 엄마는 병 때문에 이유식에 실패했다며 언제까지고 마음에 걸려 합니다. 원래 그르렁거리며 가래가 끓는 아기는 신기하게도 위와 장은 튼튼하여 설사를 하지 않습니다. 기침을 해도 걱정하지 말고 이유식을 계속 준다면 반드시 이유에 성공할 수 있습니다.

이유식 때문에 소화불량을 일으키는 것은 이유식을 만들 때 엄마

손이나 기구를 철저히 소독하지 않아 병원균이 들어간 경우입니다. 아기가 열이 나고 기분이 좋지 않고 분유를 적게 먹고 변을 자주 볼 때는 의사에게 치료를 받아야 합니다.

●

이유식을 먹일 때는 아기가 즐거워하는지가 가장 중요합니다.

이유식은 누워서 먹는 것보다 앉아서 먹어야 먹는 기분이 납니다. 아기가 이유식을 정말 즐겁게 먹을 수 있는 시기는 앉을 수 있을 때부터입니다. 그러므로 이유식을 줄 때는 아기의 상체를 일으킨 상태에서 주도록 합니다.

처음에는 안아서 주다 아기가 앉을 수 있게 되면 앉은 자세로 먹이는 것이 좋습니다. 아기가 식탁 의자에 앉을 수 있다면 빨리 앉히도록 합니다. 아기에 따라서는 안정된 자세로 앉지 않으면 마음 놓고 먹지 않는 경우도 있습니다. 이런 아기라면 잘 앉을 수 있을 때까지 기다립니다. 서둘러서 많이 먹이려고 해서는 안 됩니다.

195. 과자 주기

● 아기가 분유나 모유 이외의 음식에 관심을 보일 때 자연스럽게 준다. 너무 달지 않은 것으로 주어야 나중에 이가 난 뒤 충치예방을 위해 좋다.

분유 이외의 음식이 먹고 싶은 욕구가 생겼습니다.

대부분의 아기는 생후 5개월이 지나면 모유나 분유 이외의 음식을 먹고 싶어 합니다. 엄마가 웨하스나 계란과자 등을 입에 넣어주면 좋아합니다. 과자를 먹는다는 것은 분유 이외의 음식이 먹고 싶은 욕구가 생겼다는 것입니다.

'죽을 몇 숟가락 먹을 수 있게 될 때 웨하스를 주면 될까?'라는 식으로 까다롭게 고민할 필요 없습니다. 숟가락 연습을 하던 중에 웨하스를 한 조각 줘봤더니 맛있게 먹기에 죽을 먹이기 시작했다는 엄마도 많습니다. 또 웨하스도 계란과자도 이유식 계획을 어지럽힐 정도로 많이 먹는 것은 아닙니다. 시간도 그렇게 신경 쓰지 않아도 됩니다. 할머니가 계란과자를 사 가지고 오면 할머니 앞에서 1~2개 먹이면 됩니다. 그러면 아기는 할머니는 즐거움을 주는 사람이라는 인상을 갖게 됩니다.

●

초콜릿, 캐러멜, 사탕은 아직 이릅니다.

집에 있는 재료로 이유식을 만들어 먹이고 있는데 처음 생선을 줬더니 아기가 너무 좋아하고 한없이 먹으려 할 때 엄마는 과식하지 않도록 생선은 적당히 먹이고, 나머지는 웨하스나 계란과자로 바꾸는 것도 좋습니다.

부드러운 비스킷도 괜찮습니다. 쿠키는 생후 5~6개월 된 아기에게는 좀 무리입니다. 오히려 카스텔라가 더 좋습니다. 초콜릿, 캐러멜, 사탕은 아직 이릅니다.

●

달걀이 들어간 식품은 두드러기가 생길 수도 있습니다.

재료만 좋다면 푸딩은 집에서 직접 만든 것이 좋습니다. 지금까지 달걀을 한 번도 주어본 적이 없는 아기에게 푸딩을 먹일 때는 조심해야 합니다. 푸딩 그릇의 반 정도를 주었을 때 2시간 정도 후 얼굴이나 가슴에 두드러기가 생기는 아기가 있기 때문입니다. 따라서 푸딩을 처음 줄 때는 2~3숟가락만 먹이도록 합니다. 그러면 두드러기가 생겨도 가볍습니다. 푸딩을 먹었을 때 두드러기가 생기는 아기는 달걀찜, 달걀탕도 조심해야 합니다. 두드러기는 호흡곤란만 없다면 자연히 치유됩니다.

●

단맛이 강한 과자는 삼갑니다.

아직 이가 나지 않았으므로 설탕이 들어간 음식을 줘도 충치가 생기지는 않습니다. 그러나 단 것을 좋아하게 되고, 이가 난 후에 갑자기 설탕이 들어간 음식을 못 먹게 하기는 힘듭니다. 그러므로 되도록 단맛이 강하지 않은 과자를 주는 것이 좋습니다. 같은 이유로 요구르트는 되도록 묽은 것을 줍니다.

●

배설 훈련. 170 배설 훈련 참고

196. 아기 몸 단련시키기

● 인지 능력이 활달해지는 시기로 하루 3시간 정도 바깥 공기를 쐬어주고 말을 많이 건네 몸과 마음을 모두 단련시킨다.

하루 3시간 정도 바깥 공기를 쐬어 줍니다.

생후 5~6개월은 아기의 인식 능력이 더욱 활달해지는 시기입니다. 날이 갈수록 바깥에서 일어나는 일에 더 흥미를 갖게 됩니다. 인생의 즐거움이 그만큼 풍부해지는 것입니다. 이런 흥미를 이용해서 아기의 몸을 단련시켜야 합니다. 또 이 시기에는 아기를 받쳐주면 앉을 수도 있으므로 유모차가 갈 수 있는 곳(사고 날 염려가 없고 도로가 평탄한 곳)이면 되도록 밖으로 데리고 나가는 것이 좋습니다. 이 월령에 따뜻한 계절을 맞이한 아기는 하루 3시간 정도 바깥에서 지내게 하는 것이 좋습니다.

여름이라면 집 밖에서 모기가 없는 그늘을 택해 낮잠을 재우는 것도 좋습니다. 겨울에도 난방이 된 방 안에만 있지 않도록 합니다. 추운 날이라도 포대기를 두르고 업고 나가서 하루에 한 번은 꼭 바깥 공기를 쐬어주도록 합니다.

밖에 나가면 아기에게 되도록 말을 많이 건넵니다. 엄마가 이야기를 들려주면 아기는 여러 가지 사물 이름을 기억하게 됩니다. 전혀 이야기하지 않으면 아기는 말을 배울 수 없습니다. 개가 오면 "이것 봐, 멍멍이가 왔네"라고 말해 주고, 예쁜 꽃을 보면 "아, 꽃이 정말 예쁘네"라고 말해 주는 것은 사물의 이름을 가르치는 것뿐만 아니라 새로운 것에 민감하게 반응하는 감성 교육도 시키는 것입니다.

●

스스로 적극적으로 움직이도록 격려해 주어야 합니다.

생후 5개월이 되어 이유기에 들어섰다고 해서 인생의 목표가 이유식에 있는 것처럼 생활하는 것은 좋지 않습니다. 아기에게도 먹는 것만이 인생의 즐거움의 전부는 아닙니다. 이유식을 만드는 것만이 엄마에게 인생의 유일한 즐거움도 아닙니다. 물론 이유식을 만드는 것이 인생의 유일한 즐거움이라는 엄마도 없지는 않습니다.

그러나 이유식을 만드는 즐거움은 엄마만 즐길 수 있는 것이므로 그동안 아기는 방치되어 있게 됩니다. 체에 거르거나 분쇄기를 사용하여 만드는 것처럼 손이 너무 많이 가는 이유식을 만들 필요는 없습니다. 그 시간을 오히려 아기를 단련시키는 데 쓰는 것이 좋습니다. 이 시기의 아기는 몸을 꽤 자유롭게 움직일 수 있으므로 스스로 적극적으로 움직이도록 격려해 주어야 합니다.

아기가 얌전하다고 해서 아기용 침대에만 눕혀놓아서는 안 됩니다. 바닥에 내려놓고 앞에 오뚝이를 놓아 거기까지 기어가게 함으로써 머리를 제대로 들거나 손으로 몸을 버티거나 손을 뻗치는 연습을 시킵니다.

실내 기온이 20℃ 이상인 곳에서 기저귀를 갈아줄 때는 완전히 벗겨놓고 공기욕을 시킵니다. 이때 영아체조[210 이 시기 영아체조]를 시키는 것도 좋습니다.

●

몸을 단련시키는 것뿐만 아니라 정신도 단련시켜야 합니다.

엄마에게만 의존하지 않고 혼자서도 지낼 수 있는 아기로 키우는 것이 좋습니다. 그러기 위해서는 눈을 뜨고 있는 동안 항상 같이 놀아주어서는 안 됩니다. 아기가 자기만의 세계에서 지낼 수 있도록 위험하지 않은 장난감(이를 단단하게 해주는 폴리에틸렌으로 만든 고리, 공 모양의 딸랑이 등)을 주어 혼자서 놀게도 합니다.

옷은 많이 입히지 말고 목욕은 되도록 자주 시킵니다. 탕에 들어가는 것, 몸을 씻는 것도 피부를 단련시킵니다. 그러나 피부를 단련시킨다고 마른 수건으로 아기 피부를 문지르는 것은 아직 이릅니다.

환경에 따른 육아 포인트

197. 이 시기 주의해야 할 돌발 사고

● 침대에서 떨어지지 않도록 조심해야 하며, 엎드린 채 손을 뻗칠 수 있는 시기이므로 아기 손이 닿을 수 있는 곳에 위험한 물건을 놓지 않도록 한다.

추락 사고에 주의합니다.

이 시기는 아기의 다리 힘도 강해지고, 몸을 반 정도 뒤집는 횟수도 많아지고, 침대에서의 추락 사건도 점점 늘어납니다. 지난달의 해당 항목171 이 시기 주의해야 할 돌발 사고을 다시 한 번 읽어보기 바랍니다.

침대 난간에 끈을 매놓는 것은 좋지 않습니다. 몸을 뒤집거나 떨어질 때 목에 걸려 질식한 사례가 있습니다. 그리고 이불 커버에 찢어진 데가 있으면 바로 벗겨내 꿰매든지, 천이 닳은 것이라면 버리는 것이 좋습니다.

●

아기 손이 닿을 수 있는 곳에 위험한 물건을 놓지 않습니다.

몸을 뒤집을 수 있게 된 아기는 엎드린 채 손을 뻗칠 수 있습니다. 우연히 손이 닿은 곳에 물건이 떨어져 있으면 손에 쥐어 입으로 가져갑니다.

가장 많이 일어나는 일은 부모가 담배를 피우는 가정에서 아기가 담배꽁초를 먹는 것입니다. 마루에 있는 재떨이에 어쩌다가 손이 가서 담배꽁초를 먹게 되는 것입니다. 담배꽁초를 먹어서 아기가 사망했다는 이야기는 들어본 적이 없습니다. 담배 1개비에 들어 있는 니코틴 양은 약 10mg입니다. 니코틴은 한 번에 먹었을 때 40mg 이상이 치사량이므로 담배꽁초를 먹었다고 사망하지는 않습니다. 아기가 2~5mg을 먹으면 구역질이 나서 자연히 뱉어버립니다. 어쨌든 아기가 담배꽁초를 먹었을 때는 응급실에 가서 위세척을 해야 합니다.

아기를 바닥에 내려놓을 때는 자고 있건 깨어 있건 아기 주위에 삼킬 위험이 있는 것은 다 치워야 합니다. 재떨이, 담배, 라이터, 안전핀, 바늘, 면도날, 수면제나 신경안정제 같은 알약 등을 바닥에 놓아두어서는 안 됩니다. 모르는 사이 바닥에 흔히 떨어져 있는 것으로는 단추, 유리 조각, 동전 등이 있습니다. 아기가 둥근 단추를 삼켰을 때는 위에 들어갔더라도 아픔을 호소하지 않는다면 1~7일 정도 지나면 자연히 변에 섞여 나옵니다. 세제, 접착제 등을 먹었을 때는 의사보다 제조 회사에 먼저 연락해야 합니다. 어떤 것이 무해하고 어떤 것이 위험한지는 제조 회사에서 더 잘 알고 있습니다. 의사에게 갈 때는 아기가 먹은 세제의 용기를 들고 갑니다.

무선 전기주전자는 화상을 입히려고 만들었다고 할 정도로 위험하므로 자고 있는 아기 근처에 놓아두면 절대 안 됩니다. 여름에 모기향을 피워놓은 채 아기를 눕혀놓는 것도 아주 위험합니다. 주전자를 올려놓은 석유스토브에 어른이 부딪혀서 자고 있던 아기에게 큰 화상을 입힌 사례도 있습니다. 이유식을 주기 위해 식탁 의자에 아기를 앉혔을 때 뜨거운 된장국이나 수프가 담긴 그릇을 식탁에 놓아서는 안 됩니다. 먹을 수 있는 온도가 되었을 때 식탁에 놓도록 합니다.

●

장난감이 뾰족한 것, 모난 것, 부서지기 쉬운 것은 위험합니다.

나무나 흙으로 만든 장난감은 다치지는 않지만 도료 속에 납이 들어 있을 수 있습니다. 그것을 빨면 납중독이 되어 빈혈을 일으킵니다.

198. 장난감

● 음악이나 동물 소리가 나는 딸랑이를 제일 좋아한다.

● 보행기는 아직 이르고, 긴 시간 TV를 보여주는 것도 금물이다.

음악이나 동물 소리 등이 나는 딸랑이를 제일 좋아합니다.

천장에 매달아놓고 밑에서 당기면 소리가 나는 장난감을 좋아하던 아기가 이제 그런 단조로운 것에는 싫증을 내기 시작합니다. 이 시기에는 음악이나 동물 소리 등이 나는 딸랑이를 제일 좋아합니다. 기운이 좋은 아기는 딸랑이를 던져 부숴버리기도 합니다. 바닥에 엎드린 아기에게 곰, 강아지, 아기 등의 봉제 인형을 보여주면 손을 내밉니다. 소리가 나는 오뚝이나 누르면 소리가 나는 인형을 특히 좋아합니다.

이 시기에 보행기를 사용하는 가정이 많습니다. 그러나 걸음마 연습을 시키기에는 아직 이르기도 하고 보행기는 실제로 걸음마 연습이 되지도 않습니다. 오히려 사고를 일으키는 원인이 될 수 있으므로 사지 않는 것이 좋습니다. 할아버지가 리모컨으로 움직이는 장난감을 선물해 주기도 하는데 아기가 더 자랄 때까지 주지 않는 것이 좋습니다. 장난감은 보는 것이 아니라 자기 스스로 가지고 노는 것이기 때문입니다. 또 텔레비전을 보여주었더니 잠시 조용해졌다고 해서 아기를 바보상자 구경꾼으로 만드는 것은 가장 나쁩니다.

199. 아기와 함께 떠나는 여행 

- 여행 도중 먹일 수 있도록 2개 이상의 젖병과 충분한 종이 기저귀, 옷가지 등을 챙긴다.
- 이유식은 시판되는 이유식을 이용하면 간편하다.

젖병은 2개 이상 준비합니다.

요즘에는 생후 5~6개월 된 아기도 여행하는 일이 많아졌습니다.

비행기, 기차, 자동차에 아기를 태우고 가는 것을 자주 볼 수 있습니다.

이때 모유가 잘 나오면 별문제가 없지만 분유를 먹이는 아기의 경우에는 젖병 도구를 가져가야 합니다. 비행기에서는 끓인 물을 얻을 수 있고, 자동차 여행이라면 물을 얻을 수 있는 곳에서 차를 세우면 됩니다. 끓인 물은 구할 수 있더라도 젖병을 사용한 후 바로 씻을 수 없을 때도 있으므로 젖병은 2개 이상 준비하는 것이 좋습니다. 끓인 물에 잘 씻은 후에는 완벽하게 건조시킵니다. 그리고 1회분의 분유를 넣어둡니다.

●

이유식을 먹기 시작한 아기는 시판 이유식을 이용하면 간단합니다.

지금까지 이유식을 먹이지 않았던 아기는 여행 가기 전에 테스트를 해봅니다. 집에 있는 재료로 이유식을 만들어 먹이는 아기라도 역에서 파는 도시락의 야채 샐러드는 먹이지 않는 것이 안전합니다.

●

여분의 옷과 종이 기저귀를 챙깁니다.

여행을 할 때는 익숙하지 않은 기후의 지역도 지나가게 되므로 옷을 조절해 입을 수 있도록 준비해 가야 합니다. 여름이라도 긴소매 옷 하나쯤은 가지고 가는 것이 좋습니다. 여름 여행에는 피부가 짓무르지 않도록 자주 기저귀를 갈아주어야 하므로 많이 준비해야 합니다. 이럴 때는 종이 기저귀가 편합니다. 그러나 흡수되니까 괜찮다고 생각해서 하루에 세 번 정도밖에 갈아주지 않는다면 아기 엉덩이가 짓무르게 됩니다.

겨울 여행이라면 풍성한 코트를 씌워 업고 가는 것이 안전하고 아기도 춥지 않습니다. 아기 장난감은 꼭 가져가도록 합니다.

●

6개월이 되면 아기는 여러 가지 전염병에 옮을 가능성이 있습니다.

이때 예방접종의 효과를 톡톡히 볼 수 있습니다. 3종 혼합 예방과 BCG 접종이 끝난 아기일 경우 여행 중 기침하는 아이에게 가까이 가지만 않는다면(홍역인지 모르니까) 염려할 것은 없습니다. 하지만 예방접종을 전혀 하지 않았을 때는 아이들에게서 백일해가 옮을 우려도 있고, 어른에게서 결핵이 옮을 위험도 있습니다. 예방접종을 전혀 하지 않은 아기를 데리고 여행할 때는 어른이든 아이든 기침하는 사람 곁에는 앉지 않도록 합니다. 건강보험증과 모자건강수첩을 가지고 가면 병이 났을 때 도움이 됩니다(분실 주의). 이 월령에는 여행 도중 열이 나는 일은 거의 없으므로 특별한 약을 준비할 필요는 없습니다. 단지 한여름에 오랫동안 안고 걸으면 열사병을 일으킬 수 있습니다.

●

형제자매. 174 형제자매 참고

200. 계절에 따른 육아 포인트

● 여름에는 이유식을 만들 때 특히 위생에 신경 써야 하며 해수욕장의 바닷물 속에 아기를 넣는 것은 좋지 않다.

● 겨울에는 난방 기구 사용에 각별한 주의가 필요하다.

이유식은 더울 때 특히 위생적이어야 합니다.

대부분의 아기는 생후 5~6개월 때 이유식을 시작합니다. 이때 요리를 좋아하는 엄마는 육아 잡지에 나와 있는 이유식을 만들어보려고 아기를 침대 난간 속에 넣어두고 부엌으로 갑니다. 한겨울에 눈이나 바람 때문에 밖에 나갈 수 없다면 어쩔 수 없지만 날씨가 좋을 때는 아기를 집 밖으로 데리고 나가는 일이 더 중요하다는 것을 잊어서는 안 됩니다.

더울 때 주의해야 할 점은 이유식을 위생적으로 만드는 것입니다. 쌀죽, 빵죽, 플레이크죽 등은 열 처리가 되어 있으니 그릇과 숟가락 소독만 철저히 하면 됩니다. 그러나 체나 분쇄기를 이용해서 이유식을 만들 때는 소독에 더욱 신경을 써야 합니다. 한여름에는 이런 도구를 사용하는 이유식은 만들지 않는 것이 안전합니다.

●

더운 여름에 이유식을 시작할 때 문제가 되는 것은 소식형 아기입니다.

대식형으로 아무거나 잘 먹는 아기는 8월이 되어도 그다지 식욕이 변하지 않습니다. 하지만 소식형 아기는 지금까지 180ml의 분유를 겨우 먹었는데 7월에 들어서면 150ml도 먹지 않습니다. 이것도 조금 차게 해주어야 먹습니다.

소식형 아기는 한여름에 이유식을 시작할 때 엄마가 생각하는 것만큼 먹지 않는 경우가 많습니다. 이유식 식단에 따라 매일 양을 늘리려고 해도 잘되지 않습니다. 이 때 절대 초조해할 필요가 없습니다. 생후 5개월에 이유식을 시작하지 않는다고 해서 영양실조가 되는 것은 아닙니다. 어떻게 해도 아기가 먹지 않는다면 날씨가 시원해질 때까지 기다리면 됩니다. 단지 소식형 아기는 비교적 짠 것을 좋아하여 분유는 겨우 150ml 먹지만 된장국은 잘 먹는 경우가 있습니다. 이럴 때는 된장국에 삶은 달걀노른자를 푼 것이나 흰자와 노른자를 다 넣어 만든 달걀찜을 줘도 됩니다. 어떻게 해도 쌀죽이나 빵죽은 먹지 않는다면 주지 않아도 됩니다. 분유 이외의 음식을 먹는 즐거움만 알면 되는 것입니다. 한여름에 아이스크림을 잘 먹는 아기가 많습니다. 숟가락으로 먹는 연습도 되고, 탈지분유와 콘스타치의 혼합이라는 원료도 나쁘지 않습니다. 천천히 양을 늘려 잘 먹는다면 20g(종이컵 1/3 분량)까지 주어도 됩니다.

●

여름에 생후 5~6개월 된 아기를 바닷물 속에 넣는 것은 삼가야 합니다.

여름에 해수욕장에 가는 것은 요즘 젊은 부부의 연중행사가 되었습니다. 하지만 5~6개월 된 아기를 바닷물 속에 넣는 일은 삼가야 합니다. 4개월 된 아기를 물속에 넣어 수영을 하게 하는 사람도 있는데 그것이 모든 아기에게 좋다고는 할 수 없습니다.

햇볕에 타서 피부염을 일으켜 열이 나는 일도 있습니다. 또한 복잡한 해수욕장에서는 아기가 밟힐 위험도 있습니다. 사람이 그다지 많지 않은 해변에서 아침저녁 시원할 때 아기를 안고 산책하는 것은 좋습니다. 5~6개월 된 아기는 아직까지 하계열[177 하계열이다]이 날 수 있습니다. 아파트에 사는 경우에는 7~8월쯤 되도록 아기를 시원한 바깥으로 데리고 나가는 것이 좋습니다.

●

겨울에는 난방에 특히 주의해야 합니다.

겨울에는 아기와 난방의 '위험한 관계'에 대해 특히 주의해야 합니다. 가스스토브의 가스관에 아기 손이 닿으면 잡아당겨서 빠질 우려가 있습니다. 그러므로 아기를 바닥에 눕혀놓을 때는 가스관에 손이 닿지 않도록 해야 합니다.

석유스토브 위에 주전자를 얹어놓고 그 옆에 아기를 눕혀놓아서도 안 됩니다. 잠에서 깨어 발로 스토브를 차면 주전자 물이 넘쳐 화상을 입기도 합니다. 일산화탄소를 발생시키는 연탄난로는 쓰지 않는 것이 좋습니다.

동상에 잘 걸리는 아기가 있는데 기온이 10℃ 이하인 날 외출할 때는 양말을 신겨야 합니다. 이때 양말목이 너무 조이면 혈액 순환이 잘되지 않아 오히려 동상에 걸리기 쉽습니다. 외출에서 돌아와 발끝이 아주 차가울 경우에는 심장 쪽을 향해 발 마사지를 해줍니다.

엄마를 놀라게 하는 일

201. 소화불량이다_장이 약하다

● 세균이나 바이러스에 의한 설사와 음식에 의한 설사가 있다. 하지만 설사를 했어도 아기가 기분이 좋고 잘 논다면 병이 아니다.

설사를 했다고 해서 전부 병인 것은 아닙니다.

이 시기에 소화불량이라고 하는 것은 아기 설사의 별명입니다. 주로 모유를 먹는 아기가 평소에 무르고 동글동글하거나 점액이 섞인 변을 보면 엄마는 모유 먹는 아기의 변은 원래 그렇다고 담담하게 여깁니다. 그러나 분유를 먹는 아기가 지금까지는 단단하고 동글동글한 변을 보다가 수분이 많은 변을 보면 엄마는 설사를 했다고 놀라 의사에게 데리고 갑니다. '소화불량'이라는 것은 이때 붙여지는 이름일 뿐입니다.

그러나 아기가 설사를 했다고 해서 전부 병인 것은 아닙니다. 그리고 생후 5~6개월 된 아기에게 심각한 병은 거의 없습니다. 오히려 큰 병이 아닌 것을 심각하게 여겨 아기를 공연히 고통스럽게 하는 일이 많습니다.

●

이 월령에 설사를 일으키는 원인은 크게 두 가지입니다.

첫째는 세균이나 바이러스로 인한 설사이고, 둘째는 음식에 의한 설사(과식 또는 부족)입니다. 예전에는 세균에 의한 설사가 많았습니다. 이유식을 만들 때 소독을 철저히 하지 않으면 이질균이나 그와 유사한 균, 병원성 대장균 등이 아기 몸에 침입하여 설사를 일으키는 것입니다. 세균에 대한 항생제가 없던 시절, 이런 설사는 무서운 병이었습니다. 그러나 지금은 여러 가지 항생제가 나와 있어 세균성 설사도 치료할 수 있게 되었습니다. 바이러스로 인한 설사도 있지만 다행스럽게도 이 시기에는 그렇게 오래 계속되지 않습니다. 이런 설사는 항바이러스제를 쓰지 않아도 자연히 치유됩니다.

세균이나 바이러스로 인한 설사는 아기 몸에 감염을 일으키는 것입니다. 이때는 열이 나거나, 기분이 좋지 않거나, 분유를 먹고 싶어 하지 않거나, 먹은 것을 토하는 등 여러 증상을 보입니다. 설사만 하는 경우는 없습니다.

이에 비해 소독이 완전하고 세균이나 바이러스도 침입하지 않았는데 너무 많이 먹어서 생긴 설사는 다만 변의 상태만 변한 것입니다. 이때는 열도 나지 않고 아기의 기분도 좋습니다. 그리고 분유도 이유식도 변함없이 먹고 싶어 합니다.

●

기분 좋게 잘 웃고 잘 놀면 병이 아닙니다.

그러므로 아기의 전반적인 상태를 살펴보지도 않은 채 설사를 한다는 이유만으로 소화불량이나 장이 약하다는 결론을 내리고 단식을 시키는 것은 잘못된 일입니다. 결정적인 것은 아기의 기분이나 식욕 등입니다. 이것은 엄마가 제일 잘 알고 있을 것입니다. 아기에게 먹이는 분유나 이유식을 지금까지 해오던 대로 청결하게 했는데도 아기가 설사를 했다면 먼저 아기를 잘 관찰해 봐야 합니다. 기분 좋게 잘 웃고 잘 놀고 잘 먹는 것이 어제와 같다면 병이 아니라고 생각해도 됩니다.

평소에는 10g밖에 주지 않던 으깬 감자를 어제 아기가 잘 먹는다고 30g이나 주었다면 그것이 설사를 일으킨 원인입니다. 그렇다면 이전처럼 10g만 주면 됩니다. 여태껏 먹이지 않았던 당근이나 토마토를 준 다음 날 변속에 이것이 들어 있고 변이 무르다면 당근이나 토마토가 원인으로, 그날은 주지 말고 다음에 줄 때 그 반만 주면 됩니다.

●

먹는 양이 부족해도 설사를 합니다.

과식하면 설사를 할 수도 있다는 것은 누구나 알지만 먹는 양이 부족해도 설사를 할 수 있다는 사실을 아는 사람은 드뭅니다. 과식하여 변이 무른 것을 소화불량이라며 약을 먹이고, 지금까지 먹던 쌀죽이나 빵죽 등의 이유식을 완전히 중단한 채 모유나 분유만 먹이면 변은 언제까지나 무릅니다. 이것을 예전에는 '기아 설사'라고 했는데 요즘에는 '만성 비특이성 설사'라고 합니다.

이럴 때는 겁내지 말고 이전에 먹이던 이유식으로 되돌리면 됩니다. 묽게 탄 분유나 미음으로는 회복되지 않습니다. 지방이 들어가지 않으면 장은 정상적인 기능을 하지 않기 때문입니다. 영양이 부족하니까 아기는 울고 체중이 감소합니다. 이것을 보충해 준답시고 링거 주사나 포도당 주사를 놓는 것은 아기에게 생각지도 못한 수난입니다. 이유식에 실패했다고 말하는 엄마들의 대부분은 만성 비특이성 설사로 고민한 경우입니다.

●

이질이 유행이라면 분유를 탈 때 주의해야 합니다.

이질이 유행하고 있거나 식구 중 누군가가 설사를 한다면(둘 다 여름에 많이 발생) 분유를 먹이는 경우 분유 탈 때 특히 주의해야 합니다. 주위에 그런 사람이 있을 때 엄마도 설사하고 아기도 설사하고 동시에 기분이 좋지 않을 때는 이질에 걸렸을 가능성을 고려해야 합니다.

●

열이 난다. 176 열이 난다 참고

변비. 179 변비가 생겼다 참고

갑자기 울기 시작하며 아파한다. 180 갑자기 울기 시작한다, 181 장중첩증이다 참고

38℃ 이상의 열이 3일간 계속된다면 우선 돌발성 발진226 돌발성 발진이다을 의심해보고, 한 여름이라면 하계열177 하계열이다일 가능성을 생각해봐야 합니다. 소변 색이 흐리고 세균이 발견되면 방광이나 신우에 대장균이 침입한 요로감염일 것입니다. BCG를 접종했다면 결핵에 대한 걱정은 하지 않아도 됩니다.

202. 기침을 자주 한다

● 자주 기침을 하고 가래 끓는 소리가 나도 잘 먹고 열이 없으면 병이 아니다. 환자 취급을 해서는 안 된다.

밤에 자기 전이나 아침에 일어날 때 자주 기침을 합니다.

장마가 들기 전 또는 태풍이 부는 9월쯤 지금까지 별로 기침을 하지 않던 아기가 밤에 자기 전이나 아침에 일어날 때 한참 동안 기침을 하는 경우가 있습니다. 밤에는 기침과 함께 저녁에 먹은 분유를 토하기도 합니다. 구토를 하여 놀라 열을 재보면 정상입니다. 기분도 그리 나빠 보이지 않습니다. 단지 기침만 할 뿐입니다.

의사에게 보이면 기관지가 나쁘다든지 '천식성 기관지염'이라고 진단을 내립니다. 얼마 가지 않아 등에 손을 대보면 그르렁거리며 가래 끓는 것이 느껴지거나 "쉬익쉬익" 하는 소리가 들립니다. 물론 생후 1개월쯤부터 "그르렁 그르렁" 하며 나던 소리가 생후 5개월까지 가는 아기도 있습니다. 증상은 같습니다.

●

잘 먹고 열이 없으면 큰 병이 아닙니다.

이것을 중병이라고 생각하고 체질 개선 주사를 맞히는 등 과장된 치료를 하는 것은 좋지 않다고 앞157 가래가 끓는다에서 이미 언급했습니다. 기침을 해도 아기가 잘 웃고 분유도 잘 먹고 열도 없으면 큰 병이 아닙니다. 기운이 넘치는 아기가 열이 없는 폐렴에 걸리는 일은 없습니다. 이런 아기를 치료하지 않으면 커서 '천식'이 된다는 협박을 믿어서는 안 됩니다. 오히려 이런 아기를 단련시키지 않고 병원에만 다니면 정말 천식으로 만들어버립니다.

처음 기침을 한 날 의사에게 진찰받는 것은 좋습니다. 하지만 '천식성 기관지염'이라든지 '소아 천식'이라는 진단을 받으면 오히려 안심하고 이것은 의사가 치료하는 것이 아니라 엄마가 아기를 단련시켜 고쳐야 한다고 생각하면 됩니다. 가래는 약이 아니면 고칠 수 없다고 생각해서는 안 됩니다.

기침을 심하게 할 때 목욕을 시키면 가래가 더 많아지는 아기가 있습니다. 그러나 이것은 기침을 하기 시작한 날의 일이고, 일주일이나 기침이 계속된 경우는 목욕을 해도 기침이 그다지 악화되지 않습니다. 이런 상황을 아는 사람은 엄마뿐입니다. 몸이 많이 더러워져 목욕을 시켜야 한다면 밤이 아니라 오후 3시쯤 시키는 것이 좋습니다. 그리고 목욕을 하고 나서 갑자기 찬 바람을 쐬는 것은 좋지 않습니다.

특별히 바람이 차지 않으면 목욕은 시키지 않더라도 되도록 밖에서 지내는 것이 좋습니다. 바깥 공기로 피부와 기도 점막을 단련시키는 것이 가래 분비를 감소시키는 가장 좋은 방법이기 때문입니다. 옷을 많이 입혀 집 안에서만 지내게 하고 난방이 되는 방에서 나가지 못하게 하면 한참이 지나도 기침은 낫지 않습니다.

●

가래의 원인이 될 수 있는 것을 최대한 차단합니다.

특정 물질에 대한 과민 반응으로 가래가 끓는 경우도 있으므로 아기가 기침을 시작하기 전에 무슨 변화가 있었는지 생각해 봅니다. 오랫동안 수납장에 넣어두었던 시트를 사용한 다음 날부터 가래가 끓었다면 수납장에 흔히 있는 먼지(진드기 똥이 붙어 있음)가 원인일 수도 있습니다. 아기가 침대에서 떨어질 것에 대비하여 깔아둔 털이 북슬북슬한 카펫 정도는 그나마 영향을 덜 받습니다. 그런데 바닥에서 재우는 아기 중에는 집안에 깔아두었던 카펫을 모두 걷어낸 다음에 기침이 멈춘 사례도 있습니다.

지금까지 쓰던 면이나 모직 담요를 화학섬유로 바꾸어보든지, 메밀 껍질을 넣은 베개를 우레탄으로 바꾸어보는 것도 좋습니다. 바꾸어도 변함이 없으면 그것들은 원인이 아닙니다. 원래대로 되돌려놓아도 됩니다.

아기가 가래가 끓는다면 가정에서 애완동물은 키우지 않도록 합니다. 개, 고양이, 새의 털이 자극이 될 수 있기 때문입니다. 담배 연기도 자극이 됩니다. 통계상 아빠가 담배를 피우는 가정의 아기가 호흡기 질환에 더 많이 걸리는 것으로 나타났습니다.

방 청소를 간단히 끝낸다고 빗자루를 사용하는 것도 좋지 않습니다. 전기 청소기를 사용하도록 합니다. 난방 기구 중 팬이 붙어 있어 기류를 강하게 일으키는 것은 먼지가 납니다. 전기 패널히터가 좋습니다. 그러나 이런 특별한 주의를 하지 않아도 그르렁거리는 대부분의 아기는 크면 괜찮아집니다.

●

가래가 끓는다고 환자 취급을 해선 안 됩니다.

가래가 끓는 아기를 특별히 약한 아기라고 생각해서 깨지기 쉬운 물건 다루듯이 키워서는 안 됩니다. 가래 분비가 조금 많은 건강한 아기로 대하면 됩니다. 결혼해서 10년 만에 낳은 아기나 딸 셋 다음에 얻은 아들이 가래가 끓을 때 너무 조심스러워하다가 천식 환자로 만들어버리는 부모가 많습니다. 가래가 끓는 아기를 치유할 수 있는 사람은 의사가 아니라 부모라는 사실을 잊어서는 안 됩니다.

203. 밤중에 운다

● 특별한 이유 없이 밤중에 잘 깨어 우는 경우에는 낮에 활동량을 늘려 잠을 푹 잘 수 있도록 해준다.

수면제도 효과가 없습니다.

생후 5개월이 되어서 처음으로 밤에 갑자기 울기 시작하는 아기가 많습니다. 부모가 자려고 할 때 잠이 깨어 한참 동안 웁니다. 안아주고 분유를 먹여서 겨우 재우면 2시간 정도 지나서 다시 울기 시작합니다. 어떻게 해도 하룻밤에 2~3번은 우는 아기가 적지 않습니다.

이렇게 되면 전업주부인 엄마보다 다음날 일하러 나가는 아빠한테 지장이 있고, 견디지 못한 아빠는 내일은 병원에 가보라고 합니다. 다음 날 아침 의사에게 수면제를 처방받아 아기가 자기 전에 먹입니다. 그러나 이런 아기에게는 보통 양으로는 그다지 효과가 없습니다.

밤중에 배가 고파서 우는 아기는 드뭅니다. 이런 아기는 자기 전에 먹는 분유 양을 조금 늘려주면 만족해서 자니까 알 수 있습니다. 밤중에 꼭 한 번은 먹어야 하는 아기에게 야간 수유를 중단하면 밤중에 웁니다. 이런 경우에는 야간 수유를 다시 시작하면 됩니다. 배고픔만이 원인이라면 밤중에 상습적으로 울지 않습니다.

●

낮에 운동 부족이 원인이 되어 밤에 푹 자지 못하는 아기도 있습니다.

이유식 만드느라 시간 보내지 말고 간단한 이유식을 만드는 대신 그만큼 바깥에서 놀게 해주면 아기는 밤에 울지 않습니다. 낮에 바깥에서 3시간 이상 놀지 않는 아기는 운동 부족이 됩니다.

낮잠 시간의 배분이 적당하지 않아서 밤에 자주 깨는 아기도 있습니다. 밤에 울다 보니 늦잠을 자게 되어 아침 10시가 넘어서 일어납니다. 그러고는 오후 2시부터 3시까지 낮잠을 잡니다. 다시 저녁 7시부터 9시 넘어서까지 잡니다. 이런 아기는 아침에 점차 일찍 깨우도록 하고, 오후 낮잠 시간을 앞당기며, 되도록 오후 6시 이후에는 재우지 않도록 합니다. 낮잠 시간을 앞당기기 위해서는 아기를 밖으로 데리고 나가 재미있는 것을 보여주거나, 방안에서 기어다니면서 인형과 놀게 해줍니다.

이 월령에는 기생충 때문에 푹 잠들지 못하는 아기는 거의 없습니다. 그러나 형제에게 요충이 있을 때는 아기에게도 기생충이 있을 가능성이 있습니다. 의심스러울 때는 요충난을 조사해 보도록 합니다.

●

원인을 알 수 없는 울음도 있습니다.

이상의 여러 가지를 다 해봐도 효과가 없는 경우도 분명히 있습니다. 원인을 알 수 없는 '야간울음'도 있습니다.

밤에 자다가 갑자기 울기 시작하거나 병원에 가서 주사를 맞고 온 날 밤중에 우는 것을 보면 아기는 아마 악몽으로 무서워하는 것 같습니다. 머릿속에 무서운 장면이 떠오르거나 무서운 소리가 들리는 듯합니다. 아기는 이것을 제대로 표현할 수 없기 때문에 더 무서운 것입니다. 감수성이 예민하기 때문에 생기는 수난입니다.

그러나 야간 울음은 평생 동안 계속되지는 않습니다. 꿈을 많이 꾸는 사람이 될지는 모르지만 밤중에 우는 것은 1~2개월간 심하다가 차츰 회복됩니다. 감수성에 기복이 있기 때문일 것입니다. 한약을 먹이거나 대두유로 바꾸거나 주문을 외거나 기도한다고 해도 즉시 효과가 나타나지는 않습니다. 하지만 밤중에 우는 것은 꼭 치유됩니다. 절망은 금물입니다.

●

젖을 물리는 것도 방법입니다.

밤중에 아기가 우는 것 때문에 지나치게 스트레스를 받아 아기를 꼬집기나 거칠게 흔드는 등 아기를 학대하는 엄마도 있습니다. 밤중에 우는 것은 확실하게 고쳐지는데 안타까운 일입니다.

아직 모유가 나오는 엄마가 아기를 꼭 껴안고 젖을 물릴 경우 안심하고 곧 잔다면 이유기라 하더라도 밤중에 우는 아기를 달래기 위해 모유를 먹이도록 합니다. 엄마의 애정으로 불안해하는 아기를 달래야 하는 상황에서, 생후 5개월이 지난 아기에게 모유를 먹이면 영양이 부족해진다는 이유로 아기에게 애정을 베풀기를 거부하는 것은 어리석은 일입니다.

●

아기의 감기. 184 감기에 걸렸다 참고

204. 동상에 걸렸다

● 초기에 신경 쓰면 그다지 심해지지 않는다. 평소 바깥에서 많이 지내게 해 피부를 단련시킬 필요가 있다.

초기에 신경 쓰면 심해지지 않습니다.

동상이 심해지면 집에서는 치료할 수 없습니다. 하지만 동상의 징조는 일찍부터 나타나므로 초기에 신경 쓰면 그다지 심해지지 않습니다.

동상에 걸리는 것도 개인차가 있습니다. 가을이 깊어져 찬바람이 불면 손가락, 손등, 발가락 등이 새빨개지면서 붓는 아기는 그냥 두면 겨울에 심한 동상에 걸립니다.

조금이라도 동상의 증상이 보이면 손발의 혈액 순환이 잘되도록 마사지를 해주는 것이 좋습니다. 손가락 끝에서 심장을 향해 손바닥으로 비벼줍니다. 핸드크림을 바르면 마사지하기가 쉽습니다.

기온이 10℃ 이하인 곳에서는 장갑을 끼우고 양말을 신겨야 합니다. 이때 장갑이나 양말이 덜 마르거나 때가 묻어 있으면 안 됩니다. 양말은 자주 빨지만 장갑 세탁은 소홀히 하기 쉬우니 신경 써야 합니다. 그리고 장갑과 양말 목이 너무 끼는 것은 좋지 않습니다.

목욕은 동상의 예방도 되고 치료도 됩니다. 아기가 동상의 징조를 보이면 매일 목욕시키는 것이 좋습니다. 목욕 후에는 수건으로 손발을 잘 닦아 물기가 남아 있지 않게 해야 합니다.

동상에 바르는 약은 꽤 많지만 특효약은 없습니다. 피부에 맞는 지방성이라면 핸드크림이라도 괜찮습니다. 바르기만 하는 것이 아니라 앞에서 설명한 요령으로 마사지하면서 비벼주는 것이 좋습니다.

방 안 온도는 아기가 눈을 뜨고 있을 때 15℃ 이하가 되지 않도록 해야 합니다. 아기를 평소 바깥에서 많이 지내게 하여 피부를 단련시키는 것이 동상 예방에 도움이 됩니다.

205. 여름철 머리에 종기가 생겼다

● 청결이 예방책이다. 하나가 생겼을 때 일찍 치료하면 더 이상 악화되지 않는다.

화농균이 원인으로 전염될 수 있으니 주의해야 합니다.

매년 여름이 끝날 무렵이면 소아과에는 머리에 종기가 생긴 아기들이 많이 옵니다. 할미니들은 '여름종기'라고도 합니다. 농가진에 걸린 형제에게 전염되는 경우도 적지 않습니다. 형제가 없는 아기라면 땀띠를 긁어 화농균이 들어간 것이 원인일 것입니다.

머리에 종기가 3~4개 날 때도 있지만 머리 전체에 가득 나는 경우도 있습니다. 이렇게 되면 38℃ 정도의 열이 나기도 합니다. 종기라서 조금만 만져도 아픕니다. 아기는 자면서 뒤척일 때마다 종기가 닿아 아파서 잠이 깨어 웁니다.

땀띠가 났을 때 손톱을 깨끗이 잘라주고 베개 커버를 자주 바꾸어 청결하게 해주면 예방할 수 있습니다. 그리고 종기가 하나 생겼을 때 일찍 치료하면 더 이상 악화되지 않습니다. 종기가 났을 경우 외과에 가야 할지 소아과에 가야 할지 망설이게 되는데, 종기의 일부가 이미 곪아서 말랑말랑해졌다면 절개해야 하므로 외과에 가야 합니다. 초기라면 페니실린이 잘 듣습니다.

종기가 나은 다음 귀 뒤와 후두부에 림프절 2~3개가 단단하게 부은 것이 남습니다. 이것은 거의 곪지 않습니다. 눌러서 아파하지 않는다면 그냥 두어도 자연히 작아집니다. 그리고 종기는 화농균이 원인이므로 다른 아이에게 옮지 않도록 주의해야 합니다.

206. 홍역에 걸렸다

● 주로 형제로부터 전염된다. 하지만 이 시기 아기의 홍역은 증상이 심하지 않다.

대부분 형제로부터 전염됩니다.

생후 6개월까지의 아기가 홍역에 걸리는 것은 거의 형제로부터 전염된 경우입니다. 우연히 놀러 간 친척집의 아이가 감기인줄 알았는데 홍역이었다는 연락을 2~3일 후에 받게 되는 일도 있습니다.

생후 5개월 된 아기에게는 엄마한테서 받은 면역 항체가 아직 남아 있어서 홍역에 걸려도 가볍게 넘깁니다. 개중에는 걸리지 않는 아기도 있습니다. 홍역에 걸려 발병할 때까지 보통 10~11일의 잠복기가 있지만 면역 항체가 있을 때는 이 기간이 길어집니다. 때로는 20일째에 나타나기도 합니다. 홍역 발진이 나타날 때까지는 보통 재채기나 기침을 하거나 눈곱이 끼기도 하는데 생후 5개월 된 아기에게는 이런 증세가 없습니다. 하루만 열이 37℃를 조금 넘고 얼굴, 가슴, 등에 모기에 물린 것 같은 빨간 발진이 드문드문 셀 수 있을 정도로 나는 것으로 끝나버립니다.

●

보통 홍역보다 훨씬 가볍습니다.

형제가 홍역에 걸렸을 때 아기에게 같은 증세의 홍역이 나타나지는 않습니다. 주의하여 매일 온몸을 살펴보지 않으면 약간 빨간 발진이 드문드문 있는 것은 못 보고 지나칠 수도 있습니다. 그렇지만 엄마가 홍역에 대한 면역의 정도가 약할 경우에는 아기가 엄마로부터 받은 면역 항체도 일찍 없어지므로 좀 더 심하게 앓게 됩니다. 열도 하루 반 정도 계속되고 발진도 더 많이 생깁니다. 그러나 2일이 지나면 없어지고, 큰 아이의 홍역처럼 갈색 흉터가 남지는 않습니다. 기침으로 고생하거나 홍역 끝에 폐렴이 되는 일도 없습니다. 이렇게 생후 6개월까지의 홍역은 보통 홍역보다 훨씬 가볍습니다. 게다가 홍역에 대한 면역이 생겨 평생 동안 다시 홍역에 걸리지 않게 됩니다.

●

경솔하게 감마글로불린으로 예방하지 않는 것이 좋습니다.

예방을 위해서 감마글로불린을 주사하여 유효한 기간은 다른 환자와 접촉한 지 6일까지입니다. 그 이후에 감마글로불린 주사를 맞는 것은 아기를 아프게만 할 뿐입니다. 생후 5개월 된 아기가 홍역에 걸렸을 경우에는 목욕과 외출을 피하는 것 외에 특별한 처치를 필요로 하지 않지만 다른 아이에게 전염시킬 가능성이 있습니다. 생후 6개월이 지났다면 일반적인 홍역 증세가 나타납니다.

207. 귀지가 무르다

● 주로 피부색이 하얗고 피부가 무른 아기에게 많다. 병이 아니며 자라면서 분비량이 줄어든다.

주로 피부색이 하얗고 피부가 무른 아기에게 많습니다.

생후 5개월쯤 되면 아기의 귓속을 보기 쉬워집니다. 그래서 귓속의 귀지가 건조하지 않고 갈색을 띠며 점도가 높다는 것을 알게 됩니다. 엄마 자신이 아기처럼 귀지가 무른 경우라면 유전이라고 생각하겠지만 그렇지 않은 엄마는 중이염이 아닌가 하여 걱정합니다. 중이염으로 분비물이 나와서 귀 입구가 젖는 경우가 있긴 하지만 중이염이 양쪽 귀에 한꺼번에 생기는 일은 드뭅니다. 그리고 분비물이 나오기 전에 다소 열이 있거나 아파서 밤에 자지 못합니다.

태어났을 때부터 귀지가 무른 아기는 한쪽만 그런 경우는 없습니다. 귀지가 무른 것은 귓구멍의 지방선 분비가 다르기 때문입니다. 주로 피부색이 하얗고 피부가 무른 아기에게 많은데 병은 아닙니다. 특별히 귀지가 무르면 밖으로 흘러나오기도 합니다.

이럴 때는 조심스럽게 귀 입구를 탈지면으로 닦아주면 됩니다. 그러나 끝이 날카로운 것으로 깨끗이 해주려고 해서는 안 됩니다. 잘못하면 상처를 내어 외이염을 일으킬 수 있습니다. 귀지가 무른 것은 커서도 달라지지 않지만 분비량은 적어집니다. 또 이런 아기가 전부 어른이 되었을 때 암내가 난다고 할 수는 없습니다.

208. 후두부가 납작하다

● 만 3~4세가 되면 저절로 눈에 띄지 않게 된다. 하지만 유전적인 경우라면 달라지지 않는다.

생후 3개월 정도부터 눈에 띄기 시작하여 5~6개월 정도에 가장 심해집니다.

아기를 눕힐 때 한쪽으로만 눕히지 않도록 노력해도 후두부가 납작해지는 경우가 많습니다. 특히 오른쪽 후두부가 납작한 아기가 많습니다. 물론 가운데가 납작해서 절벽 같은 아기도 적지 않습니다. 이것은 생후 3개월 정도부터 눈에 띄기 시작하며 5~6개월 정도에 가장 심해집니다. 따라서 이 시기에 걱정하는 엄마가 많습니다.

후두부가 튀어나와 있건 납작하건 뇌 기능과는 아무 관계가 없습니다. 후두부가 납작한 것은 만 3~4세쯤 되면 눈에 띄지 않습니다. 그리고 초등학교에 갈 때쯤이면 걱정하지 않게 됩니다. 그러나 아빠가 후두부가 납작하다면 아기가 커도 나아지지 않습니다. 이렇게 유전적인 경우는 100명 중 3~4명 정도 됩니다. 아기의 후두부가 납작하다는 것을 알게 되면 되도록 안아주는 시간을 늘려보지만 그다지 효과는 없습니다.

●

갑자기 심하게 울기 시작한다. 180 갑자기 울기 시작한다 참고

보육시설에서의 육아

209. 이 시기 보육시설에서 주의할 점

- 운동이 활발해지므로 추락에 대한 주의가 필요하다.
- 효과적인 이유를 위해 늘 엄마와 대화를 나눈다.
- 무엇을 할 때든 아기 이름을 먼저 불러준다.

지난달보다 추락에 대한 주의가 한층 더 필요합니다.

생후 6개월 가까이 되면 아기의 활동이 매우 활발해집니다. 그러므로 지난달보다 추락에 대한 주의가 한층 더 필요합니다. 아기를 침대에서 바닥에 내려놓고 놀게 하는 일이 많아집니다. 아기는 주운 것은 무조건 입으로 가져가 삼키므로 바닥에 작은 물건이 떨어져 있지 않도록 주의해야 합니다. 아기 옷의 단추가 떨어지려고 하면 나중에 달려고 하지 말고 옷에서 바로 떼어 높은 곳에 두어야 합니다.

보육시설에서 아기가 신문지를 찢어 먹었다면 집에 돌아와 변을 보았을 때 이것이 보입니다. 이 월령의 아기라면 어느 가정에서나 일어날 수 있는 일인데도 보육시설에 아기를 맡겨두었던 엄마는 그렇게 생각하지 않습니다. '우리 애가 방치되고 있구나'라고 생각하며 보육시설을 불신하게 됩니다.

●

이유식에 관해서는 먼저 엄마와 상담해야 합니다.

생후 5개월이 되면 대부분의 보육시설에서는 이유식을 시작합니다. 그전에 엄마와 충분히 상담해야 하는 것은 지난달 항목에서 이야기한 대로입니다. 185 이 시기 보육시설에서 주의할 점 이유식 방법은 190 다양한 이유법, 191 시판 이유식, 192 집에 있는 재료로 이유식 만들기, 193 맞벌이 가정에서의 이유식, 194 효과적인 이유 진행법을 참고하기 바랍니다. 집에서 어느 정도 숟가락으로 먹는 연습을 했다면 보육시설에서 1회만 이유식을 줍니다. 오전 10시나 11시경 분유를 주기 전에 먹이는 것이 좋습니다. 맞벌이 가정에서 '집에 있는 재료로 만드는 이유식'으로 적당한 것이 없을 때는 보육시설에서 이유식을 만들어주면 도움이 됩니다.

영아 보육을 여러 해 동안 해온 보육시설에서는 보육시설 자체의 독자적인 이유식 계획을 세워두고 있습니다. 첫 3주 정도는 이유식 식단대로 죽을 주고, 그 후에는 다른 큰 아이들을 위해서 만드는 급식에서 아기가 먹을 수 있는 것을 주는 곳이 많습니다.

이유식을 먹는 아기만을 위해서 따로 묽은 죽을 만들어주는 것은 힘드니까 인스턴트 플레이크죽을 먹이기도 합니다. 이유식을 만드는 데 시간이 걸려 안전 보육이 소홀해지는 것은 바람직하지 않습니다. 쌀죽을 전혀 쓰지 않고 빵죽이나 으깬 감자 또는 멸치나 가다랑어를 우려낸 국물에 푹 삶은 우동으로 이유식을 시작하는 보육시설도 있습니다.

●

조리실은 언제나 소독을 철저히 해야 합니다.

아기의 이유식에만 해당되는 것은 아니지만 보육시설에서 조리할 때는 언제나 소독을 철저히 해야 합니다. 죽에 소금 넣는 것을 잊었다고 해서 아기가 병에 걸리지는 않지만, 조리하는 사람이 손을 씻지 않거나 조리실에 파리가 들어가면 맛이 아무리 좋아도 아기가 병에 걸릴 수 있습니다.

소독만 철저히 하면 이유식을 만드는 것은 결코 어렵지 않습니다. 직업을 가진 엄마는 육아잡지에 나와 있는 복잡한 이유식을 만들어줄 여유가 없는 것에 대해 강박관념을 가지고 있기 때문에 이유식은 어려운 것이라고 생각합니다. 또 보육교사는 보육교사대로 미혼인 여성이 많고, 집에서 이유식이라는 것을 만들어본 경험이 없으니 엄마의 강박관념에 영향을 받게 됩니다. 그러나 보육교사로서 자신을 가져야 합니다.

●

보육시설만의 이유식 방법이 있다면 되도록 그것을 바꾸지 않는 것이 좋습니다.

왜냐하면 보육교사가 자신에게 제일 익숙한 방법이 있다면 아기를 대했을 때 보통 아기인지 개성이 강한 아기인지 금방 알 수 있기 때문입니다. 매년 이유식 방법을 바꾸면 아기들의 반응이 가지각색이어서 공통된 유형을 알아차리기 힘들어 결국 자신감도 생기지 않게 됩니다. 신문이나 텔레비전에 새로운 이유식이 소개되어도 동요할 필요 없습니다. 어차피 이유식이라는 것은 보통 식사로 가기 위한 과도기적인 것입니다 평생 동안 그것을 먹는 것이 아닙니다. 영양가가 조금 높거나 낮은 것은 큰 문제가 아닙니다. 아기가 즐겁게 잘 먹으면 됩니다.

●

오늘 먹은 이유식 식단을 엄마에게 알려줍니다.

이유식은 아기에게 새로운 즐거움이어야 합니다. 다른 큰 아이들이 간식 시간이 되어 과자를 받고 좋아할 때는 아기에게도 계란과자를 주는 것이 좋습니다.

보육시설에서는 오늘 이유식으로 무엇을 주었는지를 매일 엄마에게 구두로라도 전해 주어야 합니다. 집에서 변에 빨간 것이 보였을 때 오늘 당근이나 토마토를 주었다는 이야기를 들었다면 엄마는 놀라지 않을 것입니다.

보육시설에서 이유식을 준 지 15일 정도 되었을 때 아기가 적극적으로 먹고 한 번에 20g(커피잔 1/6 분량) 정도의 쌀죽(빵죽)을 먹을 수 있게 되면, 엄마에게 그 사실을 말하고 집에 있는 반찬 중에서 아기가 먹을 수 있는 것을 이유식으로 주라고 합니다. 영양 때문이 아니라 가정의 즐거움을 느끼도록 해주기 위해서입니다.

●

이유식을 원치 않을 땐 억지로 먹이지 않습니다.

보육시설에서 이유식을 시작했는데 아기가 전혀 원하지 않는 경우도 있습니다. 이때 억지로 먹여서는 안 됩니다. 특히 계절이 여름이고 분유 먹는 양도 줄었을 때는 이유식 주는 것을 1주나 10일 정도 연기해야 합니다. 그래도 먹지 않으면 또 연기해야 합니다. 개중에는 죽같이 걸쭉한 것을 싫어하는 아기도 있습니다. 이런 아기에게는 달걀, 두부, 감자 같은 반찬만 줘도 됩니다. 식사는 인생의 일부에 불과합니다. 이유기라고 해서 이유식을 먹이는 데만 집중해서는 안 됩니다. 기후가 좋을 때는 가능하면 밖에서 지내도록 합니다. 영아체조도 계속해야 합니다.

●

자기보다 큰 영아 그룹의 즐거움에 참관시키는 것이 좋습니다.

소변 보는 간격이 긴 아기는 시간을 정해 변기에 데리고 가서 소변 가리기에 성공하는 경우도 많아집니다. 특히 땀이 많이 나는 여름에는 더 잘됩니다.

아기는 자기보다 큰 아이가 주위에서 노는 것에 대해 점차 관심이 많아집니다. 영아 그룹의 아이들이 노래를 부르거나 놀이를 하거나 달리기하는 것을 보고 즐거워합니다. 집에서는 이런 기쁨을 맛볼 수 없습니다. 따라서 가능하면 영아 그룹의 즐거움에 참관시키는 것이 좋습니다.

●

무언가를 할 때 먼저 아기 이름부터 불러줍니다.

아기는 주변에 아는 사람이 없어지면 금세 외로워합니다. 집에 돌아갈 시간이 되어서 다른 아기들이 전부 엄마에게 안겨 집으로 갈 때 자기 혼자 남는 것은 싫은 일임에 틀림없습니다. 이 때 아기가 얌전하다고 해서 난간이 있는 침대 속에 혼자 두지 않도록 합니다. 보육교사는 아기가 잘 보이는 곳에 있어야 하며, 아기 얼굴을 보면서 이름을 불러주는 것이 좋습니다. 무언가를 할 때도 먼저 아기 이름부터 부르고 시작합니다. 아기가 말을 하지 못할 때부터 이렇게 해야 합니다.

●

여름에는 자주 땀을 닦아주고 겨울에는 동상에 걸리지 않도록 해줍니다.

더운 여름에 만원 버스나 전철을 타고 엄마에게 안겨서 온 아기는 체온이 올라가 있습니다. 보육시설에 도착하면 땀을 닦아주고 기저귀가 젖어 있으면 갈아준 뒤 속옷만 입혀서 시원하게 해줍니다. 땀을 많이 흘린 아기는 보리차를 먹이도록 합니다.

겨울에 동상이 잘 걸리는 아기는 보육시설에 왔을 때 손발이 빨갛게 되어 있으면 마사지를 해줍니다. 그리고 눈이나 비가 와서 손발이 젖어 있으면 동상에 걸릴 수 있으므로 마른 수건으로 잘 닦아주어야 합니다.

210. 이 시기 영아체조

생후 4~5개월에 하는 체조를 5~6개월에도 되풀이합니다. 운동 횟수는 조금 늘려도 됩니다. 일어서는 연습을 시켰을때 아기가 다리를 앞으로 내디디려고 하면 계속해서 2~3걸음 전진하는 운동을 추가합니다.

체조하는 방법은 그림으로 보는 영아체조(1권 555쪽)를 참고하기 바랍니다.

아기는 이제 눈을 뜨고 기분좋게

노는 시간이 많아졌습니다.

아이의 표정만으로도 집안이 더욱

화목해지는 시기입니다.

아기의 기호에 맞춰 이유식을 만들어주고

바깥 공기도 많이 쐬어줍니다.

10

생후 6~7개월

이 시기 아기는

211. 생후 6~7개월 아기의 몸

● 눈을 뜨고 기분 좋게 노는 시간이 많아지면서 집안이 더욱 화목해지는 시기이다. 아기의 기호에 따라 적절한 이유식을 주고 바깥 공기를 많이 쐬어준다.

아기를 중심으로 한 가정의 즐거움이 더욱더 커집니다.

아기가 이제 적극적으로 가족의 한 구성원이 됩니다. 이 시기의 아기는 이전처럼 자고만 있지 않고 노는 시간이 길어집니다. 깨어 있는 상태에서 기분 좋게 지내는 시간이 많아진 것입니다. 엄마가 웃어주면 기뻐하고, 갑자기 아기 곁을 떠나면 울기도 합니다. 엄마와의 연대감이 날이 갈수록 강해집니다. 말을 걸면 얼굴을 바라보기도 하고 이름을 부르면 돌아보기도 합니다.

●

이제 아기에게 인생의 즐거움을 가르쳐줄 때입니다.

눈을 뜨고 있는 시간이 길어지고 즐거움을 알게 된 아기에게 인생의 즐거움을 가르쳐주어야 합니다. 몸을 자유롭게 움직일 수 있는 즐거움, 맛있는 음식을 먹는 즐거움, 부모와 같이 노는 즐거움, 산책하는 즐거움을 매일 아기가 느끼게 해주어야 합니다.

그런데 아기에게 이런 인생의 즐거움을 맛보게 해주기보다는 엄마로서의 일상적인 의무를 더 중시하는 엄마가 많습니다. 빨리 이유를 해야 한다는 의무감이 강한 엄마입니다.

이런 엄마는 매일 체중을 재보고 무엇을 얼마나 먹일까만 생각합니다. 언제나 이유식 식단에 몰두하여 이유식을 만들어서 아기에게 정해진 대로 기어코 먹이려고 노력합니다. 아기가 이유식을 먹으면 기뻐하고 먹지 않으면 서운해합니다. 이런 엄마는 아기에게 오늘 하루 몇 kcal를 먹였는지는 계산하지만 오늘 아기를 얼마나 즐겁게 해 주었는지는 생각하지 않습니다.

●

이유는 어떤 정해진 방법으로 해야 하는 것이 아닙니다.

이유의 목적은 이유식 식단을 순서대로 먹이는 것이 아니라, 이가 나고 자유롭게 걸을 수 있게 되었을 때 가족과 함께 식사할 수 있게 하려는 것입니다. 분유를 먹이지 않도록 하는 것이 아니라, 분유 이외에 밥이나 빵을 주식으로 하는 식생활을 하게 하려는 것입니다.

이가 제대로 나고 자유롭게 걸을 수 있게 되는 것은 만 1세가 지나서입니다. 그때까지 연습시키면 됩니다. 생후 6개월이 지났는데도 계속 모유나 분유만 먹이는 것이 해롭다는 것은 아닙니다. 생후 6개월이 지나면 아기에게는 모유나 분유 이외의 음식을 먹고 싶어 하는 욕구가 자연스럽게 생깁니다. 이것을 무시하고 모유나 분유만 주는 것은 잘못입니다. 예전에는 이 때문에 아기가 빈혈이 되기도 했습니다.

아기가 모유나 분유 이외에 원하는 음식은 아기마다 다릅니다. 아기가 원하는 음식을 주면 됩니다. 이것이 먹는 즐거움을 가르치는 것입니다. 이유식 식단에 쇠간이 좋다고 쓰여 있다고 해서 아기가 질색하는데도 꼭 먹이려고 하는 것은 잘못입니다.

생후 6~7개월경에는 아직 모유나 분유를 통해 영양의 대부분을 섭취해도 됩니다. 빨리 죽으로 바꾸려고 초조해할 필요가 없습니다. 영양가는 죽 한 그릇보다 분유 한 병이 훨씬 높습니다. 죽을 한 번 먹일지 두 번 먹일지는 아기가 즐겁게 지낼 수 있느냐 없느냐에 달려 있습니다. 아기에게 매번 1시간씩 걸려서 하루 두 번 죽을 먹이기보다는 죽은 한 번만 먹이고 바깥 공기를 쐬며 보내는 시간을 늘리는 것이 더 좋습니다.

죽 한 그릇 먹는 데 1시간이나 걸린다는 것은 아기가 별로 좋아하지 않는다는 뜻입니다. 강제로 죽을 먹는 1시간보다 바깥에서 자유롭게 보내는 1시간이 아기에게는 훨씬 즐겁습니다. 즐거울 뿐만 아니라 신체 단련도 됩니다.

이번 달에는 아직 죽을 좋아하지 않지만 1개월 더 기다리면 잘 먹게 되어 죽 한 그릇 정도는 20분 만에 먹어버리는 경우도 많습니다. 다음 달에 충분히 할 수 있으니 무리할 필요가 없습니다.

이유식은 정해진 식단대로 먹어야 하는 것이 아니라 아기의 각자 기호에 따라 엄마가 준비해 주면 됩니다. 다행히도 엄마 마음대로 해도 아기는 잘 자랍니다. 이유식이 얼마나 다양한지는 212 효과적인 이유식 진행법을 참고하기 바랍니다.

●

이유식을 먹는 시간과 횟수는 아기의 수면 유형에 따라 다릅니다.

이유식을 먹는 시간과 횟수가 다양한 이유 중 하나는 아기의 수면 유형이 각각 다르기 때문입니다. 생후 6~7개월경 낮잠은 오전과 오후 각 한 번씩 1~2시간 자는 경우가 많습니다. 어떤 날은 저녁에 1~2시간 더 자는 아기도 있습니다. 이때는 밤의 취침이 일반적으로 늦어지는 경향이 있습니다.

밤 10시 30분이나 11시에 마지막 수유를 하면 아침 6시 30분에서 8시까지 푹 자는 아기가 많습니다. 밤중에 젖은 기저귀를 갈아주어도 잠이 깨지 않는 아기가 있는가 하면, 깨는 아기도 있습니다. 그리고 잠이 깨어 울어도 5분 만에 다시 자는 아기가 있는가 하면, 반드시 젖을 먹어야만 자는 아기도 있습니다.

자는 아기를 일부러 깨워 먹이지 않으면 분유나 모유를 하루에 세 번밖에 주지 못하는 날도 있습니다. 이런 아기에게 어떻게든 이유식을 두 번 주려고 하면 수유를 두 번으로 줄여야 합니다. 그런데 이렇게 하면 아기가 만족하지 못하므로 수유를 또 하게 되어 결국 이유식을 한 번밖에 주지 못하게 됩니다. 하지만 그래도 괜찮습니다.

분유통에 1회에 200ml를 먹이라고 쓰여 있어서 200ml씩 3~4회 주는 엄마가 많습니다. 이렇게 해서 엄마와 아기가 평화스럽게 지낼 수 있으면 괜찮습니다. 그러나 160ml밖에 먹지 못하는 아기도 있습니다. 그만큼만 먹어도 아기는 충분한데, 분유통에 쓰여 있는 분량에 집착하는 엄마는 분유를 탈 때마다 우리 아기는 왜 이렇게 못 먹을까 하며 한숨을 쉽니다.

이 시기부터 분유를 조금씩 생우유로 바꾸는 엄마가 많은 것은 경제적인 이유 때문만이 아니라 아기가 생우유의 담백한 맛을 좋아하기 때문입니다. 철분이 강화된 분유에서 생우유로 완전히 바꿀 때는 이유식에 달걀노른자가 빠지지 않도록 해야 합니다.

분유 이외에 끓여서 식힌 물이나 보리차를 먹여야 할지가 문제인데 과즙만으로 충분한 아기가 많습니다. 더운 여름에 땀을 많이 흘리는 경우에는 바깥 공기를 쐬고 돌아온 뒤나 이유식 사이 또는 이유식 후에 먹여봅니다.

수분을 많이 요구하는 아기와 그렇지 않은 아기가 있습니다. 수분을 많이 원하는 아기는 필요하니까 요구하는 것입니다. 밤에 오줌을 싸서 곤란하다는 이유로 수분을 제한하는 것은 좋지 않습니다.

●

배설은 이 시기에는 거의 일정합니다.

대변은 하루에 1~2번 보는 아기도 있고 2~3번 보는 아기도 있습니다. 또 2일에 한 번 보는 변비형 아기도 있습니다. 3일에 한 번 보는 것을 기다릴 수 없어 격일로 관장을 해주는 엄마도 있습니다.

이 시기에는 소변을 하루에 열 번 전후로 보는 아기가 많습니다. 짓궂게도 비가 많이 내리면 기저귀를 적시는 횟수가 많아집니다.

소변 보는 횟수가 적은 아기는 소변이 나올 때쯤 변기에 앉히면 성공합니다. 이 시기에는 아기도 그다지 반항적이 아니어서 순순히 따라줍니다. 하지만 소변 보는 횟수가 많고 일정하지 않은 아기는 아무리 변기에 소변을 보게 하려고 해도 성공하지 못합니다. 그런데 엄마가 '나올 때까지 기다리자'는 식으로 오래 끌면 아기는 점점 반항적이 됩니다.

엄마가 바쁘다 보니 도저히 시간을 짐작할 수 없어 변기에 소변을 보도록 신경 쓰지 못하는 경우도 있습니다. 물론 그래도 괜찮습니다. 단, 더운 여름에는 젖은 기저귀 때문에 엉덩이가 짓무르지 않을 정도로 갈아줄 필요는 있습니다.

●

생후 6개월이 지나면 운동 능력이 더욱 발달합니다.

손 움직임도 한층 자유로워집니다. 물건을 손으로 주워 입에 넣는 일도 많아집니다. 따라서 아기를 바닥에 내려놓을 때(또는 바닥에 눕혀놓았는데 혼자 잠이 깨었을 때) 주위에 담배나 동전이 놓여 있어서는 안 됩니다.

반 이상 먹어 가벼워진 젖병이라면 혼자 손으로 잡고 먹을 수 있는 아기도 있습니다. 뒤집기를 할 수 있는 아기는 많지 않지만 앉을 수 있는 아기는 많습니다. 이것은 옷을 벗고 있을 때와 많이 입고 있을 때가 다릅니다.

이 시기에는 식탁이 붙어 있는 아기용 의자에 앉을 수 있으므로 숟가락으로 먹이기도 쉬워집니다. 다리 힘도 강해져 안아주면 무릎 위에서 펄쩍펄쩍 뛰는 일도 자주 있습니다. 하지만 무엇인가를 잡고 일어서기에는 아직 무리입니다.

집 밖으로 나가면 아주 좋아하는 것은 아기 몸이 바깥 공기에 의한 단련을 요구하기 때문입니다. 비바람이 센 날이 아니라면 가급적 바깥에서 지내도록 합니다. 날씨가 좋을 때는 하루에 3시간 정도 밖에서 지내는 것이 좋습니다. 유모차를 잘 이용하기 바랍니다. 얌전하다고 해서 좁은 침대에만 두지 말고 넓은 바다에서 자유롭게 놀게 해줍니다.

돌발성 발진에 특히 신경 써야 합니다.

이 시기에 발병하는 병은 지난달에 해당하는 것과 거의 같으므로 187 생후 5~6개월 아기의 몸을 다시 읽어보기 바랍니다. 다만 한 가지 기억해 두어야 할 점은 생후 6개월이 지나면 돌발성 발진226 돌발성 발진이다이 생길 수 있다는 것입니다. 지금까지 열이 난 적이 없는 아기가 처음으로 38~39℃의 열이 나면서 많이 보채고 밤새 울어 온 식구가 밤을 새웠을 때는 돌발성 발진인 경우가 제일 많습니다. 기침도 하지 않고 콧물도 흘리지 않고 그저 열만 높은 것이 특징입니다.

이가 나는 시기는 아기에 따라서 다르지만 생후 6개월이 지나면 아래쪽 앞니 2개가 나는 아기가 많습니다.217 이가 난다

이 시기 육아법

212. 효과적인 이유식 진행법

● 생후 6개월 전후의 아기가 이유식을 먹는 방법은, 아기가 아침에 일어나는 시간, 엄마가 한가한 시간, 아기가 낮잠 자는 유형 등에 따라 달라진다.

이유식을 먹는 양이 점점 늘어납니다.

지난달부터 이유를 시작한 아기는 이 시기에 들어 점점 먹는 양이 많아집니다. 아기가 분유 이외의 음식 맛을 알고 더 많이 먹고 싶어 하는 것입니다. 맛있게 먹는 것을 본 엄마는 자연히 양을 조금 더 늘립니다. 그래서 점점 먹이는 양이 많아집니다.

하지만 아기가 원하지도 않는데 이번 달에는 더 늘려야 한다고 생각하여 무리하게 먹이는 것은 좋지 않습니다. 특히 더운 여름에 이유식을 시작한 지 2개월째를 맞은 아기는 그다지 식욕이 없으므로 엄마의 생각대로 양을 늘릴 수 없습니다. 이런 경우에 이유식을 많이 먹이려고 분유나 모유를 줄이는 것은 가장 나쁜 방법입니다. 생후 6~7개월경에는 아직 모유나 분유가 주식입니다. 이유식은 연습이라고 생각하면 됩니다.

이유식으로 쌀죽이나 빵죽을 먹였더니 잘 먹을 경우 얼마까지 양을 늘려도 좋은지에 대해 너무 융통성 없이 생각하면 안 됩니다. 이유식 식단에는 생후 6개월이 지나면 죽을 하루에 두 번 주고, 한 번에 30~50g을 주라고 쓰여 있습니다. 그러나 실제로 이 월령의 아기 엄마에게 물어보면 하루에 두 번 죽을 먹이는 경우는 드뭅니다. 아기가 그렇게 먹지 않는다고 말하는 엄마도 있고 하루에 두 번이나 죽을 만들 시간이 없다고 말하는 엄마도 있습니다.

이유식으로 죽을 하루에 한 번만 줄 때의 양도 일정하지 않습니다. 죽과 함께 달걀이나 생선, 감자를 얼마나 먹이느냐에 따라 다르기 때문입니다. 쌀죽을 어린이용 밥그릇으로 1공기(70g) 먹는다고 해서 다른 것은 주지 않아도 이유식이 잘되고 있다고 생각하는 것은 잘못입니다.

쌀죽의 영양가는 생우유에 비하면 훨씬 낮습니다. 칼로리도 걸쭉한 쌀죽은 100g에 52kcal밖에 되지 않는 반면 각설탕을 하나 넣은 생우유는 100g에 80kcal입니다.

쌀죽은 단지 칼로리만 낮은 것이 아니라 성장에 필요한 동물성 단백질도 들어 있지 않습니다. 쌀죽을 많이 먹으면 탄수화물 덕에 살은 찌지만 성장에는 도움이 되지 않습니다. 30분 걸려 만든 100g의 쌀죽이 3분 만에 준비한 설탕이 들어 있는 100g의 생우유보다 영양가는 떨어진다는 것을 잘 기억해야 합니다.

아기의 성장을 위해서는 이유식으로 달걀이나 생선을 먹여야 합니다. 그 점에서는 쌀죽보다 생우유에 토스트를 작게 찢어 넣어서 만든 수프(빵죽)가 좋습니다. 밥은 언젠가 먹게 될 테니까 그 연습으로 쌀죽을 먹이는 것이지 성장을 위해서가 아닙니다. 그러므로 많은 엄마들이 쌀죽을 하루에 한 번만 먹이는 것은 현명한 일입니다.

지난 1개월 동안 달걀이나 감자 등 형태가 있는 음식을 먹는 연습을 한 아기는 이번 달에 생선이나 쇠간 등을 먹는 것이 보통입니다. 그리고 지난달이 한여름이고 최근에 달걀이나 감자를 먹기 시작한 아기라면 일부러 1개월 연습하고 나서 생선을 먹일 필요는 없습니다. 15일 만에 생선을 먹여도 됩니다. 집에 있는 재료로 만든 이유식을 먹는 아기 중에는 지난달부터 생선을 먹는 아기도 있을 것입니다. 아무튼 분유나 모유 이외에 아기가 좋아하는 것을 하루에 한 번 먹이면 됩니다. 이렇게 해서 10일째에 체중을 재보아 100~120g 정도 늘어 있으면(한여름이라면 이보다 적게 늘어도 됨) 이유식이 제대로 진행되고 있는 것입니다.

생후 6개월 전후의 아기가 이유식을 먹는 방법은 아기가 아침에 일어나는 시간, 엄마가 한가한 시간, 아기가 낮잠 자는 유형 등에 따라 달라집니다. 각 가정마다 서로 다른 실례를 살펴봅시다.

◈ 아기 B(여, 지난달의 아기)

07시 분유 200ml

11시 죽(달걀, 잔멸치 등이 들어 있는) 어린이용 밥그릇 1/3공기,

분유 160ml

15시 분유 160ml, 귤 1/2개

19시 바나나 1/4개, 식빵 1/2조각(버터 조금 첨가).

　　콘수프 어린이용 밥그릇 1/3공기, 분유 120ml

22시 분유 220ml

이 아기는 집에 있는 재료로 만든 이유식을 먹기 때문에 저녁 식사 때 고구마, 두부, 흰살 생선 등을 먹을 때도 있습니다.

◈ 아기 C(여, 지난달의 아기)

08시 분유 200ml

12시 체에 거른 과일 이유식 통조림 2/3캔, 떠먹는 요구르트 50ml,

　　분유 100ml

16시 미음(달걀이 들어 있는) 어린이용 밥그릇 1/2공기,

　　야채(호박, 당근, 고구마, 감자 중 하나) 조림,

　　고기 이유식 통조림 1/2캔, 분유 120ml

20시 분유 200ml

낮에 주는 분유를 100ml로 줄인 것은 체중이 8kg을 넘었고 과자를 좋아하여 손에 쥐고 먹기 때문에 비만을 예방하기 위해서입니다. 저녁 8시에 퇴근한 아빠가 아기와 함께 식사하는 즐거움을 주기 위해서 야채 조림, 된장국 등을 미리 만들어놓아 아기가 깨어 있으면 아빠에게 먹여주도록 합니다.

◈ 아기 D(남)

06시30분 분유 180ml

09시 식빵(성냥갑 크기), 분유 180ml

12시 죽 50g(커피잔 1/3 분량), 반찬(죽의 1/2분량)

16시 분유 180ml

19시 저녁 반찬조금, 분유 150ml

23시 분유 180ml

이 아기는 과자는 거의 먹지 않습니다. 분유를 먹으려 하지 않을 때 계란과자를 2~3개 주고 나서 분유를 먹입니다.

◈ 아기 E(여)

07시 달걀 1개, 모유

14시 분유 180ml

18시 모유

21시 분유 180ml

이 아기는 계속 적게 먹습니다. 과자도 단것은 싫어합니다. 가끔 부드러운 쌀과자를 먹는 정도입니다. 21시에 분유를 먹고 자면 아침까지 깨지 않습니다.

◈ 아기 F(남)

08시 홍차, 토스트 1조각(사방 10cm 크기)

12시 모유

15시 달걀, 또는 쇠고기나 닭고기 이유식 통조림 1캔, 생우유 100ml

17시 생우유 100ml, 모유

21시 모유

밤중에 2~3번 울면서 잠이 깨어 모유를 먹습니다.

◈ 아기 G(여)

09시 분말 콘크림(6g)을 넣은 생우유 200ml

14시 플레이크죽 100g(커피잔 2/3 분량), 모유

19시 집에 있는 재료로 만든 반찬, 생우유 200ml

23시 모유

낮잠을 잘 자는 아기로 낮 11시부터 1시 사이, 오후 4시부터 6시 사이에 잡니다. 산책할 때 비스킷, 계란과자를 줍니다.

아기 E와 아기 F의 식단에 쓰여 있는 달걀이란 달걀찜, 스크램블드에그, 달걀탕 등으로 흰자와 노른자를 다 넣은 것입니다. 생후 7개월 가까이 되면 플레이크죽은 점점 멀리하게 되므로 빵죽, 다시마 국물에 푹 삶은 우동으로 바꾸어갑니다.

낮에 우동을 줄 때는 조금 싱겁게 하여 먹입니다. 염분이 적은 식사에 익숙해지도록 하는 것은 고혈압을 예방하기 위해서입니다.

●

생선은 흰살 생선이라면 대부분 다 좋습니다.

간은 이유식 식단에 자주 등장하지만 싫어하는 아기가 많습니다. 아기가 싫어한다면 영양가가 높더라도 억지로 먹이지 않도록 합니다.

쇠간은 단단한 부위가 있어서 간단하게 조리하기 어렵습니다. 아기는 닭간을 더 좋아합니다. 매일 줄 필요는 없습니다. 아기가 이유식 통조림으로 된 간을 좋아한다면 쉽게 해결됩니다.

●

부드러운 고기는 먹여도 됩니다.

닭고기든 쇠고기든 이유식 통조림으로 나와 있는 것은 부드러워서 6개월이 되면 줄 수 있습니다. 집에서 조리할 때는 좋은 부위를 사서 칼등으로 잘 두드려 다지든지 기계로 얇게 저며야 합니다. 정육점에서 저며놓은 고기는 되도록 피합니다.

감자, 호박, 가지, 무, 순무, 당근 등은 쉽게 물러지므로 그다지 손이 많이 가지 않습니다. 시금치, 양배추 등도 잘 삶으면(영양가는 떨어지지만) 먹을 수 있습니다. 토마토, 김(소금 간 안 한 것), 다시마 등도 좋습니다.

●

빵을 먹는 아기에게는 버터를 발라주어도 됩니다.

아기는 버터 맛을 아주 좋아해 얼마든지 먹습니다. 그러나 너무 많이 주면 아기에 따라서는 변이 물러지기도 하고 살이 많이 찌기도 합니다. 치즈도 좋습니다. 빵에 바르기에는 페이스트 형태로 된 치즈가 적당합니다. 잼도 좋습니다. 딸기잼에 작은 덩어리가 있어도 괜찮습니다. 하지만 팥빵, 크림빵, 잼빵과 같이 상하기 쉬운 것은 아기에게 금물입니다.

●

생후 6개월이 지나면 거의 모든 과일을 먹어도 됩니다.

바나나, 복숭아, 딸기 등은 으깨어서 줍니다. 사과와 배는 갈아서 줍니다. 귤, 포도도 좋습니다. 시판되는 주스를 잘 먹는 아기도 있습니다. 그러나 주스를 분유보다 많이 먹는 것은 좋지 않습니다. 설사를 하거나 배가 팽팽해지기도 합니다. 과일을 많이 먹으면 아기에 따라서는 변을 무르게 보기도 하므로 처음에는 한두 입 먹여 보고 점점 양을 늘려가는 것이 안전합니다.

이유식 양이 늘어감에 따라서 분유 양은 줄어드는데 줄이는 방법은 아기에게 맡깁니다. 빵과 밥의 합계가 100g 정도 되면 분유를 1회 줄여도 됩니다. 젖병으로 분유를 주던 것에서 컵으로 생우유를 줘도 됩니다. 그러나 자기 전에는 아직 젖병으로 먹이는 것이 좋습니다. 너무 빨리 젖병을 빼앗으면 손가락을 빨거나 담요를 빨면서 잠들기도 합니다.

이유식을 진행할 때 매일 양을 늘려야 하는 것은 아닙니다. 더워서 그다지 먹지 않는 날도 있고, 기분이 좋고 반찬도 맛있어서 많이 먹는 날도 있습니다. 지나치지 않은 정도라면 아기에게 맡깁니다.

또 매일 먹여야 하는 것도 아닙니다. 예방접종한 다음 날이나 감기에 걸린 날은 쉬어도 됩니다. 매일 야채를 먹여야 한다고 생각하여 고생스럽게 재료를 준비할 필요는 없습니다. 엄마에게 시간이 없으면 야채 대신 과일을 주어도 영양은 마찬가지입니다. 물론 시판 이유식의 분말 야채라도 괜찮습니다.

이유식을 먹일 때 아기가 앉아 있으면 숟가락으로 먹이기 쉽습니다. 하지만 생후 6개월에는 아직 받쳐주지 않으면 앉지 못하는 아기가 많습니다. 그럴 때는 아기를 받칠 수 있는 곳에 앉혀놓고 먹입니다. 식탁 의자나 골판지 상자 속에 앉혀놓고 먹이는 엄마가 많습니다.

213. 모유를 끊는 시기

● 이유식을 시작했다고 해서 바로 모유를 끊을 필요는 없다. 아기가 원하면 언제든지 주는 것이 좋다. 밤중에 깨서 울 때 모유를 먹이면 금세 잠이 든다.

서둘러 모유를 끊을 필요는 없습니다.

이유라는 것을 문자 그대로 해석하여, 아기가 죽이나 달걀을 먹기 시작하면 바로 모유를 끊어야 한다고 생각하는 엄마가 있습니다. 그러나 서둘러 모유를 끊을 필요는 없습니다. 아기가 이유를 해나가는 상태를 살펴보면 여러 유형이 있습니다. 모유 이외의 음식 맛을 알면 1개월 안에 점점 모유를 먹지 않게 되고, 모유 분비량도 급격히 줄며, 어느새 이유식과 함께 컵으로 생우유를 먹는 아기가 있습니다. 그런가 하면 언제까지고 모유를 먹으려는 아기도 있습니다. 밤중에 2~3번 잠이 깨는 아기 중에 그런 아기가 많습니다. 모유를 주지 않으면 계속 우니까 주게 됩니다.

이런 아기에게 억지로 모유를 끊으면 손가락이나 수건을 빨게 됩니다. 1년이 지난 후에도 밤중에 모유를 주다가 1년 6개월이 되었을 때 완전히 젖을 떼는 데 성공한 엄마도 있습니다. 젖꼭지에 반창고를 붙이고 "엄마가 아파"라고 말했더니 1년 6개월이 되어 꾀가 말짱해진 아이는 그날 밤부터 젖을 찾지 않았다고 합니다. 이런 것을 보면 아직 아기의 이해 능력이 없는 시기에 억지로 며칠 밤이나 울려가며 젖을 뗄 필요는 없습니다. 아기가 울 것을 각오하고라도 억지로 모유를 끊겠다고 한다면 시기가 빠르면 빠를수록 쉽습니다.

생후 6개월 된 아기도 그렇게 모유를 끊을 수는 있습니다. 그러나 모유가 잘 나오고 이유식도 잘 먹는 아기에게 굳이 6개월에 모유를 끊을 이유는 없습니다. 모유만 먹고 이유식을 먹지 않으면 철분이 부족하여 빈혈을 일으킬 수 있으니 이럴 때는 달걀이나 생선을 조금씩 먹이는 것이 더 좋습니다.

●

모유를 끊고 죽의 양을 늘려도 영양은 부족합니다.

모유를 끊어버리고 두 번 먹이던 죽을 세 번으로 늘리더라도 영양 면에서는 늘 부족합니다. 모유의 영양가에 해당하는 만큼 죽을 먹어야 하는데 생후 6개월 된 아기는 그렇게 많이 먹지 않습니다. 그러니 모유가 지난달과 같이 잘 나오고 아기가 이유식도 싫어하지 않고 잘 먹는다면 굳이 모유를 끊어 좋을 것은 없습니다.

모유 분비량이 점점 줄어들 경우에는 물론 모유 대신 분유를 먹여도 됩니다. 이 시기의 아기는 이제 젖병으로는 먹지 않고 보통 컵으로 먹습니다. 빵죽을 먹이는 경우에는 분유보다 생우유로 만드는 것이 간단합니다. 모유를 주는 횟수를 줄이는 경우에는 낮에 주는 모유를 생우유로 바꿉니다. 아침에 일어났을 때와 밤중에 울 때 모유를 주는 것이 더 편합니다. 모유가 잘 나오지 않을 때는 밤에 자기 전의 수유는 생우유로 하는 것이 좋습니다. 자기 전에 충분히 먹이지 않으면 밤중에 자다가 배가 고파 깨기 때문입니다.

●

밤중에 아기가 울어도 모유를 주지 않는 엄마가 있습니다.

이유기라고 해서 밤중에 아기가 잠이 깨어 울어도 모유는 주지 않는다는 엄마가 있습니다. 모유를 주는 대신 안아주고 음악을 틀어 재운다고 합니다. 그러면서 엄마는 젖이 돌아 아파서 쩔쩔맨다고 합니다. 쓸데없는 짓을 한 것입니다. 밤에 잠이 깬 아기를 즉시 재울 수 있는 자연의 도구를 사용하지 않는 것은 어리석은 짓입니다. 이유에 얽매여 그보다 더 중요한 것을 못 보면 안 됩니다. 밤중에 무서운 꿈을 꾸어 잠이 깬 아기를 엄마가 안아서 2~3분 모유를 먹이면 안심하고 잠듭니다. 그런데도 모유를 주지 않고 10분 정도 자장가를 불러준다면 아빠의 잠도 방해할뿐더러 아기는 밤중에 우는 것이 습관이 됩니다. 빨리 재우면 밤중에 우는 습관이 들지 않습니다.

214. 미숙아로 태어난 아기의 이유식 

● 이런 아기는 특히 피를 만드는 철분의 보유량이 적으므로 철분이 많이 든 이유식을 먹여야 한다.

철분이 많은 이유식을 먹입니다.

태어날 때 체중이 2.5kg 이하로 미숙아였던 아기도 생후 6개월이 되면 보통 아기처럼 건강하고 몸도 그렇게 작지 않은 경우가 많습니다. 그러나 그중에는 소식을 하고 이유식을 잘 먹지 않는 아기도 있습니다. 일반적으로 태어날 때 2.5kg 이하인 아기는 엄마에게서 얻은 영양, 면역력 등의 절대량이 부족합니다. 특히 피를 만드는 철분의 보유량이 적습니다. 생후 4개월에는 철분 흡수력이 그다지 좋지 않아서 철분제를 먹여도 몸이 자라는 데 필요한 만큼 피를 만들기에는 철분이 부족합니다. 보기에는 잘 자라고 정상아들과 같은 덩치의 아기에게도 철분이 부족할 수 있습니다.

그러나 생후 6개월이 지나면 철분 흡수력이 좋아지므로 철분이 많이 들어있는 이유식을 주는 것이 좋습니다. 모유와 분유는 모두 철분 함유량이 적습니다(1000ml 중 0.3~0.5mg 정도). 100g 중 30mg 이상 철분을 함유하는 것은 보리새우, 잔멸치, 다시마, 파래, 김 등이고 달걀노른자는 6mg, 쇠간은 10mg 들어 있습니다.

잔멸치나 보리새우를 죽에 넣어 푹 삶아 먹여도 좋고 김 조린 것을 먹여도 좋습니다. 이런 식품은 돌 때까지 계속 먹이도록 합니다.

215. 과자 주기

● 이유식과 과자 주기보다 더 중요한 것은 바깥 공기 속에서 몸을 단련시키는 것이다.

월령이 늘었다고 과자 양도 늘려야 하는 것은 아닙니다.

생후 6개월이 되었다고 해서 지난달보다 과자를 더 많이 주어야 하는 것은 아닙니다. 1시간 30분 이상 걸려 만든 이유식을 30~40분이나 먹이고, 이것을 하루에 두 번 주는 엄마는 이유식을 먹지 않을까 봐 과자를 주지 않습니다. 또한 과자를 줄 틈도 없습니다. 물론 요리를 좋아하고 요리를 잘하는 것은 엄마로서 훌륭한 재능이므로 나쁘지 않습니다. 그러나 요리 때문에 아기를 바깥에 데리고 나가는 일을 소홀히 해서는 안 됩니다. 과자를 주지 않는 엄마에게 이런 경향이 있습니다. 대부분의 아기는 쌀이나 빵죽을 먹기 시작하면 과자 맛도 알게 되고 생후 6개월이 지나면 카스텔라, 쿠키, 빵 등을 잘 먹게 됩니다. 이유식을 만들어 먹이는 데 1시간 30분이나 걸린다면 이유식은 하루에 한 번만 먹이고 나머지는 카스텔라, 빵, 쿠키 등을 분유와 같이 주는 것이 좋습니다. 여기서 절약된 시간을 아기를 단련시키는 데 쓸 수 있습니다.

●

비만의 우려가 있다면 과자 대신 과일을 줍니다.

비만의 우려가 있는 아기에게는 카스텔라, 빵, 쿠키 대신 과일을 주면 됩니다. 귤, 딸기(잘 씻어서), 사과, 배 등이 좋습니다. 짠 것을 좋아하는 아기는 비스킷이나 카스텔라는 좋아하지 않습니다. 소금 맛이 약간 나는 부드러운 전병과자 같은 것을 좋아하는데 물론 주어도 좋습니다. 이가 나면 설탕이 많이 들어 있는 것은 충치의 원인이 된다는 점을 생각해야 합니다. 그러므로 되도록 이 시기에는 과자의 단맛을 알게 하지 않는 것이 좋습니다. 단맛을 한번 알게 되면 더 자라서 텔레비전에서 과자 광고를 볼 때마다 달라고 합니다. 일반적으로 아이들이 먹는 과자에는 설탕이 너무 많이 들어 있습니다.

더운 여름이나 열이 있을 때 아이스크림이나 아이스케이크를 먹으면 시원하기는 하지만 맛이 너무 답니다. 설탕 때문에 충치가 생기지 않도록 하려면 텔레비전을 없애는 것이 가장 좋습니다.

216. 배설 훈련

● 아주 자연스럽게 배설 연습을 시키는 것은 좋지만 너무 연연해 할 필요는 없다.

배변 연습을 일찍부터 시킨다고 좋은 것은 아닙니다.

생후 6개월이 지나면 대변 보는 시간이 일정한 아기는 엄마가 배설하려는 낌새를 알아차리고 빨리 변기에 앉히면 대변을 봅니다. 이유식이 진행되면 변 상태가 어른 것과 점점 비슷해지므로 기저귀에 배설하는 것보다 변기에 앉히는 것이 빨래하기가 훨씬 편합니다. 그렇다고 해도 배변 시간이 일정하지 않거나 횟수가 많고 변이 무른 아기는 순식간에 나와버리기 때문에 변기에 데려갈 틈이 없습니다. 이런 아기의 엄마는 "우리 애는 매일 아침 '응,응' 하고 말해 배변을 시키고 있어요"라는 이웃 엄마의 말을 듣더라도 초조해 할 필요는 없습니다.

일찍부터 변기로 배변 연습을 하지 않는다고 해서 배설 훈련이 실패하는 것은 아닙니다. 이 시기에 변기에 앉히는 것은 기저귀를 절약한다는 의미밖에 없습니다. 특히 소변의 경우는 더욱 그렇습니다. 소변 보는 간격이 긴 아기라면 잠에서 깨어날 때 수유 후, 또는 그 사이 1시간 30분이나 2시간마다 변기에 데려가면 타이밍이 잘 맞아서 소변을 보는 경우는 있습니다. 그러나 소변을 1시간마다 조금씩 보는 아기는 기저귀를 적시지 않도록 하려면 변기에 앉히는 일로 하루 해가 다 갈 것입니다.

●

오로지 엄마의 자기 만족일 뿐입니다.

이 시기의 아기에게 변을 변기에 보게 하느냐 마느냐는 오로지 엄마의 예민한 신경이 결정합니다. 낮에는 1시간마다 이를 귀찮게 여기지 않고 변기에 변을 보게 하고, 밤에는 곁에서 자고 있는 아기가 움직이면 일어나서 변기에 변을 보게 한 뒤 기저귀를 갈아주고 엄마는 금방 다시 잠이 듭니다. 이런 일을 하룻밤에 2~3번 되풀이하는 엄마도 많은데 신경이 상당히 튼튼한 사람입니다.

반면 밤에 두 번 일어나서 아기에게 소변을 보게 하고 나면 좀처럼 잠을 이루지 못하는 엄마도 있습니다. 이런 엄마는 아기가 자기 전에 소변을 보게 해서 안 나오면 그냥 재우고 다음 날 아침까지 기저귀를 갈아주지 않습니다. 물론 아침에 일어나서 아기의 기저귀를 보면 젖어 있습니다. 그래도 아기 엉덩이가 짓무르지 않고 아기도 엄마도 11시부터 아침 7시까지 푹 잘 수 있다면 그렇게 해도 됩니다.

그러나 민감한 아기는 기저귀가 조금만 젖어도 잠이 깨어 갈아줄 때까지 웁니다. 또 기저귀를 적시지 않으려고 밤중에 몇 번이나 아기를 깨워 소변을 보게 한다고 해서 아기가 소변 보고 싶다는 의사 표시를 빨리 하게 되는 것은 아닙니다.

●

1분 이상 변기 위에서 안고 있는 것은 좋지 않습니다.

아기를 변기에 데려가 3~4분씩 "쉬~"라고 말하면서 기다리는 엄마가 있습니다. 그러나 너무 오랫동안 불편한 자세로 변기 위에서 안고 있으면 다음부터는 변기에만 데려가도 울기 시작합니다. 1분 이상 변기 위에서 안고 있는 것은 좋지 않습니다.

밤중에 여러 번 소변을 보고 우는 아기 때문에 엄마가 녹초가 되는 경우가 있습니다. 이럴 때는 자기 전에 먹이는 수분(분유를 포함하여)을 되도록 줄이도록 합니다. 이유식은 분유보다 고형식이 많으므로 자기 전에 먹여도 됩니다.

또 여과식 종이 기저귀를 사용하면 피부에 닿는 면이 차갑지 않아서 잠에서 깨는 일이 적은 것 같습니다. 지금까지 종이 기저귀를 써도 피부가 짓무르지 않았던 아기라면 사용해도 괜찮습니다.

217. 이가 난다

● 생후 6~8개월에 이가 나기 시작한다. 그 시기가 빠르고 늦은 것은 아기의 체질이지 병이 아니다.

아기마다 이가 나는 시기는 조금씩 차이가 있습니다.

생후 6~8개월 사이에 아래쪽 앞니 2개가 나는 아기가 많습니다. 그러나 그보다 일찍 나는 아기가 있는가 하면 돌이 가까워서야 겨우 나는 아기도 있습니다. 일찍 이가 난 아기의 엄마는 걱정하지 않지만, 다른 아기가 6개월이 되어 이가 난 것을 알게 된 엄마는 자기 아기가 7개월이 되어도 이가 나지 않으면 초조해합니다. 그러나 요즘은 비타민 D 부족(구루병)으로 이가 늦게 나는 경우는 없습니다. 이가 나는 것이 빠르고 늦은 것은 아기의 체질이지 병은 아닙니다.

옛날 사람들은 이가 날 때쯤 아기 몸에 무엇인가 이상이 생기는 것처럼 생각했지만 실제로는 대부분 아무 이상이 없습니다. 그러나 아주 주의해서 보면 아기의 상태가 어딘가 평소와 다르다는 것을 알아채기도 합니다. 평소보다 기분이 좋지 않거나, 좀처럼 잠이 들지 못하거나 분유를 조금 남기기도 합니다. 밤에 울고 몇 번이나 잠을 깬 다음날 이가 난 것을 보면 아마 아팠을 것이라는 추측이 듭니다.

이가 나기 때문에 열이 난다고는 생각하기 어렵습니다. 이가 나는 시기는 모체에서 받은 면역 항체가 없어지는 시기와 거의 일치합니다. 그러므로 이가 날 즈음에 돌발성 발진에 걸리거나 감기에 걸리거나 열이 나기 쉬운 것은 사실입니다.

●

맨 처음에는 보통 아래쪽 앞니 2개가 같이 납니다.

이가 나는 순서는 아래쪽 앞니 2개가 같이 가장 먼저 나는 것이 보통입니다. 그러나 아래쪽 앞니의 양쪽 옆 송곳니가 하나씩 먼저 나와 가운데가 크게 비는 경우도 있습니다. 아래가 아니라 위쪽 앞니 2개가 같이 먼저 나기도 합니다. 하지만 이가 다 나면 아무 이상이 없습니다. 최초에 난 앞니 사이가 비어 있거나 조금 안쪽으로 향해 있는 경우도 있는데 특별한 처치를 하지 않아도 나중에 고르게 됩니다.

새로 난 앞니가 황갈색이어서 놀라는 경우도 있습니다. 이것은 엄마가 임신 12~39주(4~10개월) 사이에 열이 났거나 화농성 병에 걸려 의사가 테트라시클린을 처방했기 때문입니다. 이의 상아질이 만들어질 때 테트라시클린이 흡수된 것입니다. 이런 유치의 착색은 제거하기 어렵지만 영구치의 착색을 막으려면 이후 아기에게 테트라시클린을 먹이지 않으면 됩니다.

218. 아기 몸 단련시키기

● 먹는 즐거움뿐 아니라 활동하는 즐거움도 가르쳐줘야 할 때이다. 하루 3시간 이상 바깥에서 지내게 한다.

바깥에서 활동하는 즐거움을 가르쳐줍니다.

아기가 먹는 것만이 인생의 낙으로 아는 사람이 되지 않도록 집 밖에서 활동하는 즐거움을 가르쳐주어야 합니다. 생후 6개월이 지나면 아기는 앉을 수 있게 됩니다. 집밖에서 잔디 위에 아기를 앉혀놓고 새소리를 들려줍니다. 하지만 지금은 이런 것이 동화 속 이야기로 들릴 정도로 삭막한 세상이 되었습니다.

놀이터도 있지만 아기를 데리고 나갈 수 있는 때는 오전뿐입니다. 오후가 되면 큰 아이들이 모여 공놀이를 해서 안전하지 않습니다. 아기를 유모차에 태워 낮잠을 재워도 위험하지 않은 그런 마당이 있는 집은 흔하지 않습니다. 그러다 보니 엄마는 무의식적으로 아기를 방안에만 가두어놓게 됩니다.

그러나 생후 6개월이 지난 아기는 하루에 3시간 이상 바깥에서 지내도록 해야 합니다. 유모차에 앉혀놓기만 할 것이 아니라 안전한 곳에 내려놓고 앉히거나 엎드려서 기어 다니게 합니다. 아기는 아이들이 노는 모습을 보는 걸 좋아합니다. 동네 놀이터에 데리고 가서 위험하지 않은 곳에 아기를 내려놓든지 유모차 안에서 구경할 수 있게 해줍니다. 단, 홍역이 유행할 때는 다른 아이 곁에 가지 않게 하는 것이 좋습니다.

바깥 공기를 쐬어주지 못할 때는 집 안에서라도 공기욕을 시켜줍니다. 실내 온도가 20℃ 정도라면 아기를 알몸으로 벗겨놓아도 됩니다. 지금까지 영아체조를 시켜온 아기 중에는 6개월경부터 싫어하는 아기도 있을 것입니다. 그러면 영아체조를 그만두고 자발적으로 온몸을 움직이는 놀이로 바꾸어줍니다.

환경에 따른 육아 포인트

219. 이 시기 주의해야 할 돌발 사고

● 기어 다니고 뒤집기를 하게 되면서 추락 또는 화상 위험이 더욱 커진다. 아기가 위험물 가까이에 가지 못하도록 해야 한다.

이 시기의 아기는 뒤집기를 할 수 있습니다.

뒤집기를 몇 번 되풀이하다 보면 이동도 가능해집니다. 기어 다닐 수 있게 된 이 시기부터 사고가 발생합니다. 2층에서 혼자 자고 있던 아기가 엄마가 집을 비운 사이 잠이 깨어 기어 다니다가 계단에서 떨어지기도 합니다. 그러므로 2층에서 생활하는 가정에서는 계단으로 통하는 문에 자물쇠를 채우든지 울타리를 만들어야 합니다. 아기가 기어다닐 수 있게 된 후에 만들려고 하면 이미 늦습니다.

무선주전자, 다리미, 토스터 등 방안에서 쓰는 전기 기구도 아기 손이 닿지 않는 곳에 두어야 합니다. 가스스토브나 석유스토브는 그 주위에 울타리를 설치해 아기가 직접 만지지 못하게 해야 합니다. 아기가 가스스토브의 가스 호스를 당기는 힘도 강해지므로 가스 호스와 접속구의 연결은 아주 단단하게 고정시켜야 합니다. 무엇보다도 아기가 위험물 가까이에 가지 못하도록 하는 것이 최우선입니다.

물건을 집어서 입에 넣는 일도 지난달보다 더 많아집니다. 아기의 주변 정리에 대해 지난달 항목을 다시 한 번 읽어보기 바랍니다. 197 이 시기 주의해야 할 사고 침대에서의 추락 사고도 많아집니다. 아기를 재운 뒤에는 침대에 꼭 난간을 해놓고 다른 방에 가도록 해야 합니다.

아기는 장난감도 거칠게 다루게 됩니다. 딸랑이 같은 것은 조금이라도 깨지면 버려야 합니다. 그렇지 않으면 얼굴이나 입을 베일 위험이 있습니다. 떨어진 부품을 삼킬 위험도 있으니 장난감을 부지런히 점검해야 합니다.

220. 장난감

● 딸랑이, 봉제 인형, 오뚝이, 플라스틱 자동차, 태엽 인형 등이 이 시기 아기에게 적당한 장난감이다. 하지만 장난감이란 아기를 즐겁게 해주는 수단으로 꼭 종류에 제한을 둘 필요는 없다.

장난감은 아기를 즐겁게 해주는 수단입니다.

이 월령의 아기가 가지고 노는 장난감으로는 딸랑이, 봉제 인형, 오뚝이, 플라스틱 자동차, 태엽 인형 등이 있습니다. 아기를 앉혀놓고 조금 떨어진 곳에서 아기한테 장난감을 움직여 보여주면 좋아합니다. 엎드려 있는 아기에게 움직이는 장난감을 보여 주면 잡으러 가려고 합니다. 아직 전진은 잘 못하지만 잡고 싶어 하는 마음이 전진 운동을 촉진시킵니다.

집에서는 기회가 별로 없지만 보육시설 등의 큰 놀이 기구에서 아기를 놀게 하면 아주 좋아합니다. 물론 옆에서 어른이 특별히 주의하지 않으면 위험이 따릅니다. 실내용 미끄럼틀에서 안고 미끄럼을 태워주거나 실내용 그네에 태워주면 소리를 내지르며 좋아합니다.

생후 7개월에 가까운 아기가 큰 놀이 기구를 이용하는 것이 좋지만 요즘 많은 가정의 방 구조로는 아기용 그네도 안전하게 이용할 수 없습니다. 그렇다고 보육시설에서 아기를 위해서 놀이 기구를 잘 이용한다고도 할 수 없습니다. 앞으로는 좀 더 의식적으로 아기들이 큰 놀이 기구를 이용할 수 있도록 노력해야 합니다. 왜냐하면 영아 체조도 생후 6개월이 지난 아기에게는 움직이는 기쁨을 주기 어렵기 때문입니다. 아기가 적극적으로 몸을 움직일 수 있는 운동으로 바꾸는 것이 좋습니다.

장난감은 아기를 즐겁게 해주는 수단입니다. 그런데 아기의 즐거움을 딸랑이나 인형만으로 제한하는 것은 바람직하지 않습니다.

아기가 음악에 흥미를 가진다면 음악을 틀어주는 것도 좋습니다. 아기는 간단한 리듬으로 반복이 많은 음악을 좋아합니다. 생후 6개월에 클래식을 들려주는 음악 교육은 아직 이릅니다.

그림책에 흥미를 갖는 아기에게는 그림책을 보여줍니다. 이런 아기는 텔레비전도 볼 수 있지만 보여주지 않는 것이 좋습니다. 너무 재미있어서 수동적인 기쁨밖에 느낄 수 없게 되어버립니다.

221. 형제자매

● 형제자매로 인해 뜻밖의 사고가 나거나 전염병이 발병할 수도 있으니 각별히 주의해야 한다.

큰아이가 뜻밖의 사고 원인이 될 수도 있으므로 각별히 주의해야 합니다.

아기가 잠만 자는 시기일 때는 큰아이도 아기에게 그다지 흥미를 느끼지 못합니다. 자기한테서 엄마의 사랑을 가로챈 존재로만 보고 질투합니다. 그러나 아기가 생후 6개월이 지나 앉아서 딸랑이를 흔들고, 가까이 다가온 형이나 누나에게 미소를 지으면 큰아이는 새로운 동료로서 아기와 같이 놀고 싶어합니다. 아기가 그만큼 성장한 것이라고 볼 수 있습니다.

그러나 이러한 성장이 뜻밖의 사고 원인이 될 수도 있으므로 각별히 주의해야 합니다. 만 3~4세가 된 큰아이가 유모차에 태운 아기를 밖으로 밀고 나갔다가 교통사고가 나기도 합니다. 큰아이가 초등학교 저학년생이라도 유모차를 다루는 것은 무리입니다. 유모차를 혼자서 다루지 못하도록 큰아이를 감시해야 합니다.

아기가 앉을 수 있게 되면 유치원에 다니는 큰아이가 아기를 앉혀놓고 소꿉놀이의 친구로 대하기도 합니다. 이때 아기의 고개가 뒤로 젖혀지면서 넘어져 다치기도 합니다. 만 2~3세 된 큰아이가 엄마가 아기에게 이유식 먹이는 것을 보고 나중에 자기가 먹던 과자를 아기에게 먹이는 일도 흔히 있습니다. 비스킷이나 과일이라면 괜찮지만 사탕은 목에 걸릴 위험이 있습니다.

아기가 큰아이가 가지고 놀던 장난감을 뺏는 경우도 있습니다. 큰아이가 화를 내며 다시 뺏으려고 하지만 아기는 쉽게 놓지 않습니다. 그러면 큰아이가 곁에 있던 미니카로 아기를 때릴 수도 있습니다. 그러므로 큰아이가 유치원에 다닐 때까지는 되도록 아기와 단둘이 있게 하지 않습니다.

겨울에 큰아이가 가스스토브의 점화 스위치를 만져서 방에 가스가 샐 수도 있습니다. 가스스토브의 점화 스위치는 아이가 만지지 못하도록 해놓아야 합니다.

●

큰아이가 유치원에서 여러 가지 전염병에 걸려 올 수도 있습니다.

생후 6개월이 지난 아기의 경우 수두, 백일해, 홍역은 전염되어 발병합니다. 수두는 걸리더라도 증세가 가벼우므로 오히려 걸리는 편이 낫습니다. 백일해는 예방접종 3회가 끝났으면 전염되더라도 증상이 가볍지만 되도록 걸리지 않도록 해야 합니다.

홍역은 생후 6개월에는 별 탈 없이 지나가는 경우가 많습니다. 하지만 큰아이가 홍역이라는 걸 알게 되면 그날로 아기에게 감마글로불린 주사를 맞히는 것이 좋습니다.

홍역 생백신을 맞아도 되지만 생후 6개월에 접종하면 1년 6개월이 되었을 때 1회 더 맞아야 합니다.

볼거리는 전염되더라도 가볍습니다. 겉으로 보아서는 쉽게 알아차리지 못할 정도로 가볍게 지나갑니다. 면역력이 생기므로 이 시기에 전염되는 것이 좋지만 전염 여부는 혈액의 항체 검사를 해보아야 알 수 있습니다. 풍진은 아기에게도 옮지만 생후 6개월 된 아기에게는 좀처럼 발생하지 않습니다. 돌발성 발진은 만 2세 이상의 아이에게는 전염되지 않습니다.

222. 생후 6개월 건강검진

● 체중과 키를 바탕으로 한 평균적인 검사이다. 하지만 표준에 못 미친다고 하여 실망할 필요는 없다.

체중이 적게 나가는 것보다 많이 나가는 것이 오히려 문제입니다.

병원에서는 보통 하루에 30~40명이나 되는 아기의 건강검진을 하므로 한 명 한 명의 문제를 듣고 상담에 응하기는 어렵습니다. 따라서 객관적인 검사에 중점을 두게 됩니다. 아기 한 명 한 명의 신진대사 상황을 조사할 수도 없으니 체중과 키 측정이라는 평균적인 검사가 될 수밖에 없습니다.

과거 몇 년 동안 전국의 같은 월령인 아기들의 평균을 가지고 발육곡선을 비교하게 됩니다. 이 곡선에서 10%라는 것은 같은 월령의 아기 100명 중 밑에서 열 번째라는 의미입니다.

대식가인 아기는 50%보다 무겁고, 소식가인 아기는 50%보다 가벼운 것은 당연합니다. 대식가인지 소식가인지는 아기의 타고난 대사 기능에 따라 정해지는 것으로 소식가를 대식가로 만드는 것도, 대식가를 소식가로 만드는 것도 실현 불가능한 일입니다.

더욱이 같은 양의 음식을 주어도 어떤 아기는 체중이 많이 나가지만 또 어떤 아기는 그다지 많이 나가지 않습니다. 이것은 겉으로 보아서도 어느 정도 알 수 있습니다. 영양 과잉이 아닌데도 살쪄 보이는 아기는 확실히 수분 함유량이 많은 것입니다. 포동포동해도 탄력이 없습니다. 하지만 이러한 아기도 발육곡선만보면 위쪽에 해당합니다.

체중이 많이 나가거나 적게 나가는 것은 심한 영양실조가 아닌 이상(최근에는 거의 찾아볼 수 없음) 건강과는 관계가 없습니다. 그러므로 건강검진에서 "이 아기는 50%에도 못 미치니 이유식을 더 많이 먹여야 합니다"라는 체중 측정만을 근거로 한 검사 결과를 들어도 그다지 신경 쓸 필요가 없습니다. 이유식을 시작하여 달걀이나 생선도 먹긴 하지만 많이 먹지 않고, 분유도 180ml를 먹으면 만족하는 아기라면 더 이상 주려고 해도 아기가 받아들이지 않습니다.

그것보다 "이 아기는 생후 6개월인데 11개월 된 아기만큼 체중이

나갑니다. 매우 좋습니다"라는 이야기를 들을 때 오히려 주의해야 합니다. 이것은 아기가 원래 대식가인 데다 원하는 대로 주기 때문인 경우가 많습니다. 비만아 대책은 아기 때부터 시작하지 않으면 안 됩니다. 생후 6개월에 체중이 9kg 이상 나가고, 하루에 먹는 분유 양이 1000ml를 넘는 아기는 분유 양을 줄여야 합니다. 이유식이라도 죽은 100g(커피잔 2/3 분량) 이하로 주어야 합니다. 되도록 과일로 배가 부르게 하고 밖에서의 운동량을 좀 더 늘려야 합니다.

●

생후 6개월이 되었다고 무조건 모유를 끊을 필요는 없습니다.

생후 6개월 이후에 모유를 먹이는 것 자체를 나쁘다고 말할 수는 없습니다. 213 모유를 끊는 시기 잘 나오고 있는 모유를 끊으라고 쉽게 말하는 사람은 자기 스스로 아기에게 젖을 먹여본 적이 없는 사람입니다. 젖을 먹여본 사람은 모유는 영양뿐만 아니라 사랑이라는 것을 알기 때문입니다.

엄마가 아기에게 사랑을 주고 아기는 엄마 젖을 그리워하는데 생후 6개월이 되었다고 해서 굳이 끊을 이유는 없습니다. 모유는 또한 아기가 밤중에 장시간 울 때 달랠 수 있는 아주 좋은 방법이기도 합니다. 이유식이 순조롭게 진행되고 있다면 아무 문제가 되지 않습니다.

●

바깥 공기 속에서 단련시키는 것을 우선시해야 합니다.

아기가 밤에 푹 자지 못한다면 바깥 공기 속에서 단련시키는 것을 우선시해야 합니다. 건강검진을 받았을 때 흉곽 모양이 좋지 않다는 말을 듣는 경우도 있습니다. 갈비뼈 아래가 서양의 종 모양처럼 넓어지거나 가슴 가운데가 안으로 들어가 있으면 구루병이라고 합니다. 그러나 요즘은 분유에 비타민 D가 함유되어 있고 엄마가 종합비타민을 잘 먹이고 있기 때문에 구루병은 거의 없습니다.

그러나 구루병이 아니더라도 흉곽의 골격 모양이 좋지 않은 아기가 있는데 비타민 D를 열심히 먹여도 좋아지지 않는다고 비관할 필요는 없습니다. 초등학교에 입학할 무렵이면 눈에 띄지 않게 됩니다. 비타민 D를 함부로 주지 말고 되도록 밖으로 데리고 나가서 팔을 움직이는 운동을 시키는 것이 좋습니다.

223. 계절에 따른 육아 포인트 

- 여름에는 철저하게 소독한 것만 먹이고 밤중에 에어컨을 작동하지 않는다.
- 겨울에는 밤새 스토브를 작동하지 않는다.
- 날씨가 좋은 때는 집 밖으로 데리고 나가 몸을 단련시킨다.

날씨가 따뜻할 때는 집 밖으로 데리고 나가 몸을 단련시킵니다.

한여름과 한겨울을 제외하고 기후가 좋을 때는 아기를 집 밖으로 데리고 나가 단련시키는 것을 잊어서는 안 됩니다. 생후 6개월이 지난 아기는 하루에 적어도 3시간은 집 밖에서 지내도록 하는 것이 좋습니다. 시간이 없어서 밖에서의 단련과 이유식 만들기 중에서 어느 한쪽을 택해야 할 때는 주저하지 말고 밖에서 단련시키는 쪽을 택해야 합니다. 218 아기 몸 단련시키기

●

여름에는 먹는 것에 더욱 신경을 써야 합니다.

7~8월의 더운 여름에는 아기의 식욕이 그다지 좋지 않습니다. 엄마가 기대하는 만큼 양이 늘지 않을 때 절대 억지로 먹여서는 안 됩니다. 지금까지 두 번 먹던 아기가 한 번밖에 먹지 않는 일도 있습니다. 그래도 걱정하지 않아도 됩니다. 죽은 오후보다 오전에 시원할 때 먹이는 것이 좋습니다.

기온이 28℃ 이상일 때는 분유를 냉장고에 넣어두었다가 주면 시원해서 맛있게 먹기도 합니다. 물론 아이스크림을 먹여도 좋습니다. 하지만 시판되는 아이스크림은 당분이 많으므로 살찐 아기에게는 많이 주지 말아야 합니다. 이가 난 아기는 충치 예방을 위해 아이스크림을 먹인 후 보리차를 먹입니다.

집에 있는 재료로 이유식을 만들더라도 주의가 필요합니다. 여름에는 어른이 먹는 음식으로 냉국수, 미숫가루 등을 많이 만드는데 이것을 아기에게 줄 때는 철저하게 소독해 주어야 합니다. 미숫가루의 경우 끓여서 식힌 물을 사용하고 얼음은 넣지 않습니다. 그리고 만들어 파는 반찬은 아기에게 먹이지 말아야 합니다.

●

여름에는 에어컨을, 겨울에는 스토브를 밤중에는 작동하지 않습니다.

한여름에 에어컨을 켜는 가정이 많은데 새벽에는 기온이 내려가니까 밤새 켜놓지 않도록 주의해야 합니다. 아주 무더운 밤에 계속 켜놓을 때는 도중에 세기를 조절해야 합니다. 모기향을 피울 때는 환기를 잘 시켜야 합니다. 환기가 되지 않으면 아기는 기침을 합니다.

겨울에는 밤새 스토브를 켜놓으면 안 됩니다. 환기가 제대로 안 되면 불완전연소로 인해 일산화탄소중독을 일으킵니다. 어떤 경우에도 연탄은 금물입니다.

●

몇 가지 계절병에 주의해야 합니다.

계절병으로는 한여름에 발병하는 하계열177 하계열이다과 늦여름에 머리에 나는 종기205 여름철 머리에 종기가 생겼다가 있습니다. 9월 말에서 10월에 걸쳐 가래가 끓는 아기는 가슴 속에서 그르렁거리는 소리가 나고 아침저녁으로 기침을 자주 합니다.202 기침을 자주 한다 겨울에는 병보다 화상이 무섭습니다. 스토브나 뜨거운 물을 아기 가까이 두지 말고 너무 뜨거운 온돌바닥도 조심해야 합니다.219 이 시기 주의해야할 돌발 사고

엄마를 놀라게 하는 일

224. 감기에 걸렸다

● 엄마로부터 받은 면역 항체가 없어지는 이 시기에는 감기에 걸리면 전보다 증상이 심하다. 하지만 가능하면 항생제는 쓰지 않는 것이 좋다.

이전보다 증상이 심합니다.

생후 6~7개월은 모체로부터 받은 면역 항체가 완전히 없어지는 시기입니다. 감기의 원인이 되는 여러 가지 바이러스에 대한 면역 항체도 없어져 감기에 걸리면 이전보다 증상이 심합니다. 아빠나 엄마에게서 감기가 옮는 경우가 가장 많습니다. 재채기를 하거나, 물 같은 콧물을 흘리거나, 코가 막혀서 분유를 먹기 어려워하거나 목이 쉬어 감기에 걸린 줄 알게 됩니다.

이 시기의 감기는 열이 나지 않는 경우가 많습니다. 그러나 열이 날 때는 생후 4~5개월 때보다 높습니다. 38℃ 정도가 될 때도 있습니다. 하지만 이런 열이 3~4일 동안 계속되지는 않습니다. 하루나 하루 반 정도 지나면 대부분 열이 내립니다. 3일째 정도 되면 물 같던 콧물이 노란색으로 되고 진해집니다. 재채기를 하지 않는 대신 기침을 조금 하기도 합니다. 이 시기의 감기는 이 정도 증세로 끝납니다. 4~5일 정도 분유를 조금 남기거나 이유식을 싫어하기도 합니다. 기분이 좋지 않다고 해도 전혀 웃지 않는 것은 아닙니다. 엄마가 보기에 아기가 완전히 평소처럼 회복하는 데는 1주 정도 걸립니다.

●

가능하면 항생제는 쓰지 않는 것이 좋습니다.

감기는 바이러스 때문에 생기는 병이지만 곧 좋아지므로 항바이러스제를 쓸 필요는 없습니다. 텔레비전이나 신문 광고에 나오는 어른 감기약을 멋대로 먹이는 일은 없어야 합니다. 처음에 감기인지 아닌지 진단받기 위해서 병원에 가는 것도 좋지만 가족 중 누군가 감기에 걸렸고 그로부터 1~2일 후에 아기가 열이 났다면 감기가 옮은 것이라고 생각하면 됩니다.

이럴 때 대부분의 의사가 항생제를 처방하는데, 이에 대해서는 신중히 생각해 봐야 합니다. 항생제는 때로 골수를 침범해서 악성 빈혈을 일으키기도 합니다.

●

감기가 폐렴으로 진행되는 일은 드뭅니다.

예전에는 감기가 폐렴이 되는 일이 많았지만 지금은 거의 없습니다. 그러나 평소 가래가 잘 끓고 가슴 속에서 그르렁거리는 소리가 나는 아기는 열이 있어서 진찰을 받으러 가면 의사가 폐렴이라거나 폐렴에 걸릴지 모른다고 말합니다. 의사가 이런 병명을 붙이는 것은 보험으로 항생제를 쓰기 쉽기 때문입니다. 아기가 잘 웃고 분유를 잘 먹는다면 폐렴이라는 병명에 구애받을 필요가 없습니다.

항생제를 써서 화농균이나 폐렴구균을 없애는 것이므로 아기를 그런 세균이 있을 만한 장소, 즉 종합병원 대기실, 중병 환자들이 찾아오는 유명한 병원, 백화점, 역 등에 데리고 가는 일은 되도록 피하는 것이 좋습니다. 감기인 줄 안다면 열이 없는 한 주사를 맞히러 병원에 가지 않는 것이 현명합니다.

●

겨울 감기 처치로는 보온에 주의합니다.

방 온도는 18~20℃ 정도가 좋습니다. 목욕은 피합니다. 가습기 등의 사용으로 방안에 김이 서리게 할 필요는 없습니다. 이런 장치는 임시방편으로 안전하지 않으며 김의 치료 효과도 확실하지 않기 때문입니다. 2일째나 3일째가 되어 콧물이 나오기는 하지만 기분도 좋고 식욕도 좋다면 따뜻하게 옷을 입혀 바깥 공기를 쐬어주어도 괜찮습니다. 그리고 식욕이 없을 때는 억지로 먹여서는 안 됩니다. 분유는 조금 묽게 타주면 먹기 좋을 것입니다. 이유식으로 죽이나 빵죽을 잘 먹는다면 심하게 설사를 하지 않는 한 계속 먹입니다. 처음 열이 조금 있는 시기에는 과즙을 충분히 주는 것이 좋습니다. 죽은 먹지 않지만 쿠키나 카스텔라를 좋아한다면 그것을 먹이도록 합니다.

●

변이 다소 무르거나 반대로 변비가 되기도 합니다.

감기에 걸려서 변을 보는 횟수가 많아지고 설사를 조금 하는 경우도 있는데 이 월령에는 그렇게 오래가지는 않습니다. 하지만 엄마가 설사에 놀라 지금까지 먹이던 이유식을 중단하고 언제까지나 분유만 먹이면 변이 굳어지지 않습니다. 201 소화불량이다.장이 약하다 2~3일이 지나면 조금 변이 무르더라도 이유식을 먹여야 합니다.

감기로 변비가 되는 아기도 많습니다. 관장을 싫어한다면 1~2일 변비가 계속되어도 관장하지 말고 기다려봅니다.

●

열이 있다고 해서 우는 아기를 억지로 재울 필요는 없습니다.

아기가 가장 좋아하는 상태로 두는 것이 좋습니다. 기침을 하는 아기는 중이염을 일으키는 일이 있습니다. 2~3일째 밤에 어디가 아픈 것처럼 울면 다음 날 귀 입구에 분비물이 나와 있는지 확인해 보아야 합니다. 그리고 의사에게 "밤에 울었는데 중이염이 아닐까요?"라고 물어야 합니다. 가만히 있으면 약과 주사만으로 끝내고 귀를 살펴보지 않을 수도 있기 때문입니다. 가벼운 중이염은 항생제만으로 회복되는 경우가 많으므로 빨리 발견하면 고막을 자르지 않고도 치료할 수 있습니다.

감기라고 진단이 내려져도 콧물도 흘리지 않고 재채기나 기침도 하지 않고 단지 열만 나는 경우에는 돌발성 발진일지도 모릅니다. 3일째가 되어도 열이 내리지 않으면 그럴 가능성이 더욱 큽니다.

225 고열이 난다

●

기침을 자주 한다. 202 기침을 자주 한다 참고

225. 고열이 난다

● 이 시기의 고열은 돌발성 발진일 가능성이 많다. 고열이 2일 이상 지속된다면 돌발성 발진을 의심한다.

부모가 반드시 알아야 할 병입니다.

지금까지 열이 난 적이 없는 아기가 생후 6개월이 지나서 처음으로 38℃가 넘는 열이 나면 우선 돌발성 발진(줄여서 '돌발진'이라고도 함)으로 생각해도 됩니다. 아기의 반 이상이 생후 6개월에서 1년 6개월 사이에 돌발성 발진을 앓게 되며, 6~8개월 사이에 가장 많이 걸립니다. 젊은 부모는 이 돌발성 발진이라는 병 때문에 세 번 놀랍니다. 우선 열이 높은 것에 놀랍니다. 다음으로 고열이 2일이 지나도, 3일이 지나도 내리지 않아서 놀랍니다. 그리고 마지막으로 의사를 바꾸었더니 4일째에 열이 내려 그 의사의 의술에 놀랍니다. 돌발성 발진이라는 병은 부모가 반드시 잘 알고 있어야 하는데, 이 병이 홍역만큼 많이 알려져 있지 않은 이유는 거짓말처럼 회복되기 때문입니다. 게다가 예전에는 지금처럼 어느 아이나 걸리는 병이 아니었기 때문에 한 세대 이전에 아이를 키운 엄마는 이 병에 대해 잘 모릅니다. 뿐만 아니라 많은 아이들을 진료해 보지 않은 의사도 이 병을 몰라서 '3일홍역'이라고 합니다.

●

2일 이상 열이 지속된다면 돌발성 발진을 의심해 봅니다.

돌발성 발진의 진단이 어려운 점은 열이 3일 동안 계속되다가 4일째에 내려간 다음에야 발진이 생기기 때문입니다. 최초 3일 동안은 감기라든가, 차게 자서 설사를 하는 병이라든가, 편도선염 같은 병과 별 차이가 없습니다. 열이 내린 뒤 발진이 생기고 나서야 비로소 돌발성 발진이라고 확실하게 진단할 수 있습니다.

그러나 생후 6개월이 지난 아기에게 3일이나 계속 고열이 나는 병은 돌발성 발진 외에는 별로 없으므로 2일 이상 열이 계속되면 돌발성 발진을 의심해 보아야 합니다. 그러면서 병의 상태를 지켜보면 발진이 생기기 전이라도 돌발성 발진임을 알 수 있게 됩니다. 부모는 이 병명을 꼭 기억하고 있어야 합니다.

이때 체온계를 처음 쓰게 됩니다. 겨드랑이의 땀을 마른 수건으로 잘 닦고 체온계를 지시된 시간 동안 끼워놓습니다. 싫어서 날뛰는 아기에게 억지로 체온계를 항문에 끼워 재는 것은 안전하지 않습니다. 체온이 38℃인지 39℃인지 정확하지 않아도 됩니다. 돌발성 발진일 때는 놀랄 정도로 뜨겁기 때문에 평소 아기 피부의 온도를 알고 있는 엄마라면 금방 알 수 있습니다. 그 정도 차이를 느끼면 되는 것입니다.

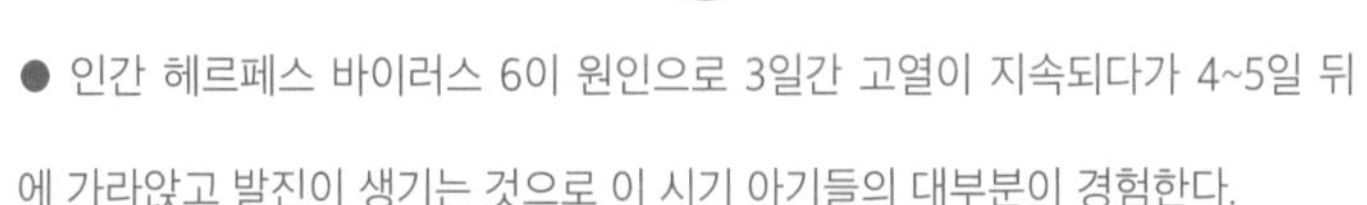

● 인간 헤르페스 바이러스 6이 원인으로 3일간 고열이 지속되다가 4~5일 뒤에 가라앉고 발진이 생기는 것으로 이 시기 아기들의 대부분이 경험한다.

대부분의 아기에게 나타납니다.

돌발성 발진은 대부분의 아기가 걸리므로 돌이 될 때까지 통과해야만 하는 관문이라고 생각하는 것이 좋습니다. 아기에게 나는 최초의 고열은 돌발성 발진 때문인 경우가 많습니다. 생후 6개월 후에 많이 발생하는 이유는 이때쯤 엄마에게서 받은 면역 항체가 없어지기 때문일 것입니다.

돌발성 발진만큼 판에 박힌 절차를 밟는 병도 드뭅니다. 다른 병은 대부분 증상에 차이가 있거나 합병증이 생기기도 하는데, 돌발성 발진은 월령, 계절, 지역을 막론하고 도장을 찍는 것처럼 똑같은 경로를 거치며 다른 병을 일으키지도 않습니다.

●

병원에 가도 나아지지 않습니다.

돌발성 발진은 처음에는 열만 납니다. 아기가 평소와 달리 기운이 없고 기분이 나빠 보입니다. 그리고 이마를 만져보면 뜨겁습니다. 체온계로 재보면 38~39℃의 열이 있습니다. 그러나 기침도 하지 않고 콧물도 흘리지 않습니다. 변도 설사가 아닙니다. 하지만 처음으로 고열이 나니까 엄마는 놀라서 의사한테 데리고 갑니다.

의사는 "감기입니다"라든지 "차게 재웠군요"라든지 "목이 조금 빨갛습니다"라든지 "편도선염입니다"라고 말합니다. 아기가 그다지 기운 없어 하지 않으므로 의사는 아주 낙관적으로 말합니다. 그러고는 해열제를 처방해 줍니다.

그날 밤 아기는 기분이 좋지 않아 여러 번 잠이 깨어 울어서 온 집안 식구가 아기 때문에 처음으로 밤을 새우기도 합니다. 분유도 평소만큼 먹지 않습니다. 토해 버리기도 합니다. 혼자서 놀지 않고 엄마에게 안기고 싶어 합니다.

다음 날도 열이 38℃ 전후이므로 의사에게 또 데리고 갑니다. 의사는 "이제 내릴 겁니다"라고 말하며 이번에는 항생제를 주사합니다. 그러나 그날 밤에도 열은 내리지 않습니다. 아기는 밤에 울고 잘 자지 않습니다. 다음 날 아침 아빠는 의사에게 좀 더 정확히 진찰을 받으라며 졸린 눈을 비비면서 출근합니다. 엄마는 3일째에 다시 한 번 의사한테 아기를 데리고 갑니다.

"선생님이 주신 약은 먹이고 있는데…"라는 엄마의 불만을 들으면 의사는 그때 기분에 따라 여러 가지 반응을 보입니다. "비장의 약을 처방해 드리겠습니다"라고 말하거나 "무슨 열일까요? 이제 내릴 때가 됐는데…"라며 고개를 갸우뚱거리기도 합니다.

이번에도 아기에게 주사를 맞히고 돌아가지만 열은 여전히 높습니다. 이제 할머니가 나섭니다. 물론 할머니의 체험에는 돌발성 발진이라는 병명은 없습니다. 열이 계속 되는 병이라면 정해져 있습니다. "폐렴 아니냐?"라고 묻습니다. 엄마가 "의사는 감기, 편도선염이라고 말했어요"라고 대답하자 할머니는 "감기로 3일이나 이렇게 높은 열이 나다니 이상하구나"라고 말합니다.

온 가족이 '혹시 오진 아냐? 이렇게 어린 아기가 3일 동안 고열이 나면 뇌에 이상이 생기지 않을까?' 하는 불안감을 갖게 됩니다. 그리고 좀 멀지만 잘 본다고 소문난 의사를 찾아가 진찰을 받아보자고 결론 내립니다.

소문난 의사는 대개 다른 의사를 한 번 거쳐 온 환자가 많으므로 돌발성 발진도 접해 본 경우가 많습니다. "내일이면 괜찮아질 겁니다"라고 말하며 주사를 놓아줍니다. 나이가 많은 의사라면 '지혜열'이라며 주사도 놓아주지 않습니다. 다음 날 의사의 예언대로 열이 내립니다. 주사를 놓건 놓지 않건 4일째에는 열이 내리는 병이지만 엄마와 할머니는 그렇게 생각하지 않습니다. 역시 그 의사가 진단을 잘해서 좋은 처방을 했기 때문이라고 생각합니다.

●

열이 내리면 발진이 생깁니다.

열이 내리면 가슴과 등에 작고 빨간 모기에게 물린 것 같은 발진이 생깁니다. 이것이 점점 퍼져서 저녁에는 얼굴, 목, 손발에도 생깁니다. 홍역을 아는 사람이라면 홍역일지도 모른다고 할 것입니다. 그러나 홍역은 발진이 생길 때 고열이 나는 반면, 이 병은 열이 내린 뒤 발진이 생깁니다. 열은 내렸지만 아기는 아직 기분이 좋지 않고 잘 웁니다. 그리고 3일째 밤 또는 4일째 아침에 나오는 변은 설사인 경우도 있습니다, 완전히 회복되는 것은 5일째입니다. 그때는 아기가 기운이 돌아오고 발진도 그리 눈에 띄지 않습니다. 이것으로 완치된 것입니다.

●

다른 병으로 오인하면 안 됩니다.

돌발성 발진은 열이 높기 때문에 아기가 기운은 없지만 큰 병이라는 느낌은 들지 않습니다. 열이 높을 때도 장난감을 보여주면 쥐려고 하고, 익살을 부리면 웃기도 합니다. 분유도 양은 적지만 먹습니다. 전혀 먹지 않는 경우는 없습니다. 돌발성 발진을 의심하던 의사는 발진이 생기면 옳은 진단을 내렸다고 안도하지만, 돌발성 발진을 전혀 염두에 두지 않은 의사는 발진에는 그다지 관심이 없습니다. 여름이라면 발진을 땀띠라 하고 겨울이라면 두드러기라고 합니다. 또 풍진이라고 말하기도 합니다. 하지만 풍진은 생후 6개월 된 아기가 걸리는 경우는 드뭅니다. 풍진은 유아(幼兒)에게 걸리는 병입니다. 대개 유행에 따라 걸리며 돌발성 발진처럼 산발적이지 않습니다. 이 병은 돌발성 발진과는 다른 병입니다. 아기가 풍진에 걸렸다면 이웃의 임산부에게 영향을 미칠 수도 있습니다. 또 여자아이가 풍진을 앓았는지 아닌지는 장래 임신했을 때 중대한 문제가 됩니다.

돌발성 발진은 90%는 앞에서 이야기한 것과 같은 경과를 보이는데 드물게는 열이 3일이 아니고 4일 동안 계속 되는 아기도 있습니다. 5일째에 열이 내리고 발진이 생기는 것은 같습니다. 또 열이 계속 38~39℃로 높은 것이 아니라 오전에는 37℃ 정도였다가 밤에는

39℃ 가까이 되는 식으로 약간씩 올랐다 내렸다 하는 경우도 있습니다.

●

돌발성 발진은 인간 헤르페스 바이러스 6이 원인입니다.

생후 8개월 이후에 돌발성 발진에 걸리면 열이 높을 때 경련을 일으키는 아기도 있습니다. 처음에 경련을 일으키면 엄마는 무척 당황하는데 걱정하지 않아도 됩니다. 단순한 열성(熱性) 경련[248 경련을 일으킨다_열성 경련]입니다.

돌발성 발진은 인간 헤르페스 바이러스 6이 원인입니다. 어른의 목이나 침샘에 오래 잠복하고 있다가 침을 통해 아기에게 감염됩니다. 잠복 기간은 10~14일 정도입니다.

●

돌발성 발진은 특별한 처치를 필요로 하지 않습니다.

합병증을 일으키지도 않으므로 그에 따른 예방 약도 필요하지 않습니다. 처음부터 돌발성 발진이라는 것을 알면 약은 필요 없습니다. 병원에 가지 않고 낫게 하는 것이 엄마와 아기 서로에게 좋습니다. 약으로 인한 해도 없고 환자 대기실에서 기다릴 필요도 없기 때문입니다. 그러나 실제로는 병원에 가지 않고 낫게 하려면 상당한 용기가 필요합니다. 이웃사람이 와서 "이렇게 열이 높은데…"라든지 "홍역 아니에요?"라고 말하여 젊은 엄마를 동요하게 만듭니다. 의사에게 가도 1~2일은 '감기'다 '편도선염'이다 하며 치료하다가 나중에 돌발성 발진인 것 같다는 진단 결과가 나오게 됩니다.

돌발성 발진일 때는 집에서 이렇게 하면 됩니다.

생후 7개월 이상 된 아기는 얼음베개로 머리를 차게 해주어도 됩니다. 그러나 아기가 싫어하면 하지 말아야 합니다. 분유를 먹지 않으려 할 때는 분유 가루를 한 숟가락 적게 넣어 묽게 타주면 잘 먹습니다. 분유는 먹지 않지만 주스는 먹는다면 주스를 많이 먹어도 됩니다. 분유보다 우동이나 빵죽을 더 좋아한다면 그것을 주어도 됩니다.

3일째가 되어 변이 물러져도 그에 대한 특별한 처치를 할 필요는 없습니다. 분유를 조금 묽게 타주는 정도면 됩니다. 겨울에는 발진이 없어질 때(2일이 지나면 거의 없어짐)까지 목욕을 시키지 않아도 됩니다. 한여름에는 3일째 저녁에 열이 내렸을 때 목욕을 좋아하는 아기는 목욕을 시켜주면 푹 잡니다. 예전부터 발진이 생긴 병에는 바람을 쐬지 않도록 했지만, 돌발성 발진으로 발진이 생긴 아기를 밖으로 데리고 나갔다고 해서 나빠지는 경우는 없습니다.

4일째가 되어도 열이 내리지 않을 때

돌발성 발진으로 생각하고 있었는데 4일째가 되어도 열이 내리지 않을 때 생각해 볼 수 있는 병은 발진이 하루 늦은 돌발성 발진이거나, 여름이라면 하계열[177 하계열이다]입니다. 하지만 하계열은 열이 새벽부터 오전까지는 높고 저녁에는 내립니다. 열의 유형이 돌발성 발진과 다르므로 구별할 수 있습니다.

4일이 지나도 열이 내리지 않고, 입술이 마르며 찢어져서 피가 나거나, 열이 내리지 않는데도 발진이 생기면 가와사키병을 고려해야 합니다. 또 4일이 지나도 열이 내리지 않는 경우 여자 아이라면 요로감염도 생각해 봐야 합니다. 투명한 유리컵에 소변을 받아 보면 탁하므로 바로 진단할 수 있습니다.

돌발성 발진은 한 번 걸리고 나면 다시 걸리는 경우는 거의 없습니다. 또 만 2세까지 걸리지 않으면 그 이후에는 걸리지 않습니다.

227. 주사와 약_해열제

● 아기가 열이 있다고 해서 무조건 해열제를 쓰면 안된다. 열을 내리기 위해 무조건 해열제를 쓰다 보면 정말 중요한 진단을 해야 할 때 그 시기를 놓치게 된다.

되도록 해열제는 쓰지 않는 것이 좋습니다.

생후 6개월이 지나면 고열이 나는 일이 생깁니다. 처음에는 돌발성 발진인 경우가 많지만 그 후에는 감기로 때때로 38℃ 이상의 고열이 나기도 합니다.

열이 나면 부모는 놀라서 의사를 찾아갑니다. 의사는 열을 내려야 한다는 의무감에 해열제를 주사합니다. 하지만 해열제는 되도록 쓰지 않는 것이 좋습니다. 왜냐하면 아기는 어른만큼 열을 고통스러워하지 않기 때문입니다. 열이 있어도 아기는 잠만 자려고 하지 않습니다.

더욱이 열이 나는 병은 거의 다 바이러스가 원인입니다. 이런 병은 각각 특유의 열 유형이 있고 이것이 병의 기세를 충실하게 제시해 줍니다. 말하자면 열은 병의 정확한 바로미터인 셈입니다. 열의 변화를 지켜보면 병을 추측할 수 있습니다.

●

해열제를 쓰면 정확한 병을 진단하지 못합니다.

해열제를 쓰면 열의 자연적인 흐름이 깨져버립니다. 바로미터의 바늘이 움직이는 것을 억지로 중지시키는 셈입니다. 바이러스로 인한 병은 항생제를 써도 효과가 없습니다. 그러므로 어떤 병인지를 진단하여 대증요법을 쓸 수밖에 없습니다. 열을 내리기보다 병을 진단하는 것이 더 중요합니다. 정확히 병을 진단하지 못한 채 무턱대고 약을 먹이거나 주사하면 병의 원래 모습이 흐트러져 버립니다.

예를 들어 돌발성 발진일 때도 해열제로 열을 내리면 열이 3일간 계속되는 자연 상태가 깨져서 올라갔다 내려갔다 하는 유형이 되고, 4일째에 열이 내려도 주사 때문에 내린 것으로 생각하며, 병의 자연스러운 경과도 알 수 없습니다. 발진이 생겨도 약으로 인한 약진(藥疹)이라고 생각하기도 합니다.

아기는 주사를 극도로 무서워하여 웁니다. 한 번 주사를 맞으면 그다음부터는 진찰실에 들어갈 때마다 소리를 지르며 울어 아기가 기분이 좋은지 나쁜지 알 수가 없습니다. 특히 복통만이 증세인 장중첩증은 아기가 계속 울면 그 아픔의 간헐성을 알 수가 없습니다. 따라서 오진할 수도 있습니다.

그러므로 신중한 의사는 아기에게 열이 난다고 해서 바로 주사를 놓지는 않습니다. 엄마도 열에 대해 더 관대해져야 합니다. 오전에 바이러스로 인한 병이라는 진단을 받고 약을 받아 와서는 오후에 "아직 열이 내리지 않아요"라며 다시 의사를 찾아가는 것은 좋지 않습니다.

바이러스에 의한 병 가운데 생명에 위협이 있는 것은 일본뇌염밖에 없습니다. 이것도 요즘은 거의 보기 힘듭니다. 더구나 돌발성 발진은 틀림없이 회복되는 것이니, 그런 것 같다는 진단이 내려지면 열이 빨리 내리지 않는다고 해서 의사를 성가시게 해서는 안 됩니다. 의사는 자꾸 열이 내리지 않는다고 말하면 해열제 주사라도 놓아줄 수밖에 없습니다. 그러나 해열제에 따라서는 쇼크를 일으킬 수도 있습니다. 또한 충분히 흡수되지 않고 응어리가 되어 근육을 상하게 하는 수도 있습니다.

바이러스나 세균에 감염되었을 때 고열이 나는 것은 바이러스나 세균과 싸우기 위해 체온을 올릴 필요가 있기 때문이지 몸에 지장이 있는 것은 아닙니다. 일반적으로 예전에 아기를 키운 경험이 있는 사람은 열에 대해 과민 반응을 보입니다. 아기의 열이 내리지 않으면 느닷없이 의사에게 전화하여 "열이 내리지 않아요. 괜찮을까요?"라고 묻습니다. 이것은 예전의 열이 나는 무서운 병(폐렴이나 이질)에 대한 공포증 때문입니다. 그러나 최근에는 이런 병은 흔하지 않습니다.

의사는 생후 7개월 이상 된 아기가 열이 39℃를 넘어 경련을 일으킨다면 해열제를 쓸 것입니다. 이것도 복용하는 약으로 주면 주사를 맞는 아픈 체험은 하지 않아도 됩니다. 약을 먹이기 어려우면 항문에 넣는 좌약으로 된 해열제도 있습니다. 물론 이런 아기에게는 얼음베개를 베어주어 머리를 차게 해주어야 합니다.

열이 나면 땀이 나니까 몸의 수분이 줄어듭니다. 따라서 아기가 목이 마르게 되므로 찬 보리차나 주스를 원하는 만큼 먹입니다. 토할 것 같으면 조금 기다렸다가 먹입니다. 열이 높을 때 흔히 저지르는 실수는 너무 따뜻하게 해주는 것입니다. 담요로 싸주면 체온이 너무 올라가 경련을 일으킬 수도 있습니다.

●

소화불량. 201 소화불량이다, 장이 약하다, 249 설사를 한다 참고

228. 변비에 걸렸다

● 야채나 과일이 들어간 이유식을 주어 해결할 수 있다. 되도록 변비약은 사용하지 않는다.

이유식으로 조절합니다.

생후 6개월이 지난 아기의 변비는 아기가 이유식으로 여러 가지를 먹을 수 있으므로 음식으로 조절하는 것이 좋습니다. 떠먹는 요구르트를 주면 내일 편하게 변이 나오는 아기라면 떠먹는 요구르트를 계속 줍니다. 100ml 정도로는 변이 잘 나오지 않는다면 2배를 주어도 됩니다.

이유식은 거의 소화가 잘되는 것들이라 그다지 찌꺼기가 남지 않습니다. 이것은 장을 자극하지 않기 때문인지 변비를 일으키게 됩니다. 이유식을 시작한 뒤로 변비가 심해졌다면 다소 소화가 되지 않는 음식을 주어봅니다. 가장 좋은 것이 야채입니다.

시금치, 양배추, 양상추 등을 삶아서 줍니다. 김이나 미역 등을 주면 변이 물러지는 아기도 있습니다. 야채를 싫어하는 아기에게는 과일을 조금 많이 먹여봅니다. 귤, 배, 복숭아, 바나나, 사과 등으로 효과가 없을 때는 딸기, 무화과, 수박 등을 줍니다. 빵죽을 먹기 시작한 아기라면 흰 빵이 아니라 호밀빵을 주면 변이 잘 나오는 경우가 많습니다.

또 이유식을 먹인 뒤부터 변비가 시작된 아기라면 분유를 너무 줄인 것이 원인일 수도 있습니다. 체중을 재보고 이전까지 10일에 100g 이상 늘었는데 최근에는 50g 이하로 늘었다면 영양이 부족하다고 생각해야 합니다. 분유를 4회에서 2회로 줄인 경우라면 1회 더 늘립니다.

●

변은 매일 한 번 보아야 하는 것은 아닙니다.

2일에 한 번밖에 변을 보지 않아도 고통스러워하지 않고 변도 잘 나온다면 그대로 두어도 됩니다. 변비약은 되도록 쓰지 않는 것이 좋습니다. 관장은 해도 되지만 너무 오래 해서는 안 됩니다. 그리고 충분한 양을 사용하여 단번에 성공시키는 것이 좋습니다. 면봉 관장 등으로는 생후 6개월 이상 되면 잘 나오지 않습니다. 아기의 운동 부족도 변비의 원인이 되므로 되도록 바깥에서 많이 놀게 합니다.

어른의 변비에 효과가 있다는 방법을 아기에게 적용하는 것은 무리입니다. 아기에게 아침에 일어난 후 식염수를 1컵 먹인다든지 녹즙을 먹여서는 안 됩니다.

229. 가려운 습진이 있다

● 연고를 발라도 쉽게 낫지 않고 1~2년 넘게 지속되기도 한다. 긁을수록 심해지므로 바깥 놀이를 통해 아기가 긁지 않도록 신경 쓴다.

지난달에 난 습진이 아직 남아 있는 아기가 있습니다.

아기의 습진은 생후 5개월이 지나면 좋아지는 경우가 많지만 지난달과 같이 아직 습진이 남아 있는 아기도 있습니다. 머리, 얼굴, 귀 뒤쪽, 목, 후두부, 겨드랑이 등에 습진이 생겨 가려워합니다. 목욕과 습진의 관계는 아기마다 다릅니다. 목욕 후에도 심해지지 않으면 목욕은 시켜도 됩니다. 더러워진 사타구니 등은 비누를 사용해야 합니다. 또 습진이 생기지 않은 부위도 비누를 사용해도 됩니다. 달걀을 먹여도 가려워하지 않는다면 계속 먹여도 됩니다.

●

아주 가려워하면 소량의 연고를 발라줍니다.

아주 가려워하는 아기는 하루에 3회 부신피질호르몬이 약간 포함된 연고를 소량 엷게 발라줍니다. 조금 좋아지면 하루에 2회, 하루에 1회, 하루 걸러 1회, 1주에 2회, 이런 식으로 줄여갑니다. 이렇게 해서 되도록 빨리 사용을 중지해야 합니다. 불소가 들어가 있는 부신피질호르몬은 효과는 좋긴 하지만 부작용109 습진이 생겼다이 있습니다. 그러므로 심할 때 2~3일 바르고 회복되면 불소가 들어 있지 않은 약으로 바꾸어야 합니다. 또 4일 이상 계속 사용해서는 안 됩니다.

●

습진은 1~2년 계속되는 경우도 있습니다.

좋아지고 나빠지는 상태를 매일 볼 수 있는 사람은 엄마이기 때문에 엄마가 관리할 수밖에 없습니다. 심해지면 강한 약을 쓰고 좋아지면 약한 약으로 바꾸고, 또 부신피질호르몬이 들어 있지 않은 약으로 바꾸는 요령을 엄마가 터득해야 합니다. 부신피질호르몬이 들어 있는 약은 되도록 얼굴에는 바르지 않도록 합니다.

가슴이나 배의 습진에 부신피질호르몬이 전혀 효과가 없을 때는 다른 병이나 세균 감염 또는 합병증도 생각해야 합니다. 2개월이나 치료해도 습진이 낫지 않으면 엄마는 거의 노이로제가 됩니다. 아기가 가려워하며 밤중에 잠을 깨니 수면도 부족합니다. 그러나 비관해서는 안 됩니다. 아기의 습진은 때가 되면 낫습니다. 그때까지 어떻게 하면 평화롭게 습진을 치료하면서 아기를 키울 수 있는지 알고 있는 사람은 엄마밖에 없습니다. 습진에 걸린 아기를 데리고 이 병원 저 병원을 전전하는 것은 오히려 엄마의 노이로제만 심하게 합니다. 의사에 따라서는 피부 테스트 결과가 양성으로 나왔다고 해서 양성 음식을 전부 금지합니다. 그 결과 아기는 영양 장애를 일으킵니다. 피부 테스트나 혈액 항체 양성 식품은 75%가 습진의 원인이 아닙니다.

●

습진과 달리 '스트로풀루스'라는 것이 있습니다.

아기의 몸이나 손목·발목 부근에 쌀알 반 정도 크기의 연한 빨간색 발진이 2~3개 돋아 무척 가려워하기도 합니다. 이 발진은 때로는 끝에 물집이 생기기도 합니다.

발바닥에 생기면 단단한 물집처럼 됩니다. 손이나 발 이외에 가슴이나 배에 생기는 경우도 있습니다. 두드러기의 일종인 듯하며, 충실성 구진이라고도 합니다.

확실한 원인은 밝혀지지 않았습니다. 달걀을 먹은 후에 생겼다든지 생선을 처음 먹은 후에 생겼다면 이러한 음식과 관계가 있을 것이라고 짐작할 수 있습니다. 벌레에 물린 후에 스트로풀루스가 몇 개 생기는 경우도 있습니다. 그러나 벌레에 물리지 않은 곳에도 생깁니다. 이것은 벌레의 독에 대한 반응이라고 생각됩니다. 그냥 두어도 곪을 우려는 없습니다. 고양이 벼룩으로 인해 생기는 경우가 많다고 하니 아기가 가려워할 때는 고양이 사육을 중지해야 합니다.

치료로는 달걀이나 생선을 먹고 생긴 경우에는 당분간 이런 음식을 멀리합니다. 옛날부터 석탄산아연화, 리니멘트라는 약을 많이 사용했는데 최근에는 부신피질호르몬이 들어 있는 연고를 바른 뒤 잘 문질러줍니다. 목욕은 해도 됩니다. 손톱을 잘 깎아 주고 아기가 긁어도 나무라지 않도록 합니다. 머리 피부에 세균이 들어가면 귀 뒤나 목 뒤에 나란히 있는 림프절이 부어서 오래가는 경우가 있습니다. 곪지는 않아도 우연히 발견하게 되면 당황하는데 그냥 두어도 저절로 낫습니다.

●

습진도 스트로풀루스도 긁으면 악화됩니다.

되도록 긁지 않도록 해야 합니다. 그러려면 아기를 밖으로 데리고 나가 놀게 하는 것이 가장 좋습니다. 그러나 직사광선은 피해야 합니다.

알레르기 피부 테스트에서 양성으로 나왔다고 해서 분유, 달걀, 고기를 금지하고 대두유로 바꾸어버리면 영양실조가 됩니다. 분유를 먹으면 입술이 붓거나 얼굴이 빨개지는 경우 이외에는 대두유로 바꾸어서는 안 됩니다.

세계적으로 '땅콩 알레르기'(미량이라도 입술이 붓고 후두 점막이 부어서 질식)가 늘고 있습니다. 땅콩에 조미료를 살짝 가미하는 경우가 많아졌기 때문입니다. 만 3세까지는 땅콩을 먹이면 감작(感作)하여 땅콩 알레르기를 일으키는 경우가 있습니다. 그러므로 만 4세까지의 아기(특히 아토피성이 있는)에게는 땅콩이 들어 있는 음식은 주지 않는 것이 좋습니다.

230. 엎드려 잔다

● 뒤집기를 하게 되면서 가장 편한 자세로 자는 것으로 걱정할 일이 아니며, 모든 아기가 다 그러는 것도 아니다.

자유롭게 뒤집기를 한 것입니다.

위를 보도록 눕혀놓았는데 나중에 보면 엎드려 있을 때 엄마는 깜짝 놀랍니다. 이 때문에 의사를 찾아오는 사람도 있을 정도입니다. 그러나 이것은 아기가 자유롭게 뒤집기를 할 수 있게 된 것뿐입니다. 사람은 누구나 자기한테 가장 편한 자세로 잡니다. 그러니까 엎드려서 자는 것이 편한 아기는 엎드릴 수 있게 되면 이런 자세를 택하는 것입니다.

물론 어딘가에 병이 있어 위를 보고 잘 수 없는 경우도 분명히 있습니다. 예를 들면 후두부에 종기가 생겨서 살짝만 만져도 아픈 경우 아기는 옆으로 잡니다. 그러나 아기가 엎드려 자는 것은 대부분 그것이 더 편하기 때문이지 어디에 병이 있어서 그런 것이 아닙니다. 여름에 더울 때 이불 속에서 나와 바닥에 뺨을 딱 붙이고 엎드려 있는 것은 이불을 덮고 위를 보고 누워 있는 것보다 차가워서 기분이 좋기 때문입니다.

생후 6개월이 되었다고 모든 아기가 엎드리는 것은 아닙니다. 자유롭게 뒤집기를 할 수 있게 되면 엎드려 자는 아기도 나오는 것입니다. 이것은 병적인 것이 아닙니다. 가슴을 압박하여 호흡이 고통스럽지 않을까 하여 위를 보게 해주어도 곧 다시 엎드립니다. 그러다가 어느 시기에 다시 위를 보고 자게 되는 경우가 많습니다. 그러나 개중에는 초등학교 3~4학년이 될 때까지 계속 엎드려 자는 아이도 있습니다. 물론 건강한 아이입니다.

231. 사시이다

● 좌우 시선이 보려고 하는 사물과 일치하지 않는 경우로 발견 즉시 병원에 가서 상담 후 치료해야 한다.

좌우 시선이 일치하지 않습니다.

좌우 시선이 보려고 하는 사물과 일치하지 않는 것을 '사시'라고 합니다. 사람의 눈은 오른쪽 눈으로 보는 상과 왼쪽 눈으로 보는 상이 조금씩 다른데, 이것을 하나로 볼 수 있도록 뇌가 융합합니다. 이 융합력이 선천적으로 결핍되어 있으면 사물이 이중으로 보입니다. 그것이 번거로우니까 한쪽 눈의 상만 받아들이고 다른 쪽 눈은 돌려 확실하게 상이 보이지 않게 합니다. 이렇게 하면 뇌에 전달되는 영상은 이중으로 되지 않습니다.

좌우 시력이 그다지 차이가 나지 않을 경우에는 오른쪽 눈으로 보다가 왼쪽 눈으로 보다가 하는 교대성 사시가 됩니다. 뇌에 융합력이 있긴 하지만 한쪽 눈에 근시나 원시나 난시가 있어서 뇌에 전달되는 상이 좌우가 다를 때도 잘 보이는 쪽 상만 받아들여서 쓰지 않는 눈은 사시가 됩니다. 눈은 쓰지 않으면 시력이 약해져 약시가 됩니다. 이렇게 되면 그 눈은 영원히 사시가 됩니다.

●

바로 안과에 가야 합니다.

오른쪽 눈이 사시가 되었다 왼쪽 눈이 사시가 되었다 하는 교대성 사시가 있을 때는 근시나 원시, 난시 등을 안경으로 교정하여 잘 보이는 눈을 가리고 약한 눈을 쓰게 해야 합니다. 하루 중 몇 시간 동안 눈을 가릴지 의사에게 지도받아 훈련하면 약시가 되는 것을 예방할 수 있습니다. 그러면 사시도 되지 않습니다.

시력 교정이나 약시 예방은 빨리 해야 합니다. 생후 6개월이 지나서 항상 같은 눈이 사시가 되어 있을 경우에는 바로 안과에 가야 합니다.

●

수술을 해야 할 경우도 있습니다.

태어나자마자 곧 눈동자가 안쪽으로 몰려 있는 내사시는 되도록 빨리 수술해야 합니다. 생후 1년쯤에 생기는 원시에 의한 조절성 내사시는 안경으로 치료하면 됩니다. 사시 수술은 늦어도 만 6세까지는 끝내야 합니다. 바깥쪽으로 몰려 있는 외사시는 한 번으로 치유되는 경우가 많지만, 안쪽으로 몰려 있는 내사시는 여러 번 수술해야 좋아집니다. 엄마는 금방 싫증 내는 아이를 격려하여 양쪽 시력 훈련을 시키거나 경우에 따라서는 재수술을 받게 해야 합니다.

●

훈련 또는 수술 시기는 안과 의사가 정합니다.

훈련을 시작하는 시기, 수술하는 시기 등은 안과 의사에게 맡겨야 합니다. 수술을 몇 살에 해야 하는지는 사시의 종류, 시력의 정도에 따라 다릅니다. 상세한 부분에 대해서는 안과 의사들 사이에서도 의견이 다릅니다. 빨리 수술하는 의사는 생후 6개월에서 1년 사이에 합니다. 늦게 수술하는 의사도 만 2세를 넘기지 않습니다. 수술 후 아이가 시력 훈련에 잘 따라주지 않으면 곤란하다는 것이 늦게 수술하는 의사의 이유입니다. 그러나 아이가 클수록 이해하며 훈련을 잘 받아들인다고 생각하면 오해입니다. 잘 보이는 눈을 가린 채 보기 어려운 눈으로 보게 하는 훈련을 만 6세 이상의 아이는 싫어합니다. 사시인 아기는 사시 교정 훈련 시설이 있는 안과에 데리고 가야 합니다. 그런 병원이 아니면 아기의 시력 검사를 하는 장비가 갖추어져 있지 않습니다.

●

간혹 유아기에 검사하기 어려운 증상도 있습니다.

사시인 아기 중에는 언제 보아도 사시인지 뚜렷하게 알 수 있는 아기와 때때로 사시가 되지만 정상일 때도 있는 아기가 있습니다. 후자는 외사시인 경우에 많으며 자다가 눈을 뜰 때, 햇빛을 볼 때 일어납니다. 이것은 사시의 시작이므로 소아과 의사가 진찰하여 아무 이상이 없다고 해도 안과의사에게 상담받아야 합니다.

텔레비전을 볼 때 목을 기울여서 심한 곁눈질을 하는 아이가 있습니다. 이것은 사시가 아니라 안구를 움직이는 어느 근육이 마비되어 있기 때문입니다. 보통 정면으로 보면 사물이 이중으로 보이지만 곁눈질로 보면 이중으로 보이지 않습니다. 마비된 근육을 발견하려면 아이에게 여러 방향의 사물을 보여주어 이중으로 보이는지 아닌지를 말하게 해야 합니다. 따라서 이런 경우는 유아기에는 검사하기 어렵습니다.

●

갑자기 울기 시작하며 아파한다. 180 갑자기 울기 시작한다, 181 장중첩증이다 참고

보육시설에서의 육아

232. 이 시기 보육시설에서 주의할 점 

● 아기의 이유식에 관해 미리 부모와 협의가 필요하며, 협의된 후에는 서로 믿음과 신뢰를 가져야 한다.

이유식에 대해 엄마와 미리 협의해야 합니다.

일하는 엄마는 출산휴가가 끝나면 바로 아기를 보육시설에 맡기고 싶지만, 실제로 보육시설에 맡길 수 있는 시기는 생후 6개월 정도부터인 경우가 많습니다. 보육시설에서도 시설과 사람이 충분하기만 하다면 아기를 빨리 맡고 싶을 것입니다. 생후 2~3개월 때부터 맡으면 아기가 보육시설에 빨리 익숙해지고, 이유식도 보육시설의 방법대로 별 무리 없이 진행시킬 수 있기 때문입니다. 하지만 6개월 된 아기는 마침 이유식을 시작할 시기이기 때문에 엄마는 먹는 것에 대해 신경이 예민합니다. 그래서 보육시설의 방법을 이해하지 못하는 경우가 가끔 있습니다. 대부분의 보육시설에서는 이유식 식단을 부모들에게 배포하여 설명회를 갖습니다. 부모는 여기에 참석해야 합니다.

보육시설에서 이유식을 빵죽으로 먹인다고 할 때 가정에서 쌀죽을 먹이고 있던 엄마는 불안해합니다. 특히 이전에 빵죽을 먹어 변을 보는 횟수가 많아졌던 아기의 엄마는 더욱 그렇습니다. 보육시설의 영아실에 6개월 된 아기가 2~3명 더 있는데 모두 빵죽으로 잘 자라고 있을 경우에는 엄마에게 설명해 주면 납득합니다.

그러나 영아실의 다른 아이들은 모두 크고 자기 아기만 지금부터 이유를 시작하는 경우 엄마는 자기 아이가 다른 큰 아이와 같이 취급받으면 곤란하다고 생각하여 지금까지 먹이던 쌀죽을 먹여주기를 원합니다. 이럴 때는 쌀죽이든 빵죽이든 맛국물에 푹 삶은 우동이든 이유식으로는 별 차이가 없다고 설득하기보다, 보육시설에 인원이 있으면 엄마가 지금까지 먹여온 쌀죽을 만들어 먹이는 것이 좋습니다. 이렇게 하면 엄마가 정신적으로 안정되며 보육시설에 대한 믿음을 갖게 되기 때문입니다.

●

보육시설에 대한 믿음이 중요합니다.

아기도 지금까지의 식생활에서 점차 보육시설의 식생활에 익숙해집니다. 빵죽을 갑자기 주었더니 먹지 않는다면 그 이야기를 들은 엄마는 보육시설에 대해 불신감을 갖게 됩니다. 아기를 맡기 시작한 1주 동안은 아기가 보육시설에 적응하도록 하는 것도 중요하지만 엄마와 보육교사의 인간적인 결합이 그 이상으로 중요합니다. 처음 1주 동안 엄마에게 보육시설에 대한 믿음이 생기면 그 후로는 쉽습니다.

●

이유식 방법은 보육시설마다 다릅니다.

이유법에는 여러 가지가 있는데190 다양한 이유법 지금까지 익숙해진 방법이 가장 좋습니다. 보육교사 중에도 요리를 좋아하는 사람은 육아 잡지에 쓰여 있는 것 같은 체나 분쇄기를 이용하는 이유식을 만들기도 합니다. 그러나 시간적인 여유가 없는 사람은 되도록 간단한 이유식을 만드는 것이 좋습니다. 연구 발표회에서 특별한 이유식 식단에 대해 듣거나 모범 보육시설에 견학 가서 손이 많이 가는 이유식을 먹이는 것을 보면, 보육교사는 인스턴트 이유식을 먹이는 자신이 부끄러워질 수도 있겠지만 아기가 잘 먹는다면 그것도 훌륭한 이유식입니다.

●

아기에게 친구와 노는 즐거움을 알게 해줘야 합니다.

보육시설에는 가정에서는 경험할 수 없는 친구와 같이 노는 즐거움이 있습니다. 6개월이 지난 아기는 주위에 친구가 많이 있다는 것을 알게 됩니다. 아기를 앉혀놓고 조금 큰 아기가 벽을 잡고 걷거나 기어가거나 장난감을 가지고 노는 모습을 보여주면 매우 좋아합니다. 친구와 같이 있는 것이 즐겁다는 것을 어려서부터 알고 자란 아기는 커서도 친구와 협조하는 것을 싫어하지 않습니다. 큰 놀이 기구를 이용해서 놀 수 있는 것도 보육시설에서 아기가 누릴 수 있는 특권입니다. 위험하지 않도록 보육교사가 잡아주며 실내에서 시소나 그네를 태워주거나 미끄럼틀에서 놀게 합니다. 놀이는 즐거움을 알게 하는 동시에 아기의 몸을 단련시켜 줍니다.

생활이 곧 교육입니다.

생활은 동시에 교육이라는 것을 보육교사는 잠시라도 잊어서는 안 됩니다. 이유식을 먹일 때, 기저귀를 갈아줄 때, 놀이 기구에서 놀게 할 때, 아기에게 정확한 말로 이야기해 주어야 합니다. 피곤할 때는 말하기가 귀찮아서 자신도 모르게 사무적으로 대해 버릴 수도 있는데, 보육교사는 아기를 보는 것만이 아니라 교사의 의무도 있기 때문에 말 가르치기를 게을리해서는 안 됩니다.

식사 후나 낮잠에서 깨어났을 때 기저귀를 살펴보고 젖어 있지 않으면 변기에 데려가 소변을 보게 합니다. 소변 보는 간격이 길고 시간이 거의 일정한 아기는 그것을 침대 옆에 적어놓는 것이 좋습니다. 그러나 소변을 보게 하는 것이 생활의 목적이 되어 1시간마다 변기에 데려가는 것은 좋지 않습니다. 그러면 아기가 기분 좋게 노는 데 방해가 되기 때문입니다.

여름에 아기가 땀을 많이 흘려서 땀띠가 날 경우에는 오후에 목욕을 시켜주는 것이 좋습니다. 목욕을 시키면 아기는 피부도 깨끗하고 낮잠도 잘 잡니다. 하지만 보육 시설에서 아기에게 목욕을 시키는 곳은 아주 드뭅니다. 보육교사들의 노동량이 그만큼 늘어나기 때문입니다.

하지만 목욕을 시키는 것이 확실히 좋으므로 환경을 개선시켜야 합니다. 보육교사가 부족하면 인원을 늘려야 합니다. 생후 6개월이 지나면 아기는 몸의 움직임이 매우 활발해지므로 219 이 시기 주의해야 할 돌발 사고를 여러 번 읽어보고 보육시설 안에서 사고가 나지 않도록 각별히 주의해야 합니다.

233. 보육시설에서의 질병 

● 보육시설에 있는 동안 갑자기 아기가 열이 오를 때 가까운 병원에서 진단을 받는다.

보육시설에 있는 동안 열이 오를 때가 있습니다.

생후 5개월까지의 아기는 보육시설에서 맡고 있는 동안 열이 나는 일이 거의 없습니다. 열이 난다고 해도 그다지 높지 않습니다. 그러나 생후 6개월이 넘으면 아기가 열이 날 때가 있습니다. 가장 많은 것은 돌발성 발진226 돌발성 발진이다입니다.

몸을 만져보아서 뜨겁고, 울지 않던 아기가 자꾸 울고, 분유를 남겨 이상이 있다는 것을 알게 됩니다. 체온을 재보면 38℃가 넘어 놀라서 엄마에게 연락합니다. 엄마가 데리러 올 때까지 취할 수 있는 조치는 되도록 다른 아기들과 격리시켜 눕혀놓는 것입니다. 얼음베개를 베어주고, 겨울이라면 발을 따뜻하게 해줍니다. 물론 이렇게 한다고 해서 돌발성 발진의 경과에 변화가 있는 것은 아닙니다.

생후 7개월이 지나면 경련을 일으키는 아기도 있습니다. 우연히 엄마가 데리러 왔을 때 경련을 일으키고 있는데 아무 처치도 하고 있지 않으면 엄마는 마음이 편치 않습니다. 하지만 보육시설과 제휴한 가까운 병원의 의사에게 진단을 받아두었다면 엄마의 마음은 진정이 됩니다. 게다가 의사가 "기침이나 콧물도 나오지 않고 시작이 열인 것으로 보아 돌발성 발진인 것 같습니다"라고 말해 주면 열이 계속되어도 엄마가 그리 당황하지 않을 것입니다. 그러나 열이 난지 1~2시간 만에 이러한 진단을 바라는 것은 무리입니다.

●

돌발성 발진이라면 거의 전염되지 않습니다.

만약 아기가 예상대로 돌발성 발진이라면 3일간 열이 계속되다가 4일째에 열이 내릴 때까지 엄마는 출근할 수 없을 것입니다. 5일째에 목욕을 시키고 보육시설에는 6일째에 데리고 옵니다. 6일째가 되어 보육시설에 온 아기가 다른 아이에게 전염시킬까봐 걱정될 수도 있지만 이때는 거의 전염되지 않습니다. 전염된다고 하면 보육시설을 쉬기 전에 이미 전염시켰을 것입니다. 다행히 돌발성 발진은 홍역처럼 보육시설에서 크게 번지지는 않습니다.

●

홍역이라면 아기를 보육시설에 데려오지 않게 해야 합니다.

홍역은 보육시설에 아기를 맡기고 일하는 엄마에게는 크나큰 사건입니다. 처음 3~4일 동안은 열이 올랐다 내렸다 합니다. 그 기간에 보육시설에서는 홍역 감염의 전조가 보이면 다른 아이에게 전염되는 것을 막기 위해 보육시설에 데려오지 않게 해야 합니다. 홍역 발진이 나기 시작하여 회복될 때까지는 5~6일이 더 걸립니다.

그래서 엄마는 총 10일 정도 일을 쉬어야 합니다.

보육시설에서 홍역이 유행하기 시작하면 홍역에 걸리지 않은 아이 모두에게 감마글로불린을 주사하고 홍역으로 판정된 아이와 접촉시키는 것이 좋습니다. 이렇게 해두면(생후 5개월 미만의 아기는 필요 없음) 감기와 그다지 차이가 없을 정도로 홍역이 가볍게 끝납니다. 보육시설에서 계속 아기를 맡아도 됩니다. 전부가 가벼운 홍역에 걸려 있다면 전염에 대해서는 고려하지 않아도 됩니다.

206 홍역에 걸렸다, 647 홍역

감수자 주

감마글로불린 주사는 병원이나 집단 보육시설에서 유행되지 않도록 하기 위해서 취해야 할 조치이지만, 전문의의 평가를 받은 뒤에 실시하는 것이 안전하다.

●

볼거리나 풍진은 전염되지 않으나 수두는 전염되므로 주의해야 합니다.

볼거리나 풍진 등은 특별한 예방을 하지 않아도 생후 6개월 된 아기는 가볍게 끝나거나 전염되지 않습니다. 하지만 수두는 6개월 된 아기에게는 병 자체는 가볍지만 전염의 가능성이 없어질 때까지 2주 정도 집에서 지내야 합니다. 따라서 수두가 회복 단계에 있는 아이는 평소처럼 건강하게 보이지만 감염의 위험성 때문에 보육원에 데려 가서는 안 됩니다. 엄마도 직장에 못 나가고 2주 동안 집에 있게 됩니다.

수두에는 감마글로불린을 주사해도 예방 효과가 없습니다. 영아실에서 한 아기가 수두를 앓으면 그 후 2주가 지나서 두 번째 아기가 나옵니다. 이때 전부가 수두를 앓으면 영아실을 병실로 만들어 버리는 것이 차라리 낫습니다. 의사에게 하루에 한 번 왕진을 부탁하면 되기 때문입니다. 그러나 보육시설 규칙상 이것을 실행하지 못하는 경우가 많습니다.

●

아기가 설사를 하면 먼저 열을 재봐야 합니다.

보육시설에서 맡고 있는 아기가 설사를 하면 우선 열을 재보아야 합니다. 열도 없고 잘 놀고 우유도 잘 먹는다면 걱정할 필요가 없습니다. 그래도 기저귀는 10%의 크레졸 비누액에 담그고 기저귀를 만진 손은 1%의 크레졸 비누액으로 철저히 소독해야 합니다. 아기에게는 분유를 평소보다 20% 정도 묽게 타서 먹이도록 합니다. 설사를 2~3번 하면 스포츠 음료를 아기가 원하는 만큼 먹입니다.

계속해서 다른 아기도 설사를 하기 시작한다면, 여름이라면 아침에 보육시설에서 먹인 분유에 세균이 있었을 가능성이 있습니다. 이때는 열이 없어도 전염성 병으로 취급해 곧 의사에게 연락해야 합니다.

아기가 설사를 하고 열도 있으며 기분도 좋지 않을 때 역시 세균성 설사를 의심해 봅니다. 이때는 변기 소독을 철저히 하고, 그 아기를 딴 방으로 옮기고 바로 엄마에게 연락해야 합니다. 엄마가 올 때까지 머리를 얼음베개로 차게 베어주고 스포츠 음료를 숟가락으로 원하는 만큼 먹입니다.

●

감기는 보육시설에서 가장 흔히 옮는 질병입니다.

아기가 기침을 하기 시작하면 우선 감기가 아닌가 생각해 봅니다. 보육시설에서 1~2일 전에 다른 아이가 감기로 쉬었다고 한다면 그 아이에게서 옮은 것입니다. 또 보육시설에 아기를 데리고 온 엄마가 감기에 걸려 있었다면 아기도 감기에 걸린 것이 틀림없습니다.

감기에 걸린 아기를 쉬게 할 것인가 계속 보육시설에 오게 할 것인가는 실제로는 아주 어려운 문제입니다. 열도 없고 잘 노는 아기가 기침을 가끔 하는 정도로는 엄마가 직장을 쉴 수가 없습니다. 그렇다고 보육시설에서 맡으면 다른 아기에게 전염시킬 가능성이 있습니다. 감기에 대해서 보육시설은 어느 정도에서 타협해야 할지 갈등을 겪고 있습니다. 평소에도 가슴 속에서 그르렁거리는 소리가 나는 아기는 기침을 하면서도 잘 놀고 열도 없으면 건강한 아기로 생각해도 됩니다.

보육시설에 들어올 때는 3종 혼합 백신 접종을 모두 마친 상태여야 한다는 조건을 내세워도 아직 접종을 완료하지 않은 아기가 있습니다. 이런 아기가 백일해균을 보육 시설에 가져옵니다. 백일해는 처음에는 감기로 인한 기침과 구별하기 어렵습니다. 백일해라는 것을 알게 되었을 때는 이미 같은 방의 아기들에게 감염시킨 상태입니다. 미국에서는 발병 예방을 위해서 감염된 것으로 생각되는 아기에게 에리스로마이신을 14일간 먹입니다. 14일이 지나서 발병하지 않으면 복용을 중단해야 합니다.

234. 보육 병원

● 보육 병원이란 아기가 아플 때 아기를 보호하고 치료하는 곳이다.

점점 보육 병원의 필요성이 절실해집니다.

보육시설에서도, 보육시설에 아기를 맡기는 엄마에게도 가장 곤란한 것은 아기가 병들었을 때입니다. 보육시설에서 아기가 열이 날 때, 만약 그것이 전염되는 병이라면 다른 아기들에게 옮기지 않도록 해야 합니다. 엄마에게 연락을 하여 아기를 데리러 오게 하고, 그동안 다른 아기들로부터 격리시켜야 합니다. 하지만 보육시설에는 병에 걸린 아기를 격리해 놓을 만한 방이 없는 경우가 많습니다. 또 방이 있다 해도 병에 걸린 아기와 같이 있어줄 보육교사가 없습니다.

엄마도 곤란합니다. 직장에서 중요한 일을 하고 있다가도 "아이가 열이 나니 빨리 와 주세요"라고 하면 바로 보육시설로 가야 합니다. 다른 아이들에게 옮겨서도 안 되고 아이의 병을 늦게 처치해도 곤란하기 때문입니다. 엄마가 보육시설에서 아이를 데리고 와 의사에게 보여 겨우 병의 고비를 넘기고 회복되어도, 의사가 아직 다른 아이에게 옮길 가능성이 있다고 말하면 옮기지 않게 될 때까지 일을 쉬고 아이와 같이 집에 있어야 합니다.

보육 병원이란 이러한 불편을 없애기 위한 병원입니다. 여러 보육시설을 하나의 보육 병원과 연계시키고, 보육 병원에서는 의사가 매일 자동차로 보육시설을 순회합니다. 의사가 보고 이상하다고 느낀 아이, 보육교사가 평소와 다르다고 느낀 아이는 진찰을 합니다. 병이라고 생각되면 차에 태워 보육 병원으로 데리고 갑니다.

보육 병원에서는 보육교사 자격증이 있는 간호사들이 병의 종류에 따라 분리한 몇 개의 방에서 아이들을 간호하면서 보육합니다. 보육시설에서 아이가 갑자기 열이 난다는 보고가 있으면 순찰차로 데리고 와서 입원시킵니다.

엄마는 병원으로부터 연락을 받고 병의 상태를 듣습니다. 6시까지 병원에서 치료하고 있을 테니 그때까지 안심하고 일하라는 말도 듣습니다. 6시에 엄마는 병원으로 아이를 데리러 갑니다.

아이를 입원시키게 되면 엄마가 병원에서 같이 잘 수도 있습니다. 다음 날 아침에는 병원에 아이를 맡기고 출근합니다. 홍역 같은 병은 집에서 치료해서 좋아졌다고 해도 다른 아이들에게 옮길 가능성이 있는 동안은 보육시설이 아니고 보육 병원에 아이를 맡깁니다. 아이는 홍역이 거의 나은 다른 아이들과 같이 놀거나 급식을 먹거나 낮잠을 잡니다. 저녁에는 엄마가 와서 함께 집으로 돌아갑니다.

실제로 보육 병원을 만드는 일은 쉽지 않습니다.

보육시설 가까운 곳에 있는 병원 원장이 선의로 보육 병실을 만든다고 해도 운영에는 여러 가지 문제가 발생합니다. 보육시설에서 데리고 온 아이의 병은 다양하며 전염 가능성이 있는 병에 걸린 아이는 격리시켜야 합니다. 홍역에 걸린 아이와 수두에 걸린 아이를 같은 병실에 둘 수는 없습니다. 그렇다 보니 홍역, 수두, 볼거리, 풍진 등 병에 따라 각각 따로 병실을 준비해야 합니다.

갑자기 열이 나서 감기인 것 같아 입원시켜도 감기에 걸린 다른 아이와 같이 있게 해도 좋은지 바로 판단하기는 어렵습니다. 왜냐하면 어떤 시기에 한 종류의 감기만 유행하는 것은 아니기 때문입니다. 보육 병원에서 서로에게 병을 옮기는 것을 예방하려면 많은 병실을 준비해야 합니다. 병실이 많이 필요하다는 것은 엄마 대신 아이들을 돌보아줄 간호사도 그만큼 필요하다는 얘기입니다.

이 문제는 병원을 건축할 때 기술적인 방법으로 일부 해결할 수 있을 것입니다. 환기와 실온을 고려한 투명하고 완전한 칸막이를 이용하여 몇 개의 칸막이 병실을 만들고, 한 명의 간호사가 2~3명의 아이를 돌보도록 합니다. 또 홍역에 걸린 아이는 홍역에 걸린 아이끼리, 수두에 걸린 아이는 수두에 걸린 아이끼리 같은 병실에 입원시켜 간호하면 됩니다.

보육 병원은 근대적인 소아 병원의 이상적인 형태입니다.

다음과 같이 생각해 보면 보육 병원이란 근대적인 소아 병원의 이상적인 형태와 일치합니다. 소아 병원이 지금처럼 중병 환자밖에 입원시킬 수 없을 때는 아이를 놀게 하거나 교육시키는 면은 그다지 문제가 되지 않습니다. 그러나 일하는 엄마를 위해서 가벼운 병에 걸린 아이까지 입원시킬 수 있게 되면 병원 자체가 보육시설 역할도 해야 합니다.

희귀병과 난치병 연구소로서의 소아 병원이 지역 아이들을 위한 휴식과 치료를 겸한 공간이 된다면 보육 병원의 문제는 저절로 해결될 것입니다. 보육 병원은 보육 관계자와 소아과 의사들이 각각 이상을 추구하는 가운데 공통된 과제로 떠오르고 있습니다.

보육 병원의 입원비도 의료보험의 혜택을 받을 수 있도록 해야 할 것입니다. 일하는 엄마가 전업주부인 엄마보다 과중한 부담을 받지 않게끔 보육 병원에 아이를 맡기는 비용의 일부는 육아 수당으로 지급해야 합니다.

의학의 진보는 보육시설이 안고 있는 어려운 문제를 해결해 줄 것으로 믿습니다. 예방접종의 발달로 이미 백일해, 홍역, 풍진, 볼거리가 없어졌습니다. 그리고 머지않아 수두와 인플루엔자도 보육시설에서 없어질 것입니다. 그다음에 남는 전염병은 감기라는 바이러스 병뿐입니다. 백신이 만들어질 때까지는 보육시설에서 열이 나는 아이는 다른 방에서 쉬게 해야 합니다.

능숙한 보육교사라면 몸이 아픈 아이가 감기라는 것을 진단할 수 있을 것입니다. 다른 방의 아픈 아이를 돌보아주는 파트타임으로 일하는 베이비시터가 있다면 더욱 좋을 것입니다.

235. 이 시기 영아체조 

생후 6개월이 지나면 아기는 잘 앉을 수 있게 되므로 지금까지 해온 체조에 다음 체조를 추가합니다.

㉘ 앉는 연습 5~6회
㉙ 앉은 상태에서 팔 운동 좌우 10~15회
㉚ 기는 연습, 아기를 엎드리게 한 뒤 앞에 장난감을 놓고 "자, 와 봐!"라고 해서 기어오도록 1분 정도 독려합니다.

체조하는 방법에 대해서는 그림으로 보는 영아체조(1권 555쪽)를 참고합니다.

아기는 모르는 사람의 얼굴을 보면
울음을 터뜨립니다.
낯가림을 하기 시작한 것입니다.
그만큼 엄마에 대한 인식이 확실해졌다는 뜻입니다.
'아', '바'. '빠'라는 아주 짧은 소리를 내기도 합니다.

11

생후 7~8개월

이 시기 아기는

236. 생후 7~8개월 아기의 몸

● 인식 능력이 발달하면서 낯가림이 시작되고, 아주 짧은 소리를 내기 시작한다.

낯가림을 합니다.

아기가 엄마 얼굴을 보고 기뻐하는 표현이 지난달보다 더욱 눈에 띕니다. 얼굴이 웃고 있을 뿐만 아니라 아기에 따라서는 귀여운 표정을 짓기도 합니다. "없다, 없다! 까꿍!" 하는 놀이를 즐기고 소리 내어 웃기도 합니다. "안 돼"라거나 "맴매"라고 야단치면 우는 아기도 있습니다. 그런 식으로 혼을 내도 전혀 반응이 없다면 난청이 아닌지 의심해 보아야 합니다.

엄마에 대한 인식이 확실해지는 것만큼 타인에 대한 인식도 확실해집니다. 감각이 예민한 아기는 낯가림을 합니다. 모르는 사람의 얼굴을 보면 울음을 터뜨립니다. 낯가림은 지능과 직접적인 관계가 없습니다. 물론 지능이 뒤떨어진 아기는 엄마를 인식하는 것도 늦습니다. 그러나 일찍 낯을 가린다고 해서 영리하다고 할 수는 없습니다. 오히려 일찍부터 낯을 가린 아기는 어느 정도 자라서도 낯을 가려 타인에게 쉽게 익숙해지지 못합니다.

이 시기가 되면 아기는 자신의 의사를 확실하게 표현합니다. 기어 다닐 수 있는 아기라면 어떤 목표를 향해서 손을 뻗칩니다. 또 싫어하는 것은 거부합니다. 싫어하는 음식을 숟가락으로 먹이려고 하면 손으로 밀어냅니다. 손에 들고 있는 장난감을 뺏으면 화를 내며 웁니다. 그리고 머리를 감길 때 싫다고 우는 아기도 많아집니다. 기저귀를 갈아줄 때도 좀처럼 가만히 있지 않습니다.

이런 동작은 아기가 손발과 몸을 얼마나 자유롭게 움직일 수 있느냐에 따라 차이가 많이 납니다. 게다가 이런 운동 능력은 개인차가 매우 크고 옷을 몇 벌 입고 있느냐에 따라서도 다르기 때문에 어떤 표준을 정할 수는 없습니다.

●

대체로 생후 7~8개월 사이에 뒤집기를 할 수 있게 됩니다.

스스로 앉을 수 있는 아기가 많아지지만 앉아 있을 수 있는 시간은 대중이 없습니다. 앉아서 양손에 들고 있는 장난감을 맞부딪치는 모습은 이 시기의 아기에게 가장 많이 볼 수 있습니다. 이때 많이 기어 다니기 시작하지만 전혀 기어 다니지 않다가 갑자기 물건을 잡고 일어서는 아기도 많습니다. 또 처음에는 뒤로 기어가는 아기도 있습니다. 다리도 튼튼해져 양손을 잡아주면 잠시 동안 서 있을 수 있게 됩니다. 빠른 아기는 생후 8개월쯤 되면 우연히 물건을 잡고 일어서기도 합니다.

엎드린 상태에서 뒤집기를 하거나, 앞뒤로 기어 다니거나 앉은 채로 엉덩이로 이동하는 등 아기에게 기동력이 생기게 됩니다. 따라서 그만큼 추락, 화상, 이물질을 삼키는 사고도 많아집니다. 244 이 시기 주의해야 할 돌발 사고

이가 나기 시작하는 것도 주로 이 시기입니다.

생후 6개월 또는 그 이전에 이가 나는 아기도 있습니다. 보통은 아래쪽 앞니 2개가 먼저 납니다. 하지만 드물게 위쪽 앞니가 먼저 나는 아기도 있습니다. 이가 나기 1개월 정도 전부터 "푸우! 푸우!" 하고 소리 내는 아기가 많습니다. 이가 난다고 해서 열이 나지는 않습니다. 단, 이가 날 때 약간 아픈지 기분이 나빠서 밤에 잠을 잘 자지 않는 아기도 간혹 있습니다. 217 이가 난다

같은 달에 태어난 다른 아기가 이가 났다고 하면 아직 이가 나지 않은 아기의 엄마는 초조해 합니다. 그러나 이가 나는 것에도 개인차가 있어서 돌이 되어서야 나는 아기도 종종 있습니다. 이것이 비타민 D 부족 같은 어떤 특정한 병 때문인 경우는 요즘엔 없습니다. 또 늦게 난 이가 질이 나쁜 것도 아닙니다.

이가 빨리 났으면 하는 마음에 칼슘을 먹이는 것은 아무런 의미가 없습니다. 이는 이미 나 있는데 잇몸 밖으로 나오는 것이 늦어지는 것뿐이기 때문입니다.

아주 간단한 발음을 하기 시작합니다.

이 시기가 되면 아기는 자주 "아", "빠", "마"라는 발음을 하게 됩니

다. 엄마를 부르는 것처럼 말하는 경우도 있습니다.

엄마는 바르고 알기 쉬운 언어로 아기에게 말을 걸어야 합니다. 아기는 성장하면서 저절로 말을 할 수 있게 되는 것이 아닙니다. 엄마와 아빠가 말하는 것을 듣고 그 말과 동작 간의 관계를 반복해서 보고 들으면서 말을 배우는 것입니다. 죽을 먹일 때 말없이 죽만 먹여서는 안 됩니다 "자, 지연아, 죽 먹자", "아~ 해야지" 하면서 동작과 함께 말을 가르쳐야 합니다.

거의 대부분의 엄마는 아기에 대한 애정으로 자연스럽게 이렇게 말함으로써 자신도 모르는 사이에 언어 교육을 시킵니다. 그래서 아이가 커가면서 저절로 말할 수 있게 된다고 착각합니다. 텔레비전이나 라디오를 켜놓은 채 아기에게 말을 걸면 아기는 엄마 말을 정확하게 알아들을 수 없습니다. 텔레비전은 부모와 자녀의 마음을 이어주는 대화에 방해가 됩니다. 그러므로 아기가 텔레비전을 보게 해서는 안 됩니다.

●

하루 3시간 이상 바깥 공기를 쐬어주는 것이 좋습니다.

엄마는 이유식보다 바깥에서 아기를 단련시키는 것이 중요하다는 사실을 자주 잊어버립니다. 아주 더울 때나, 혹한에 눈이 내릴 때나, 여름 장마로 종일 비가 내릴 때를 제외하고는 아기를 하루 3시간 이상 집 밖으로 데리고 나가 바깥 공기를 쐬어주는 것이 좋습니다. 뒤집기도 하고 기어 다니기도 하는 아기라면 아기가 자유롭게 움직일 수 있는 잔디가 깔린 운동장이 있다면 더욱 좋습니다.

집에서는 바람이 잘 통하는 방에서 커피포트, 다리미, 스토브, 재떨이 등 위험한 것을 모두 치우고 장난감을 주어 놀게 합니다. 추락 방지 장치가 있는 유모차에 아기를 태워 마당에 내놓거나(물론 엄마가 볼 수 있는 곳에) 슈퍼마켓에 데리고 가는 것도 좋습니다.

●

아직까지는 밤에 자다가 1~2번 정도 깹니다.

수면 시간이나 숙면 정도는 아기에 따라 다르지만 보통 낮잠은 오전에 한 번 1~2시간, 오후에 1~2번 각각 1~2시간 잡니다. 그리고 아직까지는 밤에 자다가 1~2번 정도 깹니다. 기저귀를 갈아주어도 잠에서 깨지 않는 아기, 반드시 깨어 우는 아기, 소량의 분유나 끓여서 식힌 물을 먹어야 자는 아기 등 여러 유형이 있습니다.

밤중에 분유를 먹는 아기는 점차 줄어들지만, 모유가 나온다면 모유를 먹이는 것이 끓여서 식힌 물을 먹이는 것보다 간단하기 때문에 아기를 재우기 위해서 모유를 먹이는 엄마가 많습니다. 이렇게 하여 아기가 쉽게 잠든다면 굳이 모유를 끊을 필요는 없습니다.

238 밤중 수유

●

하루 1~2번 대변을 보는 아기가 많습니다.

대변은 하루 1~2번 보는 아기가 가장 많지만 지난달과 같이 변비가 계속되는 아기도 적지 않습니다. 생우유 속에 토스트를 작게 찢어 넣어서 끓인 수프(빵죽), 우동, 빵 등을 평소보다 많이 먹은 다음 날 변의 양과 횟수가 많아지고 묽어졌다면 이것은 정상적인 반응입니다. 변이 묽어졌어도 아기 기분이 좋고 식욕도 여전하며 열도 없다면 걱정할 필요가 없습니다. 변 상태만 보고 설사를 한다고 놀라서 이유식을 전부 중단하고 분유나 모유만 먹이면 설사는 언제까지나 계속됩니다. 201 소화불량이다_장이 약하다

소변도 매번 기저귀에 보는 아기가 아직은 절대적으로 많습니다. 아기가 순하고, 변기에 소변 보는 것을 싫어하지 않으며, 소변 보는 간격이 일정할 경우 변기에 데려가면 성공합니다. 낮잠에서 깨어났을 때 소변을 보게 하는 것도 좋습니다.

대변도 하루 한 번 보고 꽤 단단한 변을 보는 아기라면 배설을 시작할 때 힘을 주거나 이상한 표정을 짓기 때문에 엄마가 알아차리고 변기에 데려가면 대변을 잘 봅니다. 이 엄마는 "우리 애는 대변을 가려요"라고 이웃의 엄마에게 말하지만 사실 이것은 대변을 가리는 것이 아니라 엄마의 짐작으로 우연히 성공한 것에 불과합니다. 이 시기의 배설 훈련은 싫어하는 아기를 울리면서 시킨다고 해도 아직 효과를 기대할 수 없습니다. 241 배설 훈련

●

이 시기에는 아기 병의 종류가 많아집니다.

유모차에 태워서 밖에 나갔을 때 동네 아이에게서 병을 얻는 일도 있습니다. 가장 많은 것이 홍역과 수두입니다. 백일해는 예방접종을 했다면 괜찮습니다. 볼거리는 걸려도 별 증상 없이 낫습니다.

지금까지 전혀 열이 난 적이 없던 아기가 처음으로 38~39℃의 고열이 난다면 우선 돌발성 발진이 아닌지 의심해 보아야 합니다. 226 돌

발성 발진이다 그다음으로 많은 것은 바이러스에 의한 상기도(上氣道)의 병(감기, 편도선염 등)입니다. 포진성 구협염이라고도 하는 헤르팡지나 또는 수족구병250 초여름에 열이 난다_구내염·수족구병도 많습니다.

하계열은 생후 4~6개월 정도의 아기에게 많고, 생후 8개월이 되면 전혀 없는 것은 아니지만 많이 줄어듭니다.177 하계열이다

겨울철, 이가 날 즈음의 아기에게 급성 설사를 일으키는 '겨울철 설사'280 겨울철 설사이다가 있습니다. 이런 병이 있다는 사실을 모른다면 4~5일간이나 소변과 같은 상태의 설사가 그치지 않아 깜짝 놀라게 됩니다. 특히 처음 1~2일은 몇 번이나 분유를 토하기 때문에 더욱 놀랍니다. 병원에 가서 "가성 콜레라입니다. 링거 주사를 놓겠습니다"라는 말을 들으면 생명이 위험한 것은 아닌가 하고 걱정하는 부모도 많습니다. 하지만 겨울철 설사는 단식과 주사로 쇠약하게 만들지만 않는다면 며칠 내로 낫습니다.

피부가 하얗고 통통한 아기가 열도 없는데 갑자기 토하기 시작하며 어디가 아픈 듯이 운다면 장중첩증181 장중첩증이다을 의심해 보아야 합니다. 피부에 나타나는 병으로는 스트로풀루스가 많습니다.229 가려운 습진이 있다

이 시기의 육아법

237. 효과적인 이유식 진행법

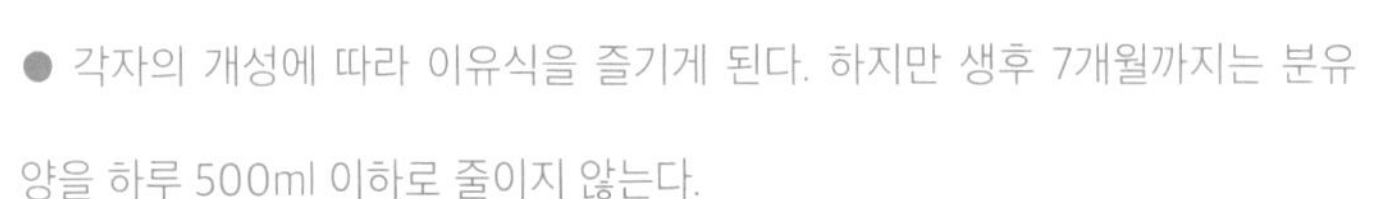

● 각자의 개성에 따라 이유식을 즐기게 된다. 하지만 생후 7개월까지는 분유 양을 하루 500ml 이하로 줄이지 않는다.

분유를 하루 500ml 이하로 줄이지 않도록 합니다.

생후 7개월이 되었다고 지난달보다 이유식 양을 한 단계 늘려야 할 필요는 없습니다. 더운 여름철이 아니라면 아기가 점점 많이 먹으려고 해서 자연히 양이 늘어납니다. 생후 7개월이 지나면 식사에 관한 아기의 개성은 각양각색으로 나타납니다.

죽을 맘껏 먹고 싶어 하는 아기와 죽을 별로 좋아하지 않는 아기는 죽을 먹는 양이 차이가 점점 벌어집니다. 100g씩 두 번 먹는 아기의 엄마는 흐뭇한 표정을 짓는 반면 한 번에 겨우 50g만 먹는 아기의 엄마는 자신을 탓하는데, 이것은 의미 없는 일입니다. 반찬만 해도 야채를 싫어하는 것이 뚜렷해지는 아기와 생선은 싫어하지만 야채는 잘 먹는 아기의 차이가 생기게 됩니다. 따라서 이유식의 진행은 아기에 따라 상당히 달라집니다. 그러나 아무리 이유식이 달라도 생후 7개월까지는 분유 양을 하루 500ml 이하로 줄이지 않는 것이 좋습니다. 이 월령의 아기가 얼마나 다양하게 이유식을 먹는지 실례를 들어 살펴보기로 합니다.

◈ **아기 B(여, 지난달의 아기)**

08시 분유 200ml

11시 분유 200ml

14시 비스킷 1개, 카스텔라 1조각

17시 생우유 80ml, 버터 바른 빵 1조각, 바나나 1/2개

19시 방어조림

밤중 분유 200ml

밤중에 분유를 먹게 된 것은 습진으로 가려워서 잠에서 깨기 때문입니다.

◈ **아기 C(여, 지난달의 아기)**

08시 분유 200ml

10시 과즙, 말랑말랑한 쌀과자 2개

12시 빵죽(식빵 1/3조각, 탈지분유), 과즙 이유식 통조림 1/2캔,
떠먹는 요구르트 50ml, 분유 80ml

16시 죽과 야채와 육류 이유식 통조림 1/2캔, 된장국 또는 수프,
분유 80ml

20시 분유 200ml

이 엄마는 아기가 비만아가 되지 않도록 10일마다 체중을 측정하여 100g 이상 늘지 않게 주의하고 있습니다.

◈ 아기 H(남)

07시 모유

11시 죽 50g(커피잔 1/3 분량), 달걀 1개, 집에 있는 반찬, 모유

14시 모유

18시 식빵 1조각(사방 10cm 크기), 생우유 180ml

21시 모유

밤중 모유 1~2회

이 아기는 죽을 하루 한 번밖에 먹지 않습니다. 반찬도 특별하게 만들지 않습니다.

아침에 주는 반찬은 전날 저녁때 만든 두부나 생선조림, 감자 등입니다. 단, 더운 여름에는 전날 만든 반찬은 안전하지 않습니다. 이유식 통조림을 이용해도 됩니다.

◈ 아기 I(여)

06시 분유 200ml

10시 죽 100g(커피잔 2/3 분량), 달걀노른자, 분유 100ml

14시 분유 200ml

18시 계란과자 또는 카스텔라, 과일, 떠먹는 요구르트, 분유

100ml

21시 분유 200ml

이 엄마는 특별한 이유식을 만들지 않습니다. 18시에 주던 과자를 집에 있는 반찬으로 바꾸고, 곧 밥으로 바꾸었습니다.

◈ 아기 J(남)

07시 분유 100ml, 식빵 1조각

12시 달걀, 모유

15시 분유 150ml

18시 분유 100ml, 생선, 밥 30g(커피잔 1/4 분량)

21시 분유 150ml

밤중 모유 2~3회

이 아기는 아무리 해도 죽을 먹지 않았습니다. 생후 7개월 전까지는 싫어하면서도 먹었으나 7개월이 되어 이가 2개 나자 죽을 먹지 않게 되었습니다. 그래서 밥을 주었더니 잘 먹었습니다.

●

일찍부터 밥을 먹는 아기가 의외로 많습니다.

일찍부터 밥을 먹는 아기는 의외로 많습니다. 여러 명의 아이를 키우는 엄마는 바쁘기도 해서 셋째, 넷째 아기에게는 죽을 건너뛰고 바로 밥을 먹이는 경우도 적지 않습니다. 이것은 이유식을 정해진 형식대로 적용하지 않아도 된다는 것을 증명하는 예입니다.

빵 대신 국수를 먹어도 상관없습니다. 야채와 감자는 갈지 않고 다지거나 으깨서 주어도 됩니다. 생선은 흰살 생선이 좋다고 하지만 "7개월 되었을 때 고등어와 정어리를 주었어요"라고 말하는 엄마도 많습니다. 하지만 기름기가 많은 생선은 처음부터 너무 많이 주어서는 안 됩니다. 조금씩 주어 아무 문제가 없다면 양을 늘려갑니다. 쇠고기나 돼지고기도 잘게 갈아서 준다면 상관없습니다. 집에서 만든 크로켓 등은 8개월쯤부터 주면 됩니다.

어쨌든 조리하는 도중에 세균이 들어가지 않도록 주의하면 두부, 감자, 고구마, 마, 당근, 무, 순무, 오이, 가지, 시금치, 배추, 양배추 어느 것을 먹여도 좋습니다. 생선은 대부분 다 먹여도 상관없습니다. 하지만 생선은 별로 좋아하지 않고 성게, 김 등을 좋아하는 아기도 많습니다.

죽을 아무 재료나 여러 가지 넣어서 만들면 간단하지만 식품의 맛을 하나하나 알게 하려면 그렇게 해서는 안 됩니다. 아기가 즐기면서 먹게 하려면 손이 많이 가지 않는 음식 2가지 정도에 된장국이나 수프(인스턴트도 괜찮음)를 곁들이면 좋습니다. 이것은 하루 한 번으로 하고 나머지는 빵과 치즈, 분유, 그리고 달걀 푼 국수 정도를 먹이면 단련하는 훈련도 될 수 있습니다.

●

시판 이유식에 너무 의존해선 안 됩니다.

이 시기에 엄마들이 흔히 저지르는 잘못은 시판 이유식에 너무 익숙해져서 자신이 만든 반찬 중에도 아기에게 먹일 수 있는 것이 있다는 사실을 잊어버리고 먹이지 않는 것입니다.

이유식을 진행하는 동안 감기 때문에 변이 물러지거나 횟수가 많아지기도 합니다. 이런 때라도 아기가 기분이 좋고, 웃는 얼굴을 보이며 식욕도 있고, 열도 없다면 걱정하지 않아도 됩니다.

변을 보는 횟수가 많아졌다고 이유식을 완전히 중단하고 분유와 미음만으로 바꾸면 변은 굳어지지 않습니다. 201 소화불량이다_장이 약하다 이러한 식사 조절(감식)은 하루 정도만 하면 됩니다. 식욕이 있으면 2일째에는 죽을 한번 먹여보는 것이 좋습니다. 그러면 오히려 빨리 변이 굳어집니다.

분유는 별로 좋아하지 않지만 쌀죽이나 빵죽은 잘 먹는 아기에게 죽 100g과 달걀 1개 정도를 하루 두 번 먹이면 체중이 늘어납니다. 하루 평균 10g밖에 늘지 않던 것이 15g씩 늘어나는 아기도 있습니다. 그러나 대부분의 아기는 이 시기에 하루 평균 8~10g씩 증가합니다. 이 월령에 하루 20g이나 늘어난다면 비만아가 될 우려가 있습니다. 또 이유식을 먹는데도 이전처럼 분유를 200ml씩 5회나 먹는 아기는 분유를 제한해야 합니다. 대신 주스나 물에 희석한 요구르트, 떠먹는 요구르트를 먹이도록 합니다.

감미(甘味) 음료를 먹인 후에는 이에 묻은 설탕 성분을 씻어내기 위해 보리차나 끓여서 식힌 물을 조금 먹입니다. 이가 몇 개 안 되기 때문에 칫솔로 닦아줘도 그다지 싫어하지 않습니다.

●

철분이 포함된 이유식이 필요합니다.

이 시기에 많이 발생하는 빈혈을 예방하기 위해서는 철분이 포함된 이유식을 먹여야 합니다. 김, 부드러운 다시마, 잔멸치, 반건조 가다랑어, 두유를 끓였을 때 위에 생기는 막 등에 철분이 많이 들어 있습니다.

야채나 곡물에 들어 있는 철분은 동물성 단백질에 들어 있는 철분보다 흡수가 잘 되지 않습니다. 동물성 단백질(생선, 닭고기, 돼지고기, 쇠고기, 양고기)과 비타민 C는 야채나 곡물에 들어 있는 철분의 흡수를 도와줍니다. 분유와 달걀에는 이런 작용이 없습니다. 따라서 이유식에 달걀만 사용해서는 안 됩니다.

이 월령의 아기 엄마는 젖병과 식기를 아직까지 펄펄 끓여서 소독해야 하느냐는 질문을 자주합니다. 이런 질문을 하지 않는 경우는 4~5개월부터 이미 펄펄 끓이는 소독을 생략하고, 사용 후 바로 씻어두었다가 사용하기 직전에 뜨거운 물을 끼얹는 엄마입니다.

더운 계절이 아니고 파리도 없고 주변에 설사가 유행하는 것도 아니라면 6개월이 지난 후에는 펄펄 끓여 소독하는 것은 생략해도 됩니다. 생우유도 팩에 있는 것을 그대로 부어 먹여도(제조 회사가 양심적이라면) 괜찮습니다. 그러나 일단 개봉한 팩은 그날 안에 먹여야 합니다.

238. 밤중 수유

● 아기가 밤중에 깨어 울면 먼저 왜 깨었을까를 생각해 보고, 배가 고파 깨었을 때는 엄마 곁에 재우면서 수유를 한다. 한밤중 수유는 자라면서 저절로 사라진다.

아기가 왜 밤에 깨는지를 먼저 생각합니다.

추워지는 10월부터 11월경에 이 월령의 아기는 밤중에 자주 깹니다. 이때 우니까 과즙이나 보리차 등을 먹여보지만 만족스러워하지 않습니다. 분유를 먹이면 100ml 정도 먹고 잡니다. 모유가 나오는 엄마라면 귀찮으니까 모유를 먹이게 됩니다. 그러면서 이유기인데 밤중에 젖을 먹여 거꾸로 가고 있다고 걱정합니다. 밤중 수유는 생후 6개월이 지난 후에는 하지 말라는 기사를 읽으면 엄마는 자기 육아법의 부족함을 탓하게 됩니다.

그러나 밤중 수유에 대해 그렇게 고민할 필요가 없습니다. 특히 낮에 이유식을 주고 있다면 밤중 수유는 영양면에서 문제가 되지 않습니다.

그것보다 왜 아기가 밤에 깨게 되었는지를 생각해 봅니다. 아기용 침대에 재우는데 밤중에 뒤집기를 하다가 손이나 다리, 머리가 난간에 부딪혀 잠에서 깨었다면 이제 침대가 아기에게 너무 좁은 것입니다. 이럴 때는 아기를 밑으로 내려 엄마와 나란히 재우면 됩니다.

이유식을 만드느라 아기를 침대에 눕혀두는 일이 잦아지고 낮에 전처럼 바깥 공기를 쐬어주지 않았다면 아기는 운동 부족으로 깊이 잠들지 못한 것입니다. 이런 경우에는 이유식을 더 간단한 것으로 하고 대신 낮에 바깥에서 아기를 운동시킵니다.

자주 배고파하는 아기라면 밤에 배가 고파서 깬 것입니다. 자기 전에 모유를 먹이고 있다면 모유 부족도 생각해 볼 수 있습니다. 이때는 분유를 더 보충하여 먹여보고 밤에 깨지 않는다면 계속 그렇게 합니다.

●

밤중 수유는 성장하면서 저절로 낫습니다.

모유가 나올 때 밤중 수유를 하는 경우는 아기를 엄마 곁에서 재우게 됩니다. 밤중에 침대에서 자다가 잠이 깬 아기에게 모유를 먹이기보다 엄마 곁에서 자다가 깨어나면 모유를 주는 것이 엄마와 아기 모두에게 편합니다. 이때는 아기가 잠들었을 때 젖만 빼면 됩니다.

엄마 곁에서 아기를 재우는 것을 서양식 육아에서는 금기합니다. 서양에서는 부부만 한방에서 자는 습관을 중요시합니다. 아기가 부모와 한방에서 자면 자립성이 길러지지 않는다고 생각합니다.

그러나 아기가 젖을 떼었다고 해서 바로 자립하는 것은 아닙니다. 생후 7개월 뒤 아기에게는 엄마와의 스킨십이 더욱 필요합니다.

7개월 된 아기가 밤에 우는 것은 잠에서 깨었을 때 어두운 것이 불안하여 최대의 보호자인 엄마에게 스킨십을 요구하는 것입니다. 엄마에게 안김으로써 안심하고 금방 잠이 든다면 안아주어야 합니다. 안아줄 뿐만 아니라 모유가 나온다면 먹여야 합니다. 아무튼 밤중에 잠이 깬 아기는 빨리 재워야 합니다. 따라서 분유든 모유든 바로 먹여서 재우는 것이 좋습니다.

밤중 수유는 성장함에 따라, 또는 날씨가 따뜻해져 아기가 푹 자게 되면 저절로 없어집니다. 그러므로 이것에 구애받지 않도록 합니다. 이때 아빠도 함께 일어나 놀아주거나 하면 아기가 밤중에 노는 것을 기대하게 됩니다. 부모가 잠을 설쳐가면서까지 그럴 필요는 없습니다.

239. 생우유 먹이기

● 이유식을 잘 먹고 있는 아기라면 이즈음 생우유도 먹여본다. 처음에는 약간 묽게 해서 먹인다.

처음 하루는 약간 묽게 해서 먹입니다.

생후 7개월이 되었다고 반드시 생우유를 먹여야 하는 것은 아닙니다. 일반적으로 일본에서는 아기의 소화 기능 발달을 생각하여 9개월 이후부터 생우유를 먹이도록 하고 있습니다. 단지 이 시기부터 생우유를 먹기 시작하는 아기가 많아진다는 것입니다. 더 이른 시기부터 생우유를 먹는 아기도 있습니다.

이유식이 진행됨에 따라 낮에 모유를 먹지 않게 되는 아기도 있습니다. 이런 아기에게는 분유보다 생우유를 먹이는 것이 간단합니다. 또 분유보다 생우유 맛이 담백해서 이유식 후에 생우유 주는 것을 더 좋아합니다.

엄마 입장에서도 분유를 타는 번거로움이 없고 가격도 싸기 때문에 생우유를 주는 것이 더 좋습니다. 생우유로 바꿀 때는 모유 대신이든 분유 대신이든 갑자기 먹이지 말고, 처음 하루는 약간 묽게 해서 먹입니다. 생우유와 물을 8대 2의 비율로 희석시킵니다. 또 처음에는 펄펄 끓여서 먹이는 것이 안심이 됩니다. 그러면 변이 물러졌어도 세균에 의한 것은 아니라고 판단할 수 있습니다.

생우유는 시판되는 흰 우유면 됩니다. 가족 중 생우유를 먹고 설사하는 사람이 없다면 펄펄 끓이지 않아도 괜찮을 것입니다. 설탕은 넣지 않는 것이 좋습니다. 넣는다면 200ml에 각설탕 1개만 넣습니다.

아기가 잘 앉을 수 있게 되면 컵으로 먹여 봅니다. 흘리고 제대로 먹지 못한다면 젖병에 넣어 먹입니다. 아기가 생우유를 매우 좋아하고 분유는 잘 먹지 않으면 전부 생우유로 바꾸어도 상관없습니다.

감수자 주

이때 주의할 점은 이유식을 잘 먹고 있는 아기여야 한다는 것이다. 이유식도 잘 먹지 않는데 생우유로 바꾸면 빈혈에 걸릴 위험이 있다.

●

아기가 싫어하면 무리해서 먹일 필요가 없습니다.

생우유와 분유를 먹는 것에 별로 차이가 없으면 오후 3시에 비스킷을 준 후에 먹이던 분유를 생우유로 바꾸거나, 이유식 후에 먹이던 분유를 생우유로 바꿉니다. 자기 전에 분유를 200ml 먹고 자는 경우에는 분유가 농도가 진하므로 생우유로 바꾸지 않는 것이 좋습니다.

통에 가루 상태로 들어 있는 분유와는 달리 생우유는 기온이 높은 계절에는 상하기 쉽습니다. 따라서 사 오면 바로 냉장고에 넣어야 합니다. 여름에 자주 냉장고를 여닫을 경우에는 10℃도 유지하기 힘들기 때문에 냉장고도 안전하다고 할 수 없습니다. 한여름에는 아침에 사 온 생우유는 오전 중에 먹이고, 저녁이나 밤에는 분유를 먹이는 것이 좋습니다.

분유나 생우유를 무조건 싫어하는 아기도 있습니다. 농도, 당도, 온도를 바꾸어도 먹지 않을 때는 무리해서 먹일 필요가 없습니다. 특히 모유가 갑자기 나오지 않게 된 엄마는 아기가 생우유를 먹지 않으면 초조해하는데 걱정하지 않아도 됩니다.

생우유나 분유를 먹이는 목적은 동물성 단백질의 부족을 방지하기 위해서입니다. 그러나 동물성 단백질은 달걀이나 생선, 육류로도 충분히 대신할 수 있습니다. 생우유를 먹지 않는 것만큼 다른 동물성 이유식으로 보충해 주면 됩니다.

감수자 주

일본에서는 생우유를 비교적 일찍부터 먹이지만 우리나라에서는 일반적으로 빈혈이나 알레르기 등의 이유로 생후 8개월부터(늦게는 첫돌부터) 먹인다.

240. 과자 주기 

● 설탕이 많이 들어간 과자를 먹인 다음에는 물을 먹이는 습관을 들이고, 초콜릿이나 사탕, 팥빵, 크림빵은 주지 않는다.

설탕이 많이 들어간 과자를 준 뒤에는 물을 먹입니다.

과자는 이유식을 먹는 아기에게 영양 면에서는 그다지 도움이 되지 않습니다. 과자를 먹이지 않아도 신체 성장에는 지장이 없습니다. 그러나 아기가 과자를 맛있게 먹는다면 주는 것이 좋습니다. 맛있는 과자를 먹는 것도 인생의 즐거움 가운데 하나일 것입니다.

그러나 과자에는 충치의 원인이 되는 설탕이 많이 들어 있습니다. 따라서 엄마는 아기의 즐거움과 충치의 위험 사이에서 적당하게 과자를 주어야 합니다. 설탕이 많이 들어 있는 과자를 준 후에는 보리차나 끓여서 식힌 물을 조금 먹이는 습관을 들입니다. 비스킷이나 카스텔라 같은 것을 별로 좋아하지 않는 아기도 있습니다. 이런 경우에는 줄 필요가 없습니다.

●

초콜릿과 사탕은 주지 않습니다.

오후에 분유만 먹이는 아기에게 분유를 주기 전에 비스킷, 쿠키, 계란과자 등을 먹이는 엄마가 많습니다. 생후 7개월이 되면 아기는 벌써부터 직접 손에 들고 먹는 것을 즐거워합니다.

과자를 주면 죽을 많이 먹지 않는다고 해서 전혀 주지 않는 엄마도 있습니다. 그러나 비스킷도 당질이고 죽도 당질입니다. 일부러 아기가 좋아하지 않는 당질을 골라서 영양분을 채울 필요는 없습니다. 비스킷을 먹은 분량만큼 죽을 줄이면 영양 면에서는 달라지지 않습니다.

단, 아기가 대식가라서 비스킷도 많이 먹고 죽은 또 죽대로 많이 먹는다면 과식하게 됩니다. 이런 아기는 분유와 함께 비스킷 먹이는 것을 중단하고 분유를 먹인 뒤에 과일을 주도록 합니다.

달콤한 음식을 싫어하는 아기에게는 부드러운 쌀과자를 주면 됩니다. 튀긴 쌀과자를 주어도 좋습니다. 그날 아침에 만든 것이 확실하다면 생과자도 상관없습니다. 양갱도 괜찮습니다.

푸딩이나 젤리는 집에서 만든 것이라면 먹어도 됩니다. 하지만 초콜릿과 사탕은 주지 않는 것이 좋습니다. 팥빵, 크림빵, 잼빵도 좋지 않습니다.

241. 배설 훈련

● 배설 훈련을 빨리 시작해도 변을 가리는 시기는 대체적으로 일정하다. 빨리 시작한다고 좋은 것도 아니다.

배설 훈련을 일찍 시작한다고 좋은 것은 아닙니다.

이 시기에도 아직 아기는 용변을 보고 싶다는 것을 엄마에게 표현하지 못합니다. 변이 단단한 아기는 이상한 얼굴을 하거나 조금 힘을 주지만, 그렇다고 이것이 엄마에게 알려주는 것은 아닙니다. 이미 배변 동작에 들어갔으나 아직 몸 밖으로 나오지 않고 있을 뿐입니다.

그러나 자기 자식 귀여운 것만 아는 부모는 "우리 애는 소변은 알려주지 못해도 대변은 알려줘요"라고 말합니다. 그러면 변이 물러서 힘을 주지 않아도 나와버리는 아기의 엄마는 '왜 우리 애는 아직까지 알려주지 않는 거지?' 하고 걱정하게 됩니다. 이것은 쓸데없는 걱정입니다.

●

배설 훈련의 성공 여부는 오로지 계절이나 엄마의 체력과 관계가 있습니다.

매일 아침에 일어나서 바로 변을 보는 아기는 그 시간에 변기에 앉히면 성공하는 경우가 많습니다. 그러나 대변 보는 시간이 일정하지 않은 아기도 많습니다. 이런 아기를 변기에 데려가 대변을 보게 하는 것은 거의 불가능합니다.

낮에 변기에 데려가 소변을 보게 하는 일의 성공 여부는 계절이나 엄마의 체력과 관계가 있습니다. 더운 여름에 아기가 땀을 많이 흘려서 소변 양이 줄어든 때는 소변보는 횟수가 줄어듭니다. 여름이라 기저귀도 쉽게 뺄 수 있습니다. 1시간 30분마다 기저귀를 확인해서 아직 소변을 보지 않았을 때는 변기에 데려가서 보게 합니다. 이렇게 하면 하루 세 번 정도는 타이밍이 맞습니다. 그러나 더울 때라도 소변 보는 횟수가 많은 아기는 잘 들어맞지 않습니다. 비 오는 날에는 특히 어렵습니다.

추운 계절이 되면 소변 보는 횟수가 많아질 뿐만 아니라 옷도 몇 겹씩 입어 벗기기 힘들고, 1시간마다 고생해서 기저귀를 확인해 보아도 소변을 이미 보아버린 경우가 많습니다. 그런데도 1시간마다 기저귀를 빼고 변기에 데려가는 엄마도 있습니다.

기운이 넘치는 아기는 기저귀 채우기가 더 고생스럽습니다. 40분마다 기저귀를 빼고 변기에 앉히는 일은 너무 힘듭니다. 엄마가 종일 아기와 함께 있으면 대략 몇 시경에 소변을 보는지 예상할 수 있습니다. 그 직전을 노려 변기에 데려가는 것이 육아 기술입니다.

그러나 무심한 엄마는 2~3시간마다 정해진 시간에 젖은 기저귀를 갈아줍니다. 이렇게 하더라도 아기 엉덩이가 짓무르지만 않으면 괜찮습니다, 부지런히 40분마다 갈아주든 2시간씩 방치해 두든 나중에 소변을 가리는 시기(만 2세 봄인 경우가 많음)는 같습니다.

●

무리한 배설 훈련은 오히려 역효과를 냅니다.

밤에 깨워서 소변을 보게 하는 것에 대해서는 지난달 항목216 배설 훈련을 살펴보기 바랍니다. 이 시기에 아기를 혼내거나 엉덩이를 때린다고 해서 아기가 소변을 가리게 되는 것은 결코 아닙니다.

여름이라면 이 월령부터 변기에 앉는 아기도 있지만 추울 때는 무리입니다. 차가운 것에 살이 닿으면 불쾌감 때문에 오히려 배설을 하지 않을 뿐만 아니라 그 후에도 변기에 앉는 것을 싫어하게 됩니다.

242. 변기 고르기 

● 이 시기의 변기는 단지 배설물을 받는 용기에 지나지 않는다. 변기 형태에 따른 특징을 살펴본 후 적절한 것을 고른다.

집의 화장실에 맞춰 구입합니다.

아기가 변기에 앉아서 스스로 배설하게 되는 것은 돌이 지난 후부터입니다. 생후 6~7개월에 뒤에서 아기 다리를 안아 올려 변기에 변을 보게 할 경우 변기는 단지 배설물을 받는 용기에 지나지 않습니다. 그러나 기저귀가 아닌 다른 곳에 배설을 시키기 위해서는 변기가 필요합니다.

화장실에 데리고 가서 배설을 시켜도 되지만 난방이 되지 않는 곳도 있기 때문에 아기는 화장실에 가는 것조차 싫어합니다. 변기는 배설물을 받는 용기로 사용하는 것이므로 어떠한 것도 괜찮지만 집의 화장실에 맞춰 구입하는 것이 좋습니다.

●

어떤 변기를 사든 관계없습니다.

말 모양의 변기는 잡는 부분이 말의 목처럼 되어 있어서 아기가 몸을 기대기에는 좋아 보입니다. 그러나 돌이 지난 후부터는 그 위에서 말타기 놀이를 하거나 배변하기 싫을 때는 마음대로 내려와 좋지 않은 면도 있습니다.

의자형은 변기에 아기 엉덩이를 잘 맞추어 앉히면 아기 마음대로 내려올 수 없습니다. 아기를 변기에 앉혀두면 엄마는 앞에서 감시하지 않고 다른 일을 할 수 있습니다. 아기는 감시받고 있다는 느낌을 받지 않습니다. 그리고 대변을 다 본 아기가 엄마를 부르면 거기에서 해방시켜 줍니다. 단, 아기가 걸을 수 있게 되면 혼자서 내려오는 일도 있습니다.

어떤 모양이든 추울 때는 피부에 닿는 부분에 천을 깔아 차갑지 않도록 해주어야 합니다. 차가우면 아기가 싫어합니다. 이런 사항들을 고려한다면 어떤 변기를 사든 관계없습니다. 단, 어른의 변기에 끼워서 아기가 다리를 벌려야 겨우 닿도록 된 것이 시판되고 있는데, 이것은 아기용 변기에서 쉽게 배변할 수 있게 된 후라야 가능하므로 생후 7개월 된 아기에게는 무리입니다.

243. 아기 몸 단련시키기

● 생후 7개월이 지나면 영아체조는 더 이상 하기 어렵다. 이때부터는 다양한 놀이로 아기 몸을 단련시켜야 한다.

흥미가 없는 일을 억지로 시키면 안 됩니다.

생후 7개월이 지나면 아기의 움직임이 활발해집니다. 몸을 마음대로 움직이기 때문에 스스로 무엇인가를 하고 싶어 합니다. 몸의 단련은 이 의욕을 이용하는 것이 좋습니다. 아기가 의욕을 보이지 않거나 흥미가 없는 일을 억지로 시켜서는 안 됩니다. 이것은 엄마가 가장 잘 알고 있을 것입니다.

●

다양한 놀이로 아기 몸을 단련시킵니다.

아기를 똑바로 눕혀놓고 기저귀를 채우려고 할 때 알몸으로 있기를 좋아하는 아기는 저항하므로 쉽게 기저귀를 채울 수 없습니다. 영아체조는 생후 7개월이 지나면 하기 어려워집니다.

아기를 엎드리게 하고 그 앞에 아기가 좋아하는 것을 놓아 가지러 가게 하는 것이 기계적으로 굽혔다 폈다 하는 체조보다 낫습니다. 또 겨드랑이를 받쳐서 체조대 위에 세우는 것보다 침대 난간을 잡고 서서 위에 매달려 있는 종이풍선을 잡게 하는 것이 아기에게는 더 즐겁습니다. 놀이터에서 엄마에게 안겨 미끄럼틀을 타거나 그네를 타는 것도 싫증 내지 않고 좋아합니다.

생후 7개월이 지나면 여름에 해수욕을 시켜도 됩니다. 아침에 바닷물에 발을 담그거나 모래사장을 기어 다니게 하거나 낮에 2~3분간 바닷물에 몸을 담그는 것을 아기는 매우 좋아합니다.

그러나 이 시기에 직사광선에 피부를 태우는 것은 피해야 합니다. 피부를 태워 피부염을 일으키면 열이 납니다. 그러므로 되도록 그늘에 있게 하는 것이 좋습니다. 물론 아기를 대관령 같은 고원에 데리고 가도 됩니다. 그러나 실제로는 바다도 산도 어른들이 독점하고 있어 아기를 단련시킬 곳이 없습니다.

동네에도 생후 7개월 된 아기를 단련시킬 만한 공간이 별로 없습니다. 차가 다니지 않는 울퉁불퉁한 길을 유모차에 태우고 산책하는 정도입니다. 놀이터를 지역 주민 모두가 합의해서 오전 중에는 영아, 오후 3시까지는 저학년 아이, 일몰까지는 고학년 아이, 이렇게 시간제로 이용하도록 했으면 좋겠습니다. 그렇지 않으면 아기에게 그네나 미끄럼틀을 태워주기가 불가능합니다.

집 바깥이 위험하여 아기를 땅에 내려놓을 곳이 전혀 없을 때는 집 앞의 좁은 공간에서라도 돗자리를 깔고 하늘 아래에서 놀게 합니다. 유모차로 산책하는 것이 유일한 옥외 운동이라면 춥지 않은 계절에는 창문과 방문을 열어놓고 엄마나 아빠가 아기를 부르거나, 장난감을 가지러 오게 하거나 해서 방안에서 하루 1시간 정도 기거나 서는 연습을 하게 합니다.

환경에 따른 육아 포인트

244. 이 시기 주의해야 할 돌발 사고

● 어디로든 이동이 가능해 방심하는 사이 큰 사고를 일으킬 수 있다. 특히 주의가 필요한 시기이다.

어디로든 이동이 가능한 시기이니 특히 조심해야 합니다.

생후 7개월이 지난 아기는 이제 방 안 어디로든 이동해 갈 수 있다고 생각해야 합니다. 아직 기는 것도 뒷걸음질밖에 할 수 없으니 그렇게 멀리는 갈 수 없을 것이라 생각하여 방심하는 것이 사고 원인이 되기도 합니다. 아기 베개 주변만 정리하면 된다고 생각하기도 하는데 의외로 방의 가장 구석에 있는 포트를 엎어서 화상을 입는 사고가 벌어집니다. 아기가 있는 방에는 뜨거운 것은 전부 치워야 합니다. 화상의 원인이 되는 것은 포트, 다리미, 토스터, 스토브 등입니다.

겨울에 스토브를 사용할 경우에는 주위에 울타리를 쳐야 합니다. 여름에는 선풍기에 손을 다치는 일도 있으므로, 아기 손가락이 들어가지 않도록 선풍기에 안전망을 씌워야 합니다.

아기는 방바닥에 떨어져 있는 것만 주워서 입에 넣는 것이 아닙니다. 쉽게 열리는 옷장 문을 열고 안에 떨어져 있는 방충제를 주워 입에 넣기도 합니다. 또 아빠가 화장대 서랍에 넣어두었던 면도칼을 꺼내어 손가락을 베이는 일도 있습니다. 따라서 아기의 손이 닿는 서랍은 모두 정리해 두고, 삼키거나 손에 상처를 입힐 우려가 있는 것은 모두 치워야 합니다.

과즙을 먹일 때 턱받이 대신 가제를 옷에 대주는 것도 위험합니다. 잊어버리고 빼놓지 않은 가제를 아기가 삼켜 질식사한 사례도 있습니다. 또 베이비파우더를 바를 때 가루가 날리는 것을 아기가 마셔 호흡곤란을 일으킨 일도 있습니다.

1층인 경우에는 툇마루로 기어 나가서 아래로 떨어지기도 하고, 2층 계단에서 떨어지기도 합니다. 고층 아파트라면 복도로 통하는 문을 열고 나가 계단에서 떨어지기도 합니다.

이런 사고는 울타리만 만들어두면 방지할 수 있습니다. 위험한 장소에 아직 울타리를 만들지 않았다면 오늘이라도 당장 만들기 바랍니다.

아기를 유모차에 태워 산책 나간 엄마는 길에서 이웃 사람과 만나 이야기에 열중해서는 안 됩니다 그동안 아기가 유모차 너머로 몸을 빼다가 엄마 눈앞에서 떨어지는 사고가 자주 발생합니다.

아기를 놀이터에 데리고 갔을 때 큰 아이들이 야구를 하고 있다면 구경하지 않는 것이 좋습니다. 야구공에 아기가 맞는 일도 생기기 때문입니다.

아기가 세탁기 속으로 떨어져 물에 빠져 사망하는 일도 있습니다

다. 욕조에 물을 받아놓았을 때는 아기가 욕실 문을 열지 못하도록 잠가두어야 합니다. 한편 보행기는 오히려 사고를 일으키므로 사용하지 않는 것이 좋습니다.

245. 장난감

● 방 안을 이리저리 이동할 수 있게 되면서 장난감보다 일상의 사물에 더 관심을 갖는다. 이때 위험한 물건은 만지면 안 된다고 인식시켜 줘야 한다.

장난감보다 일상의 사물에 더 관심이 많습니다.

이 월령의 아기가 가지고 노는 장난감을 조사해 보면 거의 비슷합니다. 딸랑이, 북, 오뚝이, 봉제 인형, 고무 인형, 플라스틱 자동차 등입니다. 그러나 생후 7개월이 지나 방 안에서 이리저리 이동할 수 있는 시기가 되면 아기는 부모가 사준 장난감에 별로 흥미가 없고 일상의 소도구를 가지고 놀고 싶어 합니다. 밥그릇, 숟가락, 스탠드, 전기 코드 자물쇠, 서랍 손잡이, 텔레비전, 라디오 등을 만지작거리면서 즐거워합니다. 무엇이든 보고 싶고, 만지고 싶고, 이 세상을 알고 싶어 하는 것입니다.

그러나 아기가 아무리 갖고 싶어 해도 라이터, 볼펜(들고 있다 넘어지면 눈을 찌르기도 함), 주전자, 약병, 토스터, 포트 등의 위험한 물건은 가지고 놀게 해서는 안 됩니다. 이런 것은 만져서는 안 되는 것으로 인식시켜야 합니다. 아기가 포트, 다리미 등(뜨겁지 않을 때도)을 만졌을 때는 "맴매" 하며 제지하고 뺏어야 합니다. 텔레비전, 라디오, 오디오 등도 놀이 기구가 아니라는 것을 가르쳐주도록 합니다.

●

텔레비전에 흥미를 갖게 됩니다.

아기 용품 매장에서 보행기가 진열되어 있는 것을 보면 사고 싶어집니다. 아기가 조금이라도 빨리 걷는 모습을 보고 싶기 때문입니다. 그러나 보행기는 오히려 걷는 것을 방해합니다. 걷는 행위는 단순히 다리를 앞으로 내미는 것이 아닙니다. 자신의 힘으로 서서 균형을 유지하면서 다리를 교대로 움직이는 것입니다.

보행기에 상반신을 맡기고 있는 것은 서는 것이 아닙니다. 넘어지지 않도록 보행기로 지탱하고 있으면 오히려 균형 잡는 것을 배우지 못합니다. 아기는 엉덩방아를 찧어가면서 균형 잡는 것을 습득합니다. 그러나 보행기에는 엉덩방아를 찧지 않도록 안장이 설치되어 있습니다. 또 보행기를 타고 가다가 벽에 부딪히거나 카펫에 걸려 넘어지기도 합니다. 계단에서 떨어져 중상을 입기도 합니다. 그러므로 보행기는 구입해서는 안 됩니다.

또한 이 시기쯤 아기는 텔레비전에 흥미를 갖기 시작합니다. 그런데 텔레비전을 켜 놓으면 아기가 혼자서도 말을 배울 것이라고 생각하는 것은 오해입니다. 말은 인간과 인간의 유대를 형성하는 것입니다. 아기는 엄마와의 유대 관계 속에서만 말을 배웁니다. 텔레비전을 켜놓으면 광고에서 이상한 소리를 지르기 때문에 오히려 엄마의 말을 주의 깊게 듣지 않게 됩니다. 이 시기부터 부모를 무시하기 시작하는 것입니다. 428 텔레비전 시청하기

246. 형제자매 

● 형제가 있는 경우 홍역, 수두, 백일해, 디프테리아, 농가진 등에 전염될 위험이 있다.

전염병에 각별히 신경 써야 합니다.

생후 7개월이 지난 아기는 큰아이가 유치원에서 옮아 온 홍역, 수두, 백일해, 디프테리아, 농가진 등에 전염될 수 있습니다. 큰아이가 3월부터 유치원에 다니는 집에서는 생후 7개월 된 아기에게 백일해와 디프테리아 예방접종을 하고, 아기 때 예방접종을 한 큰아이에게는 반드시 추가 접종을 해야 합니다. 그 이외의 전염병에 관한 것은 지난달 항목221 형제자매에서 설명한 부분을 다시 한 번 읽어 보기 바랍니다.

●

큰아이와 나이 차이가 적을수록 많이 싸웁니다.

큰아이는 아기가 자기 장난감을 가지고 노는 것을 보면 화를 냅니다. 이때 큰아이가 화가 나면 금방 때리는 성격인 경우에는 잘못

하면 아기에게 상처를 입힐 수도 있습니다.

큰아이와 나이 차이가 좀 나서 아기를 가볍게 안아 옮길 수 있을 때는 또 다른 사고가 발생할 수 있습니다. 큰아이가 아기를 소꿉놀이 친구로 삼기 위해서 마당으로 데리고 나가거나 유모차로 기차놀이를 하면서 아기를 태우고 먼 곳까지 데리고 나가기도 합니다.

큰아이가 아기와 방안에서 놀게 하는 것은 좋지만 방 밖으로는 아기를 데리고 나가지 못하도록 평소에 단속을 해두어야 합니다. 큰아이가 하고 싶어 한다고 해서 할 수 없이 아기를 유모차에 태우고 산책시키게 하는 것은 위험합니다. 아이는 유모차를 내버려둔 채 친구와 노는 데 정신이 팔릴 수 있기 때문입니다.

아기가 돌발성 발진에 걸려 난리법석이 된 집안 분위기가 아기 중심이 되어버리면, 만 3~4세 된 큰아이는 자신에게는 전혀 관심을 가져주지 않기 때문에 질투를 합니다.

그래서 무턱대고 엄마에게 매달리거나 지금까지 혼자서 소변을 보던 아이가 화장실에 같이 가자고 조릅니다. 아기 곁에 있어야 할 때는 큰아이에게 장난감을 주거나 과자를 먹여서 아기에 대한 관심을 다른 곳으로 돌리게 합니다.

247. 계절에 따른 육아 포인트

이전보다 병에 걸리는 일이 많아집니다.

여름에 이유식을 할 때 주의해야 할 점에 대해서는 지난달 항목 223 계절에 따른 육아 포인트을 다시 한 번 읽어보기 바랍니다. 생후 7개월이 지나면 아기는 이전보다 병에 걸리는 일이 약간 많아집니다.

5월 말부터 7월 초까지는 이가 난 아기는 헤르팡지나에 걸려 열이 납니다. 울면서 입을 크게 벌릴 때 목젖(구개수)이 붙어 있는 양쪽 부분에 빨간 동그라미에 싸인 수포가 발견되면 헤르팡지나에 걸렸다고 볼 수 있습니다. 250 초여름에 열이 난다_구내염·수족구병

7~8월에 열이 오랫동안 나고, 오전에 높고 오후에 내리면 하계열을 생각해 볼 수 있습니다. 177 하계열이다 여름철 해수욕에 대해서는 243 아기 몸 단련시키기를 읽어보기 바랍니다.

이 월령의 아기에게만 한정 짓는 것은 아니지만, 기어 다닐 수 있게 된 연령의 아기에게 일어나는 여름철 사고로 사이다, 콜라 등 탄산음료 병의 파열로 얼굴에 상처를 입는 경우가 있습니다. 때로는 출혈로 목숨을 잃을 수도 있습니다.

냉장고에 차갑게 둔 병을 꺼내어 더운 실온에서 흔들면 병 안의 탄산가스 압력이 올라와 병이 파열됩니다. 원래 병에 금이 가 있었겠지만 겉으로 보아서는 알 수 없습니다.

따라서 아기나 유아에게 탄산음료가 든 병을 주어서는 안 됩니

다. 냉장고에 넣을 때는 높은 곳에 둡니다. 피해가 커지는 큰 사이즈의 병은 집 냉장고에 두어서는 안 됩니다.

9월이 시작되면 머리에 부스럼이 많이 생기므로 8월 말경에는 아기 머리를 깨끗이 감기고 베개 커버를 항상 청결하게 하여 화농균이 생기지 않도록 주의해야 합니다. 9월 말부터 10월까지는 아기의 가슴 속에 가래가 끼어 그르렁거리는 소리가 나는 경우가 있습니다. 이때 '천식'이라는 말을 듣고 낙심해서는 안됩니다. 251 천식이다

●

겨울에는 화상과 동상에 주의합니다.

날씨가 추워져서 가장 많이 생기는 병은 화상입니다. 방 안 정리 정돈에 신경을 써야 합니다. 244 이 시기 주의해야 할 돌발 사고 예전에는 추운 겨울에 급성 폐렴에 많이 걸렸지만 이제는 거의 찾아볼 수 없습니다. 폐렴 공포증에 걸려 아기를 바깥에서 단련시키는 것을 중지해서는 안 됩니다.

겨울에 바깥 공기를 쐬어주며 단련시킬 때 장갑을 끼기 싫어하는 아기라면 동상에 걸리기 쉽습니다. 그러므로 밖에서 돌아왔을 때 아기의 손을 잘 마사지해 주어야 합니다. 겨울에 외출할 때 입는 옷은 엄마가 입는 옷의 가짓수와 같게 하면 됩니다. 아기라고 하여 2~3가지 더 입힐 필요는 없습니다.

엄마를 놀라게 하는 일

248. 경련을 일으킨다_열성 경련

● 체온이 갑작스럽게 상승해서 일어나며, 원인은 바이러스성 병인 경우가 많다.

갑작스러운 경련에 당황하면 안 됩니다.

크게 걱정할 것은 없습니다. 단지 고열이 났다는 표시이기 때문입니다. 이것을 '열성 경련'이라고 합니다.

엄마가 아기의 경련을 보고 놀라는 것은 그런 모습을 처음 보았기 때문입니다. 아기가 갑자기 온몸이 굳어졌다가 부들부들 떱니다. 눈은 흰자위가 보이고 눈동자가 위쪽으로 돌아가 움직이지 않습니다. 불러도 대답이 없고 흔들어도 정신을 못 차립니다.

아기는 마치 딴 사람이 된 것 같습니다. 이대로 원상태로 돌아오지 않는 것이 아닌가 하는 불안감이 엄습합니다. 경련이 지속되는 시간은 1~2분 정도인 경우도 있고, 10분 정도 지속되는 경우도 있습니다. 그러나 엄마에게는 30분이나 계속되는 것처럼 길게 느껴집니다.

처음 경련을 경험한 엄마는 거의 정신이 나간 상태로 아기를 안고 근처 병원으로 달려갑니다. 다행히도 병원이 가까우면 의사는 아직 의식을 잃은 상태의 아기를 볼 수 있습니다. 의사가 무엇인가 주사를 놓으면 아기는 그 통증에 정신을 차리고 울어댑니다. 한편 구급차를 불러서 10~15분 정도 걸려 병원에 도착하면 그때쯤에는 이미 아기가 정신이 들어 울고 있습니다. 경련을 일으켜 바로 아빠가 차를 운전하여 병원에 가도 도착할 때쯤에는 대부분의 아기가 경련이 가라앉아 새근새근 자고 있을 것입니다.

경련은 한 번으로 끝나는 경우도 있지만 1시간 사이에 2~3번 반복되는 경우도 있습니다. 체온계로 재보면 대체로 열이 39℃를 넘습니다. 경련을 일으켰을 때는 열이 없더라도 30분에서 1시간 후에 39℃를 넘는 경우가 있습니다.

●

체온이 갑작스럽게 상승했을 때 일어납니다.

경련은 신경이 예민한 아기의 체온이 갑작스럽게 상승했을 때 일어납니다. 평소 짜증이 심한 아기, 잘 우는 아기, 밤에 우는 아기는 경련을 일으키기 쉽습니다.

최근에 알려진 바로는 경련으로 뇌에 손상을 입지는 않는다고 합니다. 간질이나 지적 장애, 뇌성마비도 되지 않습니다. 예전에 처방했던 간질 예방약은 오히려 지능을 저하시킵니다. 그런데 유감스럽게도 아직까지 열성 경련을 일으키는 아기에게 뇌파를 측정하여 조금이라도 이상한 반응이 있으면 약명이나 부작용도 알려주지 않고 간질약을 장기간 먹이는 치료가 행해지고 있습니다.

아기가 고열로 경련을 일으키는 경우는 특별한 처방을 하지 않아도 저절로 진정됩니다. 열이 높아서 그런 것이기 때문에 열만 내리면 됩니다. 그러므로 집 안에 열을 내리는 좌약을 항상 준비해 둡니다. 겨울철이라고 해서 담요로 싸서 따뜻하게 해주면 오히려 열이 높아집니다. 큰 타월로 감싸는 것만으로 충분합니다.

생후 7~8개월에 고열이 나는 병은 손에 꼽을 만큼 적습니다. 돌발성 발진이나 감기나 홍역 정도입니다. 예전에 많았던 폐렴이나 화농성 뇌수막염, 결핵성 뇌수막염은 요즘 아기에게는 흔히 볼 수 없는 병입니다. 그러나 응급실에 가면 진찰만으로 뇌수막염을 구별하지 못하는 일부 젊은 의사는 등뼈 사이에 주사를 꽂고 뇌척수액을 뽑아 뇌수막염이 아니라는 것을 확인할 것입니다. 병원 규정으로 열성 경련은 전부 허리등뼈에 주사를 찔러 체액을 뽑아내는 곳도 있습니다.

●

원인이 바이러스성 병인 경우가 가장 많습니다.

경련의 원인은 바이러스성 병(감기)인 것이 가장 많기 때문에 후유증은 없습니다. 한 번 돌발성 발진으로 경련을 일으켰다면 다음에는 일으키지 않는 경우가 많습니다. 반면 한번 경련을 일으킨 뒤에는 그 후에도 갑자기 고열이 나기만 하면 병명에 상관없이(예방접종 때도) 경련을 일으키는 아기도 있습니다. 어떤 아기가 다시 그럴지는 알 수 없습니다.

남자 아기는 대체로 만 5세가 넘으면 경련을 일으키지 않고, 여자 아기는 만 3세가 되면 경련을 일으키지 않는 것이 통례입니다. 열성 경련을 일으키는 빈도는 세계적으로 100명 중 3명 정도입니다.

●

열이 없는데 경련을 일으키면 뇌파 검사를 해야 합니다.

열이 전혀 없는데 경련을 일으킨 아기는 반드시 뇌파 검사를 해 보아야 합니다. 열성 경련을 일으킨 아기 전부 뇌파 검사를 할 필요는 없습니다. 그리고 한 번만 일으켰을 때는 검사할 필요가 없습니다. 단, 생후 6개월 미만에 경련을 일으킨 경우에는 검사를 받아 보아야 합니다.

뇌성마비인 아기는 경련이 30분 이상 지속되기도 합니다. 그때까지 건강했던 아기라도 열성 경련을 일으킨 후 24시간 이내에는 90%가 후두부에 서파(徐波)라고 하는 이상이 생깁니다. 1주 이내까지 1/3의 아기에게 같은 이상이 남아 있으므로 뇌파 검사는 경련을 일으키고 10일 이상 지난 뒤 해야 합니다. 두개골의 엑스선 사진을 찍는 경우가 많지만 그럴 필요는 없습니다.

뇌파를 측정해서 간질 특유의 파장이 발견되면 간격을 두고 다시 한 번 검사해야 합니다. 뇌파에 간질 특유의 파장이 나타났어도 지금까지 열 없이 경련을 일으킨 적이 없다면 바로 간질약을 먹이지 말고 경과를 지켜보도록 합니다. 열성 경련을 일으키는 아기의 뇌파를 검사하여 이상이 발견되는 것은 오히려 예외적인 일입니다.

●

경련이 30분 이상 지속되면 간질일 수 있습니다.

고열이 날 때마다 경련을 일으키는 아기의 예방접종은 백일해를 제외한 2종 혼합, 유행성 소아마비, BCG 등 발열의 우려가 없는 것만 하는 것이 좋습니다. 홍역 접종은 보류해야 합니다.

몇 번이나 경련을 일으킨 아기는 단순한 열성 경련인지 간질인지 알 수 없는데, 4개월 전에 경련을 일으켰거나 경련이 30분 이상 계속되었다면 의사는 간질이라고 생각합니다. 뇌종양도 경련의 원인이 되지만 이것은 CT 촬영으로 알 수 있습니다. 열이 없는데 경련을 일으켰다면 우선 간질이라고 볼 수 있습니다. 간질이라도 금방은 뇌파에 나타나지 않는 경우도 있으므로 경과를 지켜보면서 검사해야 합니다. 발작이 계속될 때는 약을 복용해야 합니다.

●

갑자기 울기 시작하며 아파한다. 180 갑자기 울기 시작한다, 181 장중첩증이다 참고

아기의 감기. 224 감기에 걸렸다 참고

고열이 계속된다. 225 고열이 난다, 226 돌발성 발진이다 참고

아기의 변비. 228 변비에 걸렸다 참고

249. 설사를 한다

● 과식성 설사는 먹는 양을 제한하면 되고, 세균이나 바이러스성 설사는 병원에서 치료를 받아야 한다.

열도 없고 기분이 좋으면 먹는 양을 조절하면 됩니다.

생후 7개월이 되면 이유식이 제법 진행되어 있습니다. 음식 종류도 많아지고 아기의 장도 단련되어 있습니다. 이유식을 먹이는 방법이 나빠서 설사를 하는 일은 드뭅니다. 설사의 원인에 대해서는 201 소화불량이다_장이 약하다를 다시 한 번 읽어보기 바랍니다.

아기가 너무 많이 먹어서 생기는 설사는 열도 없고 아기 기분도 좋습니다. 변 속에 너무 많이 먹은 고구마나 당근, 수박 등이 보입니다. 이러한 과식성 설사는 하루만 평소 양의 80% 정도로 제한해 먹이면 그것으로 낫는 경우가 많습니다.

●

식욕도 없고 기분도 좋지 않으면 의사에게 진찰을 받아야 합니다.

여름에 아기가 몇 번이나 설사를 하고 기분도 좋지 않으며 식욕도 없고 열이 38℃ 이상인 경우에는 세균에 의한 설사일 가능성이 높습니다. 이때는 되도록 빨리 의사에게 진찰을 받아야 합니다. 특히 가족 중에서 다른 누군가가 설사를 한다면 서둘러야 합니다.

하지만 여름철 설사가 전부 세균에 의한 것은 아닙니다. 여러 가지 바이러스로 인한 설사도 있습니다.

탈수를 막기 위해 수분을 보충해 줍니다.

열도 없고 잘 놀 때는 탈수를 방지하기 위해 WHO가 권장하는 항탈수 음료와 비슷한 포카리스웨트나 게토레이를 아기가 원하는 만큼 먹이고 모유나 분유, 이유식은 조금 줄입니다. 예전에는 절식시킨 후에 묽게 탄 분유만 며칠 동안 먹였으나 이렇게 하면 오히려 설사가 지속된다는 것이 밝혀졌습니다.

겨울이 되면 바이러스로 인한 설사를 할 수 있는데 이때는 자주 토합니다. 이것은 생후 9개월 이후에 많이 발생합니다. 280 겨울철 설사이다
그러나 생후 8개월에 가까워질 때 걸리기도 합니다.

이때도 탈수를 일으키지 않도록 해주면 자연히 낫습니다. 병원에서 링거 주사를 꽂는 것보다 입으로 수분을 보충해 주는 것이 탈수를 막는 데 더 효과적이라는 사실이 밝혀졌습니다.

250. 초여름에 열이 난다_구내염·수족구병

● 초여름에 열이 나는 원인은 구내염이나 수족구병 때문이다.

구내염은 5월 말에서 7월초까지 유행합니다.

5월 말경부터 7월 초에 걸쳐 헤르팡지나(포진성 구협염)라는 병이 유행합니다. 만 2~4세경의 아이에게 많은 병이지만 이 시기의

아기도 이가 나면 걸릴 수 있습니다. 입안에 작은 수포가 생겨 아프기 때문에 구내염(아프타성 구내염)으로 통합니다. 이것도 돌발성 발진 다음으로 많은 병이니 엄마가 잘 기억해 두어야 합니다.

●

건강하던 아기가 갑자기 먹은 것을 토합니다.

몇 번이고 계속해서 토하는 경우는 적습니다. 놀라서 피부를 만져보면 뜨겁습니다. 체온계로 재보면 39℃ 전후로 열이 높습니다. 서둘러서 병원에 데리고 가면 편도선염이나 배탈, 감기라고 진단합니다. 주사를 맞히거나 약을 먹이지만 아기는 음식을 전혀 먹지 않습니다. 분유도 별로 먹으려 하지 않습니다.

다음날이 되어 열이 내리기도 하지만 여전히 먹으려 하지 않습니다. 다시 한번 의사에게 진찰을 받으면 "구내염이 생겼습니다"라며 목 안쪽을 보여줍니다. 목 위에서부터 종유석처럼 매달려 있는 목젖(구개수) 양쪽 윗부분에 작은 수포가 생겼습니다. 수포가 터져서 빨갛고 동그란 좁쌀 알갱이 정도의 점이 되어 있는 경우도 있습니다.

목 입구가 아프기 때문에 아기는 이유식과 분유를 먹으려 하지 않습니다. 침이 많아지고 입에서 냄새가 납니다. 열은 올랐다 내렸다 하면서 2~3일 지속되는 경우도 있지만 하루 만에 내려가기도 합니다.

경련을 잘 일으키는 아기라면 처음에 고열이 날 때 경련을 일으키는 수도 있습니다. 합병증을 일으키지는 않으며, 4~5일이 지나면 흔적도 없이 낫습니다. 병의 원인은 바이러스(콕사키바이러스 A군)입니다.

1주 이내에 낫습니다.

특별히 잘 듣는 약은 없지만 1주 이내에 낫는 병이라 생각하고 걱정하지 않아도 됩니다. 2~3일 동안 음식을 먹기가 불편한데 그 동안 분유만 먹여도 됩니다. 아이스크림을 좋아하는 아기에게는 주어도 됩니다.

입 속에서 목 안의 수포를 발견했다면 구내염이 틀림없으므로 너무 아기를 괴롭히지 않는 것이 좋습니다. 구내염에 걸려도 면역력은 그렇게 길게 지속되지 않습니다. 올해에 걸렸는데 내년에 또 걸리는 경우도 드물지 않습니다. 형제에게 전염시킬 가능성도 있습니다. 보육시설에서는 식기가 섞이지 않도록 주의해야 합니다.

수족구병도 비슷한 증상입니다.

헤르팡지나와 아주 비슷한 경과를 보이는 병으로 수족구병이란 것이 있습니다. 콕사키바이러스 A군 16형으로 인해 발병합니다. 열이 나는 것도 입 안에 수포가 생기는 것도 헤르팡지나와 같습니다. 하지만 손발과 다리, 엉덩이에 수포성 구진(피부 표면에 돌출된 빨간 반점)이 생기는 것이 특징입니다. 이것도 합병증을 일으키지 않고 낫습니다.

열이 1~2일 계속되고 변이 물러지거나 분유를 토한 후에 엷은 붉은색 반점이 생기기도 합니다. 이것도 바이러스로 인한 병입니다. 열이 내리고 잘 논다면 병원에 가지 않아도 됩니다.

하지만 열성 경련을 일으키는 체질의 아기는 헤르팡지나나 수족구병에 걸리면 경련을 일으키기 쉬우므로 병원에 가는 것이 좋습니다.

251. 천식이다

● 많은 아기들에게서 가래 끓는 소리가 난다. 이것을 특별 취급해서는 안 되며 함부로 약을 쓰는 것도 좋지 않다.

천식은 인공 병입니다.

지금까지 자주 가슴 속에서 그르렁거리며 가래가 끓던 아기가 생후 7개월이 지난 어느 날 밤(대체로 가을) 갑자기 심하게 숨쉬기 곤란해하고, 가슴 속에서는 "휘익~" 하는 소리가 나는 일이 있습니다. 숨을 들이마실 때 양 어깨를 올리고 뱉는 숨이 휘익 하고 길게 소리를 냅니다.

놀라서 병원에 데리고 가면 천식이라고 합니다. 이전부터 가래가 잘 끓던 아기라면 부모도 다소 익숙해져 있기 때문에 그렇게 놀라지 않지만, 지금까지 전혀 이런 증세가 없던 아기가 갑자기 호흡하기 힘들어 하면 기겁을 하게 됩니다.

그러나 이런 아기에게 '천식'이라는 이름을 붙이는 것은 적당하지 않습니다. 다소 호흡하기 힘들어해도 이러한 발작과 가슴 속에서 "그르렁그르렁" 소리가 나고 가래가 많은 상태는 정도의 차이가 있을 뿐입니다. 단련만 게을리하지 않으면 학교에 들어갈 때쯤에는 잊어버리게 됩니다.

'기관의 분비가 많은 체질의 아기' 라고 생각하는 편이 좋습니다. 이것을 천식이라고 하여 여러 가지 천식약을 먹이고 특별 취급을 해서 집 안에만 가두어놓으면 진짜 천식이 됩니다. 251·370·445·481·514 천식이다 천식은 인공 병입니다. 천식이라고 이름을 붙이는 것이 이 병의 첫걸음입니다.

●

특별 취급을 해서는 안 됩니다.

예를 들어 밤중에 호흡하기 힘들어해도 그다음 날 괜찮아진다면 중환자처럼 취급하지 말고 지금까지처럼 가래가 잘 끓는 아기 정도로만 생각하면 됩니다. 따뜻한 시간에는 밖에 나가서 바깥 공기를 쐬어주고 방안에서도 평소와 같이 놀게 합니다. 식사도 평소처럼 먹입니다. 단 가슴속에서 가래가 그르렁거릴 때는 목욕은 시키지 말아야 합니다.

이럴 때는 아기가 정상이라는 의식을 가지고 키우는 것이 아기에게도 자신감을 줍니다. 지금까지와는 너무 다르게 특별하게 대하면 아기도 무언가 변했다고 느껴 엄마에게 응석을 부리게 됩니다. 그리고 가래가 끓을 때 필요 이상으로 부모에게 기대려고 합니다.

아기가 천식이라 하여 체질 개선 주사를 맞히러 다니는 것은 비정상인 아기로 취급하는 것입니다.

●

아주 일부만이 진짜 천식이 됩니다.

가슴 속에서 그르렁거리는 소리가 나는 아기는 많이 있습니다. 그중에서 극히 일부만 진짜 천식이 됩니다. 천식으로 생각하고 치료한 아기만 그렇게 되는 것입니다. 하지만 부모가 이 정도 가래는 신경 쓰지 않아도 된다고 생각하여 특별 취급하지 않고 평소처럼 대한 아기는 학교에 갈 때쯤이면 가래가 끓지 않습니다.

또한 체질 개선 주사도 효과가 없다는 것을 알았을 때 부모는 아기의 천식에 대해서는 신경 쓰지 않는 편이 낫겠다고 판단합니다. 하지만 부모가 이렇게 인식하게 되는 것은 상당히 여러 가지 시행착오를 겪은 다음의 일입니다.

●

함부로 약을 사용해선 안 됩니다.

처음에 천식 발작을 일으키면 의사에게 가는 것도 좋습니다. 의사에게 여러 가지 치료를 받아보는 것이 괜찮습니다. 그러나 이러한 치료가 별로 효과가 없을 때 비판할 필요는 없습니다. 그것을 깨닫기까지 앞으로 한 걸음만 남았기 때문입니다. 함부로 약을 사용하는 것은 절대 안 됩니다. 스프레이식 흡입약은 특히 좋지 않습니다.

252. 혀에 지도가 생겼다

● 혀의 표면에 있는 조직이 왕성하게 옷을 갈아입고 있기 때문에 생기는 현상으로 병이 아니다.

내버려두는 것이 최선의 처치입니다.

아기를 앉혀놓고 죽이나 달걀을 숟가락으로 먹이다 보면 엄마가 아기의 혀를 보게 됩니다. 그러다 어느 날 아기의 혀에 지도 모양 같은 것이 있는 걸 알고 놀랍니다. 하얀 이끼의 대륙 안에 호수나 만처럼 빨간 혀가 보입니다.

혀에 병이 생긴 것은 아닌가 하고 병원에 가면 '지도혀'라는 말을 듣습니다. "특별히 치료하지 않아도 됩니다. 그냥 두세요"라는 처방을 받아도 그 지도가 2~3일이 지나 대륙 이동을 한 것 같은 모양으로 바뀌어 있으면 또 걱정이 됩니다.

이것은 혀의 표면에 있는 조직이 왕성하게 옷을 갈아입고 있기 때문에 생기는 현상일 뿐 병은 아닙니다. 아기에 따라 확실하게 보이기도 하고 전혀 알 수 없는 경우도 있습니다.

지도처럼 보이는 것은 대체로 생후 2~3개월부터인데 이 시기에는 엄마가 젖을 먹이고 있어서 아기의 혀를 주의 깊게 볼 기회가 없었던 것입니다. 전부터 있었는데 알아채지 못했을 뿐입니다. 신경을 써서 항상 혀를 살펴보면 깨끗할 때도 있지만 대부분 어딘가에 하얀 섬이 보입니다.

초등학교에 들어가서도 여전히 잘 보이는 아이도 있습니다. 원인은 잘 모르겠지만 그렇다고 지도혀가 있는 아이가 특별히 약한 것은 아닙니다. 이것은 약을 바르거나 먹어도 낫지 않습니다. 내버려두는 것이 최선의 처치입니다.

보육시설에서의 육아

253. 이 시기 보육시설에서 주의할 점

● 의사 전달 능력이 생기는 시기로 정확한 말로 이야기해 준다.

아기의 소리에 곧바로 응해 줍니다.

생후 7개월이 지나면 소리 내어 보육교사를 부르는 아기도 있습니다. 이때 즉시 응해야 합니다. 대답을 들으면 아기는 사람과 사람 사이의 연계를 느끼게 됩니다. 의사 전달 능력에 대한 자신감이 생긴다고 할 수도 있습니다.

이 월령이 되면 아기는 상당히 멀리까지 이동할 수 있게 되므로 사고가 발생하지 않도록 만반의 준비를 해야 합니다. 우선 침대에서 떨어지는 사고가 많아집니다. 그러므로 자고 있을 때도 반드시 난간을 세워야 합니다. 그리고 난간이 제대로 끼워져 있는지 자주 점검해야 합니다. 기둥이 하나 빠지면 거기에 아기 목이나 발목이 낄 수 있으므로 위험합니다.

아기를 바닥에 앉혀놓고 다른 아이를 화장실에 데리고 갈 때는 방문을 꼭 닫아야 합니다. 아기가 기어서 밖으로 나와 추락하는 일도 있습니다. 그러므로 영아실을 보육교사 한 명이 맡는 것은 위험합니다. 영아실에는 항상 누군가가 남아 있도록 2명 이상의 보육교사를 두어야 합니다. 영아실에서 사고가 발생했을 때 만약 보육교사 한 명이 맡고 있었다면 그것은 영아실에 한 명의 보육교사밖에 배치하지 않은 관리자의 책임입니다.

●

컵으로 먹는 연습을 시킵니다.

생후 7개월이 되면 이유식도 상당히 진전됩니다. 그러나 아기에 따라 이유식을 먹는 분량은 제각기 다릅니다. 7개월 된 아기가 2명 이상 있을 때 잘 먹는 아기의 분량과 똑같이 다른 아기에게도 억지로 먹이려고 해서는 안됩니다.

생후 7개월이 되면 식사 예절을 가르쳐도 됩니다. 식사 예절을 가르치려면 보육교사의 손이 많이 갑니다. 보육교사가 많은 보육시설에서는 우선 아기에게 턱받이를 해주어 식사가 시작된다는 것을 인식시킵니다. 그리고 식사 전에는 손을 씻어야 한다는 것을 가르치기 위해서 물이 차갑지 않은 계절에는 수돗가에서 보육교사가 손을 씻어줍니다. 만 2~3세 된 아이들과 같이 있는 조에서는 큰 아이들이 "잘 먹겠습니다"라고 일제히 말할 때 아기도 참가시킵니다. 아기는 식사하는 데 시간이 걸리기 때문에 큰 아이들이 "잘 먹었습니다"라고 말할 때 함께 하지는 못합니다.

생후 7개월째부터 젖병이 아니라 컵으로 먹는 훈련을 시작하는 보육시설은 보육교사가 충분하거나 노력형인 보육교사가 있는 곳입니다. 젖병만 쥐여주면 혼자서 먹기 때문에 손이 부족한 보육시설에서는 젖병에서 컵으로 바꾸는 것이 늦어지기 마련입니다. 컵으로 먹게 하면 잘 흘리고 처음에는 옆에서 지켜보고 있어야 하기 때문에 손이 매우 많이 갑니다.

생후 7개월 된 아기에게 빨리 컵으로 먹을 수 있도록 해주다 보면 그만큼 다른 아이들에게 소홀하게 됩니다. 젖병에서 컵으로 바꾸는 것이 1~2개월 늦어진다고 해서 아기의 성장이 돌이킬 수 없을 정도로 뒤떨어지는 것은 아닙니다. 보육시설 전체의 보육 안전과 균형을 생각하여 젖병을 떼는 훈련을 시키면 됩니다.

또 보육시설에서 컵으로 먹는 연습을 시작할 때는 엄마에게도 이 사실을 알려 가정에서도 동시에 컵으로 먹는 연습을 하도록 합니다. 아기가 이유식을 손으로 집어먹는 일도 있는데 이것을 자꾸 금지하면 식사하는 것 자체가 즐겁지 않게 됩니다. 숟가락을 능숙하게 사용할 수 있게 되었을 때 손으로 먹는 것을 못하게 합니다.

●

여름철에 이유식을 조리할 때는 소독이 중요합니다.

여름철에 아기들 가운데 누군가가 설사를 하면 전염병이 아닌지 의심하여 배설물이 붙은 기저귀는 10% 크레졸 비누액에 담그고 기저귀를 갈아준 손은 1% 크레졸 비누액으로 철저히 소독해야 합니다. 장의 세균성 병은 배설물로만 전염되기 때문에 아기와 손을 잡은 것만으로는 전염되지 않습니다.

여름철에 이유식을 조리할 때는 소독을 철저히 하지 않으면 위험합니다. 그러므로 체에 거르거나 분쇄기를 사용하는 이유식은 만들지 않는 것이 좋습니다. 그리고 조리사가 설사를 한다면 다른 사람으로 교체하는 것이 안전합니다.

저렴하다고 해서 분유 대신 생우유를 먹일 때는 배달되는 즉시 한번 끓여서 먹이거나 기능이 완벽한 냉장고에 보관해야 합니다. 이때도 몇 번씩 문을 여닫으면 냉장고에 넣어두는 의미가 없어집니다.

생후 7~8개월 된 아기는 변기에 데려가면 비교적 쉽게 변기 위에서 소변을 봅니다. 아기의 배설 시간을 신경 써서 소변을 보게 하면 기저귀 사용이 줄어듭니다. 하지만 아직 변기에 데려가는 것을 싫어하여 기저귀를 채우자마자 소변을 보는 아기도 있습니다. 이것은 월령 문제이기 때문에 어쩔 수 없습니다. 배변 훈련이 잘되고 못 되고의 문제가 아닙니다.

●

보육교사는 아기에게 정확한 말로 이야기해 줍니다.

집에서는 할 수 없고 보육시설에서만 할 수 있는 것이 친구들과 노는 것입니다. 생후 7개월이 지난 아기는 다른 아기가 부르는 것에 반응하며 기뻐합니다. 바닥에 내려놓고 같은 월령이나 또는 약간 큰 아이 옆에 두면 매우 좋아합니다. 친구와 같이 있는 것만으로도 즐거운 것입니다. 큰 아이가 실로폰 두드리는 것을 열심히 바라보거나 이야기할 때 귀를 기울입니다. 보육교사는 아기에게 정확한 말로 이야기해야 합니다. 노래를 불러줄 때도 가사를 정확하게 발음해야 합니다.

보육시설에 갖춰진 여러 시설을 충분히 활용하여 운동시킵니다.

생후 7개월이 지난 아기는 자신의 의지대로 움직이려고 하는데 이것을 무리하게 억누르면서 영아체조를 시켜서는 안 됩니다. 하지만 아직 똑바로 앉지 못하거나, 뒤집기를 잘하지 못하거나 기지 못하는 아기에게는 근육 단련을 위해서 지금까지와 같이 영아체조를 계속하는 것이 좋습니다. 이런 아기는 아직 자유롭게 이동할 수 없기 때문에 수동적인 영아 체조를 싫어하여 도망가는 일은 없습니다. 오히려 싫어하여 도망가기를 바라면서 영아체조를 시키는 것입니다.

도망가는 아기에게는 수동적인 체조보다는 아기가 좋아하는 놀이 기구를 이용해서 운동을 시키는 것이 좋습니다. 집과 달리 보육시설에는 큰 놀이 기구가 갖추어져 있기 때문에 위험하지 않게 잘 잡고 그네에 태워 흔들어주거나 미끄럼틀을 태워줄 수 있습니다. 바닥에서 다른 아기가 있는 곳으로 기어가려고 하거나, 침대를 잡고 위로 올라가려고 하는 것이 영아체조 이상으로 아기의 근육을 단련시킵니다.

보육교사가 항상 지켜보고 있는 넓은 마루는 집에서는 기대할 수 없는 아기의 운동장입니다. 보육교사는 보육시설의 특권을 충분히 활용하기 바랍니다.

이제 아기는 손발의 움직임이 자유롭습니다.
그래서 왕성하게 움직이며 혼자서
온 방안을 돌아다닙니다.
그럴수록 엄마는 아기에게서
눈을 떼면 안 됩니다.
잠깐 한눈을 파는 사이
사고가 나기 쉬운 때입니다.

12

생후 8~9개월

이 시기 아기는

254. 생후 8~9개월 아기의 몸

- 손발의 움직임이 자유로워져 아기로부터 눈을 떼면 안 된다.
- 움직임이 활발해지면서 내과적 사고보다 외과적 사고가 많아진다.

이 시기에는 아기에게서 눈을 떼면 안 됩니다.

왕성하게 움직이며 혼자서 온 방 안을 돌아다녀서 위험하기 때문입니다. 또한 엄마가 곁을 떠나면 울면서 함께 가고 싶다는 의사 표시를 하는 아기가 많습니다.

어딘가에 기대지 않고도 앉아서 오래 버팁니다. 어느 날 앉는 자세에서 기는 자세로 바꿀 수 있게 됩니다. 손을 잡아주면 서 있기도 합니다. 물건을 잡고 일어서는 아기도 있습니다. 무언가를 잡고 서 있을 수는 있지만 자유롭게 발을 떼기는 어렵습니다.

손 움직임도 지난달보다 더 자유로워져서 종이를 찢어 입으로 가져가기도 합니다. 장난감을 오른손에서 왼손으로 옮길 수도 있습니다. 손으로 식탁을 탁탁 두드리기도 합니다. 끈이 달려 있으면 잡아당기면서 놉니다. 식탁에서 숟가락을 떨어뜨리면 떨어진 숟가락을 찾는 듯 바라봅니다.

간단한 것은 흉내 낼 수 있게 됩니다.

먹을 것을 줄 때 "아~ 해"라고 하면서 부모가 입을 되풀이해서 열어 보이면 "아~" 하고 따라하게 됩니다. 이때 윗니가 나오려고 하는 것이 보일 것입니다.

매일 아침 아빠를 배웅할 때 엄마가 "빠이빠이"라고 하면서 손을 흔들고 아빠가 거기에 응하면 아기도 "빠이빠이"를 따라 합니다(이것을 일찍 가르치는 것이 지능을 더 빨리 발달시킬 수 있는 것은 아님). 아직 정확한 단어는 발음할 수 없지만 점점 '음마, 바아, 빠아' 같은 음을 발음할 수 있게 됩니다.

낯가림이 심해집니다.

침대 난간이 낮으면 난간을 타고 넘다가 떨어지는 아기도 생기기 시작합니다. 엄마, 아빠 얼굴도 잘 기억합니다. 낯가림을 하는 아기는 다른 사람을 보고 우는 정도가 지난달보다 심해집니다. 반면 누구에게나 잘 웃는 붙임성 있는 아기도 있습니다. 낯가림을 하고 안 하고는 아기의 천성에 달려 있습니다.

음악을 좋아하는 아기는 라디오나 텔레비전에서 흘러나오는 음악에 맞추어 몸을 흔듭니다. 다른 아이들과 어울려 놀지는 못하지만 집 밖으로 데리고 나가면 다른 아이들이 놀고 있는 것을 보고 기뻐합니다.

수면 유형은 지난달과 다르지 않습니다.

아직 오전과 오후에 각각 1~2시간 정도 낮잠을 자는 아기가 많습니다. 다만 활동적인 아기는 오전에는 자지 않게 됩니다. 항상 움직이고 잠시도 가만있지 않는 아기는 자는 시간이 적습니다. 활동적인 아기는 적게 자고도 피로가 해소되는 체질일 것입니다. 낮잠도 별로 자지 않고 밤에도 좀처럼 자지 않습니다. 그러면 엄마는 수면 부족이 되는 건 아닌가 하고 걱정하기도 합니다.

밤 9시쯤 자서 아침 7시나 8시에 일어나는 아기가 많아집니다. 이 월령에 아침까지 깨지 않고 계속 자는 아기는 드뭅니다. 대개 2~3번은 소변 때문에 깹니다. 이때 기저귀를 갈아주면 바로 자는 아기, 잠시 엄마 젖을 빨면 안심이 되어 자는 아기, 분유를 80~100ml 정도 먹어야 자는 아기 등 여러 가지 유형이 있습니다.

침대에서 재우는 아기 가운데 한밤중에 잠이 깨었을 때 엄마가 재워주면 바로 자는 아기는 괜찮지만, 안아주어야만 자는 아기는 결국 엄마의 잠자리로 데리고 오는 경우가 많습니다. 258 엄마 곁에서 재우기

겨울에는 이렇게 하는 편이 더 자연스럽습니다. 침대에서 떨어지는 횟수가 많아지므로 이 시기부터 침대를 사용하지 않는 가정이 많아집니다.

●

간혹 밥을 먹는 아기도 있습니다.

이 시기에는 모든 아기가 어떤 형태로든 이유식을 먹습니다. 이유식은 반드시 두 번 먹어야 한다는 법칙은 없습니다. 쌀죽이나 생

우유 속에 토스트를 잘게 찢어 넣어서 끓인 수프(빵죽)나 국수같이 부드럽고 흐물흐물한 것을 싫어하는 아기에게는 무리해서 두 번 먹일 필요가 없습니다.

또 1시간이나 걸려서 죽을 먹이느라고 집 밖으로 데리고 나가 몸을 단련시킬 시간이 부족해진다면 한 번만 먹여도 됩니다. 셋째 아기 정도가 되면 대담한 엄마는 생후 8개월째에 밥을 먹이기도 합니다. 그래도 별 탈은 없습니다.

이 시기에는 하루 두 번 죽을 주고, 죽을 먹인 후 생우유 100ml를 주고, 막 일어났을 때와 자기 전에 분유 200ml를 주는 경우가 많습니다. 분유를 싫어하는 아기에게는 주로 죽을 주는데, 이때 반찬으로 달걀이나 생선, 고기를 많이 먹이지 않으면 단백질이 부족해집니다.

분유는 여전히 젖병으로 먹는 아기가 많지만 죽을 먹은 후에 주는 생우유는 컵으로 마시는 아기도 있습니다. 분유를 먹는 아기 중에 한밤중에도 분유를 먹는 아기는 거의 없어집니다. 그러나 밤에 울 때 분유를 조금 주면 바로 자는 아기는 주어도 됩니다.

모유로 키우는 경우에도 죽을 먹인 후에는 생우유를 주어 점차 생우유로 바꾸는 것이 좋습니다. 낮에는 되도록 생우유나 분유를 주고, 아침에 일어났을 때와 밤에 자기 전에, 한밤중에 깼을 때만 모유를 줍니다. 모유를 떼는 방법은 256 계속 모유를 원하는 아기 참고

토마토, 귤, 바나나 등은 과즙이 아니라 그대로 주어도 좋습니다. 사과는 강판에 갈아서 주고 딸기는 으깨서 줍니다. 과자는 웨하스,

비스킷, 카스텔라, 부드러운 전병 등을 줍니다. 그러나 사탕은 아직 위험합니다.

●

변기를 사용할 줄 아는 아기가 많아집니다.

이유식으로 먹는 죽이나 빵의 양이 점점 늘어나고 달걀이나 생선, 야채 등도 먹게 됨에 따라 아기의 대변은 '대변다운 냄새'를 띠게 됩니다. 색도 분유만 먹을 때보다 갈색을 띱니다.

분말 야채 대신 시금치나 당근을 주면 부드럽게 삶았는데도 변에 그대로 나와 엄마는 놀라게 됩니다. 그러나 이것이 정상입니다. 설사를 하지 않는다면 계속 주어도 괜찮습니다. 변을 보는 횟수는 하루에 1~2번, 2일에 한 번, 또는 관장을 해서 겨우 2일에 한 번 등 아기에 따라 다양합니다.

소변은 따뜻한 계절에는 아직 하루에 열 번 정도 보는 아기가 많습니다. 이유식이 진행됨에 따라서 소변 색깔도 황색이 진해집니다.

이 시기에 변기를 제대로 사용하는 아기가 많아지는 것은 사실입니다. 그렇다고 해서 배설 훈련이 잘됐다고 할 수는 없습니다. 대변이 꽤 단단해서 나오기 전까지 시간이 걸려 변기 위에서 우연히 성공한 것뿐입니다.

같은 시기에 태어난 이웃 아기의 엄마가 "우리 애는 변기에 소변을 보게 하면 잘 봐요"라고 말해도 초조해할 필요가 없습니다. 그 아기는 그다지 저항하는 습관이 들지 않았기 때문에 엄마가 변기에 데려가도 싫어하지 않고 배설 타이밍이 맞았을 뿐입니다. 이 시기에는 변기에 배변을 하더라도 월령이 좀 더 지나거나 계절이 추워지면 대부분의 아기는 다시 그렇게 하지 않게 됩니다.

밤에 잠든 뒤부터 아침에 일어날 때까지 소변 보는 횟수는 소변 보는 간격이 짧은 아기와 그렇지 않은 아기 사이에 차이가 큽니다. 대체로 소식하는 아기는 소변 보는 간격이 길고 밤새 기저귀를 적시지 않습니다. 반면 자기 전에 분유를 220ml나 먹는 아기는 밤중에 1~2번은 기저귀를 적십니다.

추운 계절에는 밤중에 소변을 볼 때마다 잠이 깨어 한참 동안 우는 아기가 많습니다. 이불 속을 따뜻하게 해주고 자기 전에 분유 먹는 시간을 앞당겨봅니다. 그리고 부모가 자기 전에 변기에 데려가 앉혀봅니다.

●

돌발성 발진이 생기기도 합니다.

생후 8~9개월에 의사를 찾게 되는 일이 가장 많은 것은 앞에서 설명한 돌발성 발진 때문입니다.226 돌발성 발진이다 6~7월에는 구내염, 수족구병250 초여름에 열이 난다_구내염·수족구병, 11월부터 1월 말까지는 갑자기 설사를 여러 번 하는 겨울철 설사280 겨울철 설사이다가 많이 발생하고, 9~10월쯤에는 가슴 속에서 가래가 끓어 그르렁거리는 소리가 날 때가 있습니다.

기침을 하다가 분유를 토해 놀라서 의사에게 데리고 가면 천식성 기관지염251 천식이다 이라고 말할 것입니다. 원래 가래가 자주 끓던 아기라면 엄마도 놀라지 않지만, 아주 건강하다가 이 월령이 되어 처음으로 이런 증상을 보이면 깜짝 놀랍니다.

아기가 추운 겨울에 변기에 소변을 보았을 때 엄마가 물을 내리려고 하다가 소변이 하얗게 흐려져 있는 것을 보게 됩니다. 신장병인가 하여 놀라는데, 추울 때 오줌이 탁해지는 것은 체온으로 녹아 있던 요산염이 가라앉은 것이지 병은 아닙니다.

●

열성 경련을 일으키기도 합니다.

갑자기 고열이 나서 경련을 일으키는 열성 경련[248 경련을 일으킨다_열성 경련]이 발병하는 것도 보통 이 시기쯤부터입니다. 열성 경련은 갑자기 38℃ 이상의 열이 나면 천성적으로 경련을 잘 일으키는 아기가 경련의 형태로 열에 반응하는 것에 지나지 않습니다. 열이 나는 원인은 돌발성 발진이나 감기라는 바이러스성 질병인 경우가 가장 많습니다.

열이 나고 경련을 일으키면 이질이나 뇌수막염인 시대는 지났습니다. 다만 감기 바이러스에는 무균성 뇌수막염을 일으키는 것이 있지만, 갑자기 경련을 일으키는 것이 아니라 그전에 2~3일 감기 증상이 있습니다.

위에 형제가 있는 아기는 홍역이나 수두에 전염 되는 경우가 있습니다. 이 월령에는 볼거리에 전염되어도 거의 증상이 없습니다.

●

외과적 사고가 많이 발생합니다.

이 시기에는 내과적 질병보다도 외과적 사고가 많이 발생합니다. 가장 많은 것은 침대나 마루에서 떨어져 머리를 부딪히는 사고입니다. 보통 침대나 마루 높이에서 떨어지는 정도로는 후유증은 남지 않습니다. 265 아기가 추락했다

다음으로 많은 것이 화상입니다. 아기가 스스로 이동할 수 있게 되면 방 안에 다리미나 포트 등은 아기 손이 닿지 않는 곳에 두어야 합니다. 스토브도 주의해야 합니다. 담배나 동전, 1회용 면도기날 등을 입에 넣는 일도 있으므로 조심해야 합니다. 262 이 시기 주의해야 할 돌발 사고

이 시기 육아법

255. 효과적인 이유식 진행법 

● 전형적인 이유식 식단은 하루에 두 번 죽을 주는 것이다. 하지만 이것에 얽매일 필요는 없다.

하루에 두 번 죽을 줍니다.

이유식 식단에 충실한 엄마는 하루에 두 번 죽을 줍니다. 오전에 한 번 끓여주고 남은 것을 냉장고에 넣어두었다가 저녁에 다시 데워줍니다.

전형적인 이유식 식단대로 주는 아기라면 다음과 같이 먹을 것입니다.

07시 분유 200ml, 비스킷

11시 죽 100g(커피잔 2/3 분량), 야채를 갈아서 걸러낸 것 30g,
달걀 1/3개, 된장국

15시 분유 200ml, 과일

18시 죽 80g, 생선 또는 고기 간 것 30g, 두부 40g, 수프

21시 분유 200ml

야채를 갈아서 걸러내거나 고기를 갈아서 이유식을 만드는 데 3~4시간 걸리지만 어떤 엄마에게는 조금도 힘든 일이 아닙니다. 세상에서 가장 즐거운 소꿉놀이를 하는 것 같습니다. 이 경우 아기가 낮잠을 자는 유형이라면 엄마와 아기는 평화 공존이 가능하지만, 아기가 활동적이고 그다지 자지 않는 편이라면 피해를 보게 됩니다. 아기는 집 밖으로 나가서 놀거나 침대에서 내려와 장난하고 싶은데 침대 안에 감금되어 있기 때문입니다.

최근에는 아기의 식성대로 먹이는 엄마가 늘고 있는데, 이유식 식단에 얽매이지 않고 좀 더 자유롭게 식사를 주고 있습니다.

◆ 아기 K(남)

07시 모유

10시 30분 빵 1조각(사방 10cm 크기), 생우유 100ml

14시 생우유 180ml, 비스킷 2~3개 또는 삶은 달걀1개

18시 죽 50g, 저녁 반찬(주로 생선), 생우유 100ml

21시 모유

밤중 모유 1회

이 아기는 오전 9~10시, 오후 3~4시에는 반드시 엄마가 집 밖으로 데리고 나갑니다. 낮잠은 오전 11~12시, 오후 2~3시 두 번 잡니다. 새벽 1시쯤에 한 번 잠이 깨는데 소변으로 젖은 기저귀를 갈아주고 모유를 먹이면 다시 쉽게 잠듭니다.

엄마가 낮에는 되도록 모유를 주지 않고 아침에 일어났을 때, 저녁에 자기 전, 밤중, 이렇게 하루 3회로 모유를 제한하는 것은 현명한 방법입니다. 이 월령에 낮에 모유를 주면 아기가 응석을 부리느라 아무 때나 엄마 가슴에 매달려 젖을 먹으려 합니다. 이렇게 되면 다른 음식은 먹지 않게 됩니다.

◆ 아기 L(여)

06시 분유 200ml

08시 밥 30g(커피잔 1/4 분량), 된장국

12시 국수 50g 또는 식빵 1조각, 생우유 100ml

15시 비스킷, 주스 또는 과일

18시 밥 50g, 저녁 반찬, 생우유 100ml

22시 분유 200ml

이 아기의 경우는 이제 죽을 주지 않습니다. 엄마가 귀찮아서 밥을 주는 것이 아니라 아기가 처음부터 죽을 싫어했습니다. 식구들이 먹는 밥을 먹고 싶어 해서 한번 줘보았더니 잘 먹고 별 탈이 없어 밥을 먹이게 된 것입니다. 특별한 이유식을 만들지 않기 때문에 엄마는 시간적인 여유가 있습니다. 따라서 아기는 오전, 오후 각각 1시간 30분씩 바깥 공기를 쐬고 있습니다.

생후 8~9개월에 하루 체중 증가가 5g이면 너무 적고 10g을 넘으면 너무 많습니다. 아기 K와 L은 이 범위에 속하지 않고 정상적으로 자라고 있습니다. 아기 L처럼 밥을 잘 먹는 아기는 식사 때마다 주어도 괜찮습니다. 예전 이유식 식단에는 만 1세 전에는 밥을 주지 않도록 되어 있는데, 요즘 엄마들은 아이의 성장이 빨라짐에 따라 일찍 밥을 주게 되었습니다. 아기 L의 경우 식사 때마다 모두 밥으로 주지 않는 것은 엄마가 점심을 빵이나 국수로 먹기 때문입니다.

이가 나지 않았다고 밥을 먹고 싶어 하지 않는 것은 아닙니다. 이가 나지 않았어도 죽을 싫어하고 밥을 먹는 아기도 많습니다. 이런 경우에는 밥을 약간 질게 지으면 좋습니다. 이렇게 하려면 아빠의 협조가 있어야 합니다.

생후 5개월에 체중이 8kg이나 되어 감량을 시작한 아기 C에게는 다음과 같은 이유식을 주고 있습니다.

◆ 아기 C(여, 지난달의 아기)

08시 탈지분유 200ml, 식빵 1/2조각

11시 과즙 또는 과일, 비스킷 1개

13시 야채죽(고기 또는 간 넣은 것) 어린이용 밥그릇 1공기,

과일, 떠먹는 요구르트 50ml

16시 과즙 또는 보리차, 비스킷 2개

18시 야채죽(생선 또는 잔멸치 넣은 것), 달걀, 된장국, 어른 반찬

22시 분유 180ml

이 아기는 비만 방지에 성공하여 요즘은 10일 동안 90g밖에 늘지 않았습니다. 야채죽은 양파, 당근, 토마토, 호박을 잘게 썰어서 3일분 정도를 한 번에 삶아 냉장고에 넣어두고, 쓸 만큼만 꺼내서 다시 한번 가열하여 맛을 냅니다. 여기에 데친 간이나 닭고기를 썰어 넣습니다. 때때로 치즈도 줍니다.

●

아기는 이제 걸쭉한 것을 먹고 싶어 하지 않습니다.

생후 8개월이 지나면 대부분의 아기는 이미 이유식 통조림 같은 걸쭉한 것을 먹고 싶어 하지 않습니다. 다소 씹는 맛이 있어야 잘 먹습니다. 과자도 웨하스는 좋아하지 않습니다. 크래커, 쿠키, 쌀과자 같은 것을 잘 먹는 아기가 많습니다.

변비가 잦은 아기에게는 시금치, 양배추, 양파, 무 등 섬유소가 많은 것을 줍니다. 생우유를 떠먹는 요구르트로 바꾸어보는 것도 좋습니다. 과일은 사과, 배, 복숭아 등을 조금 얇게 잘라주면 손으로 쥐고 먹는 아기가 많습니다. 바나나, 귤, 포도(씨 빼고)는 그대로 주어도 됩니다.

이 시기의 아기는 잠시도 가만있지 않기 때문에 바닥에 앉혀놓고 이유식을 주는 것은 쉽지 않습니다. 도중에 놀러 나가려고 하기 때문입니다. 식탁 의자에 앉히거나 골판지 상자 안에 앉혀놓으면 이유식을 먹이기 쉽습니다. 이유식을 먹이는 데 어느 정도 시간을 들여야 하느냐는 아기에 따라 먹는 속도에 차이가 있기 때문에 일률적으로 말할 수는 없습니다. 중요한 것은 아기가 즐겁게 먹느냐 하는 것입니다. 어린이용 밥그릇 2/3공기의 죽을 먹이는 데 40~50분씩 걸린다면 아기가 죽을 좋아하지 않아 즐겁게 먹는 것이 아닙니다. 숟가락으로 넣어준 죽을 입 안에 머금은 채 삼키지 않는다면 맛있게 먹는 것이 아닙니다. 이때는 되도록 30분 안에 끝내는 것이 좋습니다.

256. 계속 모유를 원하는 아기

● 모유의 영양 성분이 부족할 뿐 아니라 이유식을 본격적으로 진행하고 있으므로 차츰 끊는 것이 좋다.

낮에 먹는 모유는 차츰 끊는 것이 좋습니다.

생후 8개월이 지나면 아기는 스스로 이동할 수 있게 됩니다. 낮에 모유를 먹는 아기는 어리광 부리고 싶을 때 엄마에게 다가가 모유를 달라고 합니다. 모유가 잘 나와 아기가 요구하는 대로 주면 이유식을 먹지 않게 됩니다. 생후 8개월이 지난 후에도 모유를 주로 먹으면 철분이 부족해서 빈혈이 됩니다. 모유가 잘 나와서 오히려 영양의 균형이 깨져버리는 것입니다.

●

밤에 먹는 모유로 아기가 잠을 잘 잔다면 먹여도 됩니다.

생후 8개월이 지나도 아직 모유가 나오는 엄마는 차츰 모유를 끊는 것이 좋습니다. 하지만 새벽에 눈을 뜬 아기에게 모유를 주면 그대로 잠들어서 아침 8시쯤까지 잔다면 새벽에는 모유를 주어도 좋습니다. 이것이 가장 간편하기 때문입니다. 또 오후에 낮잠자기 전에 모유를 먹이면 반드시 잠드는 아기에게도 낮잠을 재우는 수단으로 모유를 먹여도 좋습니다. 이런 아기는 생우유나 분유를 젖병으로 줘도 먹지 않는 경우가 많습니다. 그러나 이유식 후에 지금까지 모유를 주고 있었다면 되도록 생우유로 바꿉니다. 젖병에 넣어주면 먹지 않을 테니까 컵으로 먹게 합니다(설탕을 넣어도 됨).

감수자 주

설탕을 넣어주기보다는 아이들이 좋아하는 모양이나 캐릭터가 그려진 컵을 이용하도록 한다.

오후 6시에 저녁밥을 먹은 아기가 8시에 모유를 먹으면 그대로 아침까지 자는 경우 밤에 자기 전의 모유를 끊을 필요는 없습니다. 밤중에 아기가 울 때 젖을 물리면 쉽게 다시 잠든다면 모유를 먹여도 됩니다. 밤에 먹이던 모유를 끊고 무엇을 먹일까 고민하는 것보다 밤에 좀 더 편안히 잘 수 있도록 하는 편이 좋습니다.

낮에 바깥에서 운동시키는 것이 충분하지 않다면 바깥에서 더 놀게 합니다. 그리고 오후 3시쯤 목욕을 시키는데 밤에 잠을 깊이 자지 않는다면 자기 전에 목욕을 시키도록 합니다. 낮에 먹이는 모유를 끊으라는 것은 모유에 문제가 있어서가 아니라 이유식의 순조로운 진행을 방해할 수 있기 때문입니다. 이유식이 순조롭게 진행되고 있다면 자연스럽게 모유를 먹지 않게 될 때까지 그냥 두면 됩니다. 무리해서 모유를 끊을 필요는 없습니다. 그 대신 이유식을 먹일 때 달걀이나 생선을 충분히 주어야 합니다.

257. 편식하는 아기 길들이기

● 미각이 예민한 아기일수록 편식을 한다. 자연스럽게 고치는 것은 좋은데 지나치면 오히려 해롭다.

편식을 고치기 위해 너무 신경 쓰는 것도 좋지 않습니다.

사람의 기호는 다소 치우침이 있을 수 있습니다. 특별히 어떤 것을 좋아하는 성향은 사람에게 오히려 필요합니다. 좋아하는 것이 있는 반면, 싫어하는 것도 있을 수 있습니다. 음식에 대해서도 마찬가지입니다.

생후 8개월이 지나면 음식에 대한 아기의 취향도 차츰 뚜렷해집니다. 야채를 싫어하는 아기는 시금치, 양배추, 당근 등을 주면 혀로 쑥 내밀어버립니다. 이런 식품을 먹게 하려면 아기가 선택할 수 없는 형태로 만들어주면 됩니다. 잘게 썰어 죽 속에 넣든지 오믈렛으로 만들어줍니다.

요리책에 쓰여 있는 것처럼 배색을 잘하거나 형태를 재미있게 만들어줘도 아기는 속아넘어가지 않습니다. 여러 가지 복잡한 소스를 만들어 뿌려보기도 하지만 이런 것으로도 편식은 고쳐지지 않습니다.

음식 맛에 대한 취향을 아기 때 무리하게 바꾸려고 할 필요는 없습니다. 아기 때 싫어했던 음식을 좀 더 크면 잘 먹게 되는 아이도 많습니다. 편식을 고치기 위한 다소의 노력은 필요하지만 지나치게 신경 쓰는 것은 오히려 좋지 않습니다.

●

그보다는 다른 음식으로 보충해 줍니다.

시금치나 양배추나 당근을 싫어해도 다른 음식으로 충분히 보충해 줄 수 있습니다. 어떻게 해주어도 야채를 싫어하는 아기에게는 과일로 보충해 주면 됩니다.

죽, 빵, 국수 등으로 필요한 에너지를 섭취하고 분유(500ml)나 모유로 최소한의 단백질 필요량을 섭취하고 있다면 반찬의 종류가 어느 정도 치우쳐도 영양실조는 되지 않습니다.

동물성 반찬으로는 생선, 달걀, 쇠고기, 닭고기, 돼지고기 중 어느 두 가지를 전혀 먹지 않아도 영양학적으로는 문제가 되지 않습니다.

쌀, 빵, 국수 등을 먹는다면 감자, 고구마는 전혀 먹지 않아도 당질이 부족하지 않습니다. 쌀, 빵, 국수 중에서도 두 가지는 전혀 먹지 않는다고 해도 나머지 하나만 잘 먹는다면 칼로리 부족은 일어나지 않습니다.

미각이 예민한 아기일수록 먹는 것을 가립니다.

아빠가 술을 좋아하여 음식에 까다롭다면 아빠를 닮은 아기는 짠 것을 좋아해서 성게알, 김, 잔멸치, 명란젓 등을 좋아합니다. 감자, 호박 등은 쳐다보지도 않는 아기도 많습니다.

이런 아기는 죽이나 밥도 그렇게 많이 먹지 않기 때문에 체중을 재보면 발육곡선의 50%에 미치지 못하기도 합니다.

아이가 편식을 해서 살이 찌지 않는다는 둥 엄마가 할머니한테 꾸중을 듣는 일도 적지 않습니다. 그러나 무엇이든 주는 대로 잘 먹고 살이 찐다는 것은 돼지라면 좋은 식육용 돼지가 될지 몰라도 사람에게는 자랑거리가 못 됩니다. 오히려 맛을 아는 사람이 즐거운 식생활을 누릴 수 있습니다.

258. 엄마 곁에서 재우기

● 밤중에 아기가 깨어 울 때 어떤 방법으로 아기를 재울지는 부모 스스로 판단할 일이다.

무엇이 좋은지는 부모 스스로 판단할 일입니다.

아기가 태어날 때부터 아기용 침대를 사용했던 가정에서 생후 8개월이 지날 즈음부터 아기를 침대에 재우지 않는 경우가 많습니다. 특히 겨울에 생후 8개월을 맞은 아기에게 이런 일이 많습니다.

아기가 밤에 잠이 깨어 울면 엄마는 추운 계절이라 무언가를 걸치고 아기가 있는 곳으로 갑니다. 그러고는 안고 흔들면서 자장가를 불러줘서 재웁니다. 간신히 잠들어 침대에 눕히면 갑자기 또 울음을 터뜨립니다. 할 수 없이 또 안아줍니다. 이것을 되풀이 하는 중에 몹시 추워진 엄마는 아기를 안고 자신의 잠자리로 데리고 갑니다. 아기는 엄마에게 안겨서 안심하고 엄마의 체온을 느끼면서 기분 좋은 상태로 조용히 잡니다. 엄마도 졸리기 때문에 그대로 자버립니다.

이런 상황이 2~3일 계속되면 엄마는 밤에 아기를 재울 때 처음부터 자신의 잠자리에서 재우는 것이 오히려 편하다고 생각하게 됩니다. 그래서 아기를 침대에 재우지 않고 엄마 옆에 이불을 깔고 바닥에서 재웁니다. 이렇게 하면 아기가 한밤중에 깨어 울 때 번거롭게 일어나서 침대로 가지 않아도 금방 아기를 가슴에 안을 수 있습니다.

이것은 서양식 육아법으로 보면 잘못된 것임에 틀림없습니다. 서양인들은 아기가 생후 3개월이 지나면 부모와 딴 방에서 혼자 재워야 한다고 생각합니다. 아기를 부모 곁에서 재우면 부부 생활을 방해받기 때문입니다.

그러나 동양의 풍습으로는 보통 아기를 딴 방에서 재우지 않습니다. 부모와 아기가 같은 방에서 자기 때문에 아기가 한밤중에 울면 시끄러워 잠에서 깬 아빠가 빨리 재우라고 할 것입니다. 아기를 빨리 잠들게 하기 위해 엄마 곁에서 재우는 것이 더 간단하고 확실한 방법이라면 그렇게 해야 합니다.

하지만 생후 3개월까지는 아기를 엄마 곁에서 재우는 것은 금물입니다. 엄마의 젖가슴으로 압사당하는 일이 있습니다.

●

아기를 엄마 곁에서 재우는 데도 부모의 주체성이 필요합니다.

아기용 침대에서 재워야 한다고 해서 따로 재우고, 한밤중에 울 때마다 엄마가 일어나 가게 되면 우선 아빠가 반대할 것입니다. 이렇게 매일 밤 한밤중에 4~5번씩 일어나게 되면 다음날 일의 능률도 오르지 않을 것입니다. 아기를 엄마 곁에서 재워야 할지는 각자 가정의 평화를 우선으로 하여 결정할 일입니다. 부모가 주체성을 잃어서는 안 됩니다. 아기가 한밤중에 운다고 아빠도 함께 일어나 아기를 달래주거나 하면 아기는 밤에 일어나서 노는 것이 습관이 되어버립니다.

대부분의 아빠는 앞으로 오랫동안 가족의 부양이라는 무거운 짐을 짊어지고 가야 합니다. 이 짐을 감당하기 위해서는 충분히 수면을 취해야 합니다. 아기가 웃는 얼굴을 보는 것이 좋아서 한밤중에도 놀아주는 것은 부모의 주체성을 잃은 행동이라고 할 수 있습니다.

259. 애완용 물건 만들지 않기

● 젖을 먹는 동안 무언가를 만지는 행위가 습관이 되면 그 물건이 없을 경우 일상생활이 힘들어진다.

버릇 들기 전에 빨리 대처해야 합니다.

모유를 먹는 아기는 손을 자유롭게 움직일 수 있게 되면 엄마의 유방을 양손으로 감싸기도 하고 한 손으로 꼬집기도 합니다. 또 젖병으로 분유를 먹는 아기는 이 시기쯤부터 타월을 꼭 쥐기도 하고, 부드러운 이불에 얼굴을 비비기도 합니다. 나머지 한 손도 젖을 먹는 즐거움에 동참하고 있는 것입니다.

이러한 행동을 목격하면 엄마는 특정한 타월이나 이불에 아기의 애무가 집중되지 않도록 타월 색깔이나 감촉이 다른 것을 준다든지, 이불과 모포와 타월을 자주 바꾸어 주어야 합니다. 그렇지 않으면 특정한 타월이나 모포가 아기의 애완용 물건이 되어버려 분유를 먹을 때 그것이 없으면 차분하게 먹지 못하게 됩니다.

엄마도 특정한 타월을 주면 아기가 만지작거리면서 빨리 잠이 든다는 편리함 때문에 애완용 물건을 만드는 일에 협력하기도 합니다. 수면 보조기라고 생각하면 애완용 물건이 있어도 상관없지만 아기가 좀 더 자라면 곤란해집니다.

외출할 때도 어떤 특정한 타월이나 너덜너덜한 모포를 꼭 가지고 가야 합니다. 낮잠을 잘 때도 애완용 물건이 없으면 젖병을 물지 않습니다. 이렇게 한번 애완용 물건이 생기면 낮잠을 안 자게 되는 연령이 될 때까지 떨어지지 못합니다.

260. 배설 훈련

● 이 시기부터 배변 훈련이 시작되지만 사실 이른 감이 있다. 일반적으로 18~24개월이 적당하다.

이 시기에 배설 훈련을 하지 않아도 장래에는 영향이 없습니다.

"우리 애는 생후 8개월부터 변기에 데려가면 소변을 보았어요. 기저귀를 적시는 일이 좀처럼 없었죠"라며 이웃의 엄마가 말하는 것을 듣기도 할 것입니다. 이때 '8개월이 넘은 우리 아기는 왜 소변을 보게 하면 저렇게 싫어하는 것일까' 하고 낙담할 필요는 없습니다. 아기에게 소변을 보게 할 때 잘 따라주느냐 않느냐는 훈련을 잘 시키고 못 시키고와는 관계가 없습니다.

생후 8개월에 소변을 가린 아기는 대개 따뜻한 계절에 8개월을 맞았을 것입니다. 추운 계절에는 아기의 하반신을 벗기면 싫어하며 소변을 보지 않습니다. 1~2분 애써보아도 나오지 않아서 내려놓고 기저귀를 채우자마자 오줌을 싸버립니다.

또한 자기 주장이 강한 아기는 변기에 데리고 가면 몸을 뒤로 젖히며 웁니다. 변기에 소변을 잘 보는 아기는 비교적 얌전한 아기인 경우가 많습니다. 2~3분 가만히 있다가 결국 소변을 봅니다. 이것은 또한 소변 보는 간격이 긴 아기에게 맞습니다. 간격이 길면 배설하는 시간을 예상할 수 있습니다. 하지만 이런 아기도 돌쯤 되면 변기에 소변 보는 것을 싫어해서 하지 않게 됩니다.

생후 8~9개월 된 아기에게 추운 계절에 변기에 소변을 보게 하는 것은 무리입니다. 방이 충분히 따뜻하다면 아침에 일어났을 때와 낮잠을 잔 후에 소변을 보게 하면 성공하는 경우도 있습니다. 하루에 두 번 소변을 가리면 잘하고 있는 것이라고 생각해야 합니다. 자명종을 맞춰놓고 2시간마다 소변을 보게 하는 것은 좋지 않습니다.

변이 단단한 아기는 끙끙거리는 것을 보고 변기에 데려가도 늦지 않습니다. 하지만 변이 무른 아기는 변을 보는 시간이 일정하지 않은 한 변기에 변을 보게 하는 것은 불가능합니다. 하지만 생후 8개월 때 배설 훈련을 하지 않았다고 해서 장래에 영향이 있는 것은 아닙니다.

감수자 주

생후 8개월은 너무 이르다. 배변 훈련이 적합한 시기는 개인차가 있으며 일반적으로 생후 18~24개월이 적당하다.

261. 아기 몸 단련시키기

● 똑바로 앉고 기게 되면서 어느 시점에는 설 수도 있게 된다. 서기 위한 연습을 놀이로 하면서 즐긴다.

일어서기 연습을 시킵니다.

이 시기에 대부분의 아기는 똑바로 앉을 수 있고 기기도 합니다. 그러나 전혀 기지 못하는 아기도 있습니다. 지금 당장의 운동 기능의 목표는 일어서는 것입니다. 이미 설 수 있는 아기는 다리를 옮기는 것이 목표입니다. 체중이 너무 무거우면 운동 능력이 뒤떨어집니다. 생후 8개월에 체중이 10kg 이상 나가고 하루 평균 15g 이상 계속 증가하는 아기는 먹는 것을 조절하여 하루 12~13g만 증가하도록 하는 것이 좋습니다. 하루에 분유를 먹는 총량이 1000ml를 넘으면 그 이하로 줄여야 합니다. 분유 1회는 떠먹는 요구르트로 바꾸어봅니다. 또 식사 전에 사과 같은 과일을 주어서 죽이나 밥의 양을 줄입니다.

일어서거나 다리를 옮기는 연습을 할 때 목제나 플리스틱 고리가 있으면 편리합니다. 어른 손가락 정도 굵기인 지름 10cm의 고리이면 됩니다(고리 던지기의 고리를 이용해도 됨). 아기와 어른이 양손으로 고리의 양쪽을 꽉 쥡니다. 아기에게 고리를 쥐게 해서 위를 향해 누운 자세에서 앉게 하고, 다시 앉은 자세에서 서게 합니다. 어른 손으로 직접 아기의 손을 붙잡으면 쥐는 데 힘이 너무 들어가기도 하고 아기가 어른에게 의존하게 되기도 합니다. 반면 아기 스스로 고리를 쥐면 악력 강화 연습도 되고 일어서는 연습도 됩니다. 능숙하게 서게 되면 아빠가 고리를 쥔 채 앞으로 끌도록 합니다. 이렇게 하면 어느 시기에 아기가 발을 앞으로 내디디게 됩니다. 이 일어서기 운동은 하루에 2회, 5분씩 합니다. 체중이 많이 나가는 아기는 그 절반의 시간만 운동하게 합니다. 너무 일찍 일으켜 세우면 안짱다리가 된다고 걱정하는 어른도 있지만 하루 5분 정도의 연습이라면 괜찮습니다. 그리고 이 월령의 아기는 정강이가 아직 바깥쪽을 향해 있는 것이 정상입니다. 정강이가 굽어 있다고 걱정하지 않아도 됩니다.

●

운동은 가능하면 집 밖에서 합니다.

운동은 기후가 좋을 때는 가능하면 집 밖에서 하는 것이 좋습니다. 운동을 할 때는 잠자코 아무 말 없이 하지 말고 아기와 함께 노는 것처럼 "이것 봐, 섰다, 섰어!"라고 소리를 지르면서 즐겁게 하는 것이 좋습니다. 하루 3시간 이상 바깥에서 보내게 합니다.

방 안에서도 그냥 앉혀놓고 장난감만 가지고 놀게 할 것이 아니라 큰 놀이 기구에서 온몸을 움직이도록 합니다. 골판지 상자를 밀면서 걷게 하기도 하고, 이불을 쌓아놓고 오르게 하기도 합니다. 보행기가 시판되고 있지만 사용해서는 안 됩니다.245 장난감

지나치게 미끄럽기도 하고, 계단이 있는 곳에서는 아래로 떨어져 다칠 수도 있기 때문입니다. 3명 중 1명 정도가 사고를 당합니다.

자주 가슴 속에서 가래가 끓어 그르렁거리는 아기는 생후 8개월이 지나면 컨디션이 좋을 때 건포마찰을 시작하는 것도 좋습니다. 가제와 같은 부드러운 천으로 아침에 일어났을 때 실내 온도를 15℃ 이상으로 해서 팔다리, 가슴, 등, 배를 3~4분간 문질러 줍니다. 하지만 습진이 있는 부위는 문질러서는 안 됩니다. 마찰이라고 해서 강하게 문지를 필요는 없습니다. 냉수마찰은 이 월령의 아기에게는 아직 이릅니다.

환경에 따른 육아 포인트

262. 이 시기 주의해야 할 돌발 사고

● 추락, 화상, 이물질을 삼키는 것 등 사소한 부주의로 사고가 가장 많이 발생하는 시기이다.

작은 사고가 가장 많이 발생하는 때입니다.

일생에서 이 시기처럼 작은 사고가 많이 벌어지는 때도 없습니다. 일어서려다 넘어지고, 잡으려다 쓰러지고, 하루에도 여러 번 여기저기에 부딪힙니다. 그러나 각이 진 것과 단단한 것을 아기의 주변에서 치워버리고 추락에 대한 예방 조치를 해두면 작은 사고는 다소 일어나더라도 괜찮습니다. 이 시기의 큰 사고는 추락과 화상, 그리고 이물질을 삼키는 것입니다.

계단으로 오르내리는 통로와 마루에는 난간을 만들어야 하고, 문짝에는 문고리를 다는 것만으로는 안심할 수 없습니다. 베란다 난간이 충분히 높다고 생각했는데도 난간 앞쪽에 놓아둔 빈 상자에 올라가 난간을 넘어서 추락하는 사고도 있습니다. 식탁에 깔려 있던 테이블보를 잡아당겨서 수프를 엎질러 화상을 입는 일도 있습니다. 또 칸막이 너머에 있던 가스스토브의 가스 호스를 뽑아서 불이 나 화상을 입는 경우도 있습니다.

서랍을 열고 그 안에 있던 알약이나 담배를 삼켜버리는 일도 있습니다. 칼을 꺼내어 놀다가 손이 베이는 경우도 있습니다.244 이 시기 주의해야 할 돌발 사고 바퀴벌레 잡는 데 쓰는 붕산 덩어리를 입에 넣는 사고도 늘어나고 있습니다. 가구는 모가 난 것이 많습니다. 아기가 있는 가정을 위해서 텔레비전, 라디오, 에어컨, 책상, 의자 등의 모서리를 둥글게 만들어주었으면 좋겠습니다. 욕조에 빠질 위험도 있습니다. 그러므로 화장실 문 닫는 것을 잊지 말아야 합니다. 오래된 유모차나 아기용 침대를 물려받아 사용할 때는 유모차 바퀴, 난간의 걸쇠 등을 잘 점검하지 않으면 뜻하지 않은 사고가 일어날 수 있습니다.

아기용 침대를 사용하던 가정에서 아기를 바닥에서 재우는 이유 중 하나는 아기의 운동이 심해져서 얌전히 있지 않기 때문입니다. 목제 난간에 머리를 부딪혀서 탄력성 있는 네트식 둘레를 친 침대를 새로 구입했다가 네트와 매트 사이에 아기 머리가 끼어서 질식사한 사례도 있습니다. 아기가 침대 난간 안에 얌전히 있지 않을 때는 안전한 바닥으로 옮기는 것이 제일입니다.

아기가 겨우 일어섰을 때 넘어지지 않게 하려고 아기의 한 손을 잡아주어서는 안됩니다. 잡아주려면 양손을 잡아주어야 합니다. 한 손만 잡고 아기를 잡아당기면 팔꿈치 관절이 상할 수 있기 때문입니다.403 어깨가 빠졌다_주내장 아기가 숟가락을 물고 노는 것은 엄격하게 금해야 합니다. 숟가락을 문 채 넘어져서 입 안을 다칠 수 있습니다.

마루가 반들반들 한 경우 보행기를 사용하는 것은 위험합니다. 아기의 다리 힘이 강해졌기 때문에 속도를 내어 어딘가에 부딪힙니다. 손가락을 세게 부딪혀 삐기도 하고 머리를 부딪히기도 합니다. 겨울에 난방기, 여름에 선풍기에는 안전망을 씌워야 합니다.

263. 장난감

● 지난달보다 장난감에 대한 애착이 더 강하다. 위험하진 않은지 점검한 뒤 가지고 놀게 한다.

장난감에 대한 관심이 전보다 더 많아집니다.

이 월령의 아기가 있는 집에 가보면, 장난감 상자는 깨끗하게 정돈되어 있고 아기는 깡통을 굴리거나 금속제 컵을 숟가락으로 두드리고 있습니다. 지난달에 비해 장난감보다도 집에 있는 여러 가지 물건을 가지고 놀고 싶어 하는 경향이 훨씬 강해집니다.

장난감으로는 큰북, 실로폰, 피아노 등 타악기를 좋아합니다. 손을 자유롭게 움직일 수 있게 되었기 때문일 것입니다. 음악을 좋아하는 아기는 CD나 카세트테이프를 틀어주면 좋아합니다. 틀어달라는 표현도 하게 됩니다.

기거나 무언가를 붙잡고 걷게 하는 데 도움이 되므로 자동차, 열차, 동물 등 태엽으로 움직이는 장난감을 움직이게 하여 아기로 하여금 따라가게 합니다. 또 장난감은 전부 점검하여 손가락이 베일 위험이 없도록 수리해야 합니다. 아빠 일이 한 가지 늘어난 셈입니다.

아기가 손가락을 잘 움직일 수 있게 되면 블록을 주어도 좋습니다. 블록은 좀 큰 것이 잡기 쉽습니다. 아직 쌓아 올리지는 못하지만 양손에 블록을 쥐고 부딪치거나 엄마가 만든 탑을 넘어뜨릴 수는 있습니다. 목욕할 때 아빠와 함께 욕조에 들어가서 물고기나 배 등의 장난감을 띄워놓고 노는 것도 재미있어합니다.

264. 계절에 따른 육아 포인트

- 여름에는 잘 먹지 않아 체중 증가가 다소 부진해도 초조해하지 않는다.
- 겨울에는 뜨거운 음식으로 인한 화상에 주의한다.

여름에는 이유식을 잘 먹지 않는 아기가 있습니다.

생후 9개월 가까이 되면 분유보다 이유식이 식사의 주가 되는 아기도 있습니다. 이런 아기가 여름을 맞아 죽, 빵, 밥을 먹는 양이 급격히 줄어들기도 합니다. 빨리 이유식으로 옮기는 것은 분유를 별로 좋아하지 않는 아기가 많기 때문입니다. 그러나 이유식만으로는 충분하지 않아 부족한 양을 분유로 보충해 주려고 해도 이런 아기들은 좀처럼 먹지 않습니다. 이런 경우 체중 증가가 다소 부진해도 초조해할 필요는 없습니다. 식사를 적게 할 뿐 그 외에는 건강하고 지금까지처럼 활발하게 논다면 걱정하지 않아도 됩니다.

분유는 싫어해도 생우유를 차게 해서 주면 먹는 아기도 있습니다. 기온이 28℃ 이상일 때는 아이스크림을 주어도 괜찮습니다. 반찬은 어른 것을 같이 먹는 일이 점점 많아지는데 여름에 조리할 때는 불결한 것이 들어가지 않도록 더욱 조심해야 합니다.

6월 이후에는 이미 만들어진 식품을 사다가 아기에게 먹이는 일은 되도록 삼가야 합니다. 식료품점에 진열되어 있는 샐러드, 샌드위치, 크림빵, 잼빵 등은 주어서는 안 됩니다. 식빵만 먹입니다.

●

겨울에는 화상을 입지 않도록 조심합니다.

겨울에는 뜨거운 국이나 찌개를 많이 만드는데 아기가 화상을 입지 않도록 조심해야 합니다. 3~4월쯤 잘 때 땀을 많이 흘리는 아기가 있습니다. 이것은 봄이 되어 따뜻해졌는데도 난방을 하고 겨울 잠옷을 입혀 재우기 때문입니다 이불을 여러 겹 덮어주지 말고 이불 속도 너무 덥지 않게 해줍니다.

●

땀을 많이 흘리는 아기는 옷을 자주 갈아입혀야 합니다.

여름에 잠깐 잘 때도 흠뻑 땀을 흘리는 아기가 있습니다. 목욕시킨 후에 분유를 먹여 재우면 특히 이렇게 땀을 흘리는 아기가 많습니다. 땀이 많고 적음은 개인에 따라 다릅니다. 땀을 많이 흘렸을 때는 옷을 갈아입혀야 합니다. 수분을 제한하는 것은 좋지 않습니니다.

6월 초부터 9월 말경까지 아기는 밤에 잘 때 더워서 이불을 발로 걷어찹니다. 아무리 덮어주어도 소용없습니다. 배탈이 나지 않도록 옷을 입혀서 재울 수밖에 없습니다. 밤이 깊어져서 엄마가 잘 때쯤 무겁지 않은 이불이나 큰 타월을 발을 가리지 않도록 하여 덮어줍니다.

아기가 한여름에 맨바닥으로 굴러가서 엎드리는 것은 체온을 내리게 하려는 것입니다. 이불 위에 돗자리를 깔고 재우는 것도 괜찮습니다.

●

심하게 아프지 않는 한 바깥 공기로 단련시킵니다.

계절에 따라 걸리기 쉬운 질병으로는 초여름의 구내염250 초여름에 열이 난다_구내염·수족구병, 늦가을의 설사280 겨울철 설사이다 등이 있습니다. 돌발성 발진은 계절과는 관계없습니다. 생후 8개월이 지나면 하계열은 훨씬 줄어듭니다. 그러나 여름이 끝날 때쯤 머리에 생기는 종기는 주의해야 합니다.

바람이 심하게 부는 날이면 가래가 잘 끓는 아기는 천식을 일으키는 경우도 있습니다. 천식까지는 가지 않더라도 가래가 끓어서 자주 기침을 하고, 때로는 저녁밥 먹은 것을 밤에 토하는 아기도 있습니다. 이런 아기도 중병 환자처럼 대하지 말고 바깥 공기를 쐬어 주어 단련시키도록 합니다.

엄마를 놀라게 하는 일

265. 아기가 추락했다

● 이 시기 추락의 경험이 없는 아기는 거의 없다. 1m 이내의 높이라면 별일이 아니지만 계단에서 떨어졌을 때는 신중히 대처해야 한다.

이 시기 추락하지 않는 아기는 거의 없습니다.

생후 8~9개월쯤에 추락 경험 없이 자라는 아기는 거의 없습니다. 추락으로 머리를 부딪혀 모든 아기들이 바보가 된다면 인류 문명은 존재하지 않았을 것입니다. 가장 많은 추락 사고는 아기용 침대에서의 추락이고, 다음은 식탁 의자가 넘어지면서 일어나는 추락입니다. 하지만 아기가 1m 이내의 높이에서 떨어져 나중에 무슨 이상이 생긴 일은 본 적이 없습니다.

설령 바닥이 딱딱한 나무판자로 되어 있더라도 떨어진 즉시 "앙" 하고 울음을 터뜨리면 괜찮습니다. 민감한 아기는 떨어졌을 때의 쇼크로 얼굴이 새파랗게 질려버리기도 하지만 안아 일으켜서 곧 진정된다면 걱정할 필요 없습니다.

몇 분 뒤 머리에 말랑말랑한 혹이 생기기도 합니다. 이것은 머리뼈 외측에 있는 혈관이 상처를 입어 생긴 출혈로, 어른에게 잘 발생하는 뇌내출혈은 아닙니다. 그대로 두면 자연히 없어집니다. 머리 피부가 벗겨졌을 때는 소독약을 발라주면 됩니다. 엑스선 검사는 하지 않아도 됩니다.

●

추락 후 잠시라도 실신했다면 병원에 가야 합니다.

침대나 식탁 의자에서의 추락은 의사와 상담할 필요가 거의 없지만 계단에서 추락했다면 신중해야 합니다. 잠시라도 실신을 했거나 머리에 상처가 있을 때는 외과 의사에게 데리고 가야 합니다.

외과 의사는 머리뼈의 엑스선 사진을 찍어볼 것입니다. 일시적이라도 실신했거나 머리뼈 엑스선 사진에 골절이 보이면 입원시켜서 관찰할 것입니다. CT촬영(컴퓨터 단층 촬영)을 해보면 머리 안의 출혈 여부를 알 수 있습니다. 일시적으로 실신했어도 병원에 도착했을 때 건강하고, 마비나 경련도 없고, 머리뼈에도 이상이 없을 때는 상처를 치료한 후 집으로 돌아가서 조용히 안정시키라고 할 것입니다.

●

치료 후 아기의 상태를 유심히 지켜봅니다.

집에 돌아온 후에 아기에게 달라진 점(큰 소리로 울며 울음을 그치지 않거나, 구토·경련·실신을 일으키거나, 좌우 동공의 크기가 다르거나, 손발이 어느 쪽인가가 마비되어 움직이지 않는 등)이 있으면 바로 의사에게 연락해야 합니다. 밤중에 의식 장애가 생기면 아기가 자고 있는 줄 알고 그냥 지나치는 경우가 있습니다. 그러므로 밤중에 여러 번 흔들어 깨워볼 필요가 있습니다. 깨어나 울음을 터뜨리면 의식을 잃은 것이 아닙니다. 다음 날 아침 일어나서 활발하게 놀면 안심해도 됩니다.

●

머리 외에 다른 곳에 상처가 날 수도 있습니다.

계단에서의 추락도 많이 일어나는데 대부분 침대에서의 추락과 같이 한 번 "앙" 하고 울고 혹이 나는 정도로 낫습니다. 하지만 머리에만 신경을 써서 그 외의 상처를 간과해 버릴 수도 있습니다.

아주 드문 일이긴 하지만 비장이나 신장을 다치는 경우도 있습니다. 신장을 다치면 소변이 피로 붉어집니다. 그리고 비장을 다쳐서 출혈하면 빈혈로 얼굴이 흙빛으로 변하고 배가 불룩해집니다. 기분도 나쁘고 아무것도 먹지 않습니다. 의사가 보면 알 수 있습니다.

잘 보지 못하고 지나치는 것으로 쇄골 골절이 있습니다. 머리에 상처가 생겨서 출혈이라도 있으면 그것에 마음을 빼앗겨 쇄골을 살펴보는 것을 잊기 쉽습니다. 1~2일 지나 겨드랑이에 손을 넣어 안으면 아파서 웁니다. 양손을 들어 만세를 하도록 시키면 쇄골이 부러진 쪽의 손은 위로 높이 올리지 못합니다. 하지만 쇄골 골절은 걱정할 것 없습니다. 고정하면 반드시 붙게 되어 있습니다.

●

추락한 날은 목욕을 시키지 않는 것이 좋습니다.

침대나 계단에서 떨어졌을 때 바로 우는 것 외에 다른 이상이 눈에 띄지 않아도 그날은 되도록 안정을 시켜야 합니다. 따라서 목욕은 시키지 않는 것이 좋습니다. 다음 날 아침 완전히 건강한 모습이면 평소처럼 생활하고 저녁에는 목욕을 시켜도 됩니다. 아기가 떨어졌던 계단의 통로에 난간을 세워놓지 않으면 또 떨어질 수 있습니다.

266. 화상을 입었다

● 가벼운 화상은 조만간 낫지만 심한 화상은 생명이 위험할 수도 있다.

심한 화상은 생명이 위험할 수도 있습니다.

아기가 스스로 이동할 수 있게 되면 화상을 입는 사고가 발생합니다. 아기의 화상은 엄마의 부주의 때문입니다. 석유스토브 위에 주전자를 올려놓는다든지, 무선주전자를 바닥에 놓아둔다든지, 뜨거운 차나 수프를 아기 손이 닿는 식탁에 놓아둔다든지, 다리미질을 하는 도중에 손님이 와서 현관으로 간다든지, 욕실 문을 열어놓은 채 뜨거운 물을 받는다든지 하는 것 모두가 부주의입니다.

가벼운 화상은 그 부위에 바로 수돗물을 30분만 흐르게 하면 물집이 생기지 않고 낫습니다. 그러나 심한 화상은 생명이 위험할 수도 있습니다.

●

화상의 정도는 상처의 깊이와 넓이로 알 수 있습니다.

가벼운 화상은 피부의 표층만 엷은 붉은색이 될 뿐 피부 모양은 정상입니다. 이것은 집에서도 치료할 수 있습니다. 반면 심한 화상은 피부의 진피까지 이르거나 그보다 아래 조직에까지 도달합니다. 진피에 이른 화상은 물집이 생기고, 이것보다 깊으면 피부가 하얘지거나 검어집니다.

옷 위에 뜨거운 것이 쏟아졌을 때는 옷 속 피부가 어느 정도 다쳤는지 알 수 없습니다. 화상이 심할 때는 옷을 벗기면 피부가 옷과 함께 벗겨집니다. 이런 경우에는 우선 옷 위에 물을 붓습니다. 몸에 물을 붓기 어려울 때는 타월에 물을 적셔 옷 위에다 짭니다. 몇 분 동안 해보고 나서 안을 들여다보아 가벼운 화상이라면 옷을 벗기고 계속 물로 차갑게 해줍니다. 그러나 화상이 심한 것 같으면 옷을 가위로 잘라내야 합니다.

심한 화상이 상반신 또는 하반신의 반 이상, 등이나 배의 반 이상에 이를 때는 바로 구급차를 불러 응급실로 데리고 가야 합니다. 소독 가제가 있으면 좋지만 없으면 깨끗한 수건을 상처 위에 대고 시트로 몸을 감싼 채(추울 때는 그 위에 모포로 감싸서) 병원으로 갑니다.

●

물집을 터뜨려서는 안 됩니다.

가볍다고 생각되는 화상에 물집이 생겼을 때 절대 터뜨려서는 안 됩니다. 어떤 약도 바르지 않는 것이 좋습니다. 의사에게 처치를 받아야 합니다. 피부에 직접 황산, 염산, 초산, 가성소다 등이 묻었을 때는 바로 수돗물로 씻고 나서 의사에게 데리고 가야 합니다. 옷 위에 황산이나 염산이 묻었을 경우에는 옷을 가위로 잘라내고 물을 끼얹어야 합니다. 화상 치료가 끝났다는 말을 듣는 날부터 엄마는 아기의 상처 자국을 계속 살펴보아야 합니다. 표면이 핑크색이면서 반들반들한 살이 올라오면 켈로이드(피부의 결합 조직이 병적으로 불어 단단하게 돋아 오르면서 불그스름하게 되는 양성 종양)가 생기기 시작하는 것입니다. 이것은 일찍 치료하지 않으면 낫지 않습니다.

267. 설사를 한다

● 설사를 한다고 해서 절식을 시키거나 죽만 먹이는 것은 좋지 않다.

설사한다고 해서 절식시켜서는 안 됩니다.

예전과 달리 세균이 원인인 설사는 많이 줄었습니다. 여름에 가족 중 어른이 설사를 하는 경우를 제외하면 아기의 설사 원인이 세균인 경우는 거의 없습니다. 세균에 의한 설사는 아기의 기분이 나빠지는 것이 보통이며, 열이 나기도 합니다.

과식이 설사의 원인이었다면 전날 과식한 것을 엄마가 알기 때문에 그렇게 놀라지는 않을 것입니다. 설사를 한다고 해서 절식을 시켜서는 안 됩니다. 음식을 먹고 싶어하면 약간 부드럽게 해서 주면 됩니다. 좀처럼 낫지 않는 설사는 오히려 식사를 금지시키고 양적으로나 질적으로 영양가가 낮은 것을 줄 때 발생합니다.

과식인 줄 알면서도 혹시나 해서 의사한테 가면 반나절 동안 단식을 시키라고 하면서 소화제를 처방해 줍니다. 그리고 분유 양을 줄이고 이유식도 중단하라고 합니다. 하지만 이렇게 하면 언제까지나 변이 굳어지지 않습니다. 아기는 열도 없고 식욕도 좋고 건강하지만 하루에 3~4번 변을 봅니다. 설사라고 해도 잘 소화되어 형태가 없을 뿐입니다. 아기는 배가 고프기 때문에 허겁지겁 먹습니다. 의사에게 치료를 받고 있는데도 설사가 멈추지 않으면 엄마는 불안해집니다. 과식뿐만 아니라 바이러스가 원인이라고 생각되는 감기성 설사로 의사에게 갈 때도 같은 상황이 벌어집니다.

●

종래의 식사로 되돌려야 합니다.

유동식으로 하면 변이 굳어진다는 생각은 아기에게는 해당되지 않습니다. 지금까지 먹던 식사와는 다른 식사가 오히려 장에 이상 자극을 주어서인지, 아니면 지방이 부족해서인지 변이 굳어지지 않습니다. 변의 상태를 나아지게 하려면 종래의 식사로 되돌려야 합니다. 과일을 끊었다면 사과를 갈아서 줘봅니다. 설사 때문에 죽만으로 이유식을 주었다면 죽을 점점 되게 해줍니다. 그리고 웨하스나 비스킷을 줍니다. 이때는 체중을 재보는 것이 중요합니다. 식사를 원래대로 되돌리는 도중에 설사가 계속되어도 체중이 늘고 있다면 영양은 회복되고 설사도 멈추게 됩니다.

초겨울 무렵 먹은 것을 토하고, 분유를 주어도 받아들이지 못하고, 변을 물처럼 보고, 몇 번이나 설사를 한다면 겨울철 설사280 겨울철 설사이다를 의심해보아야 합니다. 이것은 생후 9개월 이상 된 아기에게 많이 발생하지만 8개월 된 아기에게 전혀 발생하지 않는다고 할 수 없습니다.

268. 폐렴에 걸렸다

- 예전처럼 심각한 폐렴은 이제 거의 없어졌다. 다만 병원에서 감기를 폐렴이 되어간다고 말할 뿐이다.

이제 예전과 같은 심각한 폐렴은 없어졌습니다.

폐렴은 옛날에는 청진기만으로 진단할 수 있었지만 지금은 엑스선 사진을 찍어보지 않으면 알 수 없는 질병이 되었습니다. 옛날과 같은 폐렴구균으로 인한 급성 폐렴(대엽성 폐렴 또는 크루프성 폐렴이라고도 함)이 많이 줄었기 때문입니다. 있다 해도 요즘에는 항생제나 설파제를 쓰기 때문에 쉽게 치료됩니다. 옛날에 아기의 폐렴이 많았던 이유는 지방 섭취량이 충분하지 않았고, 그 결과 비타민 A가 부족해서 기도 점막이 상하기 쉬웠기 때문일 것입니다. 아기가 갑자기 고열이 나고, 숨이 가쁘고, 숨 쉴 때마다 가슴이 안쪽으로 들어가고, 기침을 하고, 아픈 표정이면 옛날에는 이것만으로 급성 폐렴이라고 예측할 수 있었습니다. 가슴에 청진기를 대보면 숨소리가 달라져 있고, 손가락으로 두드려보면 기분 나쁜 소리가 났습니다.

그러나 이제 이러한 폐렴은 거의 없어졌습니다. 폐렴구균에 의한 폐렴은 줄어들고 바이러스나 미코플라스마에 의한 폐렴이 많아졌습니다. 579 비정형성 폐렴_미코플라스마 폐렴 비정형성 폐렴은 타진이나 청진으로는 알 수 없습니다. 고열이 나며 기침을 하는 아기는 단순한 감기인지 폐렴인지 쉽게 구별되지 않습니다. 숨소리가 거칠어지고 갑자기 체력이 떨어지는 아기는 엑스선 사진을 찍어보아야 감기인지 폐렴인지를 구별할 수 있습니다.

폐렴구균으로 인한 폐렴과 미코플라스마에 의한 폐렴에는 항생제가 잘 듣습니다. 바이러스성 폐렴은 반드시 저절로 낫습니다. 때문에 폐렴이 의심될 때 의사는 항생제를 처방합니다. 옛날과 달리 폐렴으로 사망하는 일은 거의 없어졌습니다.

●

폐렴은 줄었어도 그 병명은 줄지 않았습니다.

의사는 건강보험의 담당 부서로부터 '감기에는 항생제를 쓰지 말고 폐렴에만 항생제를 사용하라'는 지시를 받고 있기 때문에, 항생제를 사용할 때는 병명을 '폐렴'으로 해두어야 분규의 소지를 없앨 수 있습니다. 그러므로 엄마에게는 "폐렴이 되어가고 있습니다"라고 말할 것입니다. 이러한 이유로 폐렴은 줄었어도 폐렴이라는 병명은 줄어들지 않습니다. 하지만 엄마로서는 아기가 감기에 걸렸다는 것과 폐렴에 걸렸다는 것은 크게 다르게 받아들입니다. 특히 평소에도 가래가 잘 끓는 아기가 감기에 걸렸을 때 청진기를 대보면 '호흡기 잡음(호흡음과 같이 들리는 이상한 소리)'이 들리고 열도 높기 때문에 쉽게 폐렴이라고 진단을 내립니다. 한겨울에 세 번이나 폐렴에 걸렸다는 등의 이야기는 대개 이런 경우입니다. 폐렴에는 놀라지 않아도 된다고 했지만 항생제에 저항성이 생긴 포도상구균으로 인한 폐렴은 성가십니다. 이것은 어른 환자로부터 전염되는 일이 많습니다. 따라서 종합병원의 대기실이나 병실은 멀리해야 합니다.

●

아기에게 특별하게 해줄 것은 없습니다.

폐렴이라고 진단을 받았을 때 아기에게 특별하게 해줄 것은 없습니다. 단, 겨울철에는 방을 18~20℃ 정도로 따뜻하게 해줍니다. 그리고 때때로 환기를 시켜주어야 합니다. 식욕이 있다면 분유 외에 이유식을 주어도 좋습니다. 그리고 신선한 과즙을 충분히 줍니다. 기침을 많이 할 때는 눕혀놓기보다 안아주면 가래가 덜 끓어 편합니다.

●

갑자기 울기 시작하며 아파한다, 지금까지 건강했는데 갑자기 심하게 울어대고 어딘가 아파한다, 얼마 있다가 울음을 멈추고 잘 놀다가 4~5분 지나 또다시 심하게 운다. 180 갑자기 울기 시작한다, 181 장중첩증이다 참고

기침도 하지 않고 콧물도 흘리지 않는데 갑자기 고열이 나더니 2일이 지나도 내리지 않는다. 225 고열이 난다, 226 돌발성 발진이다 참고

열이 나서 경련을 일으켰다. 248 경련을 일으킨다_열성 경련 참고

초여름에 갑자기 고열이 나서 분유를 토하고 음식을 먹지 않는다. 250 초여름에 열이 난다_구내염·수족구병 참고

천식. 251 천식이다 참고

보육시설에서의 육아

269. 이 시기 보육시설에서 주의할 점

- 놀면서 다친 상처에 엄마가 놀라지 않도록 잘 이해시킨다.
- 위험한 놀이 기구는 안전하게 보완한다.
- 이유식을 줄 때는 각자의 개성을 중시한다.

엄마가 보육시설에서 생긴 외상에 놀라지 않게 합니다.

이 시기에 아기는 걸음마를 하거나 무언가를 잡고 서기도 하고, 빠른 아기는 벽 등을 짚고 걷기도 합니다. 지금까지는 많은 친구들 속에서 앉아서 구경만 했는데 자신도 스스로 그 무리 속에 들어갈 수 있다는 것이 아기에게 너무나 큰 즐거움일 것입니다.

보육교사는 아기가 친구와 놀고 싶어 하는 의욕을 충분히 살려 주어야 합니다. 아기는 난간을 붙잡으려다 넘어져 이마에 혹이 생기기도 합니다. 또 골판지 상자를 밀다가 큰 아이와 부딪혀 넘어져 무릎이 까지는 일도 있습니다. 하지만 아기는 이런 것을 아랑곳하지 않고 친구와 노는 모험을 계속합니다.

이렇게 모험을 하는 동안 몸과 마음이 단련됩니다. 혹이 생기거나 까지는 것을 두려워한다면 건강하게 성장할 수 없습니다.

보육교사는 이것을 엄마에게 충분히 이해시켜야 합니다. 보육시설에 아기를 맡기는 엄마는 아기가 집에서는 경험할 수 없는 세계로 들어가는 것을 기뻐해야 합니다. 혹이 생겼다고 나무라고, 까졌다고 조심해 달라고 하면 보육교사는 아기를 침대 안에 가두어놓게 됩니다.

●

혼합 보육을 할 때는 같은 월령의 아기 3~4명씩 그룹을 만듭니다.

대부분의 보육시설은 영아 보육이라고 해도 같은 월령의 아기만 맡고 있는 것이 아닙니다. 생후 9개월이 되어가는 아기와 함께 만 1세 반 된 아이도 영아실에서 보육을 받습니다. 소위 말하는 '혼합 보육'입니다.

발육 정도가 다른 아이들을 함께 보육하는 것은 매우 어려운 일입니다. 하지만 6명의 아이들을 2명의 보육교사가 돌보고 있다면 혼합 보육이라도 괜찮습니다. 큰 아이에게 작은 아이 돌보는 것을 가르치고, 작은 아이는 큰 아이가 놀아주기 때문에 즐겁습니다.

만 3세 아이가 앉아서 양손으로 물건을 꽉 잡을 수 있게 된 생후 8개월 된 아기를 골판지 상자에 태우고 기관사가 되어 기차놀이를 하면, 각자 연령의 특징을 살린 집단놀이를 할 수 있습니다. 집단 보육을 할 때는 이런 놀이를 위한 놀이 기구를 여러 가지 준비해 두어야 합니다.

하지만 이것은 보육의 일부일 뿐입니다. 큰 아이가 언제나 작은 아이와 함께 놀아야 한다면 큰 아이는 자신의 연령에 맞는 모험을 할 수 없게 됩니다.

생후 8~9개월 된 아기만 3~4명 있으면 둥그렇게 둘러앉아 손을 두드리면서 "열렸다, 열렸다!" 노래를 부르며 놀 수도 있습니다. 같은 월령의 아기 3~4명씩 그룹을 만들어주는 것이 가장 이상적입니다.

●

위험성이 있는 놀이 기구는 안전하게 보완해야 합니다.

영아 보육실이 2층에 있는 보육시설에서는 계단으로 통하는 문의 고리를 튼튼하게 해놓아야 합니다. 급식 때 뜨거운 것을 담은 큰 그릇은 항상 보육교사가 가지고 있어야 하고, 테이블 위에 방치해서는 안 됩니다. 새로운 놀이 기구를 들여왔을 때는 모서리가 둥글지 않으면 깎아내야 합니다.

X자 멜빵이나 끈이 긴 가방은 아기 목에 걸어두어서는 안 됩니다. 미끄럼틀 난간에 걸리면 목이 꽉 조일 수 있기 때문입니다.

겨울철 난방은 화상을 입지 않도록 완벽한 방호가 필요합니다. 날씨가 좋을 때는 마당에 돗자리를 깔고 놀게 하는 것이 좋습니다.

●

하루 두 번의 식사를 모두 이유식으로 할 필요는 없습니다.

생후 8개월 된 아기는 낮에 식사를 두 번 주는 것이 보통인데, 8개월이 되었다고 해서 지금까지 하루 한 번 주던 이유식을 두 번으로 늘려야 할 필요는 없습니다. 한 아기에게 숟가락으로 이유식을 먹이려면 20~30분이 걸립니다. 보육교사 혼자서 4~5명의 아기를 맡고 있는 경우 모든 아기에게 두 번씩 이유식을 먹인다면 다른 일을 할 수 없게 됩니다. 따라서 두 번의 식사를 모두 이유식으로 주는 것은 좋지 않습니다. 한 번은 분유를 주는데 200ml로 충분하지 않은 것 같으면 비스킷이나 빵을 쥐여주면 됩니다.

젖병이 아니라 컵으로 먹게 하는 것에 대해서는 지난달 항목 253 이 시기 보육시설에서 주의할 점에서 언급했습니다.

이유식을 잘 먹는 아기에게도 보육시설에서 두 번 모두 주지 않도록 하는 것은 가정에서도 이유식을 주게 하고 싶기 때문입니다. 자기가 좋아하는 이유식을 부모가 먹여주면 아기는 가정의 즐거움을 느끼게 됩니다.

밤늦게까지 자지 않는 부모 중에는 아기에게 아침 식사를 줄 여유가 없어서 보육시설에 데리고 와서는 빵을 주고 돌아가는 경우도 있습니다. 하지만 다른 아기는 모두 집에서 분유를 먹고 오는데 한 아기만 빵을 먹는 것은 단체 생활에서 곤란합니다. 모든 엄마들이 보육시설의 생활에 협조하도록 이야기해 주어야 합니다.

●

이유식을 줄 때는 각자의 개성을 존중해야 합니다.

보육시설에서 이유식을 줄 때는 아기의 개성을 충분히 존중해야 합니다. 모든 아기에게 똑같은 분량을 먹이려고 해서는 안 됩니다.

소식하는 아기에게는 처음부터 소량을 깨끗하게 먹는 습관을 들입니다. 그리고 많이 먹는 아기에게는 원하는 대로 주면 비만아가 되기 때문에 때때로 체중을 재어 과식하지 않도록 해야 합니다.

간식으로 주는 과자도 질이 좋은 것을 주도록 합니다. 맛있는 과자를 먹는 것이 보육시설에 가는 즐거움의 하나가 되게 하는 것이 좋습니다.

●

보육교사는 일하는 엄마를 틈틈이 격려해 줘야 합니다.

보육교사는 단지 아기만 맡는 것이 아니라 일하는 엄마도 격려해 준다는 마음가짐을 가져야 합니다. 일하는 엄마는 자신이 일을 하기 때문에 아기 교육을 제대로 시키지 못한다는 열등감에 시달리기 쉽습니다. 그래서 이웃에 사는 전업주부 엄마의 아기가 할 수 있는 것을 자신의 아기가 하지 못하면 몹시 신경이 쓰입니다. 또 이웃집 아기는 기저귀를 벗기고 소변을 보게 하면 잘 본다고 하는데, 자기 아기는 아직 소변을 가리지 못하면 초조해합니다.

이럴 때 보육교사는 개인차에 대한 실례를 들어 설명하며 엄마의 마음을 안정시켜 주어야 합니다. 그리고 배설 시간이 일정한 아기는 되도록 변기에 소변을 보게 해야 합니다. 이렇게 하여 성공하면 엄마에게 알려 자신감을 갖게 합니다.

270. 혼합 보육

● 생후 8개월 된 아기와 만 1세 반이 넘은 영아들을 함께 보육하는 것을 말한다. 적절한 조건이 갖추어진다면 충분히 가능하다.

발달 단계가 비슷한 아기들끼리 조를 나누어야 합니다.

아기가 앉아 있기도 하고 기기도 하면 종일 침대에서 지내게 하지 말고 바닥에 내려놓아야 합니다. 아기가 기어 다니며 노는 곳은 침대와 침대 사이가 아닌 별도의 방이어야 합니다. 아기가 기어 다니며 노는 곳에서 생후 8개월 된 아기와 만 1세 반이 넘은 아이를 함께 보육하는 것이 불가능한 일은 아닙니다. 하지만 이렇게 하려면 발달 단계가 비슷한 아기들끼리 조를 나누어야 합니다. 휑한 방에 만 3세 미만으로 개월수가 다양한 아기들이 30명이나 섞여 있으면 보육교사가 3명이라도 보육이 어렵습니다. 함께 노래 부르고 그림연극을 보는 것은 가능하지만 식사, 수면, 배설 등은 연령에 따라 각각 다르기 때문입니다.

●

혼합 보육 공간에 꼭 필요한 조건이 있습니다.

이유식을 먹일 때 식탁에 빙 둘러앉게 하여 같은 숟가락으로 한 입씩 먹여서는 안 됩니다. 그러면 각자가 자신의 숟가락으로 먹는 식사 예절을 가르칠 수 없습니다. 게다가 한 아이가 구내염이라도 걸려 있으면 모두에게 옮게 됩니다. 숟가락을 바꾸어가며 먹이면 한 명의 보육교사가 아기 3명밖에 먹이지 못합니다.

휑한 방이어서는 안 됩니다. 또한 한 명의 보육교사에게 젖먹이를 포함한 어린아이 7명씩 할당하여 다른 조의 일에는 전혀 상관하지 않게 해서도 안 됩니다. 방을 임의로 나눌 수 있고, 보육교사가 필요한 곳으로 항상 집중할 수 있는 기동성이 필요합니다. 휑한 방을 필요에 따라 커튼으로 구분할 수 있게 하든지, 아기가 기어 다니며 노는 방과 별도로 식당을 만들어야 합니다.

보육교사도 2명이 젖먹이의 식사를 담당하면, 한 명은 조금 큰 아이들을 대상으로 '일괄 보육'을 하고, 다른 한 명이 배설을 보살펴주는 방법으로 기동적으로 역할을 바꾸어야 합니다. 젖먹이와 조금 큰 아이의 수면 시간이 다르기 때문에 젖먹이를 재울 때는 방을 나누든지 낮잠 자는 방으로 데리고 가야 합니다. 많은 저연령 아이들의 혼합 보육이 힘든 것은 시설도 인원도 부족한 곳에서 하기 때문입니다. 낮잠 자는 방, 운동하는 방, 식당, 이 세 가지는 갖추어놓아야 혼합 보육을 제대로 할 수 있습니다. 그리고 보육교사는 기동(機動) 보육에 대해 더 배워야 합니다. 그 준비 단계로 휑한 방에는 커튼을 치고, 아기 그룹을 위해서는 크고 둥근 울타리가 필요합니다.

주변 세계에 대해 더 깊이 인식하게 되면서
아기에게는 주변의 모든 사물이 장난감이 되는 시기입니다.
그래서 혼자 놀 수 있는 시간도 길어집니다.
발육이 빠른 아기는 무언가를 붙잡고 일어서기도 하고,
어른의 행동을 흉내 내기도 합니다.

13

생후 9~10개월

이 시기 아기는

271. 생후 9~10개월 아기의 몸

- 혼자 놀 수 있는 시간이 길어진다.
- 어른 행동을 흉내 내기도 한다.
- 이 닦는 습관을 들이기 시작해야 한다.

혼자 놀 수 있는 시간이 길어집니다.

생후 9개월이 지나면 혼자 놀 수 있는 시간이 길어집니다. 그만큼 혼자서 할 수 있는 일이 많아진 셈입니다. 자기 주변의 세계에 대해 더 깊이 인식하게 되어 흥미도 집중됩니다. 장난감을 주면 지루해하지 않고 오래도록 놀 수 있는 것도 이 때문입니다. 장난감뿐만 아니라 재떨이, 화장품 케이스, 숟가락, 밥그릇, 서랍 손잡이, 소켓, 스위치 등 주변에 있는 모든 것을 손으로 만져보고 그것을 가지고 놉니다. 무엇이든지 탐험해 보려는 욕구가 왕성합니다.

오랜 시간 혼자 앉아 있을 수 있게 된 데다 손으로 쥐는 힘도 세지고, 엄지손가락과 집게손가락으로 물건을 집을 수도 있게 됩니다. 오른손으로 잡고 있던 것을 왼손으로 바꾸어 쥘 수도 있습니다. 대부분의 아기가 생후 9개월이 지나면 혼자 앉아서 놀 수 있지만 몸을 움직이는 것은 개인차가 많이 나타나기 시작합니다.

●

발육이 빠른 아기는 무엇인가를 붙잡고 일어설 수 있습니다.

몇 초 동안 양손을 놓고 서 있기도 합니다. 그러나 무엇을 잡고 걷는 아기는 아직 드뭅니다. 그런가 하면 붙잡고 일어서려는 마음이 전혀 없는 아기도 있습니다. 기어서 이동하는 아기도 있고, 앉은 채 손과 발을 이용해 이동하는 아기도 있습니다.

●

어른 행동을 흉내 내기도 합니다.

어른이 하는 행동을 잘 보아두었다가 흉내를 내기도 합니다. 이것은 평소 아기에게 재롱을 부리게 하는지 아닌지에 따라 차이가 있습니다. 할아버지, 할머니가 같이 사는 경우 아기에게 이것저것 열심히 시키면 "없다, 없다, 있다!" 라든지 곤지곤지를 하게 됩니다.

물론 이 시기에 이런 것을 한다고 해서 지능이 빨리 발달하는 것은 아닙니다. 보통은 "빠이빠이"를 할 수 있을 정도로 가르칩니다.

아기는 가르치지 않아도 위험한 장난을 많이 하게 됩니다. 소스병이나 간장 병을 거꾸로 들어서 내용물을 쏟거나, 담배를 입에 넣거나, 세제를 마시거나, 신경안정제를 먹는 등 여러 가지 '창조적'인 사고를 저지릅니다.

●

추락 사고도 많아집니다.

이리저리 움직이는 일이 잦아지다 보니 추락 사고도 그만큼 많아

집니다. 이 시기에 추락사고를 경험하지 않는 아기는 거의 없을 것입니다. 265 아기가 추락했다

이 시기에는 활동적인 아기와 느긋한 아기의 차이가 더욱 두드러집니다. 활동적인 아기는 아침에 눈을 뜨면서부터 밤에 잠들 때까지 잠시도 가만있지 않습니다. 잠이 깨면 침대 난간을 잡고 덜컹덜컹 흔들고, 바닥에 내려놓으면 곧 기어가서 주변에 있는 물건을 잡으려 합니다.

식사할 때도 의자에 가만히 앉아 있지 않습니다. 배가 좀 부르면 의자에서 내려가 놀고 싶어 합니다. 목욕을 시킬 때도 목욕물에 들어가 가만있지 않습니다. 비누와 스펀지를 가지고 놉니다. 목욕이 끝나면 이번에는 옷을 입으려 하지 않습니다. 알몸의 해방감을 느끼며 놀고 싶어 하는 것입니다.

이런 아기는 낮잠 자는 시간이 짧습니다. 그러다 보니 두말할 것도 없이 활동적인 아기가 사고를 더 많이 냅니다. 엄마의 고생도 이만저만이 아닙니다.

반면 느긋한 아기는 낮잠도 푹 자고 놀 때도 혼자 조용히 놉니다. 이런 아기의 엄마는 시간적인 여유가 생기니까 손이 많이 가는 이유식을 만들기도 합니다.

수면 시간도 아기가 활동적이냐 아니냐에 따라 차이가 많이 납니다. 무엇이든지 흥미를 가지고 쉽게 지치지 않는 아기는 노는 것이 재미있으니까 밤에 잠자리에 드는 시간이 늦어집니다.

예전처럼 어른이 일찍 자고 일찍 일어나는 생활 습관이 배어 있

을 때는 아기도 저녁 7시 30분이나 8시에는 재우곤 했습니다. 그러나 대부분의 가정에서 밤늦게까지 텔레비전을 보는 요즘에는 아기도 놀아주는 상대가 있다 보니 쉽게 잠들지 않습니다. 밤 9시가 넘도록 자지 않는 아기도 많아졌습니다.

아기가 활동적이고 아빠가 밤 9시쯤 되어야 귀가하는 경우는 가정의 단란을 위해서 아기를 밤 11시까지 놀게 하는 것도 좋습니다. 이런 아기는 밤 11시에 자서 아침 9시에 일어나는 현대식 수면형을 익히게 됩니다.

아기는 반드시 저녁 7시에 재워야 한다는 생각에 집에 돌아온 아빠도 살금살금 방에 들어오고, 부부 사이에도 나직한 목소리로 이야기하는데도 아기가 한밤중에 잠이 깨어 놀거나 울어서 부모가 힘들어하는 일도 자주 있습니다. 저녁 7시에 잠든 아기가 아침 일찍 일어나 숙면을 방해한다고 아빠가 아기를 야단친다면 무엇 때문에 가정을 꾸렸는지 알 수 없는 일입니다. 일찍 자고 일찍 일어나는 것이 미덕이라는 사고방식은 육아의 현실과 동떨어진 것입니다.

하지만 한밤중에 잠이 깬 아기는 무슨 방법을 써서라도 빨리 재워야 합니다. 모유를 주었을 때 2~3분 내에 잠이 든다면, 30분씩이나 안고 자장가를 불러주는 것보다 모유를 주는 것이 오히려 낫습니다. 기저귀를 갈아주면 30분 정도 칭얼거리며 울지만, 기저귀를 적셔도 갈아주지 않으면 아침까지 계속 잘 경우 아기 엉덩이가 짓무르지 않는 한 그렇게 해도 됩니다. 308 잠재우기 생후 9~10개월 무렵에는 잠들기 전에 소변을 보게 하면 아침 6시까지 소변을 보지 않는 아기가 반 정도 됩니다. 물론 추운 계절에는 자다가 기저귀를 적시는 아기가 많아집니다.

●

이유식에 거의 익숙해져 있습니다.

이 시기의 아기는 분유 외에 이유식에도 거의 익숙해져 있습니다. 무엇을 얼마만큼 먹느냐는 아기마다 다릅니다. 엄마는 아기에게 상당한 적응 능력이 있다는 사실을 알아야 합니다. 아기의 기호와 정면으로 충돌하지 않는 한 아기는 엄마가 주는 것을 얌전히 먹습니다.

어떤 엄마는 육아 책에 적혀 있는 이유식 식단대로 하는 반면, 어떤 엄마는 그것과 아주 다른 요리 잡지의 식단을 따라 합니다. 그래도 대부분의 아기는 잘 적응합니다. 아기가 잘 적응한 것뿐인데 엄마는 육아 책의 이유식 식단이 잘되어 있어서 이유식이 성공했다고 생각합니다. 그리고 자기 아기보다 어린 아기의 엄마에게 "꼭 이 식단대로 하세요"라며 추천합니다.

그러나 이유식 식단에 대해서는 그렇게 까다롭게 생각하지 않아도 됩니다. 셋째 아기일 경우 생후 9개월만 되어도 밥을 주는 엄마가 많습니다. 반찬도 특별히 아기 것을 따로 만들지 않습니다. 어른이 먹는 반찬 중에서 아기가 먹을 만한 것을 줍니다. 이유식 식단대로 하지 않아 나중에 편식을 하게 되지 않을까, 성장이 멈추지 않을까 하는 걱정은 할 필요가 없습니다.

쌀죽이나 생우유 속에 토스트를 잘게 찢어 넣어서 끓인 수프(빵죽)를 주는 엄마도 많습니다. 이것을 두 번 주느냐, 세 번 주느냐는 죽을 먹으려고 하는 아기의 의욕에 따라 다릅니다. 어린이용 밥그릇에 70~80% 정도 담은 죽을 10~15분 만에 간단히 먹어 버린다면 세 번 주어도 됩니다. 그러나 죽을 먹는 데 30분 이상 걸리는데도 이유식을 세 번씩이나 주면 밖에 나가 몸을 단련할 시간이 없습니다.

몸을 단련하기 위해 오전과 오후 각각 적어도 1시간씩, 가능하면 1시간 30분씩 밖으로 데리고 나가는 시간을 먼저 할당해 둡니다. 그리고 나머지 시간에 낮잠과 낮잠 사이에 이유식을 몇 번 줄지를 계산합니다. 이렇게 하면 이 시기에는 쌀죽 한 번, 빵죽 또는 우동을 한 번 정도 주게 될 것입니다.

쌀죽 같은 부드러운 것을 좋아하지 않는 아기에게는 빵죽만 주어도 됩니다. 이것도 싫어하면 밥을 주면 됩니다. 분유를 충분히 주고 있다면 괜찮습니다. 이유식을 먹이는 방법은 여러 가지가 있다는 것에 대해서 앞에서 든 실례272 효과적인 이유식 진행법를 다시 한 번 읽어보기 바랍니다.

이 시기에는 간식도 쌀과자, 카스텔라, 핫케이크, 푸딩 등 다양한 것을 먹습니다. 비스킷을 주면 죽을 먹지 않을까 봐 주지 않는 엄마도 있는데 맛있는 과자를 먹는 것도 인생의 즐거움이므로 주는 것이 좋습니다.274 과자 주기 과일은 대개 그대로 먹는 것을 좋아합니다.

모유를 먹여온 아기에게는 이유식을 두 번 먹인 후 생우유를 주고, 한 번 더 생우유와 과자를 줍니다. 모유는 아침에 일어났을 때와 밤에 자기 전, 그리고 한밤중에 잠이 깼을 때 주는 정도가 좋습니다. 이 시기에는 모유 외에 밥을 조금 먹는 것만으로는 영양이 부족해집니다.

배설에 대해서는 지난달의 항목[260 배설 훈련]을 다시 한 번 읽어보기 바랍니다. 아기가 자립할수록 고집을 부리는 일도 잦아져서, 지금까지 변기에 데려가면 소변을 보던 아기가 몸을 뒤로 젖히며 거부하는 경우도 많습니다.

●

이 닦는 습관을 들여야 합니다.

이 월령의 아기가 걸리기 쉬운 병은 지금껏 열이 난 적이 없는 아기의 경우 돌발성 발진[226 돌발성 발진이다]입니다. 아기가 처음으로 고열이 나면 엄마는 너무 당황해서 육아책에서 읽은 것들을 순간적으로 잊어버리게 됩니다.

의사에게 갔다가 아기가 주사를 맞고 울부짖으면 엄마는 자기의 육아 지식으로는 도저히 안 되겠다고 생각하고는 전적으로 의사에게 의존하게 됩니다. 그리고 의사가 곧바로 "돌발성 발진입니다"라고 말해 주지 않으므로 엄마는 열이 내리지 않는 것만 걱정되어 돌발성 발진이란 병을 생각하지 못합니다.

그런데 실제 병명을 알고 있는 부모와 모르고 있는 부모가 취하는 태도가 돌발성 발진만큼 판이한 병도 없습니다. 이제껏 아기가 고열이 난 적이 없다면 미리 마음의 준비를 해두어야 합니다.

11월 말에서 1월 말까지의 추운 계절에 분유를 토하고 설사를 하면 겨울철 설사280 겨울철 설사이다가 아닌지 의심해봐야 합니다. 피부에 나는 작은 발진인 스트로풀루스는 이 시기에 잘 나타납니다.229 가려운 습진이 있다 이 발진은 열이 나지 않습니다. 일종의 두드러기라고 생각하면 됩니다.

위쪽 앞니 2개가 나기 시작하는 것도 이 무렵일 때가 많습니다. 간식을 먹인 후 기분이 좋아 보일 때 이를 닦아주도록 합니다. 이 때 아기가 부담스러워하지 않도록 가제나 영아용 칫솔을 사용합니다. 아기를 반듯하게 눕혀 엄마 무릎 사이에 머리를 끼우는 자세가 안정되고 안전합니다. 아기에게 이야기를 들려주면서 이를 닦아주어 아기가 무슨 특별한 일을 하는 것이 아니라는 느낌을 갖게 합니다. 이 시기에는 이 숫자가 적어 금방 끝납니다.

칫솔질은 일상적인 습관으로 심어주어야 합니다. 만 3~4세가 되어 충치가 생긴 다음에는 칫솔질을 시키기가 쉽지 않습니다.388 충치 대처 및 예방하기

이 시기 육아법

272. 효과적인 이유식 진행법

● 육아 잡지에 나오는 이유식 식단에 너무 의존하지 말고 아기의 상태에 따라 쉽고 빠른 방법으로 적절하게 대처한다.

이유식 식단대로 먹이기는 쉽지 않습니다.

아기에게 육아 잡지에 나오는 이유식 식단대로 먹이려고 하면 일반 가정에서는 여러 가지 어려움이 많습니다. 이유식 식단에는 아기에게 하루 죽(100~150g) 3회, 생우유 또는 분유 180~200ml를 2회 먹이라고 쓰여 있습니다.

그러나 정오와 오후 6~7시경에 죽을 주는 것은 괜찮지만 오전 8시나 9시에 죽을 주는 것은 쉬운 일이 아닙니다. 대부분의 가정에서는 오전 7시부터 8시경까지 아빠의 출근 준비로 엄마가 무척 바쁩니다. 이때는 죽을 쑤거나 야채를 체에 걸러서 반찬을 만들 겨를이 없습니다.

아빠가 직장에 출근한 후 이유식을 준비하여 오전 10시에 죽과 체에 거른 감자와 된장국을 주는 엄마도 있습니다. 다음 이유식은 오후 2시에 죽과 다진 고기 요리를 줍니다. 그리고 오후 6시에는 죽과 생선 조림을 줍니다. 이렇게 하면 이유식 식단대로 죽을 세 번 줄 수 있습니다. 그러나 이렇게 하다가는 하루종일 부엌에서 일하느라 밖에서 아기 몸을 단련시킬 생각을 하지 못하게 됩니다.

실제로 엄마들에게 물어보면 생후 9~10개월 된 아기에게 죽을 주는 횟수는 하루 두 번인 경우가 가장 많습니다. 분유와 생우유를 싫어해서 이유식을 하루 세 번 먹는 아기는 한 번은 빵죽이나 국수를 적당히 먹이고 죽은 1~2번만 먹이도록 합니다.

●

이유식을 세 번 다 어른과 함께 밥을 먹는 아기도 적지 않습니다.

밥은 첫돌이 되어서 주라는 이유식 식단은 이유식을 생후 7개월 경부터 시작하던 옛날 방식입니다. 요즘처럼 생후 4~5개월부터 이유식을 시작하면 아기는 첫돌이 되기 전에 죽에 질립니다. 아기는 씹는 맛이 있는 밥을 더 먹고 싶어 합니다. 죽을 주어도 먹지 않고 어른이 먹는 밥을 먹고 싶어 합니다. 아빠가 젓가락으로 밥을 조금 집어 먹였기 때문에 그 맛을 알게 된 것입니다.

밥은 첫돌이 지나서 주라는 예전의 이유식 방법은 더 일찍부터 밥을 좋아하는 아기가 많아짐으로써 개선되었습니다.

예를 들면 아기 M(여)의 식사는 다음과 같습니다.

아침 밥 어린이용 밥그릇 1/3공기, 달걀 1개, 생우유 100ml

점심 밥 어린이용 밥그릇 1/3공기와 생선(또는 식빵과 치즈), 생우유 100ml

저녁 밥 어린이용 밥그릇 1/2공기, 생선, 고기, 야채, 과일

그리고 식사 사이에 오후 3시와 저녁 8시 30분에 분유 200ml

이 아기는 밥을 먹게 되면서 밖에서 노는 시간이 1시간 늘었습니다. 그리고 밥을 먹으니까 저녁 식사는 아빠와 같이 식탁에 앉아 먹을 수 있습니다. 가족이 단란한 시간을 갖기에도 매우 좋습니다. 체중은 하루 10g씩 증가합니다.

그러나 모든 아기가 생후 9개월이 되었다고 이만큼 먹을 수 있는 것은 아닙니다. 소식하는 아기는 죽을 밥으로 바꾸어도 많이 먹지 않습니다.

예를 들면 아기 N(남)의 경우는 다음과 같습니다.

아침 생우유 180ml, 비스킷 또는 쌀과자 조금

점심 식빵 1/2쪽, 생우유 180ml

저녁 밥 어린이용 밥그릇 1/3공기, 달걀 1개(생선이나 고기를 좋아하지 않음), 생우유 100ml

그리고 오후 3시 지나서 생우유 100ml와 과일, 밤에 자기 전에 분유 180ml

이 아기는 이 이상 아무리 더 주어도 먹지 않습니다. 그래도 아주 건강합니다. 손을 놓으면 잠시 서 있습니다. 장롱, 벽 등을 잡고 걷기도 합니다. 체중은 하루 5g 정도씩 증가합니다.

일반적으로 체중 증가 속도가 떨어집니다.

아직까지 모유가 잘 나오는 엄마도 있지만 아기가 아침에 일어났을 때와 낮잠 자기 전에만 주는 것이 좋습니다. 이유식을 먹인 후 모유를 주면 아기는 어리광을 부리느라 이유식은 그저 적당히 먹고 엄마 젖에만 매달립니다. 그러면 필요한 영양분을 제대로 섭취하지 못하게 됩니다. 밤에 빨리 재우기 위해 모유를 먹이는 것은 괜찮습니다.

생후 9~10개월 무렵에는 일반적으로 체중 증가 속도가 떨어집니다. 하루 평균 증가량은 5~10g 사이입니다. 이 시기에 하루 15~20g씩 증가하는 것을 그대로 두면 비만아가 될 수 있습니다. 하루에 먹이는 분유의 총량은 1000ml를 넘어서는 안 됩니다. 죽은 어린이용 밥그릇으로 1공기만 주도록 합니다. 대신 떠먹는 요구르트나 사과 등으로 공복감을 달래줍니다.

생후 9개월이 되었다고 해서 지난달과 다른 반찬을 먹일 필요는 없습니다. 달걀, 두부, 감자, 당근, 시금치, 양배추 등을 지난달과 마찬가지로 조리하여 먹이면 됩니다. 양은 늘려도 됩니다.

생선은 꼭 흰살 생선만 먹일 필요는 없습니다. 전갱이, 고등어, 삼치, 가다랑어 등을 먹여도 좋습니다(단, 잔뼈에 주의할 것). 처음에는 조금만 주어보아 두드러기가 나지 않는 것을 확인하고 나서 그다음부터는 도미나 가자미를 주었을 때와 같은 양을 주면 됩니다.

조개류 중에서 굴은 먹어도 좋습니다. 새우와 게도 조금은 주어도 괜찮습니다. 쇠고기, 돼지고기, 닭고기는 아직은 잘게 다져서 주어야 합니다. 연하다고 해서 그대로 먹이면 조금 씹다가 혀로 밀어내는 아기가 많습니다.

●

아주 드물지만 생우유에 과민 반응을 보이는 아기도 있습니다.

태어나서 1개월 동안 모유를 먹이다가 생후 1개월째에 모유가 모자라서 분유를 조금 먹였더니 바로 토하고 녹초가 되어버리는 아기가 있습니다. 그러면 엄마는 깜짝 놀라서 분유를 주지 않습니다. 생후 3개월쯤 되었을 때 다시 분유를 먹여보지만 이전처럼 또 토합니다. 분유는 무서워서 줄 수 없다고 할 정도입니다. 의사가 '생우유 알레르기'라고 하여 분유 대신 두유를 먹는 아기도 있을 것입니다.

이런 아기에게는 이 시기에 다시 분유 먹이기를 시도해 봅니다. 처음에는 아이스크림을 1순가락 먹여봅니다. 아무렇지도 않으면 다음 날 분유를 1순가락 먹입니다. 48시간 내에 설사를 하지 않으면 매일 조금씩 양을 늘려서 1개월 후에는 1회에 200ml의 분유를 먹을 수 있도록 합니다.

이런 요령으로 성공한 예가 많습니다. 평생 생우유 알레르기가 계속되는 아기는 없습니다. 분유를 먹으면 생우유도 먹을 수 있게 됩니다. 엄마는 의사의 금지령을 파기하고라도 조금씩 생우유를 먹여보고, 구토와 설사가 나지 않는 것을 확인하면서 점차 양을 늘려갑니다. 이것은 하루 종일 아기 곁에 있는 엄마만이 할 수 있는 일입니다.

273. 계속 모유를 원하는 아기

● 잠들기 전 또는 잠에서 깼을 때 마음의 안정을 위해 잠깐 먹이는 것은 괜찮지만 그렇지 않은 경우라면 못 먹게 해야 한다.

점점 강경한 조치를 써서 모유를 끊어야 합니다.

모유가 아직 많이 나오는 엄마라도 낮에는 낮잠 자기 전에 먹이는 것 외에는 점차 끊는 것이 좋다고 지난달 항목에서 이야기했습니다. 그렇게 하려고 마음먹고 노력했지만 아기가 생후 9개월이 되어도 아직까지 낮에 주는 모유를 끊지 못한 경우가 있을 것입니다.

이유식을 하루 세 번씩 먹이고 모유도 이유식을 준 다음 하루 2회 먹이는데 굳이 억지로 모유를 끊어야 할까요? 아기가 이유식을 많이 먹는다면 모유를 계속 주어도 됩니다. 하지만 모유를 먹고 싶어서 이유식을 먹다가 중간에 내던지거나 더 이상 먹지 않으려고 하면 모유를 끊어야 합니다.

낮에만 모유를 끊는 것이 어렵다면 밤에 먹이는 모유도 모두 끊어야 합니다. 젖꼭지에 반창고를 붙이고 "아이 아파, 아이 아파!" 하면서 아파서 더 이상 젖을 줄 수 없다고 아기에게 말합니다. 옛날

식으로 엄마 젖꼭지에 매우 쓴 한약을 바르는 것도 좋습니다. 때와 장소를 가리지 않고 모유를 먹고 싶어 하는 아기에게는 이런 강경 조치가 필요합니다.

감수자 주

젖떼기를 한순간에 해결하려고 해서는 곤란하다. 며칠 또는 몇 주에 걸쳐 서서히 떼는 것이 좋다. 우리 아이가 생후 몇 개월 되었으니까 젖을 떼어야 한다는 식으로 무리하게 적용하는 것은 바람직하지 않다.

●

잠들기 전 또는 잠에서 깼을 때 잠깐 먹이는 것은 괜찮습니다.

크면서 어리광을 배운 아기는 언제까지나 엄마 젖에 매달려 이유식을 먹지 않으려 합니다. 그렇지 않고 낮에는 낮잠 자기 전에만, 밤에는 잠자기 전과 한밤중에 깼을 때만 모유를 먹는 아기는 이유식을 잘 먹고 있다면 굳이 모유를 끊지 않아도 됩니다.

엄마가 낮에 직장에 나가 밤에만 엄마 곁에서 모유를 먹으며 자고, 한밤중에 깨서 1~2번 모유를 먹는 아기는 계속 먹이는 것이 좋습니다. 이 아기는 엄마와 같이 있는 시간이 짧기 때문에 그 시간 동안이라도 마음껏 엄마의 사랑을 느끼게 해주는 것이 좋습니다.

274. 과자 주기

● 일정한 시간을 정해 과자를 준다. 먹고 난 다음에는 칫솔질 연습을 시킨다.

비만형 아기가 아니라면 일정한 시간에 과자를 줍니다.

과자는 아기에게 생활의 기쁨입니다. 이가 어느 정도 나야 먹을 수 있는 음식이 많지만 생후 9개월 된 아기는 단단한 쌀과자와 사탕 외에는 대부분의 과자를 먹을 수 있습니다. 아기가 삶의 기쁨 중 하나를 맛볼 수 있도록 가능하면 맛있는 과자를 주는 것이 좋습니다.

카스텔라, 케이크, 푸딩, 쿠키, 크래커, 쌀과자 등은 대부분의 아기가 잘 먹습니다. 하지만 할아버지, 할머니가 아기를 너무 미식가로 만들어버리면 서민적인 음식은 먹지 않게 됩니다.

과자를 집어서 입에다 넣는 것을 배운 아기 앞에서 아빠가 땅콩을 집어먹으면서 맥주를 마셔서는 안 됩니다. 아기가 질식하는 가장 많은 원인은 땅콩이 목구멍을 막는 것입니다.

과자를 주는 시간은 일정하게 정해 놓는 것이 바람직합니다. 점심 식사와 저녁 식사 사이에 생우유나 분유를 먹이는 엄마가 많은데, 이때 과자를 같이 줍니다. 단, 체중이 너무 늘어난 비만형 아기(생후 9개월에 10kg 이상)에게는 많이 주면 안 됩니다. 이런 아기에게는 집에서 만든 달지 않은 젤리, 떠먹는 요구르트, 과일(칼로리가 많은 바나나는 제외)을 줍니다.

과자를 먹인 뒤에는 보리차를 주어 이에 묻은 것을 씻어냅니다. 아기가 기분이 좋으면 "이를 깨끗이 닦자!" 하면서 칫솔질 연습을 시킵니다. 칫솔에 익숙해지도록 하는 것이 목적이므로 하루 한 번, 기분 좋을 때 하면 됩니다. 밤에 자기 전에는 졸려서 짜증스러워하기 때문에 시키지 않는 것이 좋습니다.

275. 배설 훈련

● 시간이 지날수록 스스로 소변을 보고 싶다는 의사 표시를 한다. 따라서 기저귀를 적셨다고 체벌을 해서는 절대 안 된다.

기저귀를 적셨다고 체벌해서는 절대 안 됩니다.

생후 9~10개월 된 아기가 기저귀를 하루에 2장밖에 더럽히지 않는 것은 매우 드문 일입니다. 하지만 여름철에 1시간마다 소변을 보는 아기에게는 가능한 일입니다. 이런 아기는 엄마가 자명종처럼 정확히 1시간마다 소변을 보게 하면 하루에 1~2번만 기저귀를 갈아주면 됩니다.

하지만 기온이 내려가면 이런 아기도 소변 보는 횟수가 많아져 1시간마다 소변을 보게 해도 기저귀를 적시는 일이 늘어납니다. 이럴 때 30분마다 소변을 보게 하는 엄마도 더러 있는데 그러면 아기가 싫어합니다. 아기는 엄마가 기저귀를 벗기려고 하면 저항합니다.

지금까지 기저귀를 적시지 않던 아기가 날씨가 추워졌을 때 기저귀를 적셨다고 해도 절대 체벌을 해서는 안 됩니다. 벌을 주면 오히려 오줌을 더 많이 싸게 됩니다. 기저귀를 적시게 하지 않겠다고 고집스럽게 마음먹을 필요는 없습니다. 그렇게까지 해서 소변을 보게 해도 이 시기의 아기는 소변 가리는 것을 배우지 못하기 때문입니다. 신경을 너무 곤두세워 소변을 보게 하면 아기도 긴장해서 오히려 소변 보는 간격이 더 짧아집니다.

기저귀 빼는 일쯤이야 아무것도 아니라는 마음으로 1시간 30분이나 2시간마다 기저귀를 살펴보아 젖지 않았으면 그때 변기에 앉히도록 합니다. 이렇게 하더라도 시간이 지나면 아기는 소변을 보고 싶다는 의사 표시를 하게 됩니다.

소변은 기저귀에 보지만 대변은 변기에 보는 아기는 대변이 단단한 경우입니다. 하지만 대부분 이 시기의 아기들은 아직도 기저귀에 대변을 봅니다.

생후 9개월 전후의 아기 엄마가 대소변 가리기 때문에 가장 초조해지는 것은, 같은 월령의 이웃 아기가 하루에 한 번밖에 기저귀를 더럽히지 않는다는 말을 듣는 경우입니다. 하지만 배설에도 아기마다 차이가 있기 때문에 결코 초조해할 필요가 없습니다. 가르치는 요령이 서툴러서 변기에 배설하지 않는 것이 아닙니다. 아기가 변기를 싫어 하거나 소변 보는 간격이 짧거나 둘 중 하나일 뿐입니다.

276. 아기 몸 단련시키기

● 아기가 걷고 싶어 하는 시기로 집 안에서도, 집 밖에서도 충분히 걸어 다니며 놀 수 있도록 해준다.

이 시기가 되면 아기는 걷고 싶어 합니다.

아기가 걸을 수 있도록 도와주는 것이 이 시기의 신체 단련입니다. 지난달 항목261 아기 몸 단련시키기에서 이야기한 내용을 다시 한 번 읽어 보기 바랍니다.

방 안을 치우고, 아기가 큰 골판지 상자를 밀면서 걸어 다닐 수 있게 해줍니다. 지난달부터 골판지 상자를 밀고 다녔으면 상자 안에 방석 같은 것을 넣어 좀 더 무겁게 해줍니다. 상자가 너무 가벼우면 체중을 싣고 밀기가 어렵습니다.

보행기는 그 안에 아기를 앉히는 것도 위험하고, 바깥에서 밀면서 걸음마 연습을 시키는 것도 너무 가벼워서 적합하지 않습니다. 걸음마 보조기가 다양하게 나와 있는데 미끄럽지 않고 무게가 있는 것을 택해야 안전합니다.

고층 아파트 베란다에 사용하지 않는 골판지 상자를 내놓아서는 안 됩니다. 모르는 사이에 아기가 상자 위에 올라가 난간에서 몸을 내밀다가 떨어지는 일도 있습니다.

●

날씨가 좋은 날에는 하루 3시간 정도 밖에서 놀게 합니다.

아기는 이제 줄을 잡을 줄 알기 때문에 그네 타는 것을 좋아합니다. 그래도 엄마가 곁에 있어주어야 합니다. 집 정원에 그네를 설치할 때는 바닥에 깔개나 모래를 두껍게 깔아야 합니다. 미끄럼틀도 아기가 좋아하는 놀이 기구입니다.

아직 혼자서 제대로 일어서지 못하는 아기에게는 지난달 항목 261 아기 몸 단련시키기에서 언급했던 고리를 잡고 일어서는 연습을 시킵니다. 이 운동은 하루에 2회 정도, 1회에 5~6분씩 하면 됩니다. 체중이 많이 나가서 일어서지 못하는 아기에게 무리하게 이 운동을 시키는 것은 좋지 않습니다.

날씨가 좋은 날에는 하루 3시간 정도 밖에서 놀게 해줍니다. 유모차에 태워서 동네를 한 바퀴 도는 것뿐 아니라, 아기를 땅에 내려놓아 놀게 합니다. 이때 신발 대신 두꺼운 외출용 양말을 신겨줍니다. 잔디가 깔려 있고 아기용 미끄럼틀이나 그네가 설치된 아기 전용 놀이터가 있다면 좋겠습니다.

아파트 3층 이상에서 사는 경우 아기를 밖으로 데리고 나갈 때 손을 잡고 계단을 걸어 내려가서는 안 됩니다. 그러면 정작 집 밖에 나가 땅에서 놀게 할 때 피곤해서 걸으려고 하지 않습니다. 또 집에 돌아올 때도 잘 걷지 않으려고 합니다. 그래서 밖에 나가는 걸 꺼리게 될 수도 있습니다.

여름에는 기저귀나 속바지 정도만 입혀서 거의 벗긴 채로 바깥 공기를 쐬어줍니다. 바닷가라면 물이 깨끗한 곳에서 해수욕을 시켜도 됩니다. 단, 피부를 많이 태워 피부염을 일으키지 않도록 주의해야 합니다. 땀을 많이 흘리는 아기는 땀띠가 나지 않도록 잘 살펴보아야 합니다.

환경에 따른 육아 포인트

277. 이 시기 주의해야 할 돌발 사고

● 조금만 방심하면 사소한 부주의가 큰 사고를 일으킬 수 있는 때이다.

베이비서클 설치를 생각하게 됩니다.

지난달에 비해 아기가 더욱 활발해집니다. 그만큼 사고 위험도 높아집니다. 추락 사고를 예방하고 모서리에 머리를 부딪히지 않도록 하기 위해서는 지난달 항목262 이 시기 주의해야 할 돌발사고을 다시 한 번 읽어보기 바랍니다.

문이 열려 있어 밖으로 기어 나가다가 계단에서 떨어질 뻔하거나 딱딱한 바닥으로 떨어지기라도 하면 베이비서클(혼자 일어서기 시작한 아기를 안전하게 놀게 하기 위한 조립식 울타리)을 만들어야겠다는 생각이 듭니다. 기성품 베이비서클을 임대해 사용할 수 있다면 좋은데 대도시가 아니면 어려울 것입니다.

베이비서클을 만들 경우에는 적어도 크기가 1평 정도는 되어야 안에서 아기가 놀 수 있습니다. 아기를 그 안에 넣어두고 혼자 놀게 하고 엄마는 옆에서 일을 할 수 있으면 좋겠지만 실제로는 좀처럼 그렇게 되지 않습니다. 그 안에서 얌전히 노는 아기도 있지만 활발한 아기는 그 안에 혼자 있는 것을 싫어합니다. 베이비서클을 붙잡고 울면서 엄마에게 떼를 씁니다. 1~2일 울게 내버려두어 그 안에서 혼자 노는 것에 익숙해지도록 할 수도 있지만 대부분의 엄마는 손을 들고 맙니다.

이것은 당연한 일입니다. 생후 9개월이 지난 아기는 같이 놀 친구를 원합니다. 외로움을 견디지 못하는 것입니다. 아기와 산책 중에 다른 아이를 만났을 때 아기가 어른을 대하는 것과는 다른 호의와 관심을 보이는 것을 알 수 있습니다.

모처럼 만든 베이비서클에 아기가 익숙해지지 않더라도 탓할 필요는 없습니다. 또 베이비서클을 설치하면 어른의 움직임에 방해가 될 정도로 비좁은 집에서는 굳이 설치할 필요가 없습니다.

●

사소한 부주의로 사고가 많이 생깁니다.

과자에 경품으로 들어 있던 고무풍선이 목에 걸려 질식한 아기가 있습니다. 과자의 경품을 함부로 아기에게 주어서는 안 됩니다. 또 그러한 경품은 안전성 관리가 소홀한 경우가 많습니다.

세탁기 안으로 떨어져 물에 빠지는 아기도 가끔 있습니다. 그러므로 세탁기를 아기가 기어 다니는 공간에 바싹 붙여놓아서는 안 됩니다.

아기가 힘도 세지기 때문에 가스스토브를 사용할 때는 가스 호스에 아기 손이 닿지 않도록 해야 합니다. 가스 호스를 뽑아내면 불이 나거나 가스 중독을 일으킬 수 있습니다. 다리미, 토스터, 주전자, 커피포트 등 실내에서 쓰는 뜨거운 기구도 아기가 만질 수 없는 곳에 두어야 합니다.

아기는 이제 방 안에서 자유자재로 이동하기 때문에 여러 가지 물건을 주워서 입에 넣습니다. 동전, 담배, 수면제, 할머니의 염색약 등은 특히 주의해야 합니다.

278. 형제자매

● 유치원에 다니는 큰아이로부터 병이 전염되지 않도록 주의해야 한다.

유치원에 다니는 큰아이가 옮아 온 병에 아기가 전염되지 않도록 주의해야 합니다.

큰아이가 홍역에 감염되었다면 홍역이 유행하고 있다는 것을 의미합니다. 이때는 아기에게 예방접종을 앞당겨 실시하는 것이 바람직합니다.

감수자 주

홍역은 일단 걸리면 치료 방법이 없기 때문에 큰아이가 홍역을 앓고 있다면 격리해야 한다. 감마글로불린 주사로 홍역을 가볍게 앓고 지나가게 하는 방법도 있지만, 감마글로불린은 다른 사람의 혈액에서 얻은 면역 물질로 주사 효과는 인정되지만 아직 어떤 문제를 일으킬지 알 수 없다. 많이 개선되었으나 에이즈나 간염도 혈액제를 통해 전파되었던 과거의 경우를 볼 때 혈액제 주사는 더욱 신중해야 한다.

큰아이가 수두에 걸렸을 때 아기에게 전염되지 않도록 하기는 매우 어렵습니다. 큰아이가 수두에 걸린 것을 알았을 때는 이미 아기에게 감염되고 난 뒤이기 때문입니다. 큰아이에게 수두로 인한 발진이 보인 날로부터 2주가 지나면 아기에게도 발진이 생기기 시작할 것이라고 생각해야 합니다. 수두는 아기의 경우에는 가볍게 앓고 지나가므로 위험한 병이 아닙니다.

볼거리는 이 시기의 아기에게 감염될 수도 있고 그냥 지나칠 수도 있습니다. 생후 10개월 안팎의 아기는 걸려도 증세가 매우 가벼워 겉으로는 알아보기 어렵습니다. 그러므로 이 월령의 아기는 큰아이가 볼거리에 걸렸더라도 격리시키지 않아도 됩니다.

큰아이가 백일해 예방주사를 맞지 않아서 백일해에 걸렸을 때는 되도록 격리하는 것이 좋습니다. 아기가 백일해 예방주사를 맞았을 때는 감염되어도 가볍게 끝납니다. 아기에게 예방접종을 하지 않았다면 바로 항생제를 먹여야 합니다.

큰아이가 이질이나 성홍열 같은 병에 걸렸을 때는 즉시 입원시키고 아기도 보건소나 병원에서 보균 검사를 받아야 합니다. 이질균이 있다면 아기도 입원시켜 치료를 받게 됩니다. 성홍열인 경우에는 용련균이 발견되면 페니실린 요법을 처방받게 됩니다. 큰아이가 풍진인 경우에는 격리하지 않아도 됩니다. 옮아도 증상이 가볍습니다.

●

큰아이가 유행성 결막염, 구내염, 수족구병, 감기일 때는 격리해야 합니니

다.

큰아이가 유행성 결막염에 걸렸을 때는 철저히 격리해야 합니다. 여닫이문이나 미닫이문의 손잡이에도 균이 묻어 있을 수 있으므로 아기가 손대지 못하게 해야 합니다. 세숫대야와 수건도 따로 쓰도록 합니다.

초여름에 큰아이가 열이 나서 구내염이나 수족구병이라고 진단받으면 아기에게 전염될 가능성이 매우 높기 때문에 격리해야 합니다. 가장 흔한 것은 큰아이의 감기가 아기에게 전염되는 것입니다. 방을 따로 쓰면 가장 좋지만 현실적으로는 그렇게 하기가 어렵습니다.

반대로 아기가 큰아이에게 옮길 수 있는 병은 거의 없습니다. 일반적으로 겨울철 설사는 만 3세 이상의 아이에게는 전염되지 않습니다.

●

장난감. 263·294 장난감 참고

279. 계절에 따른 육아 포인트 

● 여름철 아기를 데리고 수영장에 가는 것은 금물이다.

● 추운 계절에는 날씨가 좋은 날을 택해 바깥 공기를 충분히 쐬어주어야 밤에 잘 잔다.

날씨가 추워지면 변기에 소변을 보려 하지 않습니다.

겨울과 여름에 입는 옷차림이 매우 다른데 아기가 무언가를 잡고 일어설 수 있느냐 없느냐는 옷의 무게와 다리의 노출 여부에 따라서도 많은 차이가 납니다. 어떤 아기가 생후 10개월경에 무언가를 붙잡고 걸었다고 해도 그 시기가 여름이고 내 아기의 10개월째가 겨울이라면 내 아기가 좀 늦더라도 걱정할 필요 없습니다.

배설도 마찬가지입니다. 따뜻한 계절에는 아기를 변기에 데려가면 아무 저항 없이 소변을 봅니다. 그러나 추운 계절에는 기저귀를 벗기는 것도 싫어하고 변기에 데려가도 소변을 보지 않습니다. 생후 8개월 때까지는 순순히 소변을 가리던 아기도 9개월이 지날 무렵 날씨가 추워지면 더 이상 변기에 소변을 보려 하지 않습니다. 그러면 엄마는 잘하던 아기가 말을 듣지 않는다고 화를 내며 억지로 시키게 됩니다. 그러나 이것은 바람직하지 않습니다. 효과가 없기 때문입니다.

●

10월 말경부터 밤에 우는 아기가 있습니다.

밤에 울지 않던 아기가 10월 말경부터 다시 울기 시작하는 경우도 적지 않습니다. 다리 힘이 세져서 침대를 발로 차다가 난간에 머리를 부딪혀 우는 수도 있지만, 바깥 공기가 차가워지면서 밖에서 활동하는 시간이 모자라 운동 부족으로 잘 자지 못하고 울기도 합니다.

●

여름에 아기를 수영장에 데려가지 않습니다.

더운 여름에 이웃집 아이가 비닐 풀장에서 즐겁게 놀고 있다 해도 생후 10개월밖에 안 된 아기를 혼자 비닐 풀장에서 놀게 하면 안 됩니다. 넘어지면 혼자 일어서지 못하기 때문입니다. 자기 집에 수영장이 있는 특별한 경우라면 몰라도 일반 수영장에 아기를 데려가는 것도 좋지 않습니다. 추운 계절에는 난방 시설로 인한 사고가 나지 않도록 주의해야 합니다. 아기가 힘이 많이 세져서 예상치 못한 물건을 움직이거나 뽑아내기도 합니다. 이 월령의 계절병으로는 초여름이면 구내염, 수족구병250 초여름에 열이 난다_구내염·수족구병, 가을이면 천식251 천식이다, 겨울이면 겨울철 설사280 겨울철 설사이다가 있습니다. 여름철 음식에 대해서는 지난달 항목264 계절에 따른 육아 포인트에서 이야기한 것을 다시 한 번 읽어보기 바랍니다.

엄마를 놀라게 하는 일

280. 겨울철 설사이다 

● 매년 11월 말부터 다음 해 1월 말까지 생후 9개월에서 1년 6개월까지의 아기들에게 많이 나타난다.

매년 11월 말부터 다음 해 1월 말 사이에 많이 발생합니다.

매년 11월 말부터 다음 해 1월 말까지 소아과 대기실은 구토와 설사 때문에 녹초가 된 아기들로 북적거립니다. 주로 생후 9개월에서 1년 6개월까지의 아기들입니다.

아기들은 대부분 틀에 박힌 증세를 보입니다. 특별히 상한 음식을 먹지도 않았는데 갑자기 토합니다. 그 후부터는 이유식을 주어도, 분유를 주어도, 끓여서 식힌 물을 주어도 2~3분 내에 다 토해 버립니다. 곧이어 설사를 합니다. 물 같은 변을 보는데 기저귀 밑으로 흘러 양말까지 더럽힙니다. 이런 설사를 하루 5~6번에서 많게는 12~13번까지 합니다. 아기는 구토와 설사로 녹초가 되어버립니다. 체온을 재보면 37~38℃의 열이 있습니다.

●

병원에서 소아 가성 콜레라라고 말합니다.

기침을 한다거나 코가 막힌다거나 재채기를 하는 등의 감기 증세는 거의 없고, 있어도 아주 미미합니다. 배가 아파서인지 잘 울고, 엄마에게 안기고 싶어 합니다. 생후 1년 6개월쯤 되면 복통을 호소하는 아기도 있습니다.

구토는 하루 만에 그치는 아기가 많지만 다음 날 오후까지 계속되는 아기도 있습니다. 3일 이상 계속 토하는 아기는 드뭅니다. 대부분 발병한 다음 날 오후부터 구토는 멈춥니다.

그러나 설사는 좀처럼 멈추지 않습니다. 처음에 났던 열이 내려도 3~4일은 물 같은 희끄무레한 레몬색 변이 계속 나옵니다. 시간이 지나서 수분이 기저귀에 흡수되면 비교적 균질하게 굳어진 형체를 이룹니다. 점액만으로 된 변은 없습니다. 1주 동안 설사가 계속되어 변이 굳어지지 않는 경우도 있습니다. 전에 설사를 한 적이 없는 아기가 처음으로 설사를 하니 엄마도 할머니도 제정신이 아닙니다.

첫날의 구토와 설사로 아기가 완전히 녹초가 되어버리면 부모의 걱정은 이만저만이 아닙니다. 즉시 의사에게 달려가게 됩니다. 그런데 의사는 가뜩이나 겁먹은 부모를 또다시 놀라게 합니다. "소아가성(假性) 콜레라입니다"라고 말해 줍니다.

어린이 질병에는 여러 가지가 있지만 이 병명만큼 끔찍한 이름도 없습니다. 콜레라는 흔히 동남아시아 여행자들이 걸려 오는 병으로 한 명이라도 환자가 발생하면 전국적인 뉴스거리가 되는 병입니다. 텔레비전에서 1년에 한 번 정도 이 무시무시한 병명을 듣게 되므로 엄마의 머릿속에는 '콜레라는 무서운 병'이라는 이미지가 각인되어 있습니다. 비록 가성이라 해도 콜레라란 말을 들으면 낙담하게 됩니다.

●

구토와 설사는 로타바이러스로 인해 감염됩니다.

이것은 콜레라 비브리오와는 아무런 관계가 없습니다. 첫날에는 구토와 설사를 해서 놀라지만 탈수 상태가 되지 않게 해주면 틀림없이 낫습니다.

로타바이러스로 인해 사망하는 일은 없습니다. 도리어 구토와 설사에 놀란 엄마가 아기에게 아무것도 주지 않아 탈수로 기운이 빠지는 것입니다. 탈수되지 않도록 수분을 충분히 섭취시켜 주기만 하면 됩니다.

토하는 아이에게는 음식을 먹이지 않아야 한다는 의사들의 오래된 편견을 깨뜨린 사람은 WHO가 개발도상국에 파견한 헌신적인 젊은 의사들이었습니다. 개발도상국에서는 영아가 구토와 설사를 일으키는 전염병으로 사망하는 경우가 아주 많았습니다. 그래서 구토와 설사를 하면 바로 입원시켜 절식시키고 링거 주사를 놓는 것이 선진국 의사들의 상식이었습니다.

그러나 개발도상국에는 병원 수도 적고 링거 설비도 부족했습니다. 그래서 젊은 의사들은 엄마에게 아기가 구토와 설사를 해도 상관하지 말고 수분과 모유를 조금씩 숟가락으로 계속 먹이도록 했습니다. 엄마는 아기가 구토를 해도 틈틈이 때맞추어 모유와 물을 먹였습니다. 설사와 구토로 수분이 빠질 대로 빠진 아기는 목이 말라 모유와 물을 열심히 먹었습니다.

구토와 설사에는 절식과 링거 주사가 제일이라는 편견을 없애버린 것은 20세기의 대발견이었습니다. 하지만 유감스럽게도 이 발견은 아직까지도 의사들 사이에 상식화되어 있지 않습니다.

●

로타바이러스에 대한 치료는 시작이 중요합니다.

최초의 4시간이 성패를 판가름합니다. 아장아장 걷는 아기가 추운 계절에 이 병에 걸릴 수 있다는 것을 알아야 합니다.

전해질 비율이 조절된 포카리스웨트나 게토레이 같은 스포츠 음료를 구토와 설사가 시작되면 숟가락으로 한 모금씩 먹입니다. 4시간 동안 체중의 5%에 해당하는 양(체중이 8kg이면 400ml)을 먹이면 됩니다. 모유를 먹고 싶어 하면 모유도 먹입니다. 처음에는 토하지만 계속 틈틈이 먹이면 대개 좋아집니다.

장에서 손실되는 전해질(칼륨, 나트륨, 염소 등)을 검사하여 어떤 성분의 물이 좋은지를 연구한 결과 오늘날 스포츠 음료에 사용되는 성분을 찾아냈습니다. 이것을 먹였더니 선진국의 병원에서 치료하는 것보다 더 빨리 치유된다는 사실이 밝혀졌습니다.

구토가 심하고, 설사도 계속되며, 아기의 혀가 바짝 마르고 피부에 탄력이 없고 주름이 생긴 상태라면 수분보충이 실패하여 탈수가 시작된 것이므로 입원시켜서 링거 주사를 맞혀야 합니다. 병원에서는 아기 옆에 꼬박 붙어서 때맞추어 스포츠 음료를 먹일 수가 없습니다. 따라서 링거 치료만으로 2~3일을 보내게 됩니다. 집에서 엄마가 돌보는 경우, 특히 모유가 나올 때는 아기가 먹는 모습으로 식욕을 알 수 있으므로 2일째부터 미음을 먹일 수 있습니다. 저녁에는 죽이나 국수도 먹게 됩니다. 기운이 나기 시작해도 변은 아직 무릅니다. 변이 물러도 아기가 먹고 싶어 하면 두부, 스크램블드에그, 흰살생선을 섞어 먹입니다. 집에서 치료하면 1주에서 10일 사이에 회복됩니다.

●

기운이 좋은 아기는 설사를 해도 가만히 누워 있지 않습니다.

이런 아기를 억지로 눕혀놓을 필요는 없습니다. 단, 다른 아기와 함께 노는 것은 피합니다. 식욕이 생기면 우선 부풀린 쌀과자나 계란과자를 주어도 좋습니다. 그리고 변보다 아기를 잘 살펴보아야 합니다. 아기의 기운이 돌아왔는데도 변에만 신경 쓰며 계속 모유나 묽은 분유만 준다면 설사는 낫지 않습니다. 평소에 먹던 이유식을 주어야 낫습니다. 엄마는 기저귀를 만진 뒤에는 비누로 손을 깨끗이 씻어야 합니다.

바이러스에 의한 병인 겨울철 설사는 봄이나 여름에는 발병하지 않습니다. 생후 9개월 된 아기가 봄이나 여름에 설사를 한다면 지난달 항목267 설사를 한다을 다시 읽어보기 바랍니다.

281. 고열이 난다

- 먼저 아기 주변을 살펴 고열의 원인을 찾아본다.
- 숨소리가 비정상적으로 가쁘고 기분이 좋지 않으면 곧바로 병원에 간다.

갑자기 고열이 난다면 우선 아기의 주변을 잘 살펴봅니다.

열의 원인으로는 감기가 가장 많고, 감기는 바이러스가 원인으로 주변에서 감염되는 병입니다. 아기의 감기는 열만 나는 증세가 많습니다. 원인이 되는 바이러스는 수십 가지가 있습니다. 예전에는 세균 감염으로 열이 나는 일이 있었지만 지금은 거의 없습니다. 폐렴268 폐렴에 걸렸다이나 뇌수막염은 세균에 의해 생기지만 열만 나는 일은 없습니다. 예전에는 비타민 A가 부족해서 폐렴구균이나 뇌수막염균에 감염되었지만 요즘에는 비타민 A 부족은 없어졌다고 할 수 있습니다. 그러나 분유도 싫어하고 달걀 노른자도 먹지 않아 지방이 부족한 아기는 비타민 A가 부족할 수 있습니다. 이런 아기는 감기에 걸렸을 때 환자가 많은 병원 대기실에 데리고 가지 말아야 합니다.

●

처음 고열이 난다면 돌발성 발진일 수 있습니다.

지금까지 한 번도 고열이 난 적이 없는 아기가 38℃가 넘는 열이 나는데도 콧물이나 재채기 등 전혀 감기 증세가 없을 때는 돌발성 발진226 돌발성 발진이다일 수 있습니다. 특히 2일이 지나도 열이 내리지 않고 밤에 아기가 찡찡거리며 몇 번이나 잠이 깰 때는 그럴 가능성이 높습니다. 생후 6~7개월에 돌발성 발진을 앓은 아기가 이 월령에 38℃의 열이 날 경우, 계절이 초여름이면 구내염(헤르팡지나)일 수 있습니다. 아기가 울 때 목구멍을 잘 들여다보고, 목젖 아랫부분에 수포 같은 것이나 붉은 상처가 있으면 틀림없이 구내염입니다. 250 초

여름에 열이 난다_구내염·수족구병

큰아이가 10일 전쯤 홍역을 앓았다면 이제 아기에게 잠복기가 끝나서 홍역이 나타나는 것으로 보아야 합니다. 주변에 홍역이 유행할 때는 생후 9개월 된 아기도 다른 아이와 접촉하면 홍역에 걸릴 가능성이 있습니다.

이 외에 고열이 나는 병으로는 무균성 뇌수막염도 있지만 매우 드문 병입니다. 나머지는 몸을 차게 자서 감기, 배탈에 걸린 것이거나 편도선염 또는 앙기나(angina)라는 급성 편도선염인 바이러스성 병뿐입니다. 고열과 함께 경련을 일으켜 놀라기도 하지만 이 시기에는 고열이 나더라도 걱정할 만한 무서운 병은 없습니다. 그러나 아기의 표정이 좋지 않고, 숨소리도 비정상적으로 가쁘면, 숨을 쉴 때마다 가슴이 쑥 들어간다면 즉시 의사에게 데리고 가야 합니다. 이것은 아기에게 심한 호흡곤란이 있는 것이기 때문입니다.

282. 귀 뒤에 멍울이 생겼다

● 림프절이 부은 것으로 머리에 땀띠가 생겨 긁은 것이 원인이다.

림프절이 부은 것입니다.

아빠가 아기를 목욕시킬 때 귀 뒤쪽에서 목덜미에 걸쳐(한쪽에만 생길 수도 있고 양쪽에 생길 수도 있음) 팥알만 한 크기의 멍울을 발견하는 일이 있습니다. 그러면 "이거 좀 이상한데. 내일 병원에 데리고 가봐"라고 엄마에게 말합니다. 눌러봐도 아파하는 것 같지는 않습니다.

이것은 누구에게나 다 있는 림프절이 부은 것입니다. 특히 여름에 많이 발생하는 이유는 머리에 땀띠가 생겨 가려워 긁기 때문입니다. 손톱 밑에 숨어 있던 세균이 아기가 긁는 바람에 상처 난 피부에 침입한 것을 림프절이 막고 있는 것입니다. 다시 말해 림프절이 세균이 더 이상 침입하지 못하도록 반응을 일으켜 부은 것입니다. 이 멍울이 곪아서 터지는 일은 없습니다. 어느새 저절로 흡수됩니다.

물론 상당히 오랫동안 멍울이 남아 있는 경우도 있습니다. 그러나 그냥 두어도 괜찮습니다. 곪을 때는 처음부터 주위가 붉어지고 누르면 아파합니다. 그러나 다행히도 이런 일은 거의 없습니다.

예방하려면 여름에 땀띠가 잘 나는 아기에게는 얼음베개를 베어주고, 부지런히 베개 커버를 갈아주고, 손톱도 자주 깎아주어야 합니다. 아기가 귀 뒤에 생긴 멍울을 아파하지는 않지만 점점 커지고 그 수도 늘어난다면 의사에게 데리고 가야 합니다.

283. 자꾸 짜증을 낸다

● 자기 주장이 생긴 것으로 병이 아니며, 되도록 아기와 충돌할 기회를 만들지 않는 것이 좋다.

자기 주장이 강한 아기입니다.

아빠가 두고 간 라이터를 아기가 가지고 노는 것을 보고 엄마가 황급하게 빼앗으려 하면 꽉 잡고 쉽게 놓지 않습니다. 손을 억지로 펴서 빼앗으려고 하면 쇳소리를 내면서 웁니다. 그전 같으면 엄마가 하는 대로 가만있었을 텐데 의외로 저항을 합니다. 할머니는 아기가 짜증을 낸다고 할 것입니다.

이것은 특별한 병이 생긴 것이 아닙니다. 아기가 성장하여 그만큼 자기 주장을 할 수 있게 된 것뿐입니다. 물론 자기 주장이 강한 아기와 그렇지 않은 아기가 있습니다. 짜증을 잘 내는 아기는 자기 주장이 강한 아기입니다. 이것은 어느 정도 타고난 성품입니다.

●

되도록 충돌할 기회를 만들지 않도록 합니다.

자기 주장이 강한 아기는 확실히 키우기가 어렵습니다. 부모가 하고자 하는 일에 동조하지 않는 일이 많기 때문입니다. 그러다 보니 일상생활에서 충돌하는 일이 많아집니다.

그때마다 아기는 괴성을 질러 부모가 양보하도록 떼를 씁니다. 특히 아침에 일어난 지 얼마 되지 않았을 때와 졸릴 때는 더욱 짜증을 내며 부모가 시키는 대로 하지 않습니다.

교육을 잘못시켜서 짜증을 잘 내게 되었다는 생각은 옳지 않습니다. 그러나 짜증을 잘 내는 아기에게는 그에 따른 대책을 세워야 합니다. 되도록 충돌할 기회를 만들지 않도록 합니다.

아기가 라이터를 가지고 잘 놀고 있는데 엄마가 정색을 하고 빼앗으려고 하니까 반항하는 것입니다. 태연한 얼굴로 아기에게 무언가 다른 것(이를테면 과자)을 주어서 라이터를 자연스럽게 내놓게 하거나, 밖으로 데리고 나가서 딴 데 정신이 팔린 틈에 시치미를 떼고 빼앗으면 됩니다.

충돌을 되풀이하다 보면 아기는 부모를 굴복시키는 수단에 익숙해져 갑니다. 아기는 부모가 양보할 때까지 계속 괴성을 지릅니다. 이렇게 해서 부모가 양보하면 무슨 일이든지 괴성을 지르고 부모를 지배하게 됩니다.

이렇게 되는 것을 피하려면 아기의 주의를 딴 곳으로 돌리는 것이 상책입니다. 어쩔 수 없이 충돌하게 되면 아기가 아무리 울어도 상대하지 말아야 합니다. 무관심한 척해야 합니다.

그렇다고 아기와 '국교 단절'을 해서는 안 됩니다. 아기 쪽에서 '평화 교섭'을 원하면 언제든지 응할 준비가 되어 있어야 합니다.

짜증을 잘 내는 아기에게 진정제나 안정제를 먹이는 일은 없도록 해야 합니다.

아기가 엄마와 충돌할 기회가 많은 것은 하루종일 집에서 서로의 얼굴만 마주하고 있기 때문입니다. 가능한 한 집 밖으로 데리고 나가서 아기의 관심을 넓은 세계로 돌리게 하는 것이 필요합니다.

284. 이물질을 삼켰다 

● 간단한 처치로 쉽게 나오지 않는 것은 곧바로 병원에 가서 빼내는 것이 좋다.

무엇이든 주워서 입으로 가져가는 시기입니다.

이 시기의 아기는 떨어져 있는 작은 물건은 무엇이든 주워서 입으로 가져갑니다. 어느 때는 삼켜버리기도 합니다. 그런 것을 입에 물고는 위를 쳐다보고 웃다가 기관으로 들어가 버리기도 합니다.

삼킨 이물질이 몸 속으로 들어가는 길은 두 가지가 있습니다. 하나는 위로 들어가는 것이고, 다른 하나는 폐로 들어가는 것입니다. 위로 들어가면 큰 문제가 없지만 도중에 식도에 걸리면 곤란합니다. 폐 쪽으로 들어갔을 때도 중간에 목구멍이나 기관에 걸리면 곤란해집니다.

이물질이 어디로 들어갔는지 알아내기는 어렵지만, 위로 들어갔다면 아무 데도 아프지 않기 때문에 아무 일도 없었다는 듯 여느 때처럼 계속 잘 놉니다. 이런 경우가 제일 많습니다.

반면 큰 이물질을 삼켜 식도에 걸리면 아기는 눈을 희번덕거리면서 괴로워하기 때문에 금방 알 수 있습니다. 또 목구멍이나 기관에 걸리면 괴로워 기침을 하면서 웁니다. 울 때 쉰 소리가 나면 성대에 이물질이 걸린 것입니다.

아기가 뭔가를 삼켜 갑자기 괴로워하면 즉시 과감하게 아기의 양쪽 발목을 꽉 잡고 거꾸로 들어 흔듭니다. 이렇게 하면 목구멍에 걸린 것이 입 밖으로 나오는 경우가 많습니다. 이렇게 해도 나오지 않을 때는 바로 병원으로 가야 합니다. 이비인후과가 있는 병원 응급실로 가는 것이 좋습니다.

아기 발목을 잡고 거꾸로 드는 것은 사고 즉시 취하는 처치법이지 시간이 지난 뒤에 사용하는 처치법이 아닙니다. 또 목에 걸린 것을 빼내려고 부모가 손가락을 쑤셔 넣으면 이물질의 형태에 따라 오히려 더 깊숙이 들어가 버리기도 합니다. 이물질을 삼켰는데 아기가 아무렇지도 않은 얼굴이면 크게 당황할 필요가 없습니다.

무엇을 삼켰느냐에 따라 어떤 처치를 해야 할지 생각해야 합니다. 뾰족하지 않은 물건이 위까지 들어갔다면 이제 어딘가에 걸릴 일은 없습니다. 바둑알, 동전, 단추, 똑딱단추, 반지, 장난감 자동차 바퀴, 과일 씨, 튜브 마개 등은 그대로 변과 함께 나옵니다. 그때까지 걸리는 시간은 아기마다 다른데 빠르면 다음 날, 늦으면 2~3주 후에 나옵니다.

뾰족한 것도 예상외로 자연히 나옵니다. 안전면도기의 칼날, 바늘 등이 아기에게 아무런 상처를 내지 않고 변과 함께 그대로 나오는 것을 보면 인체의 오묘함이 참 신기합니다.

그러나 안전핀, 칼의 일부분, 바늘, 유리 조각 등은 위험할 수도 있습니다. 단추형 전지를 삼켰을 때는 즉시 엑스선 사진을 찍어보아야 합니다. 식도에 걸리지 않았다면 자연히 변과 함께 나옵니다. 기도에 걸렸다 해도 밑에서 1/3보다 아래쪽(기관지보다 아래)에 있으면 저절로 나오니까 5시간 후에 다시 엑스선 사진을 찍어 봅니다. 위쪽 2/3 부분에 걸렸다면 마취를 해서 바로 빼내야 합니다. 어느 쪽이든 24시간 이내에 빼내면 됩니다.

●

삼킨 물건을 확인하기 위해 매회 변을 점검합니다.

변과 함께 나오면 괜찮은 것이므로 엄마는 매회 변을 점검해야 합니다. 이때 아기에게 변비약을 먹여서는 안 됩니다. 변기에 플라스틱 소쿠리를 놓고 대변을 보게 한 뒤, 수돗물을 흐르게 하면서 변을 젓가락으로 휘저으면 이물질을 찾아낼 수 있습니다.

삼킨 것을 토하게 하려고 목구멍에 손가락을 넣어 혀뿌리를 눌러서는 안 됩니다. 애써 나온 이물질이 다시 기관으로 들어갈 위험이 있기 때문입니다.

현장을 보지 못했을 때, 아기가 삼키지도 않았는데 삼켰다고 착각하는 엄마도 많습니다. 분명히 단추를 만지며 놀고 있었는데 그 단추가 안 보이면 틀림없이 삼켰다고 생각합니다.

엄마가 삼키는 것을 보지 않았다면 그 물건을 샅샅이 찾아보아야 합니다. 그러나 아무리 해도 찾을 수 없을 때 삼켰다고 생각하고 응급처치를 해야 합니다.

●

콧구멍으로 들어간 이물질은 병원에서 빼내야 합니다.

이물질이 콧구멍을 막았을 때는 집에서 무리하게 빼내려고 해서는 안 됩니다. 콧구멍에 들어간 이물질은 표면이 매끈한 것(유리구슬, 팥, 알약 등)이 많기 때문에 집 안에 있는 기구로는 빼내기 힘듭니다. 비록 밖에서 보이고 간단히 빼낼 수 있을 것 같아도 집에서 빼내려 해서는 안 됩니다. 잘못하다가는 오히려 더 깊숙이 들어가 빼내기가 더욱 어려워집니다.

부모가 모르는 사이에 휴지, 비닐, 솜 같은 것이 아기의 콧속 깊이 들어가는 일도 있습니다. 이런 때는 며칠이 지난 후 아기의 입과 코에서 이상한 악취가 풍깁니다. 아기를 안은 아빠나 다른 사람이 알아차리고 역한 냄새가 난다고 말합니다. 엄마는 아기의 여러 가지 냄새에 익숙해져 있어서 잘 모릅니다.

입이나 코에서 악취가 난다면 이비인후과에 가서 진찰을 받아보아야 합니다. 한쪽 콧구멍에서 피가 섞인 콧물이 나오면 거의 이물질이 콧속에 들어 있는 경우입니다.

●

갑자기 울기 시작하며 아파한다. 180 갑자기 울기 시작한다, 181 장중첩증이다 참고

열이 나고 경련을 일으킨다. 248 경련을 일으킨다_열성 경련 참고

초여름에 나는 고열. 250 초여름에 열이 난다_구내염·수족구병 참고

천식. 251 천식이다 참고

높은 곳에서 떨어졌다. 265 아기가 추락했다 참고

화상. 266 화상을 입었다 참고

보육시설에서의 육아

285. 이 시기 보육시설에서 주의할 점

● 놀다가 사소하게 다치는 사고가 가장 많다. 하루하루의 상황을 부모에게 늘 체크해 주는 것이 서로 간의 믿음을 쌓는 길이다.

만 1세 이하의 아기만 12~13명씩 모아 영아실에서 돌보는 한 보육시설에서는 생후 10개월 전후의 아기를 다음과 같은 일과에 따라 보육하고 있습니다.

8시 30분~9시 등원

9~10시 바깥 공기 쐬어주기(겨울에는 실내에서)

10시~10시 30분 간식, 분유

10시 30분~11시 30분 수면

11시 30분~12시 기상, 배설

12~13시 이유식(죽 또는 국수 또는 빵과 반찬)

13시~14시 30분 실내 놀이

14시 30분~15시 간식, 목욕(여름)

15~16시 수면

16시 30분~17시 배설, 분유

17~18시 실내 놀이

18시 귀가

바깥 공기를 쐬어줄 때는 여름에는 기저귀만 채우고 봄과 가을에는 셔츠 하나를 더 입혀 밖의 매트 위에서 놀게 합니다. 겨울에는 창문을 열어놓은 실내에서 겉옷 하나만 벗겨놓고 햇살을 받으면서 놀게 합니다.

이 보육시설에서는 이유식으로 되도록 야채와 달걀을 섞어서 죽을 만들지 않습니다. 반찬을 하나씩 따로따로 주어야 아기가 음식 맛을 제대로 익힐 수 있다고 생각하기 때문입니다.

실내 놀이를 할 때는 작은 미끄럼틀을 이용해서 아기들끼리만 놀게 합니다. 여름에 한창 더울 때는 땀띠 예방과 치료를 위해 목욕을 시킵니다.

이러한 보육은 아기들만 따로 모아 보육하는 곳에서는 가능하지만, 혼합 보육으로 만 3세 이하의 아이들이 섞여 있는 경우에는 순조롭지 않습니다. 아기들에게 오전에 낮잠을 자게 해도 큰 아이가 떠들면 잘 수가 없습니다. 아기들에게는 오전과 오후에 두 번 비스킷 등의 간식을 주고 큰 아이들에게는 오후에 한 번밖에 주지 않는다면 큰 아이들이 가만있지 않을 것입니다.

따라서 혼합 보육을 할 때는 서로 양보하게 하여 '평화 공존'을 도모해야 합니다. 아기들의 오전 수면 시간에 큰 아이들은 밖에 나가 모래장난을 하게 하고, 아기들에게만 오전 간식을 주지 말고 오후에 큰 아이들과 같이 한 번만 주도록 합니다. 이렇게 10명 정도 되는 아기를 돌보기 위해서는 2명의 보육교사가 필요합니다.

배설도 일과표에는 두 번이라고 쓰여 있지만, 생후 10개월 된 아기는 보육시설에 있는 동안 6~7번 정도 배설을 할 것입니다. 아기의 배설 시간을 잘 맞춰 대소변을 보게 하는 것은 보육교사 한 명으로는 도저히 불가능합니다. 아기 3명에 보육교사 한 명은 필요합니다.

●

겨울철 설사는 격리 후 철저한 소독이 필요합니다.

보육시설 내에서 전염 예방이 필요한 병은 겨울철 설사입니다. 보통은 11월 말부터(빠르면 10월 말부터) 1월까지 생후 9개월에서 1년 6개월 된 아기가 갑자기 계속해서 구토를 하고, 얼마 지나지 않아 물 같은 설사를 여러 번 합니다. 놀라서 열을 재보면 높지는 않습니다. 280 겨울철 설사이다

이때 보육교사는 엄마에게 연락해서 즉시 아기를 데리러 오도록 하고, 엄마가 올 때까지 아기 발을 따뜻하게 해주고 가만히 눕혀둡니다. 수분은 되도록 많이 줍니다. 구토를 하더라도 아기가 마시고 싶어 하면 옥수수차나 보리차를 조금씩 먹입니다. 토해도 조금 있으면 가라앉을 것입니다. 아기 혀를 보고 너무 바짝 말라 있으면 엄마가 도착하기 전에 의사한테 보이는 것이 좋습니다. 하지만 이런 일은 거의 없습니다.

겨울철 설사는 바이러스가 원인이기 때문에 다른 아이들에게 전염되지 않도록 조심해야 합니다. 기침은 하지 않으므로 변을 통해 감염됩니다. 아기가 여러 번 설사를 해서 기저귀를 자주 갈아주어야 하며, 더럽혀진 기저귀는 소독액(10% 크레졸 비누액)에 담가놓아야 합니다. 손도 희석한 크레졸액(1%)으로 깨끗이 씻어야 합니다. 또 다른 아이들이 설사하는 아기 가까이 오지 못하게 해야 합니다.

겨울철 설사가 오래가는 아기는 1주에서 10일 정도 집에서 쉬었다가 변이 굳어진 다음에 다시 보육시설에 보내도록 해야 합니다. 이때는 다른 아이들에게 전염되지 않습니다.

아기 중 한 명이라도 겨울철 설사에 걸렸다면, 보육교사는 다른 아이들에게 식사를 주기 전에 비누로 손을 깨끗이 씻어야 합니다. 병에 걸린 아기의 침대도 철저히 소독해야 합니다.

●

돌발성 발진도 격리가 필요합니다.

생후 9개월 전후의 아기는 돌발성 발진[226 돌발성 발진이다]에 잘 걸립니다. 전에 고열이 난 적이 없는 아기가 처음으로 고열이 난다면 일단 돌발성 발진으로 보아야 합니다.

보육시설에 있는 동안 고열이 나면 먼저 엄마에게 연락해야 합니다. 그리고 아기 머리에 얼음베개를 베어줍니다. 날씨가 추울 때는 발을 따뜻하게 해줍니다. 아기가 물을 마시고 싶어 하면 옥수수차나 보리차를 주고 분유를 먹고 싶어 하면 줘도 괜찮습니다.

돌발성 발진은 집단적으로 발생하는 경우는 매우 드물지만 바이러스가 원인이기 때문에 감염된 아기는 일단 격리시키는 것이 좋습니다. 열이 난 지 5일이 지나면 다시 보육시설에 오게 합니다. 발진도 가라앉았을 것입니다. 이때는 다른 아이들에게 전염되지 않습니다.

돌발성 발진은 한 번 앓으면 다시는 걸리지 않습니다. 보육교사는 보육시설의 아이들 가운데 누가 이미 돌발성 발진에 걸렸는지 알고 있어야 합니다.

●

평소 건강할 때의 얼굴을 잘 기억하고 있어야 합니다.

아기가 열이 높고 기침도 많이 하며 숨 쉬기가 힘들어 보이고 평소와 다르다면, 엄마가 올 때까지 기다리지 말고 의사에게 보이는 것이 좋습니다. 소아의 급성 폐렴은 거의 없어졌지만 그래도 영양 상태가 나쁘거나 발육이 늦은 아기는 걸릴 수도 있습니다. 평소와 모습이 다르다는 것을 알아차리려면 평소 아기 한 명 한 명의 건강한 얼굴을 잘 기억하고 있어야 합니다.

●

가장 많은 사고는 다치는 것입니다.

다친다고 해도 영아실에서 다치는 정도는 대단한 사고가 아닙니다. 넘어져서 이마에 혹이 나거나, 미끄럼틀에서 놀다가 손이 까지거나, 장난감 자동차에 부딪혀 무릎에 피가 배어 나오는 정도입니다.

이마에 혹이 났을 때는 그냥 두어도 됩니다. 피부가 까진 부위에는 약을 직접 바르지 말고 상처 가장자리를 알코올 솜으로 닦아냅니다. 작은 상처로 피가 밴 정도라면 반창고를 붙이지 않는 것이 좋습니다. 작은 상처에 반창고를 붙이면 오히려 곪을 우려가 있기 때문입니다.

이마나 머리 피부가 1cm 이상 벌어졌다면 즉시 외과에 데리고 가서 꿰매어야 합니다. 입술이 무언가에 부딪혀서 입에서 피가 날 때 피가 곧 멈추면 그냥 두어도 됩니다. 숟가락을 물고 있다가 넘어져 입천장을 다쳤을 때도 피가 곧 멈추면 그대로 두어도 괜찮습니다.

코를 부딪혀서 코피를 흘릴 때는 눕혀놓지 말고 앉아 있게 합니다. 그리고 피가 나오는 쪽의 콧구멍을 약솜으로 막아줍니다. 약솜은 콧구멍 밖으로 나오도록 큼지막하게 넣어야 합니다.

●

아주 작은 상처일지라도 부모에게 알려야 합니다.

보육시설에서는 아주 작은 상처일지라도 부모에게 알려야 합니다. 부모는 보육시설에서 작은 상처까지 빠짐없이 알려주면 믿음을 갖게 됩니다. 작은 상처라고 해서 알리지 않으면 부모는 그 상처를 보지 못하고 넘어간 보육시설을 믿지 못하게 됩니다.

아기가 생후 9개월이 되어 무언가를 잡고 일어설 수 있게 되면 큰 아이가 밀어서 넘어뜨려 바닥에 머리를 부딪히는 일이 많아집니다. 보육교사는 혼자 서기 시작한 아기에게서 눈을 떼어서는 안 됩니다. 처음으로 혼자 일어선 아기에게 큰 아이들로 하여금 박수를 쳐주고 칭찬하게 합니다. 이것은 아기에게 격려가 될 뿐만 아니라, 큰 아이들에게 이 아기는 아직 제대로 일어설 수 없다는 것을 인식시켜 줌으로써 조심스럽게 행동해야 한다는 자각심을 심어줍니다.

이 시기 아기는 엄마가 가까이 오면 싱글벙글 웃고,
의사의 흰 가운을 보면 쇳소리를 내며 웁니다.
좋아하는 것과 싫어하는 것이 분명해지는 시기입니다.
드디어 아기에게도 자아가 생겼다는 의미이기도 합니다.
말은 하지 못해도 어른의 말을 제법 이해하는 듯합니다.

14

생후 10~11개월

이 시기 아기는

286. 생후 10~11개월 아기의 몸

- 좋아하는 것과 싫어하는 것이 분명해진다.
- 무언가를 잡고 스스로 일어선다.
- 조금씩 말을 하기 시작한다.
- 스스로 배변에 대한 의사 표시를 하기도 한다.

좋아하는 것과 싫어하는 것이 분명해집니다.

아기가 홀로 서기를 시작한다는 것은 드디어 자아가 생겼음을 의미합니다. 이 월령이 되면 아기는 자신의 의사를 더욱 강하게 표현하게 됩니다. 따라서 좋아하는 것과 싫어하는 것을 분명하게 나타냅니다. 세상에서 가장 좋아하는 엄마가 가까이 오면 싱글벙글 웃고, 싫어하는 의사의 흰 가운을 보면 쉿소리를 내며 웁니다. 낯가림이 심해지는 것입니다.

아기는 자기가 갖고 싶은 것은 멀리 있어도 악착같이 손을 내밀어 가지려고 하지만, 다른 것을 대신 주어도 싫은 것은 손으로 뿌리칩니다. 또 손에 쥐고 있는 물건을 위험하다고 해서 빼앗으면 화가 나서 웁니다.

그러나 좋아하고 싫어하는 것도 아기의 기분에 따라 달라집니다. 아침에 잠투정하는 아기에게는 좋아하는 물건을 주어도 거들떠보지 않고 칭얼거리며 웁니다. 또 낮잠이나 밤에 잘 시간이 되어 졸리면 좋아하는 엄마에게조차 웃는 얼굴을 보이지 않습니다.

아기의 기분 변화를 가장 잘 아는 사람은 엄마입니다. 그러므로 여느 때 같으면 기분이 좋아야 할 시간에 떼를 쓰면 엄마는 아기가 어딘가 좋지 않다는 것을 판단할 수 있습니다. 엄마는 항상 아기의 몸 컨디션에 대해서 자신이 세상 어느 누구보다 가장 잘 알고 있다는 자신감을 가져야 합니다.

●

무언가를 잡고 스스로 일어섭니다.

지난달에 무언가를 잡고 겨우 서 있을 수 있었던 아기는 이 시기에는 무언가를 잡고 스스로 일어설 수 있게 됩니다. 또 지난달에 무언가를 잡고 스스로 일어설 수 있었던 아기는 이제 무언가를 잡고 스스로 조금씩 걸을 수 있게 됩니다. 빠른 아기는 잠시 동안이지만 아무것도 잡지 않고 서 있을 수도 있습니다.

이동하는 방식도 가지각색입니다. 기어 다니는 아기, 무언가를 잡고 걷는 아기, 무릎으로 걷는 아기, 아장아장 걷는 아기 등 여러 가지입니다. 양손을 잡아주면 많은 아기가 발을 번갈아 뗍니다. 걷는 연습을 시키는 것은 좋지만 부모가 기쁨에 겨워 지나치게 많이 걷게 하는 것은 오히려 좋지 않습니다.

●

손놀림도 더욱 자유로워집니다.

가벼운 문은 밀어서 엽니다. 서랍도 엽니다. 물컵을 거꾸로 해서 물을 쏟기도 합니다. 양손에 장난감을 쥐고 맞부딪치기도 합니다. 또 손가락으로 물건을 가리키며 달라고 하기도 합니다.

●

조금씩 말을 하기 시작합니다.

엄마가 "없다, 없다, 있다!", "빠이빠이", "예쁜 짓" 등의 말을 걸면 '재주'도 부릴 줄 압니다. "음미음미", "파아" 정도는 말할 줄 아는 아기가 많습니다. 말은 하지 못하더라도 어른이 하는 말은 제법 이해합니다. "손", "눈", "발" 하고 말하면 자기의 손, 눈, 발을 가리키는 아기도 있습니다. 엄마와 아빠가 아기에게 무언가를 말해 줄 때는 정확한 단어로 말해야 합니다.

언어 교육과 더불어 중요한 것은 신체 단련입니다. 아기를 집 밖으로 전혀 데리고 나가지 않아도 체중은 매일 증가하므로 정기적인 건강검진을 받으러 가면 "많이 컸네요"라는 말을 듣습니다. 그러나 이것은 겉으로 보기에 그렇다는 것입니다.

신체 기능은 단련을 해야만 향상됩니다. 무언가를 잡고 걷는 것은 실내에서도 할 수 있지만, 피부와 상기도 점막을 튼튼하게 하려면 바깥 공기를 쐬어주어야 합니다. 그러므로 하루에 3시간 정도 아기를 집 밖으로 데리고 나가야 합니다. 292 아기 몸 단련시키기

●

수면 시간은 아기가 활동적이냐 아니냐에 따라 다릅니다.

느긋한 성격의 아기는 아직 오전과 오후에 1~2시간씩 낮잠을 잡니다. 오전과 오후 두 번 낮잠을 자던 아기가 오전이나 오후에 한 번만 자는 일이 이 시기에 많아집니다. 어떤 아기는 30분에서 1시간씩 짧게 3~4번 자기도 합니다.

밤에 잠드는 시간도 8시에서 10시까지 제각각입니다. 생후 10개월쯤 되면 자기 힘으로 엎드려서 자는 아기도 있습니다. 아무리 반듯하게 눕혀놓아도 소용이 없습니다. 이런 아기에게는 엎드려 자는 것이 편한 것입니다. 230 엎드려잔다

아침에 깨는 시간도 제각각입니다. 6시에 한 번 잠이 깨지만 모유나 분유를 먹고는 다시 8시가 넘을 때까지 자는 아기도 있고, 밤 10시부터 아침 8시까지 깨지 않고 자는 아기도 있습니다.

밤중에 소변을 보느라 잠이 깨었다가 모유나 분유를 먹이면 다시 잠드는 아기가 많습니다. 기저귀를 갈아주어도 깨지 않고 숙면하는 아기도 있습니다. 어쨌든 밤중에 잠이 깨면 어떻게 해서든지 빨리 다시 재우는 것이 좋습니다. 308 잠재우기

●

이유식 못지않게 중요한 것이 신체 단련입니다.

이 시기에는 분유 외에 이유식을 하루 두 번 먹는 아기와 세 번 먹는 아기가 반반입니다. 이유식을 하루 세 번 먹이느라 너무 시간을 빼앗겨 집 밖에서 몸을 단련할 시간이 없어지면 아기의 건강 면에서 오히려 좋지 않습니다. 죽을 한 번 먹이는 데 30~40분이나 걸린다면 간단히 분유를 먹이고 나머지 시간을 신체 단련에 할애하

는 것이 좋습니다. 어린이용 밥그릇으로 죽 1공기를 먹는 것보다 분유 1병을 먹는 것이 영양가도 높습니다. 단, 아기가 분유를 싫어하고 죽이나 빵이나 밥을 잘 먹어 20분 만에 먹는다면 하루 세 번 이유식을 주어도 됩니다. 신체 단련을 위한 시간이 충분하기 때문입니다.

죽이나 빵이나 밥을 세 번 주고 분유는 두 번 주는 아기에게 반찬으로 달걀과 생선, 그리고 잘게 간 고기를 충분히 먹이지 않으면 동물성 단백질이 부족해집니다. 생후 10~11개월 된 아기에게는 아직 분유를 180ml씩 세 번은 주어야 합니다. 물론 분유 대신 생우유를 주어도 괜찮습니다.

●

음식을 가리는 것도 뚜렷해집니다.

소식하는 아기는 대개 미각이 발달한 아기입니다. 반면 아무것이나 잘 먹는 아기는 입맛이 그다지 까다롭지 않습니다. 소식하는 아기일수록 음식을 많이 가립니다. 비스킷이나 살짝 양념한 빵보다 어른들이 먹는 쌀과자, 새우, 성게알, 김 등을 좋아합니다. 고구마 따위는 거들떠보지도 않습니다.

맛을 아는 이런 아기는 이유식 식단대로 음식을 주려고 해도 먹지 않고 혀로 내밀어 버립니다. 고구마 요리가 이유식 식단에 들어 있어도 밥에 성게알 비빈 것을 더 좋아한다면 그것을 주는 것이 좋습니다. 인생은 즐거워야 합니다.

●

아기의 배설 훈련에 너무 신경 쓸 때는 아닙니다.

아기에게 배설 훈련을 시키려는 엄마도 이 시기 아기의 뚜렷한 의사 표시에 당황하게 됩니다. 얌전히 변기에 소변을 보던 아기도 이 시기에는 싫어하여 거부하는 경우가 많습니다. 290 배설 훈련

물론 소변을 보고 싶다고 알려주는 아기는 없습니다. 아기를 안고 변기에 갔을 때 마침 아기의 배설 시간이라면 아기는 소변을 봅니다. 얌전한 아기를 변기에 앉혀놓고 엄마가 "쉬~"라고 말하면 잠시 후 소변을 봅니다.

그러나 활동적인 아기는 아침에 눈을 떴을 때나 낮잠에서 깼을 때는 순순히 변기에 소변을 보기도 하지만, 놀고 있을 때 엄마가 와서 기저귀를 벗기면 그 순간부터 저항하기 시작합니다. 잘 놀고 있는 아기를 안고 변기로 가면 아기는 짜증이 나서 몸을 뒤로 젖힙니다. 매우 활동적이고 소변 보는 횟수가 많은 아기를 이 시기에 변기에 소변을 보게 하는 일은 거의 불가능합니다. 여름에 비교적 쉽게 변기에 소변을 보게 할 수 있는 것은 기저귀를 간단히 벗길 수 있거나 팬티만 입고 있어 변기에 재빨리 앉힐 수 있기 때문입니다.

아이가 소변을 보고 싶다고 알려주게 되는 시기는 아이마다 다른데 보통 만 2년이 지난 봄에서 여름 사이입니다. 부모는 초조하게 생각할 필요가 없습니다. 일찍부터 변기에 앉혀 훈련을 시킨다고 해서 빨리 소변을 가리게 되는 것은 아닙니다.

소변 보는 횟수가 적어 소변 보는 간격이 긴 아기는 변기에 소변을 보게 하기가 쉽습니다. 아기도 변기 위에서 오랫동안 운 기억이

없어서인지 변기를 싫어하지 않습니다. 이런 아기는 아예 기저귀를 채우지 않아도 스스로 변기에 가서 소변을 보기도 합니다.

변이 단단해서 대변을 볼 때 많은 노력을 해야 되는 아기는 엄마가 힘을 주는 아기의 모습을 보고 변기에 앉혀도 늦지 않습니다. 엄마는 아기가 힘주는 것을 눈치 챈 것뿐인데 마치 아기가 알려주기라도 한 듯이 기뻐합니다.

하지만 대변이 물러서 아무런 노력 없이도 저절로 나와버리는 아기는 엄마가 눈치채기 전에 배설해 버립니다. 그래서 아침에 막 일어났을 때나 낮잠을 자고 난 뒤 변기에 데려갔을 때 우연히 변을 보는 것 외에 배설 훈련은 할 수 없습니다.

●

이 시기에 걸릴 수 있는 질병이 있습니다.

이 월령에 걸리기 쉬운 병은 날씨가 추울 때는 겨울철 설사280 겨울철 설사이다입니다. 이것은 병의 증세와 경과를 모르면 아기를 몹시 괴롭히는 결과를 초래합니다.

여태껏 열이 난 적이 없는 아기가 갑자기 고열이 난다면 돌발성 발진일 가능성을 염두에 두어야 합니다.226 돌발성 발진이다 예전에 돌발성 발진을 앓은 적이 있는 아기가 갑자기 고열이 나면 대개 여러 가지 바이러스로 인해 걸리는 감기입니다.281 고열이 난다 이것은 그냥 놔두어도 기껏해야 2일 정도면 낫습니다.

5월 말에서 7월 초 사이에 구내염에 걸리는 아기도 많습니다. 구내염은 열이 1~2일 난 후 입 안과 혀끝에 작은 수포가 생기고 이것이 터져서 붉은 상처가 생기는 병입니다. 구내염에 걸리면 아파서 음식을 먹으려고 하지 않습니다. 250 초여름에 열이 난다_구내염·수족구병

가래가 자주 끓어서 가슴 속에서 그르렁거리는 아기는 이 무렵에 천식이라는 진단을 받고 매일같이 부지런히 통원하는 경우가 많습니다. 251 천식이다 큰아이가 유치원에 다니는 집에서는 이 월령의 아기도 홍역과 수두에 걸리는 일이 있습니다.

이 시기 육아법

287. 먹이기

● 죽보다 밥을 더 좋아하는 아기가 많아진다. 여기서 생긴 여유 시간을 신체 단련에 활용한다.

죽보다 밥을 더 좋아하는 아기가 많아집니다.

생후 10개월이 지나면 죽보다 밥을 더 좋아하는 아기가 많아집니다. 엄마가 죽 끓이기가 귀찮아져서 집에 있는 밥을 그냥 아기에게 주었기 때문은 아닐 것입니다. 예전보다 일찍 이유식을 먹여 소화기관의 적응이 빨라진 것입니다.

죽을 끓이지 않고 밥을 주게 되면 엄마에게 그만큼 시간적인 여유가 생깁니다. 그 여유 시간을 아기의 성장 속도가 빨라진 것에 맞춰 신체 단련에 적극적으로 활용할 수 있습니다.

죽 100~150g(죽 먹인 후 생우유 50ml)씩 3회, 생우유 180~200ml씩 2회를 먹이라고 쓰여 있는 이유식 식단이 많은데, 이것은 쌀밥에만 치중하고 동물성 단백질은 무시한 옛날 방식에 따른 것입니다. 요즘 아기들은 분유나 생우유를 더 많이 먹고 밥은 덜 먹습니다.

예를 들면 다음과 같은 하루 식단이 있습니다.

◆ 식단 A

8시 버터 바른 토스트 1과 1/2조각, 생우유 180ml

12시 밥 어린이용 밥그릇 1/2공기, 달걀 1개, 야채

15시 비스킷, 생우유 180ml, 과일

18시 밥 어린이용 밥그릇 1/2공기, 생선, 고기(잘게 간 것), 야채

20시 30분 생우유 180ml

낮에 야채를 먹일 때는 시금치, 양배추, 당근 등을 잘게 썰어서 달걀과 함께 오믈렛처럼 만들어줍니다. 오후 3시 간식 시간에 주는 과일은 귤, 바나나, 토마토, 딸기 등을 그대로 주거나 숟가락으로 으깨어줍니다. 사과나 배는 강판에 갈아줍니다. 저녁 반찬은 어른이 먹는 것과 거의 같은 것으로 줍니다. 튀김 등도 조금 줍니다.

그러나 모든 아기가 이처럼 밥을 먹는 것은 아닙니다. 죽이 아니면 안 먹는 아기도 있습니다.

예를 들면 다음과 같은 하루 식단도 있습니다.

◆ 식단 B

7시 분유 200ml

9시 토스트 1조각, 홍차

12시 국수 어린이용 밥그릇 1/2공기, 고기 또는 달걀, 분유 150ml

16시 분유 200ml

18시 30분 죽 어린이용 밥그릇 2/3공기, 생선이나 고기, 과일

21시 분유 200ml

이 식단을 따르는 아기는 죽을 몹시 좋아해 만 1세가 지나도 밥을 먹이면 혀로 밀어내기 때문에 계속 죽을 먹이고 있습니다. 오후 4시에는 분유만 먹고 다른 간식은 먹지 않습니다. 비스킷을 좋아하지 않기 때문입니다. 토스트도 홍차에 적셔서 먹습니다. 낮에 국수를 먹는 이유는 엄마가 낮에 국수를 먹기 때문입니다.

생후 10개월이 지나도 모유가 잘 나오는 경우 다음과 같은 식단을 따르기도 합니다.

◆ **식단 C**

6시 모유

8시 30분 식빵 1조각, 홍차

12시 국수 또는 밥 어린이용 밥그릇 1/2공기, 달걀, 야채, 모유

13시 비스킷, 과일

18시 밥 어린이용 밥그릇 2/3공기, 생선이나 고기, 야채, 수프

21시 모유

야간 모유 2회

이 식단을 따르는 아기는 모유를 생우유로 바꾸어 컵으로 먹이려

고 했지만 생우유를 도무지 먹으려 하지 않습니다. 그리고 엄마는 아직도 젖이 돌기 때문에 점심 식사 후에 모유를 먹입니다.

이 아기는 얕은 잠을 자서 따뜻한 계절에는 밤에 한 번, 추운 계절에는 2~3번 깨어 웁니다. 이때 젖은 기저귀를 갈아주고 젖을 물리면 4~5분 만에 다시 잠듭니다. 그래서 모유를 먹이는 것이 편하기 때문에 억지로 모유를 끊지 않았습니다. 체중도 하루 평균 7~8g씩 늘고 있기 때문에 모유를 먹이는 것이 영양 면에서 나쁘다고는 할 수 없습니다.

억지로 모유를 끊어서 아기를 울리기보다는 가정이 조용하고 평화스러운 것이 우선이므로 엄마는 계속 이런 식으로 먹였습니다. 그 후 날씨가 따뜻해지고 땀이 많이 나기 시작하면서 아기는 목이 말라 생우유를 잘 먹게 되고 밤중에도 별로 잠이 깨지 않아 자연스럽게 모유에서 생우유로 바뀌었습니다.

●

이유식 식단은 참고 식단에 지나지 않습니다.

위의 예처럼 생후 10개월 된 아기는 각자의 개성에 따라, 또 모유가 나오는 정도에 따라 각각 식사법이 다릅니다. 앞에서 "이유법은 하나만 있는 것이 아니다" 190 다양한 이유법 라고 했는데 바로 이를 두고 하는 말입니다. 이유식 식단 같은 것은 참고 식단에 지나지 않습니다. 생후 5개월이 막 지난 경우에는 동일한 식단을 적용할 수도 있지만, 10개월이 되면 아기의 개성이 뚜렷해지므로 아기마다 식단도 다양해지는 것이 보통입니다.

아기의 이유가 잘 진행되고 있는지는 이유식 식단을 보고 알 수 있는 것이 아닙니다. 이유식을 먹으면서 아기와 부모 모두 즐겁고 평화스럽게 지내고 있는지, 아기가 생후 10개월 된 아기에게 걸맞은 운동 기능을 보이고 있는지가 중요합니다. 이것은 누구보다도 엄마가 가장 잘 알고 있을 것입니다. 처음 보는 사람이 "이 아기는 체구가 다른 아이들보다 작네요"라고 말해도 전혀 걱정할 필요가 없습니다. 이 시기에는 체중이 하루 평균 5~10g씩 증가하면 됩니다. 하루에 20g 이상씩 체중이 느는 아기는 과식하고 있는 것이므로 식사량을 줄여야 합니다. 300 비만이다

생후 10개월이 되기 전부터 하루 두 번 밥을 먹였던 아기에게 10개월이 지났다고 해서 끼니마다 밥을 먹어야 하는 것은 아닙니다. 요즘에는 돌이 지나도 하루 세 번 밥을 먹는 아기는 드뭅니다. 10개월이 될 때까지 죽만 먹었던 아기가 죽을 한 번에 100g 이상 먹는다면 한 번쯤 밥을 먹여보는 것이 좋습니다. 처음에는 죽을 주기 전에 질게 지은 밥을 2~3숟가락 먹여봅니다. 잘 먹는다면 점차 양을 늘려갑니다.

이것을 억지로 해서는 안 됩니다. 아기가 어느 쪽을 더 맛있게 먹는지를 보고 엄마가 결정해야 합니다. 생선과 고기 양도 10개월이 지났다고 해서 반드시 늘려야 하는 것은 아닙니다. 아기가 좋아하고 많이 먹는다면 점차 늘리도록 합니다. 고등어, 정어리, 삼치처럼 등푸른 생선을 조금씩 주어도 괜찮습니다.

288. 야채 주기

● 이 시기에 야채를 싫어한다면 억지로 먹이기보다 다른 것으로 영양을 보충해 주는 것이 좋다.

싫어하는 것을 너무 억지로 먹이는 것도 좋지 않습니다.

아기가 밥을 먹기 시작하면 특별히 이유식을 따로 만들지 않고 어른이 먹는 음식을 주는 경우가 많습니다. 저녁 식사 때 아기에게 반찬을 먹이는데 여러 방법을 동원해도 야채를 먹지 않을 때가 있습니다. 시금치, 양배추, 당근, 무, 가지나물 등 무엇을 주어도 혀로 밀어냅니다. 이럴 때 많은 엄마들은 야채를 잘게 썰어서 달걀과 함께 야채 오믈렛을 만들거나 야채 햄버거를 만들어 먹입니다.

야채가 들어 있는 달걀과 고기는 절대 먹지 않는 '강경파' 아기도 있습니다. 이럴 때 엄마는 불안해집니다. 야채를 먹지 않으면 혹시 영양 부족이 되지 않을까 걱정되기 때문입니다.

그러나 이 시기의 아기가 야채를 싫어한다고 해서 그다지 심각하게 생각할 필요는 없습니다. 야채를 먹는 것은 칼슘, 칼륨, 그리고 철분과 같은 미네랄과 비타민 A, B_1, C 등을 섭취하기 위해서인데 이것은 야채 이외의 음식에도 들어 있기 때문입니다. 생우유, 분유, 생선, 고기에는 비타민 A와 미네랄이 많이 들어 있고, 과일에는 비타민 B_1과 C가 들어 있습니다. 분유와 과일을 충분히 먹고 있다면 야채를 먹지 않아도 영양이 부족하지 않습니다. 또한 야채를 먹지 않던 아기가 좀 더 크면 야채를 잘 먹게 되는 일도 적지 않습니다.

여러 방법을 동원해도 야채를 먹지 않는 아기는 과일 등으로 영양을 보충해 주고, 식사 때마다 아기가 싫어하는 것을 억지로 먹이려고는 하지 말아야 합니다. 내 아기가 즐겁게 식사하는 것이 "우리 아기는 아무거나 잘 먹어요"라고 말하는 '대외적인 자랑'보다 훨씬 중요하기 때문입니다.

289. 과자 주기

● 정해진 시간에 주고 입을 헹구는 습관을 들인다.

과자를 먹는 것은 일종의 '취미' 입니다.

취미는 매우 개성적인 것입니다. 그러므로 생후 10개월이 지난 아기는 모두 먹어야 하는 과자란 있을 수 없습니다. 과자의 주성분은 당질입니다. 죽, 밥, 빵과 마찬가지입니다. 밥과 빵을 잘 먹고 있다면 영양 면에서는 과자를 줄 필요가 없습니다.

아기는 과자가 맛있으니까 즐겨 먹는 것입니다. 아기에게 과자를 주는 것은 되도록 삶을 즐겁게 해주고 싶기 때문입니다. 과자를 먹는다는 즐거움으로 생활에 활력을 주는 것이 목적이기 때문에 기준 없이 무분별하게 주어서는 안 됩니다.

과자를 먹는 '즐거움'과 '영양'이라는 두 가지 요소를 어떻게 조화시킬 것인지는 아기의 영양 상태를 보고 결정해야 합니다. 살이 너무 쪄서 죽, 밥, 빵 등을 제한하고 있는 아기에게 비스킷이나 카스텔라를 준다면 죽, 밥, 빵을 제한하는 의미가 없어집니다. 이런 아기에게는 과자보다 과일을 주는 것이 좋습니다. 하지만 과일 중에서도 당질이 많은 바나나는 피합니다.

반대로 죽, 밥, 빵을 조금밖에 먹지 않아서 체중 증가가 신통치 않은 아기에게는 간식으로 과자를 줍니다. 죽과 밥은 3~4숟가락밖에 먹지 않지만 쿠키와 크래커 같은 것은 잘 먹는다면 주는 것이 좋습니다.

●

살찐 아기에게는 과자보다는 과일을 줍니다.

과자를 주기 때문에 밥을 먹지 않는다고 할 수도 있지만, 이런 아기에게 과자를 전혀 주지 않는다고 해서 밥을 더 많이 먹는 것은 아닙니다. 이러한 사정은 엄마가 가장 잘 알 것입니다. 아기가 하루에 먹는 당질의 총량이 같다면, 억지로 먹는 밥을 3숟가락 더 늘리기보다 잘 먹는 쿠키를 하나 더 늘리는 것이 아기의 인생을 더욱 즐겁게 해줄 것입니다.

그러나 세상일이 쉬운 것이 없듯, 죽도 밥도 그다지 잘 먹지 않는 소식하는 아기는 비스킷이나 카스텔라도 별로 좋아하지 않는 경우가 많습니다. 이런 일은 술을 좋아하는 아빠를 닮은 아기에게 많고, 이런 아기는 어려서부터 미각이 발달되어 있습니다. 비스킷, 카스텔라, 쿠키 등 아기용 과자는 싫어하고 간단한 술안주 같은 것을 좋아합니다. 이런 아기에게는 짭짤한 전병과자, 쌀과자 같은 것을 줍니다.

반대로 죽도 밥도 잘 먹고 살이 많이 찐 아기는 핫케이크, 카스텔라 등도 매우 좋아하여 얼마든지 먹습니다. 이런 아기에게는 과일을 주면서 밥 양을 며칠 줄인 다음에 과자를 줍니다.

유난히 너무 살이 찐 아기가 아니라면 되도록 간식으로 과자를 주는 것이 좋습니다. 아침과 점심 사이에 한 번, 그리고 점심과 저녁 사이에 한 번 간식을 주는 엄마가 많습니다. 그러나 오후에만 간식을 주는 집도 많습니다.

아기용으로 '엄마가 손수 만드는 간식'에 관한 조리법이 육아 잡지에 자주 실리는데 이것은 요리를 좋아하는 엄마의 취미용입니다. 아기를 침대 난간 속에 넣어둔 채 1~2시간씩이나 걸려 '직접 만든 카스텔라' 따위를 만드는 것을 좋다고 할 수 없습니다. 그럴 시간이 있으면 차라리 아기를 밖으로 데리고 나가서 놀게 해주는 편이 훨씬 낫습니다.

●

잼빵, 크림빵, 팥빵 등은 아주 신선하지 않으면 위험합니다.

갓 구운 따뜻한 빵 속에 조금이라도 세균이 들어 있을 가능성이 있는 잼, 크림, 팥을 넣는 일은 세균을 세균 배양기에 넣는 것과 다름없기 때문입니다.

생후 10개월 전후의 아기에게 사탕, 캐러멜 같은 것은 목구멍을 막을 위험이 있습니다. 떡 종류는 사방 1cm 이내의 아주 작은 것이 아니면 목에 걸릴 위험이 있습니다. 간식은 정해진 시간에 주고, 간식을 먹은 후에는 입 안을 헹구기 위해 보리차나 끓여서 식힌 물을 먹입니다. 충치를 예방하려는 것입니다.

290. 배설 훈련

● 아기의 의지에 따라 자연스럽게 시키는 것이 좋다.

엄마의 의도적인 배변 훈련은 별 의미가 없습니다.

아기를 변기에 앉히거나 화장실에 데리고 가서 소변을 보게 하는 것은 이 시기에는 기저귀를 절약한다는 것 외에 더 이상의 의미는 없습니다.

더운 여름에는 땀이 많이 나기 때문에 소변 보는 간격이 길어집니다. 그러면 잘 잊어버리는 엄마라도 생각이 나서 소변을 보게 하면 세 번에 한 번쯤은 성공을 합니다. 그러나 날씨가 추워지면 소변 보는 간격이 짧아져서 1시간마다 소변을 보게 하지 않으면 옷에다 소변을 보고 맙니다. 또한 아기마다 소변 보는 간격이 각각이므로 1시간마다 보게 해도 벌써 젖어 있는 경우도 있습니다.

추운 계절에 기저귀를 적시지 않는 아기는 아주 드뭅니다. 10월경이 되면 지금까지 변기에 소변을 잘 보던 아기도 기저귀를 적시는 것이 보통입니다. “전에는 잘했잖아”라며 화를 내도 소용이 없습니다. 게다가 생후 10개월이 지나면 아기가 자기 주장이 강해지기 때문에 기저귀를 벗기면 달아나버리거나 변기에 데려가면 몸을 뒤로 젖히면서 저항을 해서 배설 훈련이 좀처럼 쉽지 않습니다.

밤중에 소변을 보고 척척해서 우는 아기는 기저귀를 갈아주어야 합니다. 그러나 소변을 보아도 아침까지 계속 자는 아기는 엉덩이가 짓무르지 않는 한 아침까지 그대로 두어도 괜찮습니다. 특히 기저귀를 갈아주면 잠이 깨어 좀처럼 다시 잠들지 못하는 아기는 오히려 그대로 두는 것이 좋습니다.

밤중에 소변을 한 번 보게 하면 얌전히 소변을 보고는 조용히 잠들어 아침까지 기저귀를 적시지 않는 아기도 있습니다. 엄마가 밤중에 일어나기가 힘들지 않다면 이 방법도 좋습니다. 또한 밤에 엄마가 잠자기 전에 소변을 보게 하면 아침까지 소변을 보지 않는 아기도 있는데, 대체로 소식하는 아기가 그렇습니다.

291. 해서는 안 되는 일 이해시키기 

● 아기가 잘못된 행동을 할 때 화난 표정을 지어 저지시킨다. 하지만 체벌은 하지 않는 것이 좋다.

아기에게 선악의 기준은 엄마의 표정입니다.

아기는 손발이 자유로워지면서 여러 가지 장난을 하게 됩니다. 아기 입장에서는 '무엇이든지 해보자' 하고 자신의 능력을 시험해 보는 것입니다. 그중에는 어른들을 곤란하게 하는 것이 있습니다. 그러나 어른들을 기쁘게 해주는 행동을 하면 싱글벙글 웃습니다. 아기에게는 둘 다 똑같이 '시운전'이며 어른들의 마음에 들고 안 들고는 알 바가 아닙니다.

아기가 어른들의 판단에 어긋나는 짓을 했을 때 그냥 내버려두어서는 안 됩니다. 식사 때 손놀림이 미숙해서 컵을 넘어뜨린 것은 아기가 자유 의지로 한 것이 아닙니다. 아기의 손이 닿는 곳에 컵을 놓아둔 엄마의 잘못입니다.

그러나 손에 들고 먹고 있던 빵을 식탁 밑으로 내던졌을 때는 그것이 잘못된 행동이란 것을 아기에게 인식시켜 주어야 합니다. 이런 일을 처음 저질렀을 때는 "그러면 안돼!" 하면서 좀 무서운 얼굴로 노려봅니다. 잠시 후에 다시 한 번 똑같은 짓을 하려고 하면 미리 예방하기 위해 "안 돼!"라고 소리칩니다.

그렇게 해서 아기가 이런 짓은 엄마 마음에 들지 않는 일이라는 것을 인식하고 빵을 내던지는 행동을 멈추었을 때는 "아이, 착해!" 하고 칭찬해 주어야 합니다. 분별력이 없는 아기에게 선악의 기준은 엄마의 기뻐하는 얼굴과 화난 얼굴입니다.

●

나쁜 짓에는 화난 표정을 짓습니다.

생후 10개월 된 아기는 선악을 판단할 수 없다는 생각에 어떤 행동을 해도 나무라지 않고 나쁜 짓을 보고도 그냥 넘어가는 것은 좋지 않습니다. 요즘 엄마들 중에는 아기가 어떤 짓을 해도 야단치지 않는 사람이 많습니다. 야단쳐도 소용없다고들 합니다. 그러나 그건 당연히 야단쳐야 할 때 야단치지 않았기 때문입니다.

엄마가 기뻐하는 일과 그렇지 않은 일이 분명히 있다는 것을 아기에게 일찍부터 인식시키는 것이 좋습니다. 아기는 엄마의 감정 변화에 민감합니다. 선악의 판단은 하지 못할지언정 엄마가 기뻐하는지 화를 내는지는 알 수 있습니다.

엄마는 자기한테 절대 화를 내지 않는다고 믿어버리면 아기는 엄마의 사랑에 대해 자신이 생겨납니다. 이렇게 되면 다음에 엄마가 아무리 야단쳐도 그것이 한낱 연기일 뿐이라고 여기며 말을 듣지 않게 됩니다.

●

아기의 테스트에 넘어가지 않아야 합니다.

아기는 자주 식사 중에 일부러 숟가락을 바닥에 떨어뜨려 엄마에게 줍도록 합니다. 엄마가 주워주면 다시 떨어뜨립니다. '야단치려나?' 하는 표정으로 엄마의 얼굴을 살피면서 숟가락을 떨어뜨립니다. 이것은 '엄마는 진짜로 화내지는 않아. 어떤 연기로 화를 낼까?' 하고 시험하는 것입니다. 아기에게 이런 테스트의 기회를 주어서는 안 됩니다. 처음 숟가락을 떨어뜨렸을 때 무서운 얼굴을 보여야 합니다. 그리고 테스트할 기회를 주지 않기 위해서 숟가락을 주우면 아기에게 돌려주지 말아야 합니다.

아기가 생후 10개월이 지나면 어른이 야단친다는 의미를 이해한다는 것을 보육시설에서 알 수 있습니다. 이 무렵부터 아기는 보육교사가 "안 돼요"라고 말하면 슬픈 듯한 표정을 짓기 시작합니다.

●

너무 자주 화내는 것은 좋지 않습니다.

그렇다고 화난 얼굴을 너무 자주 보이면 효과가 없습니다. 늘 화만 내면 엄마는 으레 그렇다고 생각해 버립니다. 아기들 중에는 해서는 안 될 짓만 하는 아기도 있습니다. 이런 아기는 어느 특정 위험한 일에 대해서만 중점적으로 야단쳐야 합니다. 그 밖의 일에 대해서는 아기가 장난치지 못하도록 미리 방을 잘 치워두는 등의 방법으로 예방하는 것이 상책입니다.

●

체벌도 좋지 않습니다.

아기가 장난칠 때 무서운 얼굴을 하여 못하게 하는 것은 좋지만 체벌을 하는 것은 좋지 않습니다. 체벌은 엄마를 아기로부터 멀어지게 하고 아기와 엄마 사이의 공감대를 무너뜨리기 때문입니다.

아기에게는 엄마의 기쁨이 곧 자신의 기쁨이라는 둘만의 공감대가 있기 때문에 엄마가 기뻐하는 착한 일을 하는 것입니다.

292. 아기 몸 단련시키기 

● 아기 몸을 단련시키는 것은 이유식을 먹이는 것보다 더 중요하다.

열심히 바깥에서 놀아줍니다.

아기는 열심히 무언가를 잡고 걷는 연습을 시작합니다. 그러다가 몇 번씩 엉덩방아를 찧기도 합니다. 방안에 아기가 보행연습을 할 수 있을 만한 공간을 마련해 주도록 합니다. 보행기는 사용하지 않는 것이 좋습니다. 골판지 상자 같은 것에다 좀 묵직한 물건을 넣어 아기가 그것을 밀면서 걷도록 합니다. 아기가 혼자 서서 걷지는 못합니다. 하지만 두꺼운 양말을 신겨 집 밖의 위험하지 않은 곳으로 데리고 나가서 손을 잡아주면 아주 즐거워하며 발걸음을 옮깁니다.

그네에 태워주면 그네 줄을 꽉 잡습니다. 살살 흔들어주면 아주 좋아합니다. 경사가 심하지 않은 미끄럼틀을 태워줘도 좋아합니다. 잔디밭에서 큰 공을 먼저 잡으러 가게 하는 것도 좋습니다. 유모차에 태우고 동네를 한 바퀴 돌며 바람을 쐬는 것도 피부와 호흡기 단련에 도움이 됩니다. 그러나 이제 막 제 힘으로 혼자 걸으려는 아기는 스스로 걷도록 하는 것이 좋습니다. 놀이터 한 부분에 아기용 놀이 기구를 갖추고 오전의 일정 시간을 아기 전용 시간으로 정해 아기들이 몸을 단련시킬 수 있도록 하면 좋겠습니다. 놀이터뿐만 아니라 일반 공원에도 아기 전용 공간을 만들어주기를 바랍니다.

●

신체를 단련시키는 것을 잊으면 비만아가 될 수 있습니다.

신체를 단련시키는 것을 잊은 채 이유식만 많이 먹이려는 것은 비만아를 키우는 것과 같습니다. 아기를 밖에서 놀게 해주면 옷을 많이 껴입는 일도 없습니다. 옷을 너무 많이 입히면 땀을 흘리니까 엄마가 옷을 얇게 입히게 됩니다. 밖에서 놀면 먼지가 많이 묻어 목욕도 부지런히 시키게 됩니다. 나중에 피부암에 걸릴 것을 염려하는 백인들은 자외선을 극도로 피하며, 아기를 밖으로 데리고 나갈 때는 선크림을 바르라고 합니다. 하지만 우리 아이들의 경우 여름철에 오전 11시부터 오후 3시까지의 직사광선만 피하면 됩니다.

환경에 따른 육아 포인트

293. 이 시기 주의해야 할 돌발 사고 

● 아기에게 조금이라도 위험한 것의 관리에 더욱 신경을 써야 할 때이다.

사소한 부주의가 큰 사고를 일으킵니다.

이 무렵의 아기에게 발생하는 사고는 '설마 그런 일은 아직 못하겠지' 하고 방심할 때 일어납니다. 아직까지 걷지 못한다고 생각했던 아기가 계단을 오르다가 떨어지기도 합니다. 계단이 있는 집에서는 계단으로 올라가는 입구를 막아버리거나 문을 잠가 아기가 올라가지 못하도록 해야 합니다. 물약이나 화장수를 병째로 마셔버리는 경우도 흔히 있습니다. 의사에게 처방받은 물약을 병째로 직접 먹여서는 안 됩니다. 아기가 맛있는 물약을 병째로 직접 마시는 것을 배우게 되기 때문입니다. 아스피린이 들어 있는 병 뚜껑도 아기가 열지 못하게 해두어야 합니다. 화장대 위와 서랍 안에는 아기에게 위험한 것이 많습니다. 아기 손이 닿는 화장대 위와 서랍 안에는 아무것도 놓아두지 말아야 합니다.

아기가 유모차에서 떨어지는 일도 꽤 많습니다. 아기를 유모차에 태운 뒤 문을 잠그러 간 사이에 아기가 유모차 위로 기어 올라갔다가 떨어지는 일도 있습니다. 또 아기가 잠들었을 때도 엄마는 방심하기 쉽습니다. 깊이 잠들었다고 생각해 어른 침대에 아기를 재우고 부엌일을 하는 사이에 잠이 깬 아기가 침대에서 떨어집니다. 아기가 항상 낮잠을 1시간 30분 정도 자기 때문에 그 동안 잠시 부엌일을 보아야겠다고 생각했는데 평소보다 일찍 잠이 깨어 사고를 낸 것입니다. 아기가 아무리 깊이 잠들었다고 해도 난간이 없는 침대에 혼자 두어서는 안 됩니다. 부모가 담배를 피우는 집에서는 아기가 담배를 삼키지 않도록 특히 주의해야 합니다. 아기는 종이 담뱃갑이든 담배 케이스든 쉽게 담배를 꺼내서 입에 넣습니다. 재떨이를 언제나 깨끗이 비워놓으면 아기가 피우다 만 담배꽁초를 삼키는 일은 없을 것입니다.

아기가 소파에서 떨어졌다고 사망하는 일은 거의 없습니다. 그러나 열려 있는 욕실문으로 들어가 물을 받아둔 욕조에 빠지면 사망합니다. 욕조 물로 빨래하는 습관이 있는 엄마는 특히 주의해야 합니다. 또 세탁기에 물을 채운 뒤 자리를 비워서는 안 됩니다. 아기가 기어가서 세탁기 속으로 떨어지는 경우도 있습니다.

아기 방에 두는 가스스토브와 석유스토브에는 반드시 칸막이를 쳐야 합니다. 그리고 스토브 위에 절대로 주전자 따위를 올려놓아서는 안 됩니다. 칸막이를 잡고 걸으려다가 칸막이가 스토브 위에 올려놓은 주전자에 부딪혀 아기가 끓는 물을 뒤집어쓰는 사고가 자주 일어납니다. 끓는 물을 뒤집어쓴 아기는 심한 화상을 입습니다. 주전자 물이 끓어 넘쳐 불이 꺼져버릴 경우에는 가스 중독을 일으킬 수도 있습니다. 한편 아기를 데리고 밖에 나갔을 때 야구나 축구를 하는 곳에는 가까이 가지 말아야 합니다.

294. 장난감

● 혼자 가지고 노는 정교한 장난감보다 밖에서 부모와 같이 놀 수 있는 간단한 장난감이 더욱 좋다.

더 이상 딸랑이나 오뚝이를 좋아하지 않습니다.

생후 10개월이 지나면 아기는 제법 손재주를 부립니다. 블록을 쌓아 올릴 줄은 몰라도 양손으로 블록을 딱딱 칠 줄도 알고 또 나란히 늘어놓을 줄도 압니다.

실내에서 아기 혼자 가지고 놀 수 있는 정교한 장난감보다 밖에서 부모와 같이 놀 수 있는 간단한 것이야말로 진짜 좋은 장난감입니다. 잔디밭에서 아빠와 같이 노는 데는 고무공 하나만 있으면 충분합니다.

방에서 놀 때도 엄마는 기회를 보아 같이 놀아주도록 합니다. 아기가 크레용이나 매직잉크로 그린 곳에다 엄마가 덧붙여 그리는 것도 좋습니다. 종이는 충분히 주도록 합니다. 그렇지 않으면 아기가 종이를 다 쓴 다음에 벽에다 그리게 됩니다. 또 크레용이나 매직잉크 같은 필기 도구는 장난감 상자에 같이 넣어두어서는 안 됩니다. 주워서 입에 넣을 위험이 있기 때문입니다. 무언가를 그릴 때만 곁에서 지켜보며 사용하게 해야 합니다. 이 무렵의 아기는 장난감을 자주 씹습니다. 흙이나 나무로 만든 장난감으로 조잡하게 착색된 것에는 납이 들어 있을지도 모르므로 입에 넣지 못하게 해야 합니다.

아기는 이제 더 이상 딸랑이나 오뚝이를 좋아하지 않습니다. 실로폰이나 북을 치며 노는 것을 유난히 좋아하는 아기도 있습니다. 태엽으로 움직이는 차를 뒤쫓아가게 하는 것은 보행 연습이 됩니다. 그러나 기성품 장난감보다 집 안에 있는 물건을 가지고 노는 것을 더 좋아하는 아기가 많습니다.

●

그림책을 보여줄 시기입니다.

그림책을 보여주면 좋아하는 것도 이 시기부터입니다. 아기의 기호는 일찍부터 나타납니다. 기차나 자동차 그림을 좋아하는 아기가 있고 동물 그림을 좋아하는 아기가 있습니다. 아기에게 처음 보여주는 그림책은 복잡한 배경이 별로 없는 것이 좋습니다. 어떤 아기는 책에 전혀 흥미를 보이지 않습니다. 이런 아기에게 억지로 책을 보여줄 필요는 없습니다.

295. 말 가르치기

● 말은 가르치지 않으면 발달하지 않는다. 아기를 똑바로 보고 입술의 움직임이 아기에게 잘 보이도록 하여 분명하고 바르게 발음한다.

가르치지 않으면 발달하지 않습니다.

키나 체중과는 달리 말하는 능력은 가르치지 않으면 발달하지 않습니다. 아기에게 사람의 말을 전혀 듣지 못하게 한 채 키우면 커서도 말을 하지 못합니다. 엄마가 아기에게 "칼에 손대면 안 돼", "자, 목욕하자", "어서 옷 입자" 하고 말을 거는 것은 아기를 위험으로부터 보호하고, 몸을 청결하게 해주고, 추위를 막아주려는, 아기를 사랑하는 엄마 마음의 표현입니다. 이것이 아기의 마음에 전달됨으로써 말을 이해하게 됩니다.

자신을 사랑해 주는 사람과 같은 생각을 하고 같은 행동을 하기 위해서는 말이 필요하게 됩니다. 말은 사람과 사람의 마음을 연결시켜 주는 중요한 수단입니다.

●

텔레비전은 말을 하는 데 도움이 되지 않습니다.

텔레비전 소리를 계속 듣는다고 해서 말을 하게 되는 것은 아닙니다. 사람과 사람 사이의 마음의 유대가 텔레비전과 아기 사이에는 이루어지지 않기 때문입니다. 오히려 텔레비전 소리가 잡음이 되어 엄마의 말을 듣지 못하게 됩니다. 그리고 텔레비전 영상이 엄마의 행동에 주목하는 것을 방해합니다. 아기에게 말을 가르치려면 텔레비전은 켜지 말아야 합니다.

엄마가 옷을 만들거나 요리에 열중하느라 아기에게 말 거는 일을 게을리 한다면 아기는 말을 배우지 못합니다. 아기에게 말을 할 때는 아기를 똑바로 보고 입술의 움직임이 아기에게 잘 보이도록 해야 합니다. 그리고 분명하고 바르게 발음해야 합니다. 복화술처럼 입술을 움직이지 않아서는 안 됩니다. 아기는 생각 외로 입을 열심히 봅니다.

●

아기는 말을 하기 전에 말의 뜻을 먼저 이해합니다.

그림책을 보고 어느 것이 사과냐고 아기에게 물어보면 손가락으로 사과를 가리킬줄은 알지만 입으로 "사과"라고 말하지는 못합니다. 말할 수 있게 되는 것은 엄마의 발음을 따라 하기 때문입니다. 세월이 지나면 저절로 말을 배울 것이라고 생각하여 말을 가르치지 않으면 아기는 언제까지나 말을 배우지 못합니다. 자기 생각을 말로 표현하지 못하면 답답해서 짜증을 내거나 우는 일이 많아집니다.

296. 부모가 폐결핵에 걸렸을 때 

● BCG 접종을 하지 않았다면 투베르쿨린 반응 검사를 해야 한다.

우선 투베르쿨린 반응 검사를 한다.

회사의 건강검진 등에서 부모 중 한 사람이 폐결핵이라는 것을 알게 되었을 때 어떻게 해야 할까요? 105 폐결핵을 앓는 가족이 있을 때를 다시 한번 읽어보기 바랍니다.

다행히 최근에는 공동이 있는 중증의 폐결핵은 거의 없어졌습니다. 공동이 없으면 결핵균이 그다지 많이 밖으로 나오지 않고 감염의 위험성도 적습니다. 그리고 공동이 있어도 열심히 치료하면 1개월 이내에 감염되지 않습니다.

부모가 아무리 중증의 폐결핵이라고 해도 아기에게 BCG를 접종했다면 한집에서 생활해도 됩니다. 요즘은 검진으로 발견될 정도의 폐결핵은 입원하지 않고 집에서 치료합니다. 아기에게 BCG를 접종하지 않았다면 우선 투베르쿨린 반응 검사를 해야 합니다. 음성이면 괜찮지만 1개월 후에 다시 한 번 검사해 봅니다. 이때 양성이면 화학 예방을 하고 음성이면 BCG를 접종합니다.

●

엄마에게서 공동이 발견되었다면 어떻게 해야 할까요?

아기에게 감염된 것이라면 격리해도 의미가 없습니다. 그렇지 않다면 엄마가 철저히 마스크를 하고 치료를 받으면서 육아를 계속합니다. 요즘은 약 효과가 좋아서 치료를 시작한 지 2주 후에는 다른 사람에게 옮기지 않습니다. 그리고 이전처럼 안정을 취하지 않아도 됩니다.

엄마의 공동에서 균이 많이 나온다는 것을 알았다면, 음성인 아기는 1개월 후에 양성인 것을 확인하기 전에 바로 화학 예방을 시작합니다.

297. 계절에 따른 육아 포인트

● 계절에 따라 비슷하게 나타나는 상황이 있다.

날씨가 따뜻하면 바깥에서 충분히 신체를 단련시켜야 합니다.

봄이 되어 따뜻해지면 바깥에서 충분히 신체를 단련시켜야 합니다. 자주 밖에 나가는 아기의 얼굴과 손발에 빨갛고 작은 가려운 습진이 생기는 일이 있습니다. 이것은 자외선의 자극에 의해 습진이 생긴 것이거나 가벼웠던 습진이 악화된 것일 수도 있습니다. 햇볕에 닿는 부위에만 습진이 생긴 경우에는 바깥에 나갈 때 모자를 씌워 직사광선을 피하도록 합니다.

3월 말경 아기가 자면서 땀을 많이 흘린다고 병원에 데리고 오는 엄마들의 이야기를 들어보면 난방을 지나치게 덥게 해준 경우가 많습니다. 잘 때 땀을 많이 흘리는 것은 병이라고 생각하기보다 너무 덥게 해주지 않았는지를 먼저 살펴보아야 합니다.

●

여름에 갑자기 밥을 먹지 않는 아기가 있습니다.

여름에 생후 10개월째를 맞은 아기가 밥을 먹지 않게 되는 경우가 있습니다. 특히 지금까지 소식하던 아기에게 이런 일이 많이 생깁니다. 갑자기 기온이 높아져서 30℃ 가까이 되는 날부터 밥은 쳐다보려고도 하지 않습니다.

하지만 아기가 자주 웃는 얼굴을 보이고 평소처럼 잘 논다면 걱정할 것 없습니다. 밥을 적게 먹는 것만큼 생우유나 분유, 아이스크림으로 보충해 주면 됩니다. 밥을 한 번으로 줄이고 차갑게 한 생우유나 요구르트를 먹여도 됩니다. 이것도 싫어한다면 아기가 여름에 식사를 줄이고 있다고 생각하고 무리하게 먹이지 않는 것이 좋습니다.

초여름에 고열이 나고 분유 등을 전혀 먹지 않는다면 구내염250 초여름에 열이 난다_구내염·수족구병 인 경우가 많습니다. 여름에는 옷차림이 가볍기 때문에 생후 11개월이 되기 전에 혼자서 걷기 시작하는 아기도 있습니다.

소변 보는 간격이 긴 아기는 여름에는 땀을 많이 흘리기 때문에 소변 양이 줄어들어 기저귀를 채우지 않고 시간을 정해 변기에 소변을 보게 하면 잘 보기도 합니다. 그러나 가을이 되면 반대로 지금까지 기저귀를 차지 않던 아기가 다시 기저귀를 차야 하는 경우가 많습니다. 평소에 가래가 잘 끓던 아기는 초가을이 되면 그르렁거리는 증상이 더 심해집니다.

●

늦가을에는 밤에 깨서 우는 아기가 많습니다.

늦가을이 되면 갑자기 밤에 몇 번이나 깨서 우는 아기가 적지 않습니다. 밖에서 운동을 좀 더 많이 시키거나 낮잠을 제한하는 등 여러 가지 방법을 써보아도 고쳐지지 않는 경우가 있지만, 어느 시기가 되면 자연히 고쳐지므로 걱정하지 않아도 됩니다. 이럴 때는 엄마가 아기 옆에서 자면서 푹 재우도록 합니다. 아빠가 불면증이 되면 곤란하기 때문입니다.

●

겨울에는 설사를 하는 아기가 있습니다.

겨울철에 들어설 즈음 갑자기 분유를 토하고 물과 같은 변을 여러 번 보는 아기가 있습니다.280 겨울철 설사이다 지금까지 한 번도 설사를 한 적이 없는 아기라면 엄마가 깜짝 놀랄 것입니다. 그러나 걱정하지 않아도 됩니다. 초겨울에 들어서면 이 월령의 아기들에게 이러한 병이 많다는 것을 안다면 당황하지 않을 것입니다.

또한 돌발성 발진226 돌발성 발진이다을 앓은 적이 없는 아기가 고열이 2일 이상 계속된다면 이 병을 의심해 보아야 합니다. 돌발성 발진은 계절과는 상관이 없습니다. 반복해서 말하지만, 화상은 겨울철 병이라 생각하고 특히 주의하기 바랍니다.

엄마를 놀라게 하는 일

298. 부상을 당했다

● 넘어지거나 미끄러져서 나는 상처가 대부분이다.

1.5m 이상 높이에서 머리부터 떨어졌을 때는 곧바로 병원에 가야 합니다.

이 월령의 아기는 매일같이 넘어지거나 미끄러지기 때문에 자주 상처를 입습니다. 마루에서 떨어져 돌에 머리를 부딪혀 피가 날 때는 소독 가제로 누르고 바로 병원으로 데리고 갑니다. 집에서 응급처치를 하겠다고 책을 뒤적거리며 시간을 끌어서는 안 됩니다.

부딪힌 부분에 혹이 났을 뿐 피가 나지 않는다면 그대로 두어도 됩니다. 약은 바르지 않습니다. 단, 높이가 1.5m 이상인 곳에서 딱딱한 물건 위로 머리부터 떨어졌을 때는 아기가 떨어지자마자 바로 울었다고 하더라도 곧바로 병원으로 데리고 가는 것이 좋습니다. 부딪힌 부위에 긁힌 상처가 생기고 피가 약간 스며 나와 있을 때는 상처 주위만 소독약으로 닦고 상처에는 소독약을 바르지 말아야 합니다. 그리고 가제는 붙이지 않는 편이 빨리 낫습니다.

●

코피가 날 때는 안고 있는 것이 좋습니다.

코를 부딪혀서 코피가 날 때는 눕혀놓기보다 안고 있는 것이 좋습니다. 머리 위치를 심장보다 높게 해야 피가 잘 멈춥니다. 피가 나오는 쪽 콧구멍에 솜을 뭉쳐 끼우고, 머리 위에 차가운 수건을 얹어놓습니다. 단, 높이가 1.5m 이상인 곳에서 떨어져 코피가 났다면 의사에게 보여야 합니다.

걸어가다가 넘어지면서 코밑을 부딪혀 앞니로 인해 입술 안쪽이 찢어지는 사고가 있습니다. 이때는 끓인 물을 식혀서 먹이고 그대로 두면 됩니다. 입 안의 상처는 잘 낫습니다. 무리하게 입을 벌려 소독약을 바르지 않도록 합니다.

●

다친 날은 목욕을 시키지 않는 것이 좋습니다.

의자가 넘어지면서 후두부를 바닥에 부딪히는 일도 자주 있습니다. 울면서 바로 일어나면 괜찮습니다. 만일 실신했을 때는 응급실로 데리고 가야 합니다. 금방 정신을 차리고 일어나려고 할 때도 잠시 동안 눕혀놓는 것이 좋습니다. 그날은 목욕을 시키지 않도록 합니다. 면도날이나 깨진 유리에 손이 베였을 때는 소독 가제로 꼭 누르고 바로 병원으로 데리고 갑니다. 1~2분 정도 소독 가제로 눌러 피가 멈추었을 때는 상처 주위를 소독약으로 닦고 반창고를 붙입니다. 소독한다고 멘소래담 같은 연고를 바르는 것은 좋지 않습니다.

●

높은 곳에서 떨어졌다. 265 아기가 추락했다 참고

화상. 266 화상을 입었다 참고

299. 목 안쪽이 과민하다 

● 몸의 다른 부분에는 이상이 없고 목만 과민하다면 걱정할 것 없다.

조금씩 익숙해지도록 하면 서서히 나아집니다.

때때로 목 안쪽이 과민하다고 생각되는 아기가 있습니다. 이유식을 먹이다가 알게 되는데 약간 딱딱한 음식, 익숙하지 않은 음식, 물기가 없는 음식을 먹이면 "웩" 하면서 토해 버립니다. 지금까지 먹여왔던 부드럽고 흐물흐물한 음식은 먹여도 토하지 않습니다. 이비인후과에서 진찰을 받아도 별 이상은 없고 목의 신경이 과민하기 때문이라고 합니다.

이런 아기는 계속 밥을 먹지 못합니다. 쌀죽, 생우유 속에 토스트를 잘게 찢어 넣어서 끓인 수프(빵죽), 오랫동안 삶아서 아주 부드러운 우동 등이 주식이 되어 이유식이 늘지 않습니다. 영양의 대부분을 분유로 섭취하기 때문에 하루에 분유 200ml씩 4~5회, 반숙 노른자 1~2회, 죽과 시판 이유식(간, 야채) 같은 것을 먹습니다.

의사는 "이런 식사는 고쳐야 합니다"라고 말하겠지만 신경 쓰지 말아야 합니다. 이 식단은 악전고투하여 도달한 결과입니다. 이제

와서 밥을 주어도 아기는 틀림없이 거부할 것입니다. 아기가 건강하다면 영양은 잘 공급되고 있는 것입니다. 이 시기의 아기가 몸의 다른 부분에는 이상이 없고 목만 과민하다면 걱정할 필요 없습니다. 반드시 보통 사람들처럼 먹을 수 있게 됩니다. 조금씩 익숙해지도록 하면 됩니다.

동물성 단백질은 분유, 달걀, 생선 등으로 충분히 섭취할 수 있지만 야채가 부족합니다. 야채를 잘게 다져서 죽 속에 넣거나, 채 썰어서 수프를 만들거나, 된장국에 넣어 보충합니다. 잘 먹는다면 시판 이유식인 분말 야채를 먹여도 됩니다. 과즙을 싫어한다면 종합 비타민을 먹이면 됩니다.

과민증이 선천적이라는 것은, 더 어릴 때 분유나 과즙을 급하게 먹으면 자주 사레가 드는 것으로도 알 수 있습니다.

300. 비만이다

● 아기가 비만이면 서는 것도 걷는 것도 늦어지고 신체 단련도 싫어한다.

잘 먹는다고 계속 주면 비만이 됩니다.

원래부터 많이 먹던 아기가 생후 10개월 정도 되면서 눈에 띄게 살이 찌는 경우가 있습니다. 죽, 밥, 생선, 육류 등을 많이 먹는데도 분유를 그만큼 줄이지 않았을 때 이렇게 되기 쉽습니다.

처음에 이유식을 준 후 그것만으로는 영양이 부족하여 분유를 먹이는데, 그 버릇이 지속되어 어린이용 밥그릇으로 죽 2공기, 생선 1토막, 달걀 1개를 먹은 후에도 분유를 200ml나 먹습니다. 이런 아기는 분유를 70~80ml로 줄이면 더 먹고 싶어 합니다. 먹고 싶어 하면 다 주고 싶은 부모 마음과 체중은 늘수록 좋다는 잘못된 생각에서 이처럼 분유를 너무 많이 먹이게 된 것입니다.

그러나 이대로 가다가는 비만아가 됩니다. 그렇게 되면 아기는 서는 것도 걷는 것도 늦어지고 신체 단련도 싫어합니다. 어른이 되어서도 고혈압이나 심장과 혈관 이상을 일으키기 쉽습니다.

●

먹는 것을 제한해야 합니다.

보통의 아기는 늘 체중을 체크하지 않아도 되지만 눈에 띄게 살이 찐 아기는 체중을 체크해야 합니다. 10일마다 체중을 재보아 200g 이상씩 늘어난다면 비만이 됩니다. 이때는 먹는 것을 제한해야 합니다.

이유식으로 먹이고 있는 죽, 밥, 빵은 그대로 먹이고 나중에 먹이는 분유의 양을 줄입니다. 분유를 떠먹는 요구르트로 바꾸는 것도 좋습니다. 또 바꿀 수 있다면 분유 대신 과즙이나 묽은 요구르트 등을 150ml 정도 먹입니다.

하루의 체중 증가가 30g에 달할 때는 분유를 과즙으로 바꿀 뿐만 아니라 죽이나 밥도 너무 많이 먹이는 것은 아닌지 반성해야 합니다. 죽이나 밥을 어린이용 밥그릇으로 2공기 이상 먹는다면 양을 줄이도록 합니다. 배고파하면 두부를 줍니다. 또는 밥 먹기 전에 사과 간 것을 먹입니다.

그러나 지금까지 하루에 200ml씩 4회나 먹던 분유를 완전히 중단하는 것은 무리이며 좋은 방법도 아닙니다. 분유는 아무리 많이 줄여도 하루 2회는 먹도록 합니다. 4회 먹이던 분유를 2회만 먹여도 계속 체중이 많이 증가한다면 반찬은 그대로 두고 죽, 밥, 빵의 양을 줄입니다. 생선, 달걀, 육류보다 죽, 밥, 빵이 지방의 축적을 돕기 때문입니다. 여러 가지로 조절을 해도 대식가인 아기는 좀처럼 먹는 양을 줄이기 어렵습니다. 체중 증가를 하루 평균 10~15g 정도로 억제할 수 있다면 그나마 성공입니다.

많이 먹지 않는데도 체중이 점점 많이 느는 아기가 있습니다. 이것은 수분이 몸속에 쌓이기 때문입니다. 287 먹이기에서 예를 든 식단 A 정도의 식사를 해도 점점 살이 찐다면 먹는 양은 더 이상 줄이지 않는 것이 좋습니다. 그러나 되도록 설탕을 제한하고, 생선과 고기는 기름이 적은 부위를 골라 먹이도록 합니다.

301. 변비에 걸렸다

● 섬유질이 많은 음식을 먹이되 변비약은 먹이지 않는다.

섬유질이 많은 음식을 먹여봅니다.

지금까지 변을 규칙적으로 매일 보다가 생후 10개월이 지나면서부터 잘 나오지 않고 2~3일에 한 번 본다면 식사량이 부족한 것은 아닌지, 너무 부드러운 음식만 먹인 것은 아닌지 생각해 봐야 합니다. 식사량이 부족하면 체중이 적게 증가합니다. 체중 증가가 하루 평균 5g 이하이면 조금 더 많이 먹이도록 노력해야 합니다. 이 월령에는 분유를 늘리는 것보다 빵, 밥 등을 더 먹이는 것이 좋습니다. 생선이나 고기 양도 늘리도록 합니다.287 먹이기

체중이 하루 7~8g씩 늘고 있는데도 변비인 아기에게는 소화가 잘되는 음식만 먹인 것인지도 모르니까 섬유질이 많은 음식을 먹입니다. 시금치, 양배추, 양파 등을 삶아서 먹이거나 다져서 달걀로 오믈렛을 만들어 먹여봅니다. 또 소화가 잘 안 되는 음식을 먹여 장에 자극을 주기 위해서 콩 종류를 으깨어 먹여보기도 합니다.

과일 양을 늘려도 좋고, 지금까지 떠먹는 요구르트를 주어본 적이 없다면 분유 대신 떠 먹는 요구르트로 바꾸어보는 것도 좋습니다. 토스트에 잼을 발라 먹인다면 살구잼이나 산딸기잼을 발라줍니다. 비만아가 아니라면 식빵에 버터를 많이 발라주어도 됩니다. 김이나 미역을 먹이면 변이 부드러워지는 아기도 있습니다.

●

변은 매일 꼭 한 번 보아야 하는 것은 아닙니다.

변비가 갑자기 시작된 것이 아니라 생후 1~2개월경부터 계속되고 있고, 앞에서 이야기한 여러 방법을 모두 시도해 보았지만 여전히 2~3일에 한 번밖에 변이 나오지 않는 아기도 있습니다. 이런 경우에는 변비가 아기의 일상생활에 어느 정도 해를 주는지 생각해 보게 됩니다.

변이 다소 단단하고 나올 때 피가 약간 묻어 있는 일도 있으나 3일마다 나온다면 별 지장이 없는 한 그대로 두는 것이 좋습니다. 변은 매일 꼭 한 번 보아야 하는 것은 아닙니다. 3일마다 나오는 것이 이 아기에게는 정상이라고 생각하면 됩니다. 실제로 아기 때부터 3일마다 변을 보는 상태가 초등학교 때까지 계속되어도 아무런 지장이 없는 경우가 많습니다.

●

변비약을 자주 사용하는 것은 좋지 않습니다.

변비약을 너무 자주 사용하면 대장 벽이 약에 만성이 되어버릴 수도 있습니다. 변을 볼 때 너무 아파하며 울고, 그 아픔에 대한 공포 때문에 변을 보려고 하지 않는 아기는 소아과 의사와 상의하여 관장을 시켜주어도 됩니다. 매일 변을 보게 되면 부드러워집니다.

적당한 운동은 장에 자극이 되므로 바깥에서 몸을 단련시키는 것도 잊지 말아야 합니다. 지나치게 경각심을 주려 하는 의사는 선천성 거대 결장증일지도 모른다고 말할 수도 있지만, 이 병의 증상은 단순히 변비만이 아닙니다. 발육도 늦어지고, 배도 비정상적으로 부풀어 오릅니다.

●

갑자기 울기 시작하며 아파한다. 180 갑자기 울기 시작한다, 181 장중첩증이다 참고

열이 나고 경련을 일으킨다. 248 경련을 일으킨다_열성 경련 참고

초여름에 나는 고열. 250 초여름에 열이 난다_구내염·수족구병 참고

천식. 251 천식이다 참고

겨울철 설사. 280 겨울철 설사이다 참고

고열. 281 고열이 난다 참고

이물질을 삼켰다. 284 이물질을 삼켰다 참고

302. 왼손잡이다

● 왼손잡이를 교정하려고 손에 의한 창의성을 속박하는 것은 왼손잡이로 사는 것보다 더 나쁘다.

왼손잡이 교정 따위는 생각할 필요가 없습니다.

아기가 왼손잡이가 아닐까 하는 의심이 처음 드는 것은 이 시기입니다. 블록놀이를 할 때, 엄마가 건네주는 비스킷을 받을 때, 숟가락을 잡을 때 항상 왼손을 먼저 내밀기 때문에 알게 됩니다. 오른손잡이와 왼손잡이는 태어날 때부터 이미 정해져 있기 때문에

오른손을 많이 사용하게 한다고 해서 오른손잡이가 되는 것은 아닙니다.

이 월령의 아기가 왼손잡이인 것 같다고 왼손을 사용하지 못하게 해서는 안 됩니다. 왼손잡이든 오른손잡이든 그것은 그 사람의 특성입니다. 글씨는 오른손으로 써야 한다는 편견 때문에 많은 사람들이 왼손잡이를 오른손잡이로 교정하려고 합니다. 하지만 야구선수든, 조각가든, 화가든 왼손잡이도 얼마든지 해낼 수 있습니다.

왼손잡이라도 얼마든지 글씨를 잘 쓸 수 있는데도 지금까지는 이것을 교정하려고 애썼습니다. 서양에서는 왼손잡이는 왼손으로 글씨를 씁니다. 오른손이 아니면 쓰기 어려운 붓글씨는 일상생활에서는 필요하지 않습니다. 벼루조차 없는 집도 많습니다. 컴퓨터의 보급은 왼손잡이의 불리함을 없애주었습니다.

아기가 왼손잡이라는 사실을 알게 되는 시기는 아기의 생활에서 손이 중요한 역할을 하기 시작하는 때입니다. 아기가 손으로 이 세상을 만지기 시작하는 것입니다. 손을 창조에 사용하기 시작하는 것입니다. 아기의 이러한 창의성을 살려주는 것이 중요합니다. 자주 사용하기 시작한 손을 속박하는 것은 아기 손에 의한 창의성을 속박하는 것이나 마찬가지입니다.

아기가 어느 손을 사용하든 편하게 사용하도록 놔두는 것은 '무엇이든 해보자'는 아기의 의욕을 격려하는 것입니다. 왼손잡이 교정 따위는 생각할 필요조차 없습니다.

보육시설에서의 육아

303. 이 시기 보육시설에서 주의할 점

● 말하기 훈련과 걸음마 연습을 시작할 때이다.

걸음마 연습을 시킬 때입니다.

아기는 깨어 있는 동안 주위에 있는 아이들의 움직임을 보고 거기에 반응합니다. 아기를 바닥에 내려놓으면 노래를 부르고 있는 큰 아이들 무리에 다가가려고 기어갑니다. 모두와 함께 즐기고 싶은 이 마음을, 집에서 엄마가 빨래를 하는 동안 침대 난간 속에만 갇혀 있는 아기는 모릅니다.

아기의 이런 적극적인 의욕을 살려주는 것이 집단 보육의 큰 장점입니다. 생후 10개월이 지난 아기는 걷고 싶어 합니다. 아기가 때때로 손을 놓고 설 수 있게 되면 아기를 격려하면서 걸음마 연습을 시켜야 합니다. 일어선 아기에게 "하림아, 이쪽으로 와!" 하고 아이들이 입을 맞추어 말합니다. 이것은 집에서는 바랄 수 없는 커다란 격려가 됩니다. 손을 놓고 설 수 있게 된 아기는 이렇게 격려해주면 1~2주 이내에 걸을 수 있게 됩니다. 집에서보다 훨씬 빨리 할 수 있습니다.

보육시설에서도 보행기를 사용해서는 안 됩니다. 앉아 있는 아기의 다리나 기어 다니는 아기의 손을 치어 부상을 입힐 수도 있습니다.

●

죽을 싫어하는 아기가 있습니다.

생후 10개월이 지나면 죽을 싫어하는 아기가 있습니다. 이럴 때 보육교사는 기회를 놓치지 말고 밥으로 바꾸도록 합니다. 그리고 이 사실을 바로 엄마에게 알려줍니다. 만약 집에서 먼저 밥을 먹이기 시작했다면 엄마도 바로 보육시설에 알려줍니다.

개중에는 만 1세가 될 때까지는 밥을 먹이면 안 된다고 생각하는 엄마도 있습니다. 보육교사는 이런 엄마에게는 요즘에는 대부분의 아기가 예전보다 빨리 밥을 먹게 되었다는 것을 말해주어야 합니다.

대소변은 아직 가리지 못하는 것이 당연하지만, 여름에 기저귀를 빼고 시간을 정해 변기에 데려가면 성공하는 아기도 있습니다. 다른 큰 아이가 얌전하게 변기에 앉아 있는 모습을 보면 별 저항 없이 변기에 그대로 있는 아기도 생기기 시작합니다. 그러나 날씨가 추워지는 계절에 생후 10개월 된 아기의 기저귀를 빼놓는 것은 무리입니다. 낮잠을 자고 난 후 변기에 데려가면 성공하는 정도입니다.

●

낮잠은 오전과 오후에 두 번 재웁니다.

6월부터 9월 정도까지는 옥외 그늘에서 낮잠을 재울 수 있는 시설을 갖추면 좋겠습니다. 더불어 아기를 위한 욕조를 준비하여 낮잠을 자고 난 후나 전에 목욕을 시킨다면 더욱 좋겠습니다. 그러기 위해서는 6~7명의 아기를 2명의 보육교사가 돌보아야 합니다.

●

이 월령에는 말하기 훈련이 중요합니다.

보육교사는 아기에게 무언가를 해줄 때 반드시 말을 걸어주어야 합니다. 묵묵히 기저귀만 갈아주어서는 안 됩니다. "자, 기저귀 갈자", "개운하지?", "기분 좋지?" 하고 행위와 연결시켜 말해야 합니다.

이때 보육시설에서 쓰는 말과 집에서 쓰는 말이 다르면 아기가 혼란스러워합니다. 보육시설의 아기들 중에는 이미 말을 할 수 있는 아기도 있는데 아기가 하는 말은 보육시설의 '공용어'임에 틀림없습니다. 가능하면 집에서도 그와 같은 말을 가르치도록 합니다.

그러기 위해서는 엄마와 보육교사가 의사소통을 위한 모임을 가져야 합니다. 식사를 '맘마'라고 할지 '밥'이라고 할지 등에 대해 정해 놓는 것이 좋습니다. 집에만 있는 아기는 엄마가 하는 말만 듣지만, 보육시설에 다니는 아기는 엄마 이외에 보육교사, 아르바이트 보육교사 등 몇 명의 교사가 하는 말을 동시에 듣습니다. 이들의 말이 통일되지 않으면 아기의 언어 습득이 늦어집니다.

●

이동으로 인한 사고에 주의해야 합니다.

생후 10개월이 되면 아기는 스스로 이동하는 것이 활발해집니다. '설마 이곳까지 오지는 못하겠지'라고 생각하는 곳에 아기가 가 있는 경우가 있습니다. 문 옆에 와 있는 것을 모르고 힘껏 문을 열다가 아기 머리에 부딪히기도 합니다. 알루미늄 새시의 미닫이문에 손가락이 끼어 골절을 일으키는 사고도 자주 있습니다.

아기는 아무것이나 주워서 입에 넣기 때문에 방 안에 단추나 동전이 떨어져 있지 않도록 주의해야 합니다. 아기 옷이나 보육교사 옷에서 단추가 떨어지려 하면 미리 떼어놓는 것이 좋습니다. 나중에 시간이 있을 때 달면 됩니다.

아기가 겨우 일어섰을 때 큰 아이가 뛰어와서 부딪히는 일도 적지 않으므로 일어서기 시작한 아기에게서 눈을 떼어서는 안 됩니다. 큰 아이들과 다른 방에서 보육하고 있을 때는 큰 아이들이 마음대로 출입하지 못하도록 해야 합니다.

파손된 장난감이나 의자 등으로 인해 생각지도 못한 부상을 당하는 일도 있으므로 수리가 끝날 때까지 다른 방에 치워놓아야 합니다. 그림책의 제본이 허술해졌을 때는 절대 스테이플러로 찍어서는 안 됩니다. 보육실이 2층에 있는 경우는 아래층으로 통하는 입구를 철저하게 잠그고, 아기 손으로 열지 못하도록 해두어야 합니다.

●

매년 꼭 걸리는 병에 대해 알아두어야 합니다.

이 월령의 아기가 매년 꼭 걸리는 병에 대해서도 알아두어야 합니다. 생후 10개월 전후의 아기가 초여름에 고열이 나고 분유를 토하면 입을 벌려 목 안쪽을 살펴봅니다. 목젖이 붙어 있는 부분 양쪽에 좁쌀 크기만 한 수포가 있으면 구내염[250 초여름에 열이 난다_구내염·수족구병]입니다. 이것은 생후 6개월 이상 된 아기에게는 전염될 가능성이 있으므로 가능한 한 빨리 격리시키는 것이 좋습니다.

돌발성 발진을 앓은 적이 없는 아이에게 고열이 나면 계절에 상관없이 우선 이 병을 의심해 봅니다.[226 돌발성 발진이다] 이 월령의 아기는 늦가을에 겨울철 설사[280 겨울철 설사이다]를 자주 합니다.

15

생후 11~12개월

이 시기 아기는 자신을 둘러싸고 있는
인간관계를 터득하여
자기 주변 사람과 그 밖의 사람을 확실하게 구별할 줄 압니다.
'맘마, 빵빵, 멍멍' 등 간단한 말도 하기 시작합니다.
호기심과 움직임이 왕성하여
더 많이 신경을 써야 할 때입니다.

이 시기 아기는

304. 생후 11~12개월 아기의 몸

- 인간관계를 터득하면서 낯가림을 한다.
- 간단한 말을 하기 시작하고 움직임이 활발하다.
- 호기심이 왕성하다.

인간관계에 대해 알기 시작합니다.

아기는 자신을 둘러싸고 있는 사람들과의 관계를 드디어 알기 시작합니다. 따라서 부모와 타인, 타인 중에서도 얼굴을 아는 사람과 그렇지 않은 사람의 구별이 더욱 확실해집니다. 아기는 자신을 둘러싸고 있는 사람들의 사회 속에 적극적으로 참여하려고 합니다.

어른들은 아기가 흉내를 많이 낸다는 것을 느끼게 됩니다. 아기는 엄마가 행주로 식탁 닦는 것을 보면 옆에 와서 손으로 식탁을 문지릅니다. 또 아빠가 망치로 탕탕 두드리는 것을 보면 숟가락으로 식탁을 톡톡 칩니다.

●

자신보다 큰 아이에게 관심이 많습니다.

이 시기의 아기가 가장 기뻐하는 것은 자신보다 조금 큰 아이가 놀고 있는 곳에 가서 자신도 놀이에 동참하는 것입니다. 물론 실제로 같이 놀지는 못합니다. 그러나 장난감을 받거나, 나무로 만든 자동차에 함께 타거나, 자기 쪽으로 공을 던져주면 매우 기뻐합니다. 버스나 기차를 탈 때도 밖의 풍경 따위에는 신경 쓰지 않고 옆에 있는 아이에게만 주목하여 손을 뻗거나 말을 걸어 같이 놀려고 합니다.

●

간단한 말을 합니다.

어른으로부터 칭찬받고 으쓱해지는 일이 점점 많아집니다. 아기 기분이 좋을 때 "예쁜 얼굴 해봐요", "곤지곤지"라고 말하면 즉시 그렇게 합니다. 어른들이 칭찬해 주면 아기는 아주 기뻐합니다.

지금까지는 가지고 있던 장난감을 절대 놓으려고 하지 않다가 "장난감 주세요" 하고 손을 내밀면 장난감을 줍니다. 인간과 인간을 연결하는 것이 말이라는 사실을 차차 알게 되는 것입니다. 이름을 부르면 돌아보고, "안녕!" 하고 말하면 손으로 '빠이빠이'를 하거나 머리를 숙이기도 합니다.

이해하는 말은 상당히 많아지지만 할 수 있는 말은 만 1세 때는 한두 마디 정도입니다. "맘마"(음식), "빵빵"(자동차), "멍멍"(개), "맴매"(금지), "빵" 등의 말을 하는 아기가 많습니다. 형제가 많은 집에서는 "싫어"나 "아파"를 가장 먼저 말합니다. 그만큼 생존 경쟁이 치열한 것입니다.

다른 사람이 말하는 것은 잘 이해하면서도 만 1세가 되어도 아직 말을 전혀 못하는 아기도 드물지 않습니다. 말을 빨리 하는 것과 지적 능력은 별 관계가 없습니다. 만 1세가 된 아기가 말을 하지 못해도 초조해할 필요는 없습니다.

엄마가 말없이 일을 신속하게 처리하는 타입이라 아기 옷을 갈아입힐 때나 밥을 먹일 때나 목욕시킬 때 묵묵히 그 일만 한다면 아기는 말을 배울 기회가 없습니다. 그러나 대부분의 엄마는 아기를 사랑하는 마음으로 자신도 모르는 사이에 많은 이야기를 해줍니다. 아기에게 이야기를 해줄 때는 바른 언어로 해야 합니다.

●

아기의 움직임은 나날이 활발해집니다.

대부분의 아기는 이 시기에 물건을 잡고 걷습니다. 양손 또는 한 손을 잡아주면 어떻게든 다리를 옮깁니다. 빠른 아기는 손을 놓고 아장아장 걷기도 합니다. 처음에는 오른발이 O자형 다리가 되거나, 왼발을 끌듯이 걷거나, 좌우 움직임이 다른 경우도 종종 있는데 걱정하지 않아도 됩니다.

다음 달이 첫돌인데 아직 기지도 못하고 물건을 잡고 일어서지도 못하더라도, 혼자서 앉을 수 있고 다른 발육 상태가 정상이라면 만 1세 반까지는 걸을 수 있게 됩니다. 손도 더욱 섬세하게 움직일 수 있게 되어 병뚜껑을 열거나, 코드 플러그를 뽑거나, 가스 점화 스위치를 돌릴 수 있으므로 엄마는 잠시도 마음을 놓아서는 안 됩니다.

312 이 시기 주의해야 할 돌발 사고

●

호기심도 더욱더 왕성해집니다.

계단이 있으면 올라갑니다. 아직 제대로 걷지도 못하는 아기가 2층으로 올라가는 일도 종종 있습니다. 상자가 있으면 들어갑니다. 비닐 봉지가 있으면 뒤집어씁니다. 매직 치우는 것을 잊고 그냥 두면 그것으로 바닥에 무엇인가 그립니다. 포트가 있으면 뜨거운 물을 엎지릅니다.

●

위험한 것은 금지시켜야 합니다.

위험에 직면하면 엄마는 아기를 야단치게 됩니다. 아기를 야단쳐도 될까요? 물론 야단쳐야 합니다. 위험한 것은 금지시켜야 합니다.

그러나 야단치는 것은 도덕 교육이 아닙니다. 이 시기의 아기는 꾸중 들은 것을 기억해 그것이 나쁜 일이라고 판단하지는 못합니다. 화상을 입거나 추락하는 것은 위험 방지를 게을리 한 부모 책임입니다. 위험한 짓을 하려고 했을 때 부모로부터 "안 돼"라는 말을 들으면 조건반사로 그 행동을 중지하도록 만드는 것이 이 시기에 야단치는 목적입니다.

간단하고 명확하게 항상 같은 어조로 "안 돼"라고 제지해야 합니다. "안 돼"라고 말했을 때 아기가 위험한 짓을 그만두면 칭찬해 주어야 합니다. 부모의 제지에 따르면 칭찬받는다는 것을 교육시키는 것입니다.

●

활발한 아기는 낮잠을 한 번밖에 자지 않게 됩니다.

낮잠 자는 시간도 제각기 다릅니다. 아침 일찍 일어나는 아기는 오전 중에 잡니다. 오후에 2~3시간 자는 아기도 많습니다. 느긋한 아기는 오전과 오후에 각각 2시간씩 자기도 합니다. 아직 이 시기까지는 잠에서 깰 때 기분 좋게 일어나는 아기도 있고, 일어나서 20~30분 정도 기분이 나쁜 아기도 있습니다. 졸리면 한 차례 칭얼거린 후에야 자는 아기도 있습니다. 수면 시간은 밤 9시부터 아침 7시까지가 많지만, 밤 10시가 지나도 자지 않는 아기가 늘어납니다. 이런 아기는 당연히 아침에 늦잠을 잡니다.

엄마가 잘 때쯤 기저귀를 갈아주거나 젖어 있지 않으면 소변을 보게 하고 밤중에 한번 더 기저귀를 갈아주는 경우가 가장 많습니다. 그러나 밤 12시에 소변을 보면 아침까지 견디는 아기도 점차 많아집니다. 원래 소변을 자주 보는 아기로 엄마가 기저귀에 신경 쓰는 사람이라면 밤중에 세 번이나 기저귀를 갈아주는 경우도 있습니다.

기저귀를 갈아주느라고 깨우는 것보다 푹 자게 두는 것이 좋다고 생각하여 밤 12시 이후에는 기저귀를 갈아주지 않는 엄마는 밤중에 아기가 소변을 몇 번 보았는지 알지 못합니다. 그래도 엉덩이가 짓무르지 않는다면 다음 날 아침에 갈아주어도 됩니다. 309 배설훈련 아기에 따라서는 엉덩이가 젖으면 기분이 나빠 우는데 이것은 아기의 개성이지 가르쳐서 되는 것이 아닙니다.

●

식사에서도 개인차가 심하게 나타납니다.

이 시기에는 이가 위아래로 각각 4개씩 나고, 아기가 죽을 싫어하게 되어 밥으로 바꾸는 엄마가 많습니다. 그러나 밥을 싫어하는 아기도 있습니다. 일반적으로 생후 4개월 이후부터 분유를 1회에 200ml 이상 먹던 아기는 밥도 잘 먹습니다.

소식을 하는 아기는 밥도 한 번에 어린이용 밥그릇으로 1/2공기나 1/3공기만 먹는 경우가 많습니다. 이런 아기는 반찬도 그렇게 많이 먹지 않는데 물이나 국에 밥을 말아 먹이면 잘 먹기도 합니다. 이유식 식단에 만 1세 된 아기에게는 밥 150g을 하루 3회 먹이라고 쓰여 있기도 하지만 이만큼 먹는 아기는 굉장한 대식가입니다. 307 밥을 먹지 않는 아기

만 1세가 되었다고 해서 밥을 주로 먹이고 생우유나 분유로 보충해야 한다는 원칙은 없습니다. 죽을 중단하고 밥을 먹이는 것은 특별히 아기용 식사를 만들지 않고 부모와 같이 먹을 수 있어서 간편하기 때문입니다.

●

식사는 충분하되 간단히 하고 신체 단련에 신경 써야 합니다.

식사는 영양만 충분하다면 되도록 간단히 하고 생활을 즐기는 데 시간을 할애하는 것이 아기에게도 좋습니다. 밥을 먹기 싫어하는 아기에게는 동물성 단백질(생선, 달걀, 쇠고기, 돼지고기, 닭고기 등)을 반찬으로 주면 됩니다. 이것도 먹지 않는다면 분유나 우유를 지금까지 주었던 것처럼 계속 주어도 됩니다.

식사를 위해서 하루 3시간이나 낭비해서는 안 됩니다. 운동하거나 놀거나 바깥에서 몸을 단련시키는 데 더 많은 시간을 할애해야 합니다. 예전에 할머니와 한집에서 살 때는 엄마가 아이를 데리고 집 밖에서 3시간이나 놀면 놀기 좋아하는 며느리라고 비난을 받았습니다. 그 때문에 엄마는 이유식을 만드는 일에 집중하게 되었던 것입니다. 그러나 지금은 젊은 부부만 사는 가정에서 이런 봉건적인 풍습을 지킬 필요가 없습니다.

●

간식도 아기의 개성에 따라 여러 가지로 달라집니다.

일반적으로 소식하는 아기는 짭짤한 쌀과자를 깨물어 먹거나, 마른 오징어(다리는 위험하므로 삼킬 수 없는 몸통 부분을 주어야 함)를 빨아 먹는 것을 좋아합니다. 대식가형의 아기는 비스킷, 카스텔라, 핫케이크 등 무엇이든 잘 먹습니다.

●

대변 보는 횟수는 아기에 따라 다릅니다.

이 시기에도 대변 보는 횟수는 아기에 따라 거의 정해져 있습니다. 하루 걸러 보는 아기, 매일 한 번 보는 아기, 매일 두 번 보는 아기 등 각양각색입니다. 대변이 나오려고 한다는 것을 확실하게 "응아" 하면서 알려주는 아기는 없습니다. 그저 아기가 힘주는 것을 보고, 엄마가 알려준다고 착각하는 것뿐입니다.

소변도 아직 가리지 못합니다. 부지런하고 깔끔한 엄마는 1시간마다, 때로는 40분마다 아기를 변기에 데려가 소변을 보게 합니다.

그러면 하루에 1~2장밖에 기저귀를 갈지 않아도 됩니다. 그러나 이렇게 하려면 엄마가 부지런한 것은 물론 아기가 순종적이어야 합니다. 울면서 변기 위에서 가만히 있지 않는 아기에게는 불가능합니다.

대부분의 엄마는 낮잠 후, 목욕 전, 식사 후, 취침 전 등 아기가 기분이 좋을 때는 변기에 소변을 보게 하지만 아기의 저항이 심할 때는 단념합니다. 이것은 자연스러운 일입니다.

●

갑자기 고열이 날 때가 있습니다.

태어나서 지금까지 한 번도 열이 난 적이 없는 아기가 이 시기에 갑자기 고열이 나서 놀라는 일이 있습니다. 이럴 때는 먼저 돌발성 발진을 생각해 보아야 합니다. 226 돌발성 발진이다 만 1세가 지나면 돌발성 발진이 전혀 없는 것은 아니지만 많이 줄어듭니다.

11월 말부터 1월 말 즈음에 생후 11개월 된 아기라면 갑자기 설사와 구토가 시작되는 겨울철 설사를 일으킬 수도 있습니다. 280 겨울철 설사이다를 다시 한 번 읽어보기 바랍니다. '콜레라'라는 말을 듣고 놀라지 않기 위해서입니다.

이 시기 육아법

305. 먹이기

● 대부분의 아기들이 밥을 먹기 시작하고 숟가락으로 직접 먹고 싶어 한다.

대부분의 아기들이 밥을 먹습니다.

첫돌이 가까워지면 대부분의 아기가 평소 부모가 먹는 음식을 먹을 수 있게 됩니다. 아기를 위해서 따로 음식을 만들지 않아도 다른 식구들이 먹는 반찬을 먹을 수 있습니다. 식생활 면에서 아기가 훌륭한 가족의 일원이 된 것입니다.

이제 모유나 분유를 주식으로 하던 식생활에서 벗어나게 되었습니다. 이유가 완성된 것입니다. 단, 이유가 이루어졌다고 해서 분유나 생우유를 끊어야 한다고 생각한다면 잘못된 것입니다.

아기가 성장해 가기 위해서는 몸의 조직을 늘려나가야 합니다. 사람의 혈액이나 장기는 단백질로 이루어져 있습니다. 이 단백질을 만들기 위해서는 동물성 단백질을 먹어야 합니다. 생선, 고기, 달걀 등은 빼놓을 수 없습니다. 그러나 이런 것을 싫어하여 별로 먹지 않는 아기도 있고 계속 먹이면 질려하는 아기도 있습니다.

아기가 그다지 가리지 않고, 계속 먹어도 질리지 않는 동물성 단백질로 가장 좋은 것은 생우유(분유도 좋음)입니다. 생우유는 먹는 데 시간이 별로 걸리지 않고 비교적 값도 저렴합니다. 따라서 이유를 마친 아기라도 동물성 단백질원으로 생우유는 계속 먹이는 것이 좋습니다.

생우유를 얼마만큼 먹어야 하는지는 생선이나 고기나 달걀을 얼마만큼 먹느냐에 따라 달라집니다. 생선과 고기를 싫어하는 아기는 생우유로 보충해 주어야 합니다. 서구의 아이들은 생우유를 많이 먹는데 그들의 체격이 큰 것은 이 때문이 아닌가 생각됩니다.

체격이 큰 것이 과연 좋은지는 생각해 보아야 할 문제이므로 그대로 흉내 낼 필요는 없습니다. 보통 생후 11개월에서 만 1세 사이에는 생우유를 400~600ml는 먹는 것이 좋습니다.

예전에는 첫돌이 지난 후에 죽을 밥으로 바꾸었지만, 지금은 11개월이 되면 대부분의 아기가 밥을 먹습니다.

다음에서 예를 드는 식단이 요즘 많이 볼 수 있는 패턴입니다.

◆ 식단 D

아침 밥 어린이용 반그릇 2/3공기, 된장국, 달걀, 떠먹는 요구르트

점심 버터 바른 토스트 1조각(사방 10cm 크기), 치즈, 생우유 180ml

간식 크래커 2개, 생우유 180ml, 과일

저녁 밥 어린이용 밥그릇 1/2공기, 생선이나 고기, 야채, 두부

자기 전 생우유 180ml

이 집에서는 아빠가 매일 아침 밥과 된장국을 먹는데 아기도 함께 식탁에서 먹습니다. 달걀 프라이도 매일 먹습니다. 처음에는 식후에 생우유를 먹다가 체중이 늘어서 떠먹는 요구르트로 바꾸었습니다.

점심은 엄마가 간단하게 빵과 홍차로 때우기 때문에 아기도 엄마와 함께 빵을 먹습니다. 저녁은 가족이 모여서 같이 먹습니다. 어린이용 밥그릇 1/2공기의 밥은 엄마가 먹여주지만, 김에 싸서 아기에게 쥐여주는 엄마도 있습니다.

자기 전에 먹는 생우유는 아직 젖병에 넣어 먹습니다. 젖병을 주면 혼자서 들고 먹다가 그대로 잠이 듭니다. 이것이 가장 간단한 취침 방법이기 때문에 가정의 평화를 위해 지속하고 있습니다.

이 아기는 밥도 반찬도 골고루 먹지만, 밥은 별로 먹지 않고 반찬을 많이 먹는 아기도 있습니다.

다음의 경우가 그렇습니다.

◆ 식단 E

아침 토스트 1/2조각, 달걀 1개, 된장국, 떠먹는 요구르트

점심 밥 어린이용 밥그릇 1/2공기, 달걀 1개, 소시지, 야채,

생우유 180ml

간식 과일(사과, 귤, 토마토 등), 생우유 180ml

저녁 분유 200ml, 생선, 고기, 야채, 과일

자기 전 천연 과즙 200ml

이 아기는 밥은 별로 좋아하지 않습니다. 하루에 어린이용 밥그릇으로 1/2공기만 먹을 뿐입니다. 간식으로 비스킷 등을 주어도 먹지 않습니다. 그러나 생선이나 달걀, 고기는 먹습니다. 어린 미식가라고 할 수 있습니다. 이 아기가 과일을 잘 먹는 것은 합리적인 영양법입니다.

밥은 그다지 많이 먹지 않고 동물성 단백질(분유, 달걀, 생선, 육류)을 많이 먹는 경우에는 비타민 C를 많이 섭취하는 것이 좋습니다. 자기 전에 천연 과즙을 마시는 것은 이 아기 몸의 자연스러운 요구일 것입니다.

드물게는 이유식 식단에 쓰여 있는 대로 생후 11개월이 지나서도 여전히 죽을 먹는 아기도 있습니다. 지난달 항목에서 식단 B에 해당했던 아기는 11개월이 지난 후에도 여전히 죽을 잘 먹습니다. 밥은 싫어합니다.

그 아이의 식사는 지난달과 조금 달라졌습니다.

◆ 식단 F

아침 토스트 1조각, 생우유 180ml

점심 죽 어린이용 밥그릇 1공기, 생선, 야채, 생우유 180ml

간식 과일, 생우유 180ml

저녁 죽 어린이용 밥그릇 2/3공기 또는 우동, 달걀, 고기나 생선,
과일
자기 전 옥수수 전분을 넣은 분유 200ml

아침에 일어나서 분유 먹던 것을 끊고 아침 식사 후에 생우유를 먹게 되었습니다. 그리고 밤에 자기 전에는 분유 200ml에 옥수수 전분을 넣어 먹입니다. 생우유만 200ml를 먹이면 밤중에 배가 고파 잠에서 깨기 때문입니다. 농도가 짙은 분유를 먹이는 이유는 푹 자게 하기 위해서입니다.

●

숟가락을 쥐고 싶어 합니다.

아기에 따라서는 이 시기부터 숟가락을 스스로 쥐고 싶어 합니다. 이런 의지가 보이면 흘려도 좋으니 숟가락을 쥐여주는 것이 좋습니다. 애를 쓰며 음식을 떠서 입으로 가져가는 훈련을 시작합니다. 재주 있는 아기는 첫돌이 될 때까지 어떻게든 숟가락으로 떠서 입으로 가져갈 수 있게 됩니다.

숟가락질 연습이 귀찮아져 손으로 집어 먹어도 꾸짖어서는 안 됩니다. 부모가 올바르게 먹는 모습을 보고 자란 아기라면 커서까지 손으로 먹는 일은 없습니다.

306. 과일 주기

● 신선하고 가격도 저렴한 제철 과일을 먹인다.

과일을 갈아주지 않고 껍질만 벗겨줘도 먹습니다.

만 1세 가까이 되면 대부분의 아기는 껍질만 벗겨줘도 과일을 먹을 수 있게 됩니다. 과일을 갈아주는 엄마도 있는데, 조심성이 많은 사람입니다. 아기는 과육을 덥석 깨무는 쾌감을 느끼면 갈아서 주는 것을 먹지 않게 됩니다.

아기에게 특별히 좋은 과일이라는 것은 없습니다. 제철 과일이 신선해서 맛도 있고 가격도 쌉니다. 딸기나 토마토의 작은 씨를 하나하나 떼어서 줄 필요는 없습니다. 이 월령의 아기에게는 씨가 원인이 되어 맹장염을 일으키는 일은 없습니다. 단, 수박과 포도씨는 발라서 주어야 합니다.

사과는 얇게 썰어서 줍니다. 바나나를 예전에는 아기에게 주지 않았지만 지금은 어느 가정에서나 일찍부터 먹입니다. 배나 복숭아를 주어도 상관없습니다. 감은 아기에게 절대 먹이지 않는 엄마도 있는데 물렁물렁한 것은 먹여도 됩니다. 변비가 잘 걸리는 아기에게는 무화과, 파인애플 등을 먹여도 좀처럼 설사를 하지 않습니다. 오히려 변이 편하게 나오기 때문에 일부러 주기도 합니다.

귤, 복숭아, 배 등의 통조림 과일은 어느 것을 주어도 상관없습니다. 단, 비타민 C는 신선한 과일에 훨씬 많습니다. 그러나 열이 있을 때 등 아기가 식욕이 없을 때는 통조림 과일이 편리합니다. 토마토, 당근, 수박 등은 아무리 건강한 때라도 소화되지 않고 변 속에 섞여 나옵니다. 아기가 색깔 있는 변을 보더라도 소화불량이라고 걱정하지 않아도 됩니다.

야채와 과일을 싫어하는 아기도 있습니다. 이런 아기에게는 비타민 C를 하루에 30mg 줍니다. 달걀이나 분유를 많이 먹는 아기에게는 종합비타민이 아닌 분말 비타민 C를 줍니다. 요구르트에 타서 주면 먹기 쉽습니다.

307. 밥을 먹지 않는 아기

● 밥을 먹지 않는 아기가 간식은 잘 먹는다면 원하는 것을 주는 것이 좋다.

아기가 밥을 먹지 않는다고 해서 고민할 필요는 없습니다.

흔히 이유시 식단에는 "첫돌이 가까운 아기는 밥을 하루에 세 번 150g(어린이용 밥 그릇으로 1공기 반)씩 먹인다"라고 쓰여 있습니다. 하지만 한 번에 150g의 밥을 먹는 아기는 매우 드뭅니다. 대부분의 아기는 1공기도 겨우 먹습니다. 그리고 더운 계절에는 2/3공기에서 1/2공기 정도를 하루에 1~2번 먹습니다.

밥은 1공기를 먹지 않아도 생선, 달걀, 소시지 등을 먹으면 성장에는 지장이 없습니다. 걱정이 된다면 5일이나 10일 간격으로 체중을 측정해 보면 됩니다. 하루 평균 5~10g씩 늘어난다면 순조로운 것입니다.

무더운 여름에 밥을 전혀 먹지 않을 때 체중은 그대로지만 아기가 잘 논다면 걱정하지 않아도 됩니다. 요즘 아기들은 예전 아기들만큼 밥을 많이 먹지 않습니다. 아침에는 빵, 점심에는 국수나 핫케이크를 먹고 저녁에만 밥을 먹는 아기도 있습니다. 또 정말로 밥을 싫어하는 아기도 있습니다.

사람이 성장하는 데 쌀밥이 꼭 필요한 것은 아닙니다. 쌀의 영양분은 당질과 식물성 단백질입니다. 빵이나 우동을 먹어도 당질은 충분히 섭취됩니다. 그리고 생선, 달걀, 고기에는 식물성 단백질보다 더 질이 좋은 동물성 단백질이 들어 있습니다. 아기가 밥을 먹지 않는다고 해서 고민할 필요는 없습니다.

엄마가 밥을 적게 먹는 아기에게 신경을 쓰기 시작하는 것은 대체로 이웃의 엄마들과 육아에 대한 이야기를 나누고 나서부터입니다. 비슷한 월령의 이웃 아기가 매일 밥을 세 번 1공기 반씩 먹는다는 이야기를 들으면 걱정이 되기 시작합니다.

또 밥을 많이 먹이고 달걀, 생선, 고기는 그다지 먹이지 않고 아이를 키웠던 이전 시대의 육아 경험자로부터 "왜 이렇게 밥을 안 먹지? 어디 아픈 건 아닌가?"라는 말을 들으면 더욱 당황하게 됩니다. 그러나 아기가 잘 놀고 매일 즐겁게 생활하며 활동적이라면 밥 양은 신경 쓰지 않아도 됩니다.

밥을 먹지 않는 아기가 간식은 잘 먹는다면 원하는 것을 주는 것이 좋습니다. 간식 때문에 밥을 먹지 않는다고 생각해서 간식을 주지 않아도 밥은 여전히 잘 먹지 않습니다. 이전부터 소식하던 아기가 첫돌이 가까워지면서 갑자기 밥을 많이 먹게 되는 경우는 거의 없습니다. 소식을 하더라도 생활하는 데는 아무 지장이 없습니다. 그리고 억지로 대식가로 만들 수도 없습니다.

308. 재우기

● 쉽게 잠들지 않는 아기는 충분히 피곤하게 만든 후 재우고, 늦게 자는 아기는 낮잠 시간을 줄인다.

아기가 잠드는 방식은 각양각색입니다.

기분 좋게 놀다가 졸음이 오는 것 같을 때 안아주면 금방 잠이 드는 아기가 있는가 하면, 잠이 오면 한동안 울다가 분유를 다 먹고 빈 젖병을 쭉쭉 빨면서 겨우 잠이 드는 아기도 있습니다. 쉽게 잠드는가, 그렇지 않은가는 천성적인 것으로 교육을 시켜서 바꿀 수 있는 것이 아닙니다. 아기의 개성과 가정의 평화를 잘 조화시키는 것이 능숙한 재우기 방법입니다.

특별히 정해진 잠재우기 방법이란 없습니다. 쉽게 잠드는 아기는 어떤 방법으로도 잘 자므로 부모의 사정에 맞추면 됩니다. 밤 8시경에 아기를 재운 후 엄마와 아빠가 낮에 덮개를 씌워두었던 텔레비전을 보면서 이야기를 해도 잘 자는 아기는 계속 잡니다.

●

쉽게 잠들지 않는 아기는 충분히 피곤하게 만든 후 재웁니다.

문제는 쉽게 잠들지 않는 아기입니다. 잠자리에 눕혀놓고 20~30분 정도 엄마가 가볍게 이불을 토닥거려주거나 노래를 불러주어야 합니다. 아기는 젖병 꼭지를 계속 빨면서 잠이 듭니다.

그러다 엄마가 자리를 비우면 잠에서 깨어 웁니다. 결국은 엄마가 곁에 누워야 겨우 안심하고 엄마 가슴에 손을 넣거나 머리카락을 만지면서 잠이 듭니다. 물론 모유가 나오는 경우에는 젖꼭지를 빨면서 잡니다.

쉽게 잠들지 않는 아기를 밤에 잘 재우려면 아기를 충분히 피곤하게 만든 후 잠자리에 눕히는 것이 가장 좋은 방법입니다. 그러기 위해서는 낮에 밖에서 많이 놀게 합니다. 목욕도 자기 직전에 시키는 것이 좋습니다. 또 너무 일찍부터 잠자리에 눕히면 잘 때까지 칭얼대는 시간만 길어질 뿐입니다. 졸기 시작할 때 잠자리에 눕히는 것이 좋습니다.

그냥 내버려두면 아기가 언제까지고 자지 않는다고 말하는 엄마도 있는데, 그래도 밤 10시나 10시 30분 정도까지입니다. 아빠가 퇴근하여 돌아오면 기뻐하며 노는 재미에 빠져 10시까지 잠을 자지 않는다고 해도, 밤 8시에 잠들어 아빠란 존재를 모르고 지내는 것보다는 낫습니다. 그 대신 다음 날 아침 9시까지 푹 잔다면 피로도 충분히 해소될 것입니다.

●

빨리 자지 않는 아기는 낮잠 시간을 줄여봅니다.

아기는 늦어도 밤 8시에는 꼭 자야 한다는 것은 밤 문화가 발달하지 않았던 시대의 풍습입니다. 요즘은 아기가 잠자리에 드는 시간이 점차 늦어져서 밤 9시 이후에 자는 경우가 많습니다.

아기가 빨리 자지 않아서 곤란하다면 낮잠 시간을 줄여봅니다. 그러나 늘 오후 3시부터 5시까지 자던 아기를 4시에 깨우면 2~3시간 동안 기분이 나빠 있을 것입니다. 그래서 퇴근한 아빠를 보아도 별로 기뻐하지 않는 아기도 있습니다. 아기의 개성과 가정의 평화를 조화시키는 편이 좋다는 것은 이러한 이유 때문입니다.

일단 잠자리에 눕히면 가능한 한 빨리 재우는 것이 좋습니다. 아기가 젖병꼭지를 물고 5분이 지난 후 잔다면, 젖병꼭지를 주지 않아 10분간 칭얼대는 것보다 낫습니다. 손가락이나 엄마 젖을 빠는 것에 대해서도 관대하게 생각하는 것이 좋습니다. 손가락을 빠는 것은 욕구 불만 때문이라는 말을 믿을 필요는 없습니다.

아기가 즐거운지 아닌지를 가장 잘 아는 사람은 엄마입니다. 타인에게 보이기 위해서 밤에 자는 것은 아닙니다. 아기가 자기 편한 대로 자도록 내버려두는 것이 좋습니다. 언젠가 크면 자연히 하지 않게 될 일에 대해서 잔소리할 필요가 없습니다.

●

한밤중에 깨어 울어도 밤에 잠재울 때와 같이 대하면 됩니다.

아무튼 밤중에 깨서 노는 버릇을 들이지 않도록 빨리 재우는 것이 좋습니다. 엄마 곁에서 자야 빨리 잠든다면 그렇게 하도록 합니다. 엄마 곁에 재우는 것이 좋지 않다고 생각해 아기를 안은 채 자장가 테이프를 틀어놓고 방 안을 서성이는 일 따위는 하지 않도록 합니다.

한밤중에 잠을 깨면 꼭 분유를 먹어야 자는 아기도 있습니다. 이런 아기에게는 분유를 먹여도 상관없습니다. 특별히 비만아가 아닌 한 밤중 수유가 건강에 나쁘지는 않습니다.

한 번 잠에서 깨어 분유 200ml를 먹고 아침까지 잔다면 그렇게 먹입니다. 밤중 수유는 좋지 않다고 생각하여 200ml 먹이던 것을 100ml로 점차 줄여서 그 때문에 두 번 깬다면 분유를 줄이는 것은 의미가 없습니다.

309. 배설 훈련 

● 배설 훈련은 스스로 하고자 하는 마음이 들 때 해야지 강제로 시켜서는 안 된다.

엄마들은 간혹 착각을 하곤 합니다.

첫돌까지는 배설 훈련을 끝내고 싶어 하는 엄마가 많은데, 아기가 변을 가리게 되는 것은 보통 1년 6개월에서 2년이 지난 후입니다. 소변 볼 시간을 예측하여 변기에 데려간다고 해서 아기가 빨리 소변 보겠다는 뜻을 알려주지는 않습니다.

만 1세에 대변은 가리게 되었다는 이야기를 많이 듣는데 이것은 정말로 대변을 가리게 된 것이 아닙니다. 대변이 단단한 아이는 끙끙거리며 힘을 주어 배변할 준비를 합니다. 이것을 엄마가 알아차려 기저귀를 빼고 변기에 데려갑니다. 변이 단단하기 때문에 그 사이에 나오지는 않습니다. 이것을 엄마는 아기가 변을 보지 않고 참은 것이라고 착각하는 것입니다.

이런 아기라고 해도 많이 먹었을 때나 감기 등으로 변을 여러 번 보는 경우에는 끙끙거리지 않아도 나와버리므로 변기에 변을 보게 할 수 없습니다. 어느새 기저귀에 변을 보아버립니다. 그러므로 첫돌이 되었다고 해서 배설 훈련을 서두를 필요가 없습니다. 더구나 기온이 낮은 계절에는 소변 보는 횟수가 잦아지고 아기도 기저귀 빼는 것을 싫어하므로 시간을 정해서 소변을 보게 하는 것은 거의 불가능합니다. 기껏해야 하루에 두 번 보게 하면 성공입니다.

변기에 앉히고 싶은 마음은 간절하지만 추운 계절에는 무리입니다. 변기가 차갑기 때문에 아기가 앉으려 하지 않습니다. 싫어하는 것을 강제로 시켜서는 안 됩니다. 그러면 변기를 보기만 해도 울고 저항하게 됩니다.

더운 계절에는 땀으로 수분이 빠져나가기 때문에 소변 양도 줄고 횟수도 줄어듭니다. 부지런한 엄마는 1시간이나 1시간 30분마다 소변을 보게 하여 기저귀를 적시지 않는 경우도 있습니다. 그러나 대부분의 아기는 변기에 데려가면 몸을 뒤로 젖히며 싫어합니다.

밤중에 소변을 보는 유형도 여러 가지입니다.

밤 9시나 10시경에 소변을 보면 아침 6시경까지 소변을 전혀 보지 않는 아기도 있고, 밤중에 자다가 1~2번 소변을 보고 그때마다 우는 아기도 있습니다. 울면 엄마가 일어나 기저귀를 갈아주지 않을 수 없습니다.

그러나 추운 계절에는 소변을 보아도 아무렇지도 않게 자서 엄마도 모르고 아침까지 자기도 합니다. 그래도 엉덩이가 짓무르지 않는다면 가정의 평화를 위해서 그대로 지내는 것이 좋습니다.

밤중에 자명종을 맞추어놓고 3시간마다 깨서 소변을 보게 하거나 젖은 기저귀를 갈아주는 엄마도 있는데, 아빠가 어지간히 숙면을 취하는 사람이 아니라면 실행하기 어려울 것입니다. 그리고 이렇게 했다고 해서 아기가 밤에 오줌을 싸지 않게 되는 것도 아닙니다.

310. 아기 몸 단련시키기

● 혼자 올라갔다 내려갔다 하며 노는 것을 좋아한다. 이럴 때 스스로 놀 수 있는 환경을 만들어 준다.

이 시기의 아기는 혼자서 걷는 연습을 하느라 바쁩니다.

엄마가 빨리 걷게 하고 싶은 마음에 손을 잡고 걸음마 연습을 시켜서는 안 됩니다. 남의 손에 이끌리면서 걸을 때와 스스로의 힘으로 걸을 때 몸의 균형을 잡는 방법이 다릅니다. 다른 사람의 손에 이끌려서 걷게 되면 혼자서는 잘 걷지 못하게 됩니다.

가능하면 아기가 혼자 힘으로 걸을 수 있도록 주위에 장치를 만들어줍니다. 넘어져도 위험하지 않도록 모서리가 있는 것은 전부 치웁니다. 추운 계절이라면 방을 따뜻하게 해서 아기가 맨발로 걸음마 연습을 할 수 있게 해줍니다. 양말을 신으면 미끄러져 걷기 힘듭니다.

여름에 첫돌을 맞은 아이가 빨리 걷게 되는 것은 옷도 가볍고 양말도 신지 않아 걸음마 연습을 하기 쉽기 때문입니다. 추운 계절에 첫돌을 맞은 아기도 되도록 옷을 얇게 입히는 것이 걷기에 좋습니다. 걸음마 연습 시간을 정해 두고 소변을 보게 한 뒤 기저귀를 빼서 하반신을 가볍게 한 상태에서 30분 정도 매일 연습시키는 것도 한 가지 방법입니다.

따뜻한 계절에는, 아직 잘 걷지 못한다면 두꺼운 양말을 신겨 집

밖에서 걸음마 연습을 시키는 것도 좋습니다. 넘어져도 다치지 않을 만한 장소에서 연습시키며 엄마가 계속 지켜보아야 하는 것은 두말할 것도 없습니다.

그네, 미끄럼틀, 기어 올라가는 장난감 등은 이 월령의 아기가 가장 좋아하는 놀이 기구입니다. 근처 놀이터에서 이런 기구를 충분히 이용하도록 합니다. 집 안에서도 소파에 올라갔다 내려갔다 하며 노는 것을 좋아합니다. 계단을 오르게 하는 것은 신체 단련으로는 매우 좋지만 2층에 올라가고 싶은 욕구를 생기게 하므로, 2층으로 올라가는 입구에 울타리를 만들어놓지 않은 집에서는 위험을 초래합니다.

●

물건을 던지는 것도 이 월령부터 흥미를 많이 갖게 됩니다.

아빠가 같이 공 던지는 연습을 해주는 것이 좋습니다. 아직 선 채로 던지지는 못합니다. 한 손을 의자에 기대거나 앉은 자세에서 던질 수 있습니다. 왼손잡이 아이는 왼손으로 던지게 그냥 둡니다. 억지로 오른손으로 시키면 제대로 던질 수 없기 때문에 즐거워하지 않습니다.

이 시기에는 상자 속에 들어갔다 나왔다 하는 것도 좋아합니다. 큰 골판지 상자가 있으면 혼자서 재미있게 놉니다. 긴 줄을 가지고 노는 것도 좋아하지만 줄은 목에 감기면 위험하므로 줄을 가지고 놀게 하는 것은 피해야 합니다.

따뜻한 계절에는 하루에 3시간씩 바깥에서 지내게 합니다. 여름에 냉방을 한다고 해서 하루 종일 실내에서만 생활하게 하는 것은 좋지 않습니다. 겨울에도 난방을 한 실내에만 가두어놓지 말고 차가운 바깥 공기를 쐬어주는 것을 잊지 말아야 합니다.

311. 첫돌 맞이하기

● 아기의 사소한 증상에 연연하지 말고 아기가 맘껏 활동할 수 있도록 하는 데 최선을 다한다.

첫돌을 축하합니다.

1년간의 육아를 통해 엄마로서 많은 것을 배웠을 것입니다. 아기도 성장했지만 부모도 성장했을 것입니다. 1년간을 되돌아보면 엄마 마음속에 가장 깊이 새겨지는 것은 아이에게는 아이만의 개성이 있다는 사실입니다. 아이의 개성을 세상에서 가장 잘 알고 있는 사람은 바로 엄마 자신이라는 자신감도 생겼을 것입니다. 이 자신감을 소중히 간직하기 바랍니다.

사람은 누구나 자신의 삶을 사는 것입니다. 각자 활력 있고 즐겁게 살아야 합니다. 개개인의 소소한 특징, 예를 들어 소식하는 것이나 가래가 잘 끓는 것쯤은 삶을 활력 있고 즐겁게 사는 데 지장이 없다면 신경 쓸 필요가 없습니다.

●

아기의 의지와 활동력은 더 큰 삶을 위해서 활용해야 합니다.

소식하는 것이 아기 일상의 즐거움을 방해하지 않습니다. 조금 기침을 하더라도 아기는 기운차게 놉니다. 싫어하는 밥을 먹이려고 놀고 싶어 하는 아기의 의지를 무리하게 눌러버려서는 안 됩니다. 기침을 멈추게 하는 주사를 맞히러 다니면서 환자들로 가득 찬 병원 대기실에서 아기의 활동력을 억제하는 것도 좋지 않습니다.

아기의 의지와 활동력은 더 큰 삶을 위해서 활용해야 합니다. 아기의 즐거움은 항상 모든 삶의 활동 속에 있습니다. 아기의 의지를 더욱 큰 목표를 향해 북돋워주어야 합니다.

아기와 함께 생활하는 엄마가 자신의 삶을 신선하고 즐겁게 살면 아기의 환경도 밝아집니다. 이웃 엄마는 유전자가 다른 아기를 키우고 있는 것입니다. 오랜 시간을 들여 성공한 엄마 나름대로의 육아 방식을 처음 만나는 의사가 얼마나 알겠습니까.

"그대의 길을 가라. 남들이 뭐라 하든 내버려두어라." -단테-

환경에 따른 육아 포인트

312. 이 시기 주의해야 할 돌발 사고 

● 이 시기 가장 많은 사고는 추락, 화상, 이물질을 삼키는 것이다.

생각지 못한 실수로 사고가 발생합니다.

돌이 가까운 아기에게 많이 일어나는 사고는 추락, 화상, 이물질을 삼키는 것입니다. 추락 사고가 많은 것은 아기가 이제 기어오를 수 있기 때문입니다. 모르는 사이에 계단 위에 올라가 떨어집니다. 깜빡 잊고 창가에 놓아두었던 의자에 올라가 창 너머로 떨어지기도 합니다. 때로는 2층 난간을 넘어서 떨어지기도 합니다. 이런 사고를 부모가 미처 보지 못하는 것은 아기가 평소보다 낮잠에서 일찍 깨어났을 때 많이 일어나기 때문입니다. 그러므로 잠에서 깨어 움직여도 안전하도록 해두어야 합니다.

아기용 침대에는 높은 난간을 세우고, 바닥에서 재울 때는 주변에 베이비서클을 해두는 게 좋습니다. 욕실이나 화장실 문은 쉽게 열리지 않도록 해두어야 합니다. 그리고 주변에 위험한 것을 놓아두어서는 안 됩니다. 아기가 잠에서 깨어 놀고 있을 때 현관에 누군가가 와서 자리를 비워야 하는 경우는 아기를 안고 가는 것이 안전합니다.

화상은 정도에 따라 평생 흉터가 남기도 합니다. 그것을 볼 때마다 엄마는 마음이 아픕니다. 잠깐 주의를 게을리 했다가 오랫동안 고통에 시달리게 되는 것입니다. 아기가 부모와 함께 식탁에 앉을 때는 식탁에 뜨거운 것을 놓을 때 특히 주의해야 합니다. 뜨거운 물이 들어 있는 주전자는 식탁 위에 놓아두어서는 안 됩니다. 토스트기의 스위치를 켰을 때는 누군가가 아기를 지켜보고 있어야 합니다. 그리고 찌개 냄비는 아기 손이 닿지 않는 곳에 놓아야 합니다.

원터치식 포트는 절대 방 안에서 사용해서는 안 됩니다. 그리고 넘어져도 뜨거운 물이 나오지 않도록 안전한 뚜껑으로 갈아 끼워야 합니다. 안전망을 하지 않고 스토브를 사용해서도 안 됩니다. 안전망 없는 스토브 위에 주전자 등을 놓아두는 것은 아기에게 화상을 입히려고 작정한 것과 같습니다. 안전망을 해도 주전자 같은 것은 올려놓지 않도록 합니다.

예전 방식으로 아기가 감기에 걸렸을 때 폐렴을 예방하기 위해 난로 위에 세숫대야를 얹어 수증기를 내기도 합니다. 하지만 이것은 위험하기도 하고 요즘은 가습기가 시판되고 있으니 삼가도록 합니다. 아빠가 저녁 식사 때 아기에게 소화가 잘되지 않는 음식(오징어나 문어 다리 등)을 먹인 후 4~5시간 지나서 아기가 복통을 일으키는 경우도 있습니다. 심하게 울기 때문에 장중첩증으로 오해하기도 합니다.

아기가 이물질을 삼키는 것은 엄마가 정리정돈을 제대로 하지 않았기 때문입니다. 바닥과 화장대 서랍 정리만으로는 부족합니다. 이제 아기는 걸을 수도 있고 기어 올라 갈 수도 있기 때문에 더 높은 곳까지 정리해 두어야 합니다. 텔레비전 위에 물건을 놓는 집이 있는데 아기에 따라 손이 닿기도 합니다. 아기는 식기 장식장 문도 열 수 있습니다. 숟가락, 포크, 나이프 등은 아기 손이 닿지 않는 곳에 두어야 합니다.

아기가 휘발유를 마시는 경우도 가끔 있습니다. 얼룩을 지우기 위해서 휘발유를 사용했을 때는 반드시 바로 치워야 합니다. 깔끔한 성격이라 손을 자주 알코올 솜으로 소독하는 엄마는 알코올 병을 높은 곳에 치워두는 것을 잊어서는 안 됩니다.

아빠가 불면증으로 수면제를 복용하는 집에서는 아기가 약상자를 열지 못하도록 해두어야 합니다. 알약이 들어있는 용기를 아기 손이 닿는 곳에 놓아두는 것은 절대 금물입니다. 할머니가 염색약을 사용하는 집에서는 염색약을 화장대 서랍에 넣어두어서는 안 됩니다.

아무리 집에서 사고 예방에 주의하는 부모도 생각지 못한 실수를 할 때가 있습니다. 어린아이가 없는 집, 아이가 다 성장한 집에 손님으로 갔을 때 이런 일이 종종 벌어집니다. 어른들이 이야기에 빠져 있는 사이에 아기가 베란다에서 떨어지거나, 욕조에 빠지거나, 큰 아이와 놀다가 사고를 일으키기도 합니다. 다른 집에 놀러 갔을 때도 아기에게서 눈을 떼어서는 안 됩니다.

313. 계절에 따른 육아 포인트

● 겨울에 스키장이나 스케이트장은 아직도 위험하지만 여름에 해수욕장에 가는 것은 괜찮다.

날씨가 따뜻해지면 옷을 얇게 입힙니다.

날씨가 따뜻해지면 옷을 얇게 입히는 것이 좋습니다. 옷을 가볍게 입을수록 아기의 운동이 자유로워집니다. 아기는 그만큼 혼자서 걷는 연습을 쉽게 할 수 있습니다. 또 옷이 가벼우면 시간을 정해 소변을 보게 하기도 쉽습니다.

날씨가 더워져서 땀을 많이 흘려 소변 보는 횟수가 줄어들면 배설 간격이 긴 아기는 기저귀를 빼놓아도 됩니다. 물론 아직 소변을 가리지는 못하지만 엄마가 잊지 않고 변기에 데려가면 기저귀를 사용하지 않고도 지낼 수 있습니다. 그러나 소변이 잦은 아기에게는 무리입니다. 또 더울 때 기저귀를 빼고 있던 아기도 날씨가 서늘해지면 다시 기저귀가 필요하게 됩니다.

6~7월이 되어 기온이 높아지면 아기가 갑자기 밥을 잘 먹지 않습니다. 평소에 생우유를 별로 좋아하지 않던 아기는 아예 안 먹게 됩니다. 하지만 열이 없고 잘 논다면 그대로 두어도 됩니다.

표저(손가락이나 발가락 끝에 생기는 화농성 염증의 총칭)의 원인인 황색 포도상구균을 만드는 독소가 식중독을 일으키므로 엄마에게 표저가 생겼을 때는 붕대가 음식물에 닿지 않도록 여름철에는 철저한 주의가 필요합니다.

●

여름철에는 바닷물에 들어가도 됩니다.

한창 무더울 때 첫돌을 맞은 아기는 해수욕장에 데리고 가서 바닷물에 들어가게 해도 됩니다. 충분히 준비 운동을 하고 몸에 조금씩 물을 적신 후 5분 정도는 온몸을 물에 담가도 됩니다. 그러나 모래사장에서 햇볕에 피부를 태우는 것은 좋지 않습니다. 햇볕에 태운 부위가 빨개지고(피부염) 열이 날 수 있습니다.

많은 사람들이 모이는 해수욕장은 바닷물도 불결하고 샤워장 시설도 부족하므로 피하도록 합니다. 또 수온이 20℃ 이하일 때는 아기를 물에 들여보내지 않는 것이 좋습니다. 집에서 비닐 풀장을 사용하는 것은 아직 위험합니다.

●

장거리 여행도 가능합니다.

기후가 좋을 때 아기를 데리고 여행을 떠나는 부모가 많아졌습니다. 첫돌이 가까워지면 장거리 기차 여행도 할 수 있습니다. 이때 도중에 지루해져서 다른 승객들에게 피해를 주지 않도록 장난감과 그림책을 준비해 갑니다. 우는 아기를 달래기 위해서 무턱대고 과자나 과일을 주는 것은 좋지 않습니다.

가족이 함께 자가용을 타고 여행할 때는 낯선 곳으로 가는 일이 많으므로 부모도 새로운 환경에 정신을 빼앗겨 아기에 대한 주의가 소홀해질 수 있습니다. 출발하기 전에 아기를 지켜보는 책임자를 정해 두는 것이 좋습니다. 차를 세우고 휴식을 취하려고 차에서 내릴 때 부모만 내리고 아기 혼자 좌석에 눕혀놓으면 차 속이 과열되어 열사병을 일으킬 수 있습니다.

●

겨울철 스키장이나 스케이트장은 위험합니다.

겨울에 아기를 스키장이나 스케이트장에 데려가는 일은 피하도록 합니다. 아무리 주의를 한다고 해도 달려오는 사람과 부딪히는 일이 생길 수 있습니다. 온천에 데리고 가서도 하루에 3~4번이나 목욕을 시키는 것은 아기를 피곤하게 만듭니다.

겨울에 걷기 시작한 아기에게 좁은 방의 스토브는 문제가 됩니다. 스토브에 안전망을 하면 방이 더 좁아져 아기가 보행 연습을 하는 데 방해가 됩니다. 만약 방이 남향이라 종일 햇볕이 들어와 15℃ 이상이 되면 낮에는 스토브를 치우는 것이 좋습니다. 가벼운 동상은 흉터가 남지 않지만 스토브에 의한 화상은 평생 남는 흉터를 만듭니다.

계절과 관계 있는 병으로 이 월령에는 역시 초여름에 구내염250 초여름에 열이 난다_구내염·수족구병, 늦가을과 초겨울에 겨울철 설사280 겨울철 설사이다가 발병합니다. 하계열117 하계열이다은 더 이상 발병하지 않습니다.

겨울에 아기가 변기에 소변을 본 뒤 엄마가 물을 내리려고 하다가 변기 안을 들여다 보면 희부옇게 탁해져 있는 경우가 있습니다. 엄마는 혹시 신장병이 아닌가 하고 깜짝 놀랍니다. 하지만 이것은 체온으로 녹아 있던 요산이 저온에서 침전된 것일 뿐입니다.

엄마를 놀라게 하는 일

314. 아직도 이가 나지 않았다 

● 아기가 기운차고 다른 신체부분의 발육이 정상이라면 걱정하지 말고 기다리면 된다.

함부로 주사를 놓는 것은 좋지 않습니다.

이가 나는 시기는 아기마다 다르다는 것을 알고 있는 엄마도 다음 달이면 첫돌인데 아직까지 이가 나지 않으면 초조해지기 시작합니다. 책을 보면 이가 늦게 나는 것이 구루병(비타민 D 부족)에 의한 경우도 있다고 적혀 있습니다. 그러나 자주 바깥 공기를 쐰 아기가 구루병으로 이가 늦게 나지는 않습니다. 이가 늦게 나는 것이 구루병 때문이라면 뼈가 굽어 있거나 머리 모양이 이상할 것입니다. 기운차고, 다른 신체 부분의 발육이 정상이며, 운동 기능도 좋다면 이가 나지 않더라도 걱정하지 말고 기다리면 됩니다.

구루병일 것이라고 생각해 비타민 D를 함부로 먹이면 과잉 복용이 되어 오히려 중독을 일으킬 수도 있습니다. 또 칼슘 영양제를 먹인다고 해서 이가 빨리 나는 것도 아닙니다. 이는 이미 턱뼈 속에 만들어져 있는데 단지 나오는 것이 늦어지고 있을 뿐이기 때문입니다. 함부로 주사를 놓는 것도 좋지 않습니다. 이가 나지 않았어도 아기가 밥을 잘 먹는다면 밥을 먹여도 지장은 없습니다.

315. 고열이 난다

● 열이 날 때마다 병원을 찾기보다 그 원인을 먼저 찾아내어 적절하게 대처하는 것이 좋다.

바이러스성 병인 경우가 가장 많습니다.

아기가 왠지 모르게 힘이 없어서 이마를 만져보니 매우 뜨겁습니다. 열을 재보니 38℃가 넘습니다. 통계적으로 이 월령의 아기에게 갑자기 고열이 나는 것은 감기, 배탈, 편도선염이라고 하는 바이러스성 병 때문인 경우가 가장 많습니다. 바이러스는 자연적으로 생기지 않습니다. 사람에게서 전염되는 것입니다. 아빠, 같이 놀았던 이웃집 아이, 슈퍼의 손님으로부터 전염됩니다. 2일 이내에 이런 전염의 기회가 있었다면 감기가 틀림없습니다. 병원에 가서 약을 처방받고 주사를 맞아도 바이러스 자체를 퇴치할 수는 없습니다.

예전에는 폐렴이나 뇌수막염이라는 병이 있었기 때문에 병원에서 진찰을 받아야 감기인지 아닌지 판별할 수 있었습니다. 그러나 요즘은 평소 건강한 아기는 그런 병에 걸리지 않습니다. 평소 아기의 상태를 잘 관찰하고 있는 엄마는 아기의 고열이 보통의 감기 때문인지, 아니면 더 심각한 병 때문인지 알 수 있을 것입니다. 아기가 아침에 혼자서 일어났다면 그때 열이 있어도 큰 병은 아닙니다. 열이 높아도 웃는 얼굴을 보이고 놀 기운이 있다면 대단한 병은 아닙니다. 단순한 감기인 아기에게 의사가 주사를 놓아 허벅지 근육의 단축증을 일으켰던 사건을 잊어서는 안 됩니다.

태어나서 지금까지 열다운 열이 난 적이 없는 건강한 아기가 처음으로 38℃ 이상의 열이 날 때는 우선 돌발성 발진226 돌발성 발진이다이 아닌지 살펴보아야 합니다. 또한 계절이 6~7월이라면 구내염250 초여름에 열이 난다_구내염·수족구병이 아닌지 아기의 입 속을 살펴 봅니다. 돌발성 발진도 구내염도 이미 앓았던 적이 있는 아기라면 아데노바이러스나 엔테로바이러스, 감기 바이러스 등에 의한 열일 것입니다. 가족 중 누군가가 코가 막히거나, 기침을 하거나, 두통과 열이 있거나, 그저께 놀러 온 친척 아이가 감기에 걸려 있었다면 아마도 그 사람에게서 전염되었을 것입니다. 아기에게 열 이외에 재채기나 콧물 증상이 있다면 상기도를 침범한 감기일 가능성이 큽니다.

추운 겨울 한밤중에 39℃의 고열이 날 때 담요에 싸서 병원에 데리고 갈 것인지, 의사에게 왕진을 의뢰할 것인지는 부모가 판단해야 할 문제입니다. 의사는 전화를 받으면 우선 아기의 상태를 물어볼 것입니다. "숨이 가쁘고 숨을 들이마실 때마다 가슴이 들어가지 않습니까?" "잔기침을 계속하지는 않습니까?" "숨을 들이쉴 때마다 콧방울을 실룩거립니까?" "분유 먹을 힘은 있습니까?"

의사는 아기에게 폐렴 증상이 있는지 확인하는 것입니다. 기침도 하지 않고 호흡도 조용하며 분유도 잘 먹고 웃는 얼굴을 보인다면 그대로 두고 다음 날 아침 병원에 데리고 오라고 할 것입니다. 고열로는 사망하지 않기 때문에 가능하면 해열제는 사용하지 않는 것이 좋습니다. 의사의 진찰을 받아 지시에 따르는 것은 '함부로 먹이는' 것이 아닙니다.

돌발성 발진을 앓은 적이 있는 아이의 고열은 감기이므로 자연히 낫습니다. 열이 날 때마다 병원에 가서 약을 처방받으면 감기가 자연히 나았는데도 약으로 나았다고 생각하게 됩니다. 그러면 다음에 또 열이 날 때 다시 병원을 찾게 됩니다. 그러나 약을 먹이지 않고도 나은 경험이 있으면 열이 나도 기분, 식욕, 행동 등이 예전의 감기와 같은 증상이라고 생각하여 자연히 낫기를 기다릴 수 있게 됩니다.

감수자 주

가능하면 해열제를 먹이지 않아야 하지만 추운 겨울밤에 병원을 찾아 헤매는 것보다는 먹인 후 상태를 관찰하면서 다음 날 아침에 병원에 데리고 가는 것이 낫다.

316. 설사를 한다

● 이 시기 아기의 설사는 계절에 따라 대처 방법이 다르다.

첫돌이 가까워진 아기의 설사는 계절에 따라 대처 방법이 다릅니다.

6~9월에 갑자기 설사를 하고, 다소 열이 있으며, 기분도 나쁠 때는 혹시 세균(이질균, 병원성 대장균)이 음식 속에 들어간 것이 아닌지를 먼저 생각해 보아야 합니다. 변 속에 점액이나 고름 같은 것이나 혈액 등이 섞여 있다면 그럴 가능성이 높습니다.

이때는 바로 병원에 가야 합니다. 변을 본 기저귀째로 비닐 봉투에 넣어 가지고 가서 의사에게 보이도록 합니다. 세균성 설사는 빨리 항생제를 사용하면 중병으로 악화되지 않으므로 되도록 빨리 의사에게 보입니다.

설사를 했지만 아기가 기운도 있고 열도 없으며 식욕이 좋더라도 그 지역에 이질이 유행하고 있거나, 엄마가 2~3일 전부터 설사를 한다면 빨리 병원에 데려가는 것이 좋습니다. 여하튼 여름 설사는 경과를 주의 깊게 관찰하고 대처하는 것이 안전합니다.

11월 말부터 1월 말 사이에 설사를 하고 구토를 몇 번이나 할 때는 겨울철 설사280 겨울철 설사이다가 가장 의심됩니다. 이런 병이 있다는 것을 알지 못하면 설사가 너무 오래 지속되어 놀라게 됩니다.

기후가 좋은 계절에 설사를 한다면 과식했거나 평소에 먹지 않던 과일을 먹은 것이 원인인 경우가 많습니다. 변이 무를 때는 끓인 보리차를 충분히 먹이고, 밥을 먹고 있었다면 죽을 먹이고, 버터나 기름기가 많은 음식을 피하면 1~2일 만에 낫습니다. 하지만 과식과 소화불량이 원인으로 생각되는 설사라도 구토와 열을 동반하거나, 아기가 힘도 없고 식욕도 없으며 변에 피나 고름 같은 것이 섞여 있으면 바로 병원에 데리고 가는 것이 좋습니다.

●

코로 침입하는 바이러스는 막을 수 없습니다.

과식하거나 소화가 되지 않는 음식을 먹은 일이 없는데도 아기가 설사를 할 때가 있습니다. 배를 차갑게 했거나 추워서 그럴 것이라고 생각하기 쉽지만 바이러스가 원인인 경우가 적지 않습니다. 아기가 먹을 음식을 만들 때 소독을 철저하게 하는 것이 유일한 예방법입니다. 하지만 코로 침입하는 바이러스는 막을 수 없습니다.

●

변이 항상 무른 아기는 밥을 먹이거나 죽을 되게 해서 줍니다.

아기에 따라 변이 항상 무른 경우도 있습니다. 엄마는 이런 아기의 변에 신경이 많이 쓰여서 분유와 죽만 먹입니다. 그러나 무르고 끈적끈적한 변이 주위의 다른 아기들이 보는 변과 같은 막대기형으로 바뀌지 않습니다. 그래도 아기는 기운차게 놉니다. 하지만 엄마가 항상 배부르게 먹이는 적이 없기 때문에 다른 아기에 비해 체중은 적게 나갑니다. 여기저기 병원을 찾아다니며 소화불량이라는 소리를 들을 때마다 감식요법을 실시하는 것도 아기가 살이 찌지 않는 원인입니다. 이런 아기에게는 큰맘 먹고 죽을 점차 되게 해서 주다가 밥으로 바꿔나가면 변이 단단해집니다. 반찬도 달걀, 간 고기, 생선을 먹이면 좋습니다.

변의 형태에 대해서는 신경 쓰지 말고 소독만 철저히 하면서 밥과 반찬을 주어 하루 5~10g씩 체중이 증가한다면 괜찮습니다. 체중이 증가하면서 동시에 변도 굳어집니다. 엄마가 변 노이로제에 걸려 식사를 너무 제한한 것이 오히려 설사의 원인이었다는 것을 나중에 알게 됩니다.

317. 기침을 한다

● 감기가 원인일 수도 있고 백일해가 원인일 수도 있다.

아기의 건강 상태는 의사보다 엄마 눈이 더 정확합니다.

가족 중 누군가가 감기에 걸렸고, 그 감기가 아기에게 전염되어 콧물이 나고 재채기를 하다가 마침내 기침을 하게 되었을 때, 엄마는 기침에 그다지 신경 쓰지 않을 것입니다. 처음부터 감기라고 생각하고 있기 때문입니다. 이런 기침은 감기가 나으면 좋아집니다.

그러나 때로는 감기 증상은 없어졌는데도 기침만 1~2주 계속되는 일이 있습니다. 약을 먹어도 좀처럼 낫지 않습니다. 감기 이후에 기침이 계속되는 아기는 비교적 많습니다. 상기도가 과민한 아기일 것입니다. 열도 없고 기운차며 식욕도 있다면 환자 취급은 하지 않는 것이 좋습니다. 날씨가 좋은 날에는 밖에 데리고 나가고, 기침이 너무 오래갈 때는 목욕도 시킵니다.

이런 아기를 오랫동안 병원에 데리고 다니면 오히려 대기실에서 다른 병에 전염됩니다. 아기의 건강 상태는 진찰실에서 기침 소리만 듣고 판단하는 의사보다도 이 정도면 보통이라고 판단하는 엄마의 눈이 더 정확합니다.

평소에도 가래가 잘 끓고, 기온이 조금 내려가면 가슴 속에서 그르렁거리는 소리가 나는 아기가 있습니다. 이런 아기가 밤에 자기 전이나 아침에 일어났을 때 한바탕 기침을 하는 것은 드문 일이 아닙니다. 밤에 계속 기침을 하면 저녁에 먹은 음식을 토하기도 합니다.

할아버지나 할머니와 함께 살고 있으면 백일해가 아닌가 하고 의심할 것입니다. 형제가 없는 가정에서 아기가 백일해에 걸렸다면 병원 대기실에서 다른 아이에게 전염된 것입니다. 큰아이나 자주 놀러 오는 이웃집 아이가 백일해에 걸린 경우는 백일해에 대해 잘 아는 의사에게 기침 소리를 듣게 하는 것이 가장 좋습니다. 하지만 백일해가 줄어 들고 있기 때문에 기침 소리로 구별할 수 있는 의사도 점차 줄어들고 있습니다. 의심스러울 때는 균을 배양하거나 혈액 검사로 알아보아야 합니다.

평소에도 가래가 잘 끓는 아기의 기침에 대해서는 251 천식이다를 다시 한 번 읽어 보기 바랍니다.

318. 구토를 한다

● 구토의 원인은 다양하다. 하지만 대부분이 오래 지속되지 않는다.

한바탕 기침을 한 후의 구토는 기침이 원인입니다.

지금까지 잘 놀던 아기가 갑자기 구토를 하면 부모는 당황하게 됩니다. 그러나 가정의학서의 '구토' 항목을 쓴 의사와는 달리 엄마는 아기의 상태를 잘 알고 있기 때문에 여러 가지 병을 생각하면서 걱정할 필요는 없습니다.

평소 가래가 잘 끓고 가슴 속에서 그르렁거리는 소리가 나는 아기가 저녁 식사 후나 자려고 할 때 한바탕 기침을 한 후 구토를 했다면 기침 때문에 토했다는 것을 알 수 있습니다. 기침만 나오지 않았다면 구토는 하지 않았을 것입니다. 아기는 구토한 후에 별다른 증상이 없으며, 때때로 기침을 하지만 그대로 잠이 듭니다. 물론 열도 없습니다. 다음 날 아침에는 기운차게 일어납니다. 예전에는 기침과 함께 구토를 하면 백일해인 경우가 많았지만, 예방접종이 실시되고 나서는 아기가 백일해에 전염되는 일이 많이 줄었습니다.

●

밥을 많이 먹은 후 밤늦게 토했다면 과식이 원인입니다.

저녁에 쇠고기전골을 만들어 먹었는데 아이가 밥 2공기와 고기의 기름진 부위를 많이 먹고 난 뒤 밤늦게 토했다면 과식 때문이라는 것을 엄마는 알 수 있습니다. 과식의 특징은 토하고 나면 오히려 편해져서 잠도 잘 자고 열도 없다는 것입니다.

심한 복통을 동반하면 장중첩증일 수 있습니다.

열이 전혀 없는데도 심한 구토를 하는 경우도 있습니다. 이것은 장중첩증181 장중첩증이다입니다. 이때는 구토뿐만 아니라 심한 복통도 동반합니다. 아기가 갑자기 심하게 울면서 매우 괴로워합니다. 이것이 몇 분 동안 계속되다가 진정되고, 이제 나아졌나 싶으면 또다시 심하게 울면서 아파합니다. 통증이 반복되면서 구토를 하는 아기도 있지만, 처음부터 구토를 하고 아파하며 우는 아기도 있습니다.

헤르니아(탈장)의 감돈도 열이 없고 복통과 구토를 일으키는 것은 장중첩증과 같지만, 쉬지 않고 우는 점이 다릅니다. 양쪽 모두 아기의 상태가 평소와 다르므로 엄마는 바로 병원에 데리고 갈 것입니다.

11월 말 가까이 되어 돌이 다가오는 아기가 몇 번이나 구토를 한다면 겨울철 설사280 겨울철 설사이다를 의심해 보아야 합니다. 얼마 안 있어 물 같은 설사를 몇 번이나 하는데, 겨울철 설사라는 병을 엄마가 이미 알고 있다면 당황하지 않을 것입니다. 대체로 열을 동반하지만 그다지 높지는 않습니다. 아기가 초여름에 39℃ 정도의 열이 나고 구토를 하면 구내염250 초여름에 열이 난다_구내염·수족구병일 경우가 많습니다. 이때는 음식을 먹고 싶어 하지 않습니다.

이 외에 감기로 인해 고열이 날 때 구토를 동반하는 경우가 많습니다. 열 때문에 토하는 것이라고 하지만, 열의 원인인 바이러스성 병이 위의 상태를 나쁘게 하여 구토를 하게 되는 것입니다. 이때는 감기에 걸렸을 때와 같은 처치를 해주면 낫습니다. 구토는 보통 그다지 오래 지속되지 않습니다. 구토를 할 때는 얼음 조각이나 차가운 과즙, 보리차 같은 것을 조금씩 먹입니다.

319. 잘 먹지 않는다

● 구내염 때문일 수도 있다. 분유와 생우유를 먹이면서 나을 때까지 기다린다.

구내염이 원인일 수 있습니다.

분유보다도 밥과 반찬을 많이 먹던 아기가 갑자기 형태가 있는 음식을 먹지 않고 분유만 겨우 먹는 일이 있습니다. 이것은 구내염250 초여름에 열이 난다_구내염·수족구병으로 목 입구가 아파서 그럴 수 있습니다. 열이 37.5℃ 이상이고, 입을 크게 벌리게 해서 목젖 근처에 작은 좁쌀만 한 수포가 2~3개 생긴 것을 발견했다면 구내염이 틀림없습니다. 음식을 먹지 않게 된 전날 38~39℃ 정도의 열이 났다가 금방 내려가서 열이 없는 경우도 있습니다. 입 속에 수포가 생겨 아픈 증상은 보통 열보다 늦게 나타납니다. 계절적으로는 초여름에 가장 많이 나타나며, 평소에 침을 흘리지 않던 아기가 침을 흘리거나, 입 냄새가 나기도 합니다.

구내염은 바이러스에 의한 병으로 특효약은 없습니다. 합병증을 일으키지도 않습니다. 4~5일 만에 나으며, 그동안 딱딱한 음식은 먹을 수 없습니다. 시거나 염분이 많은 음식을 먹으면 쓰라립니다. 분유와 생우유를 먹이면서 나을 때까지 기다려야 합니다. 분유와 생우유를 아주 싫어하는 아기에게는 아이스크림을 주면 됩니다. 푸딩이나 싱거운 달걀찜을 먹는다면 그것도 괜찮습니다. 수분이 부족해서는 안 되므로 보리차나 주스를 충분히 먹입니다. 일어나서 놀게 해도 됩니다. 목욕은 음식을 먹지 않는 동안에는 자제합니다. 여름에 갑자기 기온이 올라간 날에도 아기가 열도 없고 기분도 좋은데 밥을 먹지 않는 일이 있습니다.

320. 탈장이 생겼다_헤르니아

● 걷는 데 방해가 되므로 가능하면 빨리 수술하는 것이 좋다.

가능하면 빨리 수술하는 것이 좋습니다.

생후 2~3개월경부터 서혜부(사타구니)가 붓고, 남자 아기라면 음낭까지 붓기도 하는 헤르니아가 돌이 가까울 때까지 아직 낫지 않는 일이 있습니다. 탈장대를 하고 있으면 낫는다고 하여 오랫동안 탈장대를 하고 있는 아기도 있을 것입니다. 바로 수술하는 것이 좋다는 이야기를 들었지만 아기가 아직 어려서 가엾다는 생각에 미루다가 지금까지 온 경우도 있을 것입니다. 또 생후 6개월이 지나 발견한 것이 지금까지 그대로 온 경우도 있을 것입니다.

그러나 만 1년이 지난 후 저절로 낫는 경우는 거의 없습니다. 따라서 가능하면 빨리 수술하는 것이 좋습니다. 걷는 데 방해가 될 뿐만 아니라 감돈의 우려도 있기 때문입니다.

감돈은 장이 뱃속에서 헤르니아 터널로 빠져나와 그곳에서 뒤엉켜버리는 것입니다. 장의 움직임이 그곳에서 막히고 혈액 순환도 나빠져 그 상태로 두면 몇 시간 안에 장이 썩어버립니다.

장이 막히기 때문에 아기는 매우 아파하며 웁니다. 헤르니아가 전부터 있었던 아기가 갑자기 울면 엄마는 바로 기저귀나 속옷을 벗겨서 헤르니아 부분을 살펴보아야 합니다. 눌러도 헤르니아가 원위치로 돌아가지 않고, 그곳을 만졌을 때 아기가 아파한다면 헤르니아의 감돈입니다. 139 탈장되었다_서혜 헤르니아 감돈은 저절로 풀려서 낫기도 하지만, 아기를 외과로 데려가 의사가 제 위치로 넣어주는 것이 안전합니다. 도저히 들어가지 않을 때는 그 자리에서 바로 엉킨 장을 푸는 헤르니아 근치 수술을 하게 됩니다.

음낭까지 내려와 걷는 데 지장이 있을 만큼 큰 헤르니아는 되도록 빨리 수술하는 것이 좋습니다. 수술은 소아 마취에 능숙한 병원에서 하는 것이 바람직합니다. 수술 전후의 관리가 잘되어 있는 병원이라면 2일간 입원하여 치료하면 됩니다. 입원한 날 수술을 하고, 다음 날 이상이 없으면 퇴원하고, 수술 후 4일째 되는 날 다시 가서 수술 부위를 검사합니다.

이렇게 하면 어린 아기를 1주 이상 입원시켜 부모와 격리하는 일본의 '완전 간호'보다 아기가 마음의 상처를 덜 받습니다. 선진국에서는 이러한 방식을 도입하고 있습니다. 수술 2~3일 전에 의사로부터 충분한 설명을 들어 그 순서를 이해해 두어야 합니다.

●

갑자기 울기 시작하며 아파한다. 180 갑자기 울기 시작한다. 181 장중첩증이다 참고

열이 나고 경련을 일으킨다. 248 경련을 일으킨다. 열성 경련 참고

높은 곳에서 떨어졌다. 265 아기가 추락했다 참고

화상. 266 화상을 입었다 참고

이물질을 삼켰다 . 284 이물질을 삼켰다 참고

아기의 변비. 301 변비에 걸렸다 참고

보육시설에서의 육아

321. 이 시기 보육시설에서 주의할 점

- 운동이 격렬해지므로 사고발생에 유의한다.
- 일정한 시간에 소변을 보게 한다.

격렬한 운동으로 사고가 나지 않도록 합니다.

이 시기의 아기를 보육할 때 주의해야 할 점은 운동이 격렬해지므로 사고가 발생하지 않도록 하는 것입니다. 312 이 시기 주의해야 할 돌발 사고 미끄럼틀의 물림쇠와 그네 끈의 연결 부분은 매일 점검해야 합니다. 또 아기들은 높은 곳으로 올라가고 싶어 하므로 침대를 창가에 밀착시켜 두어서는 안 됩니다. 아기가 계단을 오르기 시작하면 보육교사는 엎드려서 발부터 내려오는 것을 시범적으로 보여주어야 합니다. 이것을 능숙하게 흉내내는 아기가 많습니다.

●

계절병에 주의합니다.

겨울철에 난방을 할 때는 화상을 입지 않도록 철저한 주의가 필요합니다. 여름에 아이들을 비닐 풀장에서 놀게 할 때는 만 1세 미만의 아기는 되도록 제외시킵니다. 만약 같이 놀게 한다면 아기 한 명 한 명마다 보육교사가 붙어서 돌보아야 합니다.

이 월령의 아기가 보육시설에서 갑자기 열이 난다면 초여름에는 구내염이나 수족구병250 초여름에 열이 난다: 구내염·수족구병을 생각해 보아야 합니다. 지금까지 열이 난 적이 없는 아기라면 돌발성 발진226 돌발성 발진이다을 염두에 둡니다. 고열에 대해서는 315 고열이 난다를 참고하기 바랍니다. 늦가을에 구토를 하고 설사를 했다면 겨울철 설사280 겨울철 설사이다를 생각해 보아야 합니다.

●

아기의 체중과 키에 너무 연연하지 않습니다.

아기가 첫돌이 되면 보육교사는 엄마와 차분하게 이야기할 기회를 만들어 1년간의 성장을 되돌아보게 합니다. 엄마는 돌이 되면 키와 체중의 표준만을 생각하여 아이가 그것을 초과하면 만족하고 거기에 미치지 못하면 많이 걱정합니다.

그러나 체중은 키우는 방법이 좋고 나쁨을 떠나 아기의 선천적인 신진대사형에 따라 정해집니다. 소식하는 아기는 튼튼해도 체중이 적게 나가고, 병에 잘 걸리는 아기도 대식하면 체중이 많이 나갑니다. 사람이 사는 목적은 체중과 키가 아닙니다. 어느 정도 활동할 수 있느냐가 중요합니다. 아기도 마찬가지입니다.

아기가 이제 "맘마"라는 말을 할 수 있게 되었는가? 집에서도, 보육시설에서도 아기에게 정확한 말로 이야기를 해주고 있는가? 엄마와 보육교사 사이에 약속했던 대로 아기에게 똑같은 단어로 이야기하는가? 아기가 아직 "맘마"라는 말을 하지 못한다면, 보육시설 일이 너무 바쁘다 보니 보육교사가 아기에게 식사를 줄 때 말을 걸 여유가 없는 것은 아닌가? 한 명의 보육교사가 몇 명의 아기를 담당하고 있는가? 아기가 집으로 돌아오면 피곤해서 금방 자버리기 때문에 부모와 접촉할 시간이 없어서 말이 늦는 것은 아닌가? 만약 그렇다면 보육시설에서 낮잠 시간이 부족하여 피곤한 것은 아닌가? 이런 것들을 틈틈이 점검해야 합니다.

이 월령에는 낮잠을 두 번 정도 자는 아기가 아직 많습니다. 하지만 낮잠 자는 횟수와 시간을 일률적으로 정할 수는 없습니다. 아기 각자의 개성에 따라 다르기 때문입니다. 아기에게 중요한 것은 자신에게 맞는 수면 횟수와 시간입니다.

보육교사는 아기들이 낮잠에서 깨어나 기분이 좋고 활발하게 노는지 한 명 한 명 잘 살펴보아야 합니다. 아기에 따라 2시간을 자야 활기찬 아기도 있고 1시간으로도 충분한 아기도 있습니다. 놀다 지쳐서 혼자 잠들게 하기보다 지금부터는 낮잠 잔다는 것을 아기에게 말하고 낮잠 잘 마음이 생기도록 하는 것이 좋습니다. 재우기 직전에 보유실 바닥에 이불을 깔아줍니다.

보육교사가 자장가를 불러줄 때는 항상 같은 노래를 불러주는 것이 좋습니다. 잠이 드는 조건반사가 되도록 하기 위해서입니다. 아기가 3~4명이라면 보육교사가 직접 작은 소리로 노래를 불러주면서 이불 위를 가볍게 토닥거려줄 수 있습니다. 인원이 많은 곳에서는 뮤직 박스나 노래 테이프를 사용하는데 이때도 같은 곡을 틀어줍니다.

잘 때의 옷차림은 자기 편하게 가볍게 입힙니다. 일일이 잠옷으로 갈아입히고 잘 자라고 말하는 것은, 더 커서 낮잠이 한 번만으로 충분할 때부터 하도록 합니다. 활동적이어서 낮잠을 하루 한 번밖에 자지 않는 아기도 있습니다. 이런 아기는 수면실이 아닌 다른 곳에서 조용히 놀게 합니다. 이렇게 할 수 있기 위해서라도 한 조에 2명의 보육교사가 필요합니다.

엄마로부터 아기가 밤늦게까지 자지 않아서 곤란하다며 보육시설에서 낮잠을 오래 재우지 않았으면 좋겠다는 말을 종종 듣게 됩니다. 이럴 때는 그 집의 밤 환경에 대해서 잘 알아두어야 합니다. 부모가 텔레비전을 보려고 아기를 밤 9시에 재우고 싶어 한다면 그것은 그 부모들 사정입니다. 아기가 늦게 퇴근한 아빠와 놀고 싶어서 자지 않는다면 아기 입장을 존중해 주어야 합니다. 부모와 밤 11시까지 단란한 시간을 보낼 수 있다면 밤 11시에 자서 아침 7시에 일어나는 것도 좋습니다. 이것이 지속될 수 있도록 보육시설에서 낮잠을 충분히 오래 재우는 것이 좋습니다.

하지만 부모와 놀 시간이 따로 충분히 있는데도 밤늦게까지 자지 않아서 곤란을 겪는 경우에는 보육시설에서 낮잠 시간을 줄이도록 합니다. 보육시설의 사정만 생각하고 아기의 가정 상황은 무시한 채 일률적으로 오랜 시간 동안 낮잠을 재우는 것은 좋지 않습니다.

●

시간을 정해 소변을 보게 합니다.

엄마의 가사노동이 가벼워지도록 귀가 후의 기저귀 세탁을 가능한 한 줄이도록 협조해 주어야 합니다. 그러기 위해서는 보육시설에서도 시간을 정해 소변을 보게 해야 합니다.

지금 이것이 제대로 되지 않는 것은 영아실 옆에 있는 화장실이 춥기 때문은 아닌가? 아이들 숫자에 비해 변기 수가 너무 적은 것은 아닌가? 보육시설에서는 소변을 가리는 습관을 들이고 있는데 엄마가 집에서 그렇게 하지 않는 것은 아닌가? 이런 것들을 생각해 봐야 합니다.

또 아기가 밥을 먹을 수 있게 되었는가? 아직 생우유와 죽만 먹고 있다면 그 원인은 무엇인가? 겨울철 설사로 계속 유동식을 먹여 왔기 때문이라면 보육시설에서 겨울철 설사의 예방을 충분히 했는가? 이런 문제도 생각해 보아야 합니다.

보육시설에서 겨울철 설사가 유행한 원인이 맨 처음 그 병에 걸린 아기를 양호실에 격리하지 못했기 때문일 수도 있습니다. 양호실이 없다면 만들어야 합니다.

보행 연습이 늦어진 것이 여름에 농가진에 걸려 보육시설을 쉬고 병원에 다녀야 했기 때문이라면 농가진 예방이 불완전했던 것을 반성해야 합니다. 보육시설에 욕실이 있고 목욕할 수 있었다면 피부가 청결해서 농가진이 유행하지 않았을지도 모릅니다.

아기가 신발 신기를 싫어하는 이유가 집이 아파트 5층이라 마당이 전혀 없어 신발을 신어보지 않았기 때문이라면, 보육시설에서 신발을 신고 걷는 연습을 더 시켰어야 했습니다. 보육시설 마당이 좁아서 걸음마 연습을 할 수 있는 안전한 공간이 없다면 아기를 위해서 마당을 만들어야 합니다.

322. 아침 시간 시진하기 

● 아침 시간 부모로부터 아기를 건네받을 때 눈으로 보아 평소와 다른 모습이 있는지 확인한다.

아기의 상태에 따라 보육시설에서 맡으면 안 될 때가 있습니다.

아침에 부모가 보육시설에 데려온 아기를 건네받을 때 아기의 상태를 살펴보고 만약 병에 걸린 것 같으면 맡지 말아야 합니다. 다른 아이에게 전염되는 병이라면 매우 곤란하기 때문입니다.

아기를 맡을 때 온몸을 벌거벗겨 살펴보는 것은 불가능합니다. 따라서 보육교사가 볼 수 있는 것은 아기의 전체적인 모습과 얼굴뿐입니다. 아기의 상태를 눈으로 보고 병인지 아닌지를 진단하는 것을 '시진(視診)'이라고 합니다. 매일 보육시설에 오는 아기의 모습에 익숙해지면 아기가 조금 달라졌을 때 알아볼 수 있습니다. 보육교사는 그것을 바로 알아차릴 수 있을 정도로 아기의 모습을 매일 자세히 관찰해야 합니다.

엄마 입장에서는 아기를 맡기지 않으면 일을 할 수 없기 때문에 아기가 평소와 좀 달라도 '보육시설에 가 있는 동안 좋아지겠지' 하는 마음으로 아무 말 없이 그냥 맡기는 일이 있습니다. 보육교사는 엄마와 인사를 할 때 "아침에 평소처럼 분유를 먹었나요?"라고 물어보는 것이 좋습니다. 만약 분유를 반밖에 먹지 않았다거나 전혀 먹지 않았다고 한다면 아기에게 어딘가 이상이 있는 것이 틀림없습니다.

이마를 만져보아 열이 있는 것을 알 수 있기도 하지만 정확하지는 않습니다. 그 자리에서 체온계로 열을 재보는 것이 좋습니다. 열이 있으면 엄마가 병원에 데리고 가게 해야 합니다.

눈 주위나 속눈썹에 눈곱이 끼어 있으면 "아침에 눈이 붙어서 눈을 못 뜨지는 않았나요?"라고 물어보아야 합니다. 만약 그랬다면 유행성 눈병일 때가 많습니다. 이럴 때도 엄마에게 안과에 데리고 가도록 해야 합니다. 유행성 눈병은 보육시설 내에서 유행할 위험이 있습니다.

항상 침으로 축축하게 옷을 적시던 아기가 전혀 침을 흘리지 않는 것도 몸 상태가 나쁜 것입니다. 이때도 열을 재보아야 합니다.

얼굴이나 머리에 발진이 있는 것을 발견했을 때 이것이 습진인지 전염병인지를 구별하는 것은 상당히 숙련된 소아과 의사가 아니면 어렵습니다. 그러나 이미 병으로 예측하고 있는 상태라면 구별은 그렇게 어렵지 않습니다.

보육시설에 다니는 아기의 형제가 수두나 홍역에 걸려서 쉬었을 경우에는 큰아이의 발병에서부터 계산하여 잠복기가 끝나는 시기를 예측하고 있어야 합니다. 큰아이가 수두에 걸린 날로부터 2주가 지나서 아기의 이마나 머리카락 속에서 빨간 발진(때로는 수포)이 발견되었다면 수두가 확실합니다.

큰아이가 수두에 걸렸던 것을 알고 있다면 12~13일 후부터 아침 시진에 특히 주의해야 합니다. 경우에 따라서는 벌거벗겨서 가슴이나 배에 발진이 생기지 않았는지 살펴보아야 합니다. 수두와 같은 발진이 발견되면 의사에게 진찰을 받아야 합니다.

홍역인 경우에는 발진이 생길 때까지 재채기나 기침을 하거나 열이 있기 때문에, 큰아이가 홍역에 걸린 날로부터 계산하여 10일째 정도 되는 날 아침에 기침이나 재채기를 하지 않는지 주의를 기울여야 합니다. 이때 깜빡하고 지나쳐버리면 3~4일이 지난 후에 발진이 생겨 알게 됩니다. 이렇게 되면 그 3~4일 동안 감기로 생각하고 있던 아기로부터 다른 아이들에게 이미 홍역이 전염된 상태입니다.

보육교사는 병에도 계절이 있다는 것을 알아야 합니다. 초여름에는 구내염과 수족구병250 초여름에 열이 난다_구내염·수족구병이 유행하고, 초가을에는 농가진이 많고, 늦가을에는 겨울철 설사가 시작됩니다.280 겨울철 설사이다 이에 관한 항목을 잘 읽어두기 바랍니다. 그 계절에 각각의 증상을 발견하면 엄마에게 이야기해 주고 병원에 보내야 합니다.

사물을 보는 능력이 확실해집니다.
바닥에 떨어져있는 작은 물건이라도 색다른 것이면 줍습니다.
저녁노을을 바라보거나, 달을 바라보거나,
하늘을 나는 새를 바라볼 수도 있습니다.
아이는 주위의 세계를 나날이
새로운 감각으로 받아들입니다.

16

만 1세~1세 반

이 시기 아이는

323. 만 1세~1세 반 아이의 몸 

● 사물을 보는 능력이 확실해지면서 공포심이 생기기 시작한다.

사물을 보는 능력이 확실해집니다.

첫돌이 지난 아이는 자기 주변에서 일어나는 일에 민감해집니다. 아빠와 엄마 목소리도 알게 됩니다. 밤에 퇴근하는 아빠의 목소리가 들리면 현관 쪽으로 가려고 합니다. 또 자다가 깨서 옆방에서 엄마가 손님과 이야기하는 소리가 들리면 자기에게 와달라고 큰 소리로 웁니다. 음악도 압니다. 특히 음감이 좋은 아이는 만 1세 반이 되면 노래 비슷한 소리를 냅니다.

사물을 보는 능력도 확실해집니다. 바다에 떨어져 있는 작은 물건이라도 색다른 것이면 줍습니다. 저녁 노을을 바라보거나, 달을 바라보거나, 하늘을 나는 새를 바라볼 수도 있습니다. 아이는 주위의 세계를 나날이 새로운 감각으로 받아들입니다.

●

몸의 움직임도 나날이 활발해집니다.

첫돌 때 2~3걸음 걸을 수 있었던 아이는 만 1세 반이 되면 상당히 빨리 발을 옮길 수 있게 됩니다. 첫돌 때 못 걸었던 아이는 1년 2~3개월 정도가 되면 혼자서 걸을 수 있게 됩니다. 첫돌 전에 걸었던 아이나 그보다 2~3개월 늦게 걷기 시작한 아이나 만 1세 반이 되면 걷는 모습에는 그다지 차이가 없습니다.

이 시기에 뛰지는 못합니다. 그러나 뒷걸음질은 할 수 있습니다. 계단도 올라갈 수 있습니다. 첫돌이 되어서도 걷지 못하는 아이라도 혼자서 앉을 수 있다면 만 1세 반까지는 걸을 수 있게 됩니다.

아이가 걷기 시작할 즈음 부모는 안짱다리가 될까봐 걱정합니다. 서서 다리를 붙이면 무릎 부분이 붙지 않고 틈이 벌어지기 때문입니다. 이것은 생리적인 것입니다. 아이마다 정도의 차이는 있지만 태어나서 만 1세 반까지는 O자형 다리(안짱다리)입니다. 1년 7개월 무렵이 되면 고쳐지기 시작하여 만 2세 반쯤 되면 반대로 X자형 다리가 됩니다. 무릎을 붙이면 발 부분은 떨어집니다. 이것이 고쳐져서 섰을 때 무릎도 발도 딱 붙게 되는 것은 만 4세에서 7세 사이입니다. 발끝으로 서서 걷는 아이가 있는데 이것도 정상입니다.

손 움직임도 첫돌이 지나면 점점 야무져집니다. 크레용이나 매직을 주면 종이에 그어댑니다. 숟가락질도 점차 능숙해집니다. 컵도 손에 들고 마실 수 있게 됩니다. 식탁 의자에 올라가 앉거나 내려오는 것도 점차 잘하게 됩니다. 그러나 자신이 싫어하는 상대를 공격하지는 못합니다. 때리는 것도 모르고 물건을 던지지도 못합니다.

●

공포심이 생깁니다.

주위의 세계를 잘 느낄 수 있게 된 아이가 불쾌한 것에 대해 공포심을 갖게 되는 것은 전혀 이상한 일이 아닙니다. 만 1세에서 1세 반까지의 아이가 가장 겁쟁이라는 것은 필자가 소아과 의사로서 실감한 사실입니다. 아기가 의사를 보면 주사를 기억해 무서워 한다고 하지만, 주사를 전혀 놓지 않아도 첫돌이 지나면 무서워서 우는 아이가 있습니다. 특히 부모의 감각이 예민할수록 아이의 공포심이 큽니다. 아이가 우는 것은 교육 방식의 문제라기보다는 타고난 성격과 관계가 있습니다.

큰 소리, 전화 벨, 버저, 자동차 경적, 헤드라이트 같은 것을 매우 무서워합니다. 목욕할 때 머리에 물을 끼얹으면 몸을 떨면서 무서워하는 아이도 있습니다. 잠에서 깨어 엄마가 옆에 없고 아무리 울어도 오지 않았던 일이 있은 다음에는 엄마 모습이 보이지 않으면 극도로 무서워합니다. 그리고 엄마 옆에 꼭 붙어서 떨어지지 않습니다.

공포를 이겨낼 수 없는 아이는 엄마에게 붙어 있으려고 합니다. 만 1세 반 전후에 이러한 상태가 되는 아이가 많습니다. 따라서 이 시기에는 아이를 무섭게 하지 않는 것이 중요합니다. 아이를 무섭게 하면 엄마에게 꼭 붙어서 혼자서 자립할 수 없게 됩니다. 육아에서 중요한 것은 체중을 늘리는 것이 아니라 독립적인 인간으로 만드는 것입니다.

이 시기에는 아이를 무서운 것으로부터 지켜주어야 합니다. 아이가 공포심 없이 평화롭게 성장하여 몸을 움직이는 힘을 기르면 자신의 힘에 자신감을 갖게 되고, 불쾌한 상대를 무서워서 피하는 일도 없어집니다. 엄마는 성격이 예민한 아이에게 특히 세심하게 주의를 기울여야 합니다. 병원에 데리고 가서 주사를 맞히는 것은 가장 좋지 않습니다. 무서워하는 것을 보게 하거나 듣게 하여 아이를 협박해서도 안 됩니다. 이런 식으로 단련시키려고 해서도 안 됩니다. 331 겁 많은 아이 길들이기

예민한 아이를 공포로부터 지켜주는 것과 동시에 활동적인 아이는 사고로부터 지켜주어야 합니다. 활동적인 아이는 왕성한 호기심을 가지고 주위 세계를 탐험하려고 합니다. 높은 곳이 있으면 올라가봅니다. 신기한 물건이 있으면 입에 넣어봅니다. 색다른 모양의 물건이 있으면 만져봅니다. 그래서 베란다에서 떨어지고, 동전을 삼키고, 다리미를 만져서 화상을 입습니다. 대부분의 사고는 부모가 미리 예방책을 세워두면 방지할 수 있는 것들입니다. 333 이 시기 주의해야 할 돌발 사고

●

10개 정도의 단어를 말할 수 있습니다.

첫돌 전과 이 시기를 구별할 수 있는 점은 말할 수 있는 단어가 많아졌다는 것입니다. 만 1세 반이 되면 대부분의 아이는 "아빠", "엄마", "맘마", "빵빵", "멍멍", "야옹야옹", "빠이빠이", "뽀뽀", "까까", "네" 등 10개 정도의 단어를 말할 수 있습니다. 그 밖에 동네에

잘 어울리는 아이가 있으면 그 아이의 이름도 의외로 잘 외웁니다. 물론 만 1세 반이 되어도 "맘마", "엄마"라는 말밖에 하지 못하는 아이도 많습니다. 그렇다고 지능이 떨어지는 것은 아닙니다. 아이가 이유식을 먹지 않는다고 엄마가 예민해져서 아이에게 말 거는 것을 잊고 있으면 아이는 말을 배울 기회가 없습니다.

텔레비전은 언어 능력의 발달을 늦춥니다. 말은 인간의 마음과 마음을 연결해 주는 것입니다. 자신의 마음속에 있는 것을 상대에게 전하고 싶은 마음이 말로 표현됩니다. 그러므로 말을 배우기 전에 먼저 마음과 마음이 연결되어야 합니다. 텔레비전에 나오는 사람들은 입에서 소리는 내지만 마음이 담겨 있지는 않습니다. 텔레비전에 매달려 있으면 방송국에서 보내는 그림과 소리만 수동적으로 받아들일 뿐입니다. 이쪽에서 말하려고 하는 적극성이 생기지 않는 것입니다. 따라서 텔레비전만 보게 해서는 말을 배울 수 없게 됩니다. 부모와 자식 간에 마음과 마음을 연결하기 위해서는 아이를 방 안에만 가두어놓지 말고 밖으로 데리고 나가 산책을 하며 눈에 띄는 것을 화제로 삼아 이야기를 나누어야 합니다.

●

이 시기가 되면 감정 표현도 풍부해집니다.

기쁠 때는 소리 내어 웃습니다. 노여움의 표현도 격렬해집니다. 안고 있을 때 몸을 뒤로 젖혀 떨어질 뻔하기도 하고, 바닥에서는 발을 동동 구르며 화를 내는 아이도 있습니다. 특히 노여움이 심한 아이는 울어서 입술이 새파래지고 경련을 일으키는 것처럼 되는 일도 있습니다. 한번 울기 시작하면 좀처럼 그치지 않는 아이도 있습니다. 이것은 키우는 방법보다는 아이의 성격 때문입니다. 329 어리광에 대처하기

●

밤에 잠드는 시각은 9시 전후가 많습니다.

이런 아이는 아침 7시에서 8시 30분 사이에 잠에서 깹니다. 저녁 7시에 자서 아침 6시경에 일어나는 아이도 있습니다. 이 시기에 낮잠은 한 번 자는 아이와 두 번 이상 자는 아이가 반반 정도입니다. 자는 시간도 제각기 다른데 많이 자는 아이는 2시간 이상 잡니다.

이 시기에는 밤중에 일어나서 노는 아이도 나타납니다. 첫돌까지만 해도 침대에 눕히고 불을 끄면 잘 수밖에 없었지만 이 시기에는 침대가 아닌 바닥에서 자는 아이가 많습니다. 그래서 밤중에 잠에서 깨면 일어나 여기저기 마음대로 걸어 다니면서 놀거리를 찾아 혼자서 놉니다. 이것은 낮에 바깥에서 충분히 운동을 시키지 않아서 아이가 피곤하지 않기 때문입니다.

●

식사 시간은 즐거운 시간이어야 합니다.

식사는 첫돌이 지나면 어른처럼 세 번 먹는 아이가 많아집니다. 한 번은 빵이나 국수, 나머지 두 번은 밥을 먹는 아이가 많습니다. 엄마가 밥을 그다지 잘 먹지 않으면 아이도 밥은 하루에 한 번만 먹습니다.

이유식 식단에는 한 번에 1공기 반을 먹이도록 되어 있지만 이렇

게 먹는 아이는 오히려 예외적입니다. 또 밥을 이렇게 많이 먹으면 반찬으로 달걀, 생선, 고기를 많이 먹지 못하기 때문에 영양상으로도 좋지 않습니다. 이 시기의 아이는 밥을 그다지 좋아하지 않습니다. 매번 식사 때 어린이용 밥그릇으로 1/2공기나 1/3공기밖에 먹지 않는 아이가 많습니다. 먹고 싶어 하지 않는 아이에게 억지로 밥을 먹이려 하기 때문에 아이를 식탁 의자에 앉히면 도망가려고 합니다. 식사하는 데 1시간이나 걸리는 경우 이 엄마는 대개 어떻게 해서라도 먹이고야 말겠다는 확고한 의지의 소유자입니다.

첫돌이 지나면 젖을 떼야 한다고 분유를 하루 1회로 줄일 필요는 없습니다. 생선이나 고기를 먹지 않는 아이는 분유(또는 생우유)로 보충해 주지 않으면 동물성 단백질이 부족해집니다. 밥을 먹이는 데 1시간이나 들이기보다 밥을 2~3숟가락 떠먹이고 나머지는 생우유와 반찬을 먹여 가능하면 20분 만에 식사를 끝내고 몸을 단련하는 데 시간을 할애하는 것이 좋습니다.

이 시기에 빠른 아이는 식사 때 젓가락을 겨우 들 수 있게 됩니다. 하지만 대부분은 숟가락을 사용합니다. 아이는 부모가 내민 숟가락을 뺏어서 스스로 먹으려고 합니다. 하지만 좀처럼 잘되지 않기 때문에 손으로 밥을 먹습니다.

이때 깔끔한 성격의 엄마는 밥 흘리는 것을 싫어하고, 예의 바른 엄마는 손으로 먹는 습관을 좋지 않게 생각해 아이에게 숟가락을 주지 않고 직접 먹여 줍니다. 그러나 스스로 먹으려고 하는 아이의 자주성을 존중해 주어야 합니다. 주먹밥을 아이 손에 쥐여주고(식사 전에 손 씻기는 것을 잊지 않도록) 엄마는 간식만 먹여주는 방법을 쓰면 됩니다. 식사는 아이에게 즐거운 시간이어야 합니다. 닭을 사육하는 것처럼 영양가만 생각하면 안 됩니다.

밤에 재울 때 모유를 주는 엄마가 병원에서 "아직도 모유를 먹입니까? 이젠 끊어야 합니다"라는 말을 듣기도 합니다. 그러나 낮잠 잘 때 한 번 모유를 먹고 식사도 잘하고 성장도 정상이라면 부모 자식 간의 연대감을 확인하면서 자는 즐거움을 꼭 포기할 필요는 없습니다. 자기 전에 젖을 먹는다고 해서 이 배열이 나빠지는 것도 아닙니다.

●

아직까지 기저귀를 떼지 못해도 괜찮습니다.

이 시기의 배설 훈련은 첫돌 전까지의 이유식만큼이나 엄마들에게는 관심의 초점이지만, 배설은 개인차가 크다는 것을 잊어서는 안 됩니다. 빠른 아이는 따뜻한 계절이라면 소변과 대변을 엄마에게 알릴 수 있게 됩니다. 그러나 이런 아이는 드뭅니다.

아직 이 시기에는 기저귀를 떼지 못해도 괜찮습니다. 물론 춥지 않은 계절에는 아이의 배설 시간을 예측하여 변기에 데려가는 것은 괜찮습니다. 하지만 첫돌까지는 얌전하게 변기에 소변을 보던 아이가 첫돌이 지나고 나서 변기에 소변을 보지 않는 일도 아주 많습니다. 특히 1월에 태어난 아이는 이것이 보통입니다. 327 배설 훈련

마침 더울 때 만 1세 반을 맞은 아이에게 큰맘 먹고 팬티만 입혀 놓으면 처음에는 팬티를 적시고 나서 "쉬"라고 말하지만 그다음부

터는 젖기 전에 알려주기도 합니다. 그러나 소변이 잦은 아이는 좀처럼 잘되지 않습니다. 노는 데 정신이 팔려서 알려주지 못하는 것입니다. 대변도 배설하기까지 시간이 걸리는 아이는 변기에 보게 할 수 있습니다.

●

질병보다 사고를 조심해야 합니다.

이 시기에는 질병보다도 사고를 조심해야 합니다.333 이 시기 주의해야 할 돌발 사고 돌발성 발진은 많이 줄어들지만, 1년 3~4개월까지의 아이에게는 겨울철 설사280 겨울철 설사이다가 흔합니다. 갑자기 열이 나는 경우는 바이러스에 의한 병이 대부분입니다.

감수자 주

만 1세가 되면 홍역, 풍진, 볼거리를 예방하는 혼합 백신인 MMR와 수두, 일본뇌염 백신 접종을 시작한다. 또 생후 6개월 전에 기본 접종을 한 헤모필루스 인플루엔자 B형의 추가 접종도 이 시기에 한다.150 예방접종

이 시기 육아법

324. 먹이기

● 숟가락 연습을 해야 할 시기이다. 밥 먹는 도중 자꾸 놀고 싶어 할 때는 식사를 중단한다.

이 시기는 체중이 많이 늘지 않습니다.

만 1세에서 2세까지는 체중이 2kg 정도밖에 증가하지 않습니다. 그렇다고 만 1세에서 1세 반까지의 모든 아이가 정확히 1kg 느는 것은 아닙니다. 더운 계절에는 체중이 거의 늘지 않다가 서늘해지고 나서 한꺼번에 갑자기 느는 아이가 많습니다.

첫돌이 지나 밥을 먹고 부모와 같은 반찬을 먹게 되면, 아이의 식사 유형에도 개인차가 분명하게 나타납니다. 이 정도 먹으면 된다는 표준은 없습니다.

일반적으로 말하면 이 연령의 아이는 밥을 별로 많이 먹지 않습니다. 소수의 잘 먹는 아이가 있는데, 이런 아이의 소문은 잘 퍼지기 때문에 그 소문을 들은 엄마는 자기 아이가 잘 먹지 않으면 걱정하게 됩니다. 잘 먹는 아이와 잘 먹지 않는 아이의 차이를 하루 식단으로 비교해 봅시다.

◆ 잘 먹는 아이의 하루 식단

09시 식빵 2조각, 생우유 200ml, 치즈, 사과

12시 밥 2공기, 달걀 1개, 소시지, 야채

15시 비스킷, 생우유 200ml

18시 밥 2공기, 생선 또는 고기, 야채

20시 생우유 200ml

◆ 잘 먹지 않는 아이의 하루 식단

08시 30분 생우유 180ml

10시 과자 조금

12시 밥 몇 숟가락, 소시지, 달걀

15시 30분 생우유 180ml

18시 밥 몇 숟가락, 달걀찜, 생선, 토마토

21시 생우유 180ml

잘 먹는 아이는 아기 때부터 분유를 잘 먹어 첫돌 때 체중이 10kg을 초과합니다. 반면 잘 먹지 않는 아이는 아기 때부터 소식을 하여 분유 한 병을 전부 먹어본 적이 없습니다. 첫돌 때 체중은 8kg입니다. 두 엄마 모두 식사에 관해서는 열심이고 먹이는 방법이나 조리 방법에 차이가 있다고는 생각되지 않습니다. 아이에게 먹고 싶은 마음이 있느냐 없느냐의 차이가 이렇게 나타나는 것뿐입니다.

영양학적으로 엄밀하게 말하면, 만 1~2세의 아이에게는 체중

1kg당 하루 2g의 단백질을 공급해 주는 것이 좋습니다(이 가운데 반은 동물성 단백질로). 잘 먹지 않는 아이도 나름대로 성장하고 있는 것은 생우유와 달걀 등을 비교적 잘 먹기 때문일 것입니다.

생우유를 먹기 때문에 밥을 먹지 않는다고 생각하여 생우유를 하루 한 번 200ml만 준다면, 아이가 밥을 2공기 먹는다고 해도 단백질이 부족해집니다. 아이가 성장하는 데는 특정 아미노산이 필요합니다. 이것은 달걀, 생선, 고기, 생우유 등의 동물성 단백질에는 많지만 밥, 우동, 빵에는 적습니다. 따라서 소식으로 살아가려면 생우유와 달걀을 섭취하고 밥을 적게 먹는 것이 합리적인 식사법입니다.

아이는 대체로 자기 몸에 필요한 만큼 먹습니다. 일정 시간 동안 한눈팔지 않으면서 먹고 싶은 만큼 먹으면 됩니다. 식사 중에 한눈파는 것을 막으려면 엄마와 둘이서만 먹을 때는 식탁의자에 앉히는 것이 좋습니다. 가족이 단란하게 식탁에 둘러앉았을 때 아이가 한눈을 팔지 않고 먹게 하려면 아빠의 수완도 필요합니다.

아이와 함께 식사할 기회가 적은 아빠는 우연히 아이가 식사하는 모습을 보면 밥을 더 먹으라고 합니다. 이 연령의 아이에게는 밥보다도 생선, 육류, 어묵, 소시지 등 동물성 반찬을 많이 먹이는 것이 좋습니다. 이런 음식을 좀처럼 먹지 않는 경우에는 생우유로 보충해 주어야 합니다.

보통 만 1세 반 정도 된 아이는 하루에 생우유(또는 분유) 두 번, 아침에는 빵, 점심과 저녁에는 밥을 먹는 경우가 많은데, 반찬을 별로 먹지 않는 아이에게는 생우유를 세 번 주는 것이 좋습니다. 생우유는 점심에는 젖병이 아닌 컵으로 주는 것이 좋지만, 실제로는 반 이상의 아이가 이 시기에 젖병을 떼지 못합니다. 그런 아이는 보리차는 컵으로 마시지만 생우유나 분유는 젖병으로 먹는 것으로 생각합니다. 젖병으로 주면 흘릴 염려가 없어 편하고, 밤에 잘 때 혼자 들고 먹으면서 잠들어 좋습니다.

밤에 젖병에 생우유를 주는 것이 그렇게 나쁘다고는 생각하지 않습니다. 젖병을 떼면 아이는 손가락을 빨거나 이불 가장자리를 질겅질겅 씹으면서 잡니다. 이것이 불결해서 오히려 더 나쁩니다.

●

숟가락으로 먹는 연습을 해야 할 시기입니다.

만 1세에서 1세 반까지는 숟가락으로 먹는 연습을 해야 하는 시기입니다. 숟가락을 사용하면 많이 흘려서 식탁을 더럽힙니다. 그러나 아이가 스스로 숟가락을 잡으려고 하면 그 적극성을 존중해 주어야 합니다.

물론 만 1세 반 된 아이가 모든 식사를 스스로 숟가락질하여 먹을 수는 없습니다. 그렇게 하려면 식사하는 데 시간이 너무 많이 걸립니다. 식탁 의자에 앉혀 아이에게 숟가락으로 밥을 뜨게 하고 엄마가 젓가락으로 생선이나 달걀을 집어줍니다. 식사를 30분 내에 끝내도록 하려면 후반에는 엄마가 먹여주어도 됩니다.

아이가 왼손잡이라면 숟가락을 오른손으로 잡도록 강요해서는 안 됩니다. 무리하게 바꾸어 쥐게 하면 숟가락으로 먹으려는 의욕을 잃어버립니다.

●

식사 도중에 노는 아이도 있습니다.

이것은 이미 먹고 싶지 않다는 뜻이므로 식사를 중단시켜야 합니다. 식사 도중에 놀고 싶어 해 1시간이나 소모해 버리면 밖에서 놀 시간이 그만큼 줄어듭니다. 이것이 또한 식욕을 떨어뜨리게 합니다. 도중에 먹기 싫어지는 이유는 좋아하지 않는 밥을 엄마가 억지로 먹이려 하기 때문입니다. 식탁 의자에 오랫동안 강제로 앉혀놓으면 나중에는 식탁 의자를 보기만 해도 식욕이 사라져버립니다.

325. 간식 주기

● 어떤 간식을 얼마큼 주느냐는 아기의 식습관에 따라 엄마가 판단할 일이다.

간식은 아이에게 즐거움입니다.

아이에게는 즐거움을 주는 것이 좋습니다. 그러나 간식에는 부작용이 있습니다. 우선 설탕이 들어 있기 때문에 이가 상합니다. 그리고 당분이나 버터가 들어 있으면 영양 과잉이 됩니다. 1년 4개월 된 아이에게 어떤 간식을 얼마만큼 주어야 좋으냐는 질문은 하지 않는 것이 좋습니다. 간식은 아이가 어떤 식사를 하느냐에 따라 달라져야 하기 때문입니다.

하루 세 번의 식사 때마다 잘 먹고 체중도 13kg을 초과한 아이에게는 가능하면 간식을 주지 말아야 합니다. 과일은 제철 과일이 가장 좋습니다. 칼로리가 많은 빵, 크래커, 비스킷, 포테이토칩, 팝콘은 피해야 합니다. 캐러멜, 사탕, 초콜릿은 양은 적지만 칼로리가 높고 이를 상하게 합니다. 아이가 배고픔을 잊을 수 있도록 집에서 설탕을 조금만 넣고 속에 과일을 넣어 젤리를 만들어 먹이는 것이 좋습니다.

●

간식의 또 다른 효용은 씹는 것을 익히게 하는 데 있습니다.

시판 이유식만 먹어 씹는 음식을 접할 기회가 없는 아이에게는 특히 그렇습니다. 사과나 배를 얇게 썰어주거나 전병과자나 아기용 쌀과자를 주는 것이 좋습니다. 만 2세가 가까워지면 사탕을 빨아 먹을 수 있는 아이에게는 껌을 주는 것도 괜찮습니다.

대식하는 아이와는 반대로 소식하는 아이라 식사량이 적을 경우에는 간식으로 영양을 보충해 주어야 합니다. 밥은 먹지 않지만 크래커는 먹는다면 간식으로 크래커를 주어 영양을 보충해 줍니다. 생선과 고기를 싫어하는 아이에게는 생우유, 버터, 달걀 등이 들어 있는 것을 줍니다. 핫케이크, 카스텔라, 푸딩 등을 집에서 만들어 주는 것도 좋습니다. 또 친구들을 불러서 함께 먹이면 혼자서 먹을 때보다 많이 먹습니다.

●

간식 주는 시간은 정해 놓는 것이 좋습니다.

슈퍼에 갔을 때 아이가 고른 과자를 사서 봉지째 주는 것은 좋지 않습니다. 한번 이런 버릇을 들이면 대식하는 아이는 비만아가 됩니다. 또 문제는 사탕, 초콜릿, 캐러멜입니다. 우선 아기가 좋아하고 다 먹기까지 시간이 많이 걸리니까 이런 것을 주게 됩니다. 텔레비전 광고의 유혹도 큽니다. 이런 것들은 충치의 원인이 되는 것은 물론 잘못하면 기도로 들어갈 위험도 있습니다. 이에 붙는 껌이나 캐러멜이 딱딱한 사탕보다는 안전합니다.

●

간식을 먹은 후에는 보리차나 끓여서 식힌 물을 마시게 합니다.

사탕을 좋아하는 아이에게는 칫솔질을 한다는 조건으로 주어서 칫솔질하는 습관을 들이도록 합니다. 치약은 불소가 들어 있는 것은 사용하지 말아야 합니다. 이 연령의 아이는 입 안에 남아 있는 치약을 물로 잘 씻어내지 못해 불소를 과잉 섭취할 수 있기 때문입니다. 치약 통에 쓰여 있는 불소 양은 씻어낸다는 것을 전제로 한 것입니다.

326. 재우기

● 가능한 한 빨리 잠들게 하는 방법을 총동원한다.

밤에 잠드는 방법은 아이에 따라 각양각색입니다.

졸릴 때까지 뛰어놀다가 졸리면 엄마에게 안겨 그대로 잠드는 아이도 있고, 정한 시간에 잠자리에 눕히면 엎드려서 바로 잠드는 아이도 있습니다. 하지만 이런 아이는 드물고 대부분은 잠자리에 눕히고 나서 잘 때까지 여러 가지 행동을 합니다.

자기 전에 분유를 먹고 빈 병을 쭉쭉 빨면서 자는 아이가 매우 많습니다. 봉제 인형이나 수건을 손에 쥐고 자기 얼굴에 비벼대는 아이도 있습니다. 엄마가 잠시라도 자리를 비우면 잠에서 깨는 아이도 많습니다. 엄마 옆에서 자면서 엄마 가슴에 손을 넣는 아이도 있고 머리카락을 만지는 아이도 있습니다. 이런 행동은 엄마 젖을 빠는 것과 다를 바 없습니다.

●

가능한 한 빨리 잠들게 해야 합니다.

아이를 잠자리에 눕히고 나면 빨리 잠들게 하는 것이 최고의 목표입니다. 그러기 위해서 엄마는 가능한 방법을 총동원합니다. 자면서 분유나 모유를 먹이면 절대로 안 된다고 하는 사람도 있는데, 이런 사람은 쉽게 잠들지 않는 아이를 키워본 경험이 없는 사람임에 틀림없습니다. 쉽게 잠들지 않는 아이에게서 젖병이나 엄마 젖을 빼내면 반드시 손가락을 빱니다. 이불이나 침대 시트 가장자리를 입에 넣고 빨기도 합니다. 때로는 자신의 아랫입술을 빨기도 합니다.

●

쉽게 잠들지 않는 아이는 낮에 충분히 운동을 시킵니다.

쉽게 잠들지 않는 것은 아이의 특성이지만 충분히 피곤하지 않으면 잠들기가 더욱 어렵습니다. 이런 아이를 빨리 재우려면 낮에 충분히 운동을 시켜 피곤하게 만들면 됩니다.

만 1세에서 1세 반 정도 된 아이의 잠드는 방법에 대해 너무 예민해질 필요는 없습니다. 좀 더 크면 운동량이 많아져 더욱 피곤해지므로 손가락이나 입술을 빠는 것에서도 언젠가는 벗어나게 됩니다.

밤중에 자다가 깨는 것도 마찬가지로 생각하면 됩니다. 어쨌든 빨리 재우는 것을 우선으로 합니다. 모유를 먹이면 금방 잠드는 경우, 모유를 줍니다. 아이를 낮에 보육시설에 맡긴다면, 자기 전의 수유는 틈새가 벌어진 모자 관계를 친밀하게 해줍니다. 따라서 엄마가 옆에서 자는 것만으로도 아이가 안심하고 잔다면 그렇게 하는 것이 좋습니다. 분유를 100ml 주면 먹으면서 바로 잠들 경우, 그렇게 해도 됩니다.

버릇이 되면 어떻게 하느냐는 소리를 들어도 신경 쓸 필요 없습니다. 밤에 일어나 노는 버릇만 들이지 않으면 아이가 조금 크면 (또는 날씨가 약간 따뜻해지면) 밤중에 깨어 있지 않게 됩니다. 시간이 해결해 줄 텐데 조급하게 생각하여 부모와 아이가 함께 고생하는 것은 어리석은 일입니다.

엄마 곁에 재워서는 안 된다라든지, 밤에 분유를 먹여서는 안 된다는 말을 들은 엄마는 밤에 자다가 깬 아이를 절대 울리지 않으려면 같이 놀아줄 수밖에 없습니다. 하지만 이렇게 하면 밤중에 노는 것이 오히려 버릇이 되어버립니다.

잠이 든 후 베개를 베고 똑바로 누워 자는 아이는 없습니다. 옆으로 눕거나 엎드려 잡니다. 더운 계절이라면 이불에서 굴러 나오기도 합니다. 하지만 그 어느 것도 신경 쓸 필요 없습니다. 그렇게 자는 것은 그 자세가 아이에게 편하기 때문입니다.

327. 배설 훈련

● 적절한 조건이 되면 아이 스스로 소변을 가리게 된다. 하지만 실패했다고 해서 혼내거나 체벌하면 안 된다.

아이가 스스로 소변을 가리게 할 수 있습니다.

돌까지는 시간을 정해 소변을 보게 하는 것은 기저귀를 절약하는 의미밖에 없습니다. 그러나 만 1~2세에는 조건만 갖추어지면 아이가 스스로 소변을 가리게 할 수 있습니다. 첫 번째 조건은 기후가 따뜻해야 합니다. 두 번째는 아이가 소변 보는 간격이 비교적 길어야 합니다. 세 번째는 아이의 성격이 순해야 합니다.

아이에게 소변이 나올 것 같은 느낌을 엄마에게 알려달라고 갑자기 교육시키는 것은 불가능합니다. 아이는 소변을 기저귀에 보는 것이 당연하다고 생각합니다. 이 시기의 아이에게 기저귀에 소변을 보는 것은 옳지 않다고 인식시키기는 불가능합니다. 감각으로 익히게 하는 방법밖에는 없습니다. 그러려면 하반신의 해방감을 맛보게 해주는 것이 가장 좋은 방법입니다. 기저귀를 빼고 팬티만 입혀서 아이에게 지금까지 알지 못했던 가벼움과 통풍의 쾌적함을 느끼게 해주는 것입니다.

기저귀에 체온과 같은 온도의 소변을 보는 것은 아이에게 그다지 불쾌하지 않습니다. 오히려 방광의 긴장이 풀려서 짐을 내려놓는 쾌감이 있습니다. 그러나 기저귀를 뺀 상태에서 소변을 보면 미지근한 액체가 허벅지에서 발목을 타고 내려가기 때문에 불쾌합니다. 이것은 아이에게 이상한 사건으로 느껴집니다. 지금까지 소변을 기저귀에 보던 아이는 엄마에게 이 사건을 알리기 위해서 "쉬"라거나 "쉬했어"라고 말합니다.

아이가 "쉬했어"라고 했을 때 엄마가 야단을 치면 안 됩니다. 소변을 보면 이상한 감각이 느껴지고, 그것이 엄마에게 보고할 정도의 사건임을 아이가 알았다는 것은 이제 배설 훈련의 첫걸음을 내디딘 것이기 때문입니다. 이때 엄마는 "잘했어"라고 칭찬해 주어야 합니다. 그리고 뽀송뽀송한 팬티를 입었을 때의 기분 좋은 느낌을 강하게 기억하도록 하기 위해서 소변을 팬티에 보기 전에 화장실로 데리고 갑니다.

하반신 해방의 쾌감을 느낀 아이는 팬티가 소변으로 젖는 불쾌감도 느낍니다. 그리고 소변을 보기 전에 엄마에게 알려주면 화장실로 데리고 가기 때문에 불쾌감을 맛보지 않아도 된다는 것도 알게 됩니다. 소변을 볼 때마다 알려주면 배뇨 훈련은 성공한 것입니다.

●

적절한 조건이 갖춰져야 성공합니다.

앞에서 이야기한 세 가지 조건이 갖추어지면 배설 훈련은 성공하기 쉽습니다. 배뇨 훈련을 할 때 따뜻한 기후가 좋다고 한 것은 하반신의 해방감을 느끼게 해주기 때문입니다. 추운 계절에는 팬티만 입혀놓을 수가 없습니다. 엄마가 아이를 자주 화장실에 데리고 가서 소변을 보게 하려면 팬티 하나만 입혀놓는 것이 좋습니다. 그러면 실패해서 젖었을 때 세탁하기도 간단합니다. 추운 계절에는 기저귀를 뺀다고 해도 팬티 외에 바지를 입고 있기 때문에 하반신의 해방감을 느낄 수가 없습니다.

두 번째 조건인 소변 보는 간격도 계절과 관계가 있습니다. 보통 낮에 7~8번 소변을 보는 아이도 더운 계절에는 땀을 많이 흘리기 때문에 4~5번으로 줄어듭니다. 그러면 소변을 싸기 전에 화장실로 데리고 가는 횟수도 그만큼 줄어듭니다.

●

소변을 가린 후에는 꼭 칭찬해 줍니다.

지금까지 기저귀에 소변을 보던 아이를 화장실에 데리고 가거나 변기에 데려갈 때 아이의 성격이 드러납니다. "자, 쉬하러 가자" 하고 엄마가 말할 때 순순히 따라오는 아이가 있고 그렇지 않은 아이도 있습니다. 자신이 무엇인가 시작했을 때 누군가에 의해 중단되는 것을 절대 거부하는 아이도 있습니다.

이런 고집 센 아이는 화장실에 쉽게 따라가지 않습니다. 이런 아이에게는 화장실에서 신는 유아용 슬리퍼를 사주거나, 화장실에 갈 때마다 스티커를 주어 붙이게 하면서 흥미를 갖도록 하는 것이 좋습니다.

화장실에 가본 적이 없는 아이는 소변을 '쉬'나 '오줌'이라고 말할 필요가 없었기 때문에 배설을 알려주는 말을 모르는 경우도 있습니다. 이때는 배설 행위를 '쉬'라고 말한다는 것부터 가르쳐야 합니다.

변기 위에서 소변 볼 자세를 잡으면 엄마가 "자, 쉬하자"라고 말합니다. 배설 중에도 "쉬~"라고 반복해 말해 주고, 배설을 마치면 "아이, 착해. 쉬 잘했네"라고 칭찬해 줍니다. 아이에게도 "쉬했어"라고 말하게 해야 합니다. 아이가 처음으로 배설 전에 "쉬"라고 알려주고 화장실에서 소변을 보았을 때는 많이 칭찬해 주어야 합니다. 그러면 아이는 기뻐서 또 "쉬"라고 알려주고 싶은 마음이 생깁니다.

기저귀를 빼고 팬티만 입히고 나서 "쉬"라고 말하게 되기까지는 1주 이상 걸립니다. 엄마도 몇 번이나 화장실에 데리고 가고, 아이도 성공하여 칭찬받고 싶어서 몇 번이나 "쉬"라고 말하기 때문에 처음 10일 동안은 하루에 12~13번 정도 화장실에 가게 됩니다. 10일이 지나도 성공하지 못하는 것은 방법이 나빠서이기도 하지만 아이의 성격 때문인 경우가 많습니다.

●

실패했을 때 혼내거나 체벌하는 것은 좋지 않습니다.

배뇨 훈련 중 가장 나쁜 것은 소변을 알려주던 아이가 다음 번에 실패했을 때 심하게 혼내거나 체벌하는 것입니다. 아이는 체벌을 당하면 소변이 무서워져서 오히려 "쉬"라고 말하지 않게 됩니다. 화장실 가는 것도 싫어하게 됩니다.

또 도중에 설사를 하면 성공하기 어렵습니다. 변으로 옷이 더럽혀지는 것이 싫어서 엄마가 다시 기저귀를 채워주면, 아이는 이전의 편안함을 기억해 내고 소변이 나와도 이야기하지 않습니다. 하반신을 해방시키는 것이 배설을 가리게 하는 데 얼마나 중요한지 알 수 있을 것입니다.

10일 정도 해보아도 소변 가리기가 도저히 안 되는 경우에는 단념하고 다음 기회를 기다리는 것이 좋습니다. 화장실 공포증이 있는 아이를 억지로 가게 하면 반항만 점점 더 하게 됩니다. 만 1~2세에 기저귀를 차고 있다고 해서 장래에 곤란을 겪게 되는 일은 절대 생기지 않습니다.

기저귀로부터의 해방이 소변 가리기에 중요하다고 했지만, 소변을 하루 네 번 일정한 시간에 보고, 아이의 성격도 순하고, 엄마가 잘 화내지 않는 성격이라면 겨울에도 배설 훈련에 성공하기도 합니다. 방법은 같습니다. 아이는 반드시 소변을 가리게 된다는 낙관적인 생각과 관용의 마음이 엄마에게 필요합니다.

소변은 실패하지만 대변은 변기나 화장실에서 잘 보는 아이도 많습니다. 대변을 보기 전에 이상한 표정을 짓거나 끙끙거리며 힘을 주는 아이라면 엄마가 재빠르게 알아차려 기저귀를 빼고 변을 보게 합니다. 하지만 변이 물러서 하루에 2~3번 보는 아이에게는 이렇게 하기 힘듭니다. 아이에게 매일 소변을 어떻게 보게 하는지는 계절, 소변 보는 간격, 아이의 성격, 엄마의 성격(관용적인지 엄격한지)에 따라 다릅니다. 각각 생후 1년 5개월 된 아이들의 다음 실례를 보면 알 수 있습니다.

◆ 사례 A

8월경에는 기저귀를 빼고 지내게 하다가 시간을 예측하여 소변을 보게 하면 얌전하게 소변을 보았습니다. 그런데 10월이 되어 날씨가 서늘해지자 소변 보는 횟수가 잦아져 다시 기저귀를 채웠습니다.

오전 중에는 소변을 보게 하면 성공하지만, 오후에는 소변을 자주 보고(점심 이후 수분을 많이 섭취하기 때문에) 엄마가 바빠서 정한 시간에 소변을 보게 하지 못합니다. 더울 때는 밤에 소변을 보지 않고 아침까지 잤지만 날씨가 서늘해지면서 밤에 한 번 소변을 봅니다. 그러나 울면서 미리 알려주기 때문에 기저귀는 적시지 않습니다.

◆ 사례 B

엄마가 사소한 일에는 신경 쓰지 않는 타입이라 소변 가리기도 서두르지 않습니다. 아직 기저귀를 차고 있지만 2개월 전부터 아이는 소변을 보고 나면 바지 앞부분을 잡고 불쾌한 표정을 짓습니다. 이 모습을 보고 기저귀를 갈아줍니다.

엄마는 내년 봄 따뜻해질 때까지 이 상태로도 괜찮다고 생각합니다. 변기에 소변을 보게 하려 해도 아이가 몸을 뒤로 젖히면서 절대로 하지 않기 때문에 어쩔 수 없다고 달관하고 있습니다.

◆ **사례 C**

일찍부터 변기에 소변을 보게 했습니다. 소변 보는 간격이 길어 1시간 30분은 견딥니다. 지난달(7월)부터 기저귀를 빼고 1시간 30분마다 변기에 소변을 보게 하고 있습니다. 그때마다 얌전하게 소변을 봅니다. 대변도 아침 식사 후 꼭 나오기 때문에 변기에 봅니다. 그래서 기저귀 빨 일이 없어졌습니다. 엄마는 특별히 신경을 곤두세우고 소변을 보게 하지는 않습니다. 아이의 배설 유형에 따른 것뿐입니다.

이상의 예에서 알 수 있듯이 기저귀를 뺄 것인지 말 것인지는 엄마의 배설 훈련 이외의 조건으로 정해집니다. 이웃집 아이가 기저귀를 뺐다고 해서 조바심을 내도 의미가 없다는 것을 이해할 수 있을 것입니다.

328. 신발 구입하기

● 부드러운 펠트 원단으로 된 신고 벗기 쉬운 것으로 선택한다.

신발을 신고 땅 위를 걷는 것은 아이에게는 신선한 기쁨입니다.

이 기쁨을 위해서 아이의 신발을 고릅니다. 신발은 발에 잘 맞아야 합니다. 딱딱하고 불편한 것은 안 됩니다. 걸으면 금방 벗겨지는 것도 곤란합니다. 바닥이 부드러운 펠트 원단으로 된 유아용 신발이 좋습니다. 끈으로 묶는 것이 쉽게 벗겨지지 않습니다.

발가락을 움직일 수 있도록 앞쪽이 넓고 둥그런 것이 좋습니다. 운동화는 딱 맞는 것을 찾기 힘듭니다. 작으면 발이 까지고, 크면 금방 벗겨져버립니다. 부드러운 가죽으로 된 똑딱단추가 달린 부츠도 있지만 이것도 딱 맞는 것을 찾기는 어렵습니다. 상점에서는 크기가 딱 맞는다고 생각했던 것도 나중에 신겨보면 한쪽이 걷기 불편해 보일 때가 있습니다. 펠트 신발은 비경제적이기는 하지만 신발 입문 수업료라 생각하고 삽니다. 한 켤레가 다 닳을 때쯤이면 걸음이 능숙해져서 운동화를 신을 수 있게 됩니다. 선물 받은 가죽 신발을 처음부터 신기는 것은 무리입니다.

몸집이 크고 늦게 걷기 시작한 아이에게는 펠트 신발이 너무 작을 수 있습니다. 운동화는 바닥이 얇고 부드러운 가죽으로 되어 있고, 단추로 조절할 수 있는 것을 삽니다. 튼튼한 양말을 펠트 신발 대신 1~2개월 신기다가 땅 위를 잘 걸을 수 있게 되면 운동화를 사는 방법도 있습니다. 비오는 날 보육시설에 데리고 갈 때는 만 1세 반 된 아이라도 장화를 신겨줍니다. 비옷을 입고 장화를 신고 걷는 것도 아이에게는 즐거운 일입니다.

329. 어리광에 대처하기 

● 울면서 발버둥 쳐도 모르는 척하고 에너지 발산이 끝날 때까지 기다린다.

아이가 불만을 노여움으로 표현합니다.

만 1세가 조금 넘으면 감정을 겉으로 잘 표현하는 아이는 자기 생각대로 되지 않으면 발을 동동 구르거나 바닥에 누워 손발을 버둥대면서 웁니다. 사람은 격한 감정에 사로잡히면 손발을 힘껏 움직여 마음의 흥분을 몸의 운동에너지로 발산합니다. 손발을 자유롭게 움직이기 위해서는 위를 보고 눕는 것이 가장 편합니다. 감정이 격한 아이에게 이것은 아주 자연스러운 표현 방법입니다. 아이는 불만을 노여움으로 표현하는 것입니다. 엄마는 '이렇게까지 한다면' 하고 아이의 요구를 들어줍니다. 공공 장소에서는 창피하니까 쉽게 손을 들어버립니다.

이것은 아이에게 마음껏 노여움을 표현하면 모든 것이 자신의 뜻대로 된다고 가르쳐주는 것과 마찬가지입니다. 따라서 그 정도까지는 아닌 일에도 누워버리는 전술을 사용합니다. 그렇게 해도 엄마가 굴복하지 않으면 이번에는 정말 화를 내며 발버둥 치기 시작합니다.

●

모르는 척하고 아이가 에너지 발산을 끝낼 때까지 기다립니다.

만 1세가 조금 넘은 아이 중에는 이런 아이도 있다는 것을 엄마는 잘 알고 있어야 합니다. 처음이 중요합니다. 아이가 화를 내며 드러누워 울면서 발버둥 치면 모르는 척하고 아이가 에너지 발산을 끝낼 때까지 기다리면 됩니다. 시간이 흐르면 아이는 반드시 혼자서 일어납니다. 이것이 좀처럼 안 되는 것은, 길거리에서는 '쓸데없는 친절'을 베푸는 아주머니가 도와주어 일으켜주거나 집에서는 손자를 사랑하는 할머니가 '구원'해 주기 때문입니다. 엄마가 한번 굴복한 후에는 그 어떤 방침을 취해도 아이는 처음에 쉽게 성공했던 방법을 단념하지 않습니다. 손발을 버둥거리며 우는 것은 그래도 괜찮지만, 어떤 아이는 머리를 바닥에 쾅쾅 부딪치기도 합니다. 그러면 엄마는 지능이 떨어지면 큰일이라고 생각하여 바로 안아서 아이의 요구를 들어줍니다. 하지만 머리를 부딪치는 전술을 쓰면 방안으로 안고 들어가 이불을 깔아주면 됩니다.

아이의 어리광에 대한 처치는 집 밖에서 에너지를 충분히 발산시키도록 해주는 것입니다. 과자나 그 밖에 좋아하는 것으로 버릇을 들이는 것은 좋지 않습니다.

330. 야단치기

● 아이가 위험한 행동을 하려 할 때 확실하게, 큰 소리로 야단을 친다. 반대로 기대하는 행위를 할 때는 칭찬해 준다.

무언가를 금지시킬 때 야단을 칩니다.

아이를 야단친다는 의미를 확실히 해두어야 합니다. 보통 야단친다는 것은 상대가 자신의 생각대로 행동하지 않을 때 강한 어투로 꾸짖어 자신이 기대하는 행위를 하도록 유도하는 것입니다.

첫돌이 지난 아이를 야단쳐야 하는 경우는 위험한 행동을 하려고 할 때입니다. 예를 들어 식탁에서 식기를 바닥에 떨어뜨리려고 할 때, 스토브에 다가가려고 할 때, 라이터를 손에 쥐었을 때 등입니다.

야단치는 것은 순간적으로 아이의 행동을 제지하기 위해서입니다. 그 행위를 중지시키는 것뿐만 아니라 앞으로도 그러한 행위를 해서는 안 된다는 것을 인식시키는 것이 야단치는 목적입니다. 그런데 그 즉시 아이를 제지할 수는 있지만 앞으로도 계속 그 제지를 기억할지는 확실하지 않습니다.

그러나 그런 일이 몇 번이고 반복될 때 아이는 그런 행동을 하면 엄마의 목소리가 거칠어지고 무서운 얼굴을 한다는 것을 기억하게 됩니다. 이 불쾌한 기억이 아이에게 그런 행동을 단념하게 합니다.

●

반대로 기대하는 행위를 할 때는 칭찬해 줍니다.

아이가 엄마가 기대하는 행위를 하기 원한다면 야단치기보다 칭찬해 주는 것이 좋습니다. 누구나 칭찬을 받으면 기뻐합니다. 쾌감은 기억하고 불쾌감은 잊어버리고 싶은 것이 사람의 마음이므로 어떤 행위를 하도록 유도할 때는 쾌감 쪽의 기억과 연결시키는 것이 쉽습니다.

엄마가 원하는 것을 아이가 하지 않는다고 해서 꾸짖는 것은 대부분 엄마의 과잉 기대에서 빚어지는 것으로, 이 연령의 아이에게는 처음부터 불가능한 일이 많습니다. 소변을 가리지 못하고 싸버렸을 때 엄마가 꾸짖는다 해도 이 연령의 아이에게 소변 가리기는 기대할 수는 없는 일입니다. 아이가 창호지를 찢었다고 해서 꾸짖어도 이 연령의 아이는 찢는 것은 쾌감일 뿐 그 외의 판단은 하지 못합니다. 아이가 엄마의 뜻에 어긋나는 짓을 했을 때 그것을 꾸짖기 전에 왜 아이가 그런 행동을 했는지를 먼저 생각해 보아야 합니다. 창호지를 찢은 것은 아이에게 적당한 놀이 기구가 없었고 밖에서 에너지를 발산할 기회가 부족했기 때문입니다.

●

확실하게, 큰 소리로 꾸짖어야 합니다.

제지시키는 의미로 야단칠 때는 확실하게, 큰소리로 무서운 얼굴로 꾸짖어야 합니다. 그런 행동을 하면 엄마는 평소와 달리 무서운 존재가 된다는 사실을 아이에게 인식시켜 주어야 하는 것입니다.

이 나이의 아이에게 벌을 세우는 것은 의미가 없습니다. 자신의 행동과 벌의 연관성을 기억하지 못합니다. 아이는 단지 엄마에게 혼이 났다는 것만 기억합니다. 물론 제지하는 의미에서 라이터에 불을 붙인 아이의 손을 때리는 것은 좋은 방법입니다. 거의 동시에 일어나는 현상이기 때문에 라이터에 불을 붙이면 아프다는 것을 기억하게 될 것입니다.

331. 겁 많은 아이 길들이기

● 유달리 겁이 많은 시기로 처음 경험할 때의 인상이 중요하게 작용한다.

이때만큼 아이가 겁을 잘 먹는 시기도 없습니다.

한 번 무슨 일로 무서워하게 되면 오랫동안 벗어나기 힘듭니다. 가장 흔히 일어나는 일은 아이를 혼자 있게 하는 것입니다. 낮잠 자는 아이를 두고 엄마가 장 보러 간 사이에 아이가 잠에서 깨어 혼자라는 것을 알고는 깜짝 놀라 일어나 소리치며 울지만 아무도 와 주지 않습니다. 이것이 10~15분 정도 지속되면 아이는 고독이라는 공포로 완전히 두려움에 떨게 됩니다. 그 후부터 엄마와 한순간도 떨어지지 않으려 하고 엄마가 화장실에 갈 때도 따라가 문 밖에서 웁니다.

아이가 낮잠을 잘 때 엄마가 아이 혼자 두고 다른 곳에 가는 것은 자제해야 합니다. 또 밤에 아이가 잠들었다고 해서 아빠와 엄마가 산책을 나가면, 우연히 어떤 소리로 잠이 깬 아이가 혼자 남겨진 것을 알고 계속 울기도 합니다. 아이는 그 후 혼자 있는 것이 무서워서 자립도 늦어집니다.

이 나이에는 목욕을 무서워하는 아이도 있습니다. 여기에는 반드시 무엇인가 아이를 두렵게 만든 원인이 있습니다. 눈에 비누가 들어가서 아팠던 적이 있다면 이것을 기억하는 아이는 절대 머리를 감으려 하지 않습니다. 그런데도 억지로 머리를 감기기 때문에 목욕을 싫어하는 것입니다. 또 아빠가 실수로 욕조 물 속으로 아이의 얼굴을 담갔다면 그것이 무서워서 아빠와 목욕하지 않으려 합니다.

한번 이렇게 된 아이를 즐겁게 목욕하도록 만들기란 쉽지 않습니다. 이럴 때는 욕조에서 가지고 노는 장난감에 상당한 투자를 해야만 합니다. 이렇게 되지 않도록 예방하는 것이 더 중요합니다.

이 나이의 아이는 주사를 맞은 기억이 있으면 그 병원 쪽으로 걸어가기만 해도 울음을 터뜨립니다. 어딘가 상태가 좋지 않아 병원에 데리고 가도 소리 높여 울면서 진찰을 받으려 하지 않습니다.

열이 있으면 해열 주사, 기침을 하면 기침을 멈추게 하는 주사를 놓는 식의 치료 방법을 선호하는 의사는 이 연령의 아이에게도 가차없이 주사를 놓습니다.

반면 오진을 피하려는 의사는 아이가 실신하지 않는 한 먹는 약으로 치료합니다. 아이가 주사를 한번 무서워하게 되면 차분하게 진찰할 수가 없습니다. 울고 있는 상태에서는 복부의 촉진(觸診)도 불가능합니다. 복부의 병(예를 들면 장중첩증)은 생명을 잃을 수도 있으므로 의사를 잘 선택해야 합니다.

환경에 따른 육아 포인트

332. 놀이 공간 만들기

● 이 나이의 아이에게는 매일 산책하는 것이 곧 놀이이다. 함께 걸으면서 아이에게 많은 이야기를 해준다.

이 시기 아이에게 생활의 대부분을 차지하는 것은 놀이입니다.

아이는 즐기면서 자신 속에 잠재되어 있는 소질을 발견해 갑니다. 부모는 아이의 놀이를 중요하게 생각해야 합니다. 처음에는 적당히 주었던 장난감도 아이가 어떤 것에 흥미를 갖는지 잘 살펴보고 좋아하는 놀이 기구를 늘려가도록 합니다.

이 시기에는 모든 아이가 온몸을 이용하여 놀 수 있는 놀이 기구를 좋아합니다. 아이는 운동 능력을 기르고 싶은 것입니다. 그네, 미끄럼틀, 미는 차, 고무공 등을 가지고 놀고 싶어 합니다. 아이의 상상력을 풍부하게 해주기 위해서 블록을 주어 여러 가지 모양을 만들게 하고, 크레용이나 매직을 손에 쥐여주어 큰 종이에 좋아하는 것을 그리게 합니다. 봉제 인형이나 동물, 자동차, 기차, 비행기 등의 장난감으로 아이는 꿈의 세계를 만들기 시작합니다.

부모가 그림책을 보여주면서 읽어주는 것은 아이에게 꿈의 세계를 만들게 하는 자극이 됩니다. 만 1세 반까지는 너무 복잡한 이야기는 무리입니다. 고작해야 세 장면 정도까지의 이야기가 아니면 이해하기 어렵습니다.

자동차를 좋아하는 아이는 자동차 그림책에만 흥미가 있고, 동물을 좋아하는 아이는 동물 그림책 이외의 책은 좋아하지 않습니다. 그래도 상관없습니다. 사람은 백과사전을 암기할 필요는 없습니다.

●

가장 좋은 것은 엄마가 같이 놀아주는 것입니다.

음악을 좋아하는 아이는 가족이 부르는 노래를 듣고 노래를 배웁니다. 이런 아이에게는 동요 테이프를 틀어주는 것이 좋습니다. 텔레비전이나 라디오를 켜놓은 채로 두는 것은 좋지 않습니다. 그것은 오히려 음에 대한 주의력을 떨어뜨리기 때문입니다. 물건을 두드리거나 소리 내기를 좋아하는 아이에게는 북이나 실로폰을 줍니다. 그러나 뭐니 뭐니 해도 가장 좋은 것은 엄마가 같이 노래를 부르면서 놀아주는 것입니다.

아이에게 좋아하는 장난감이나 놀이 기구를 주는 것은 그것을 통해 집중과 지속을 배우도록 하기 위해서입니다. 예전부터 장난감을 여러 종류 주는 것보다 적게 주는 것이 좋다고 하는데 장난감 개수는 중요하지 않습니다. 장난감 종류가 많아도 집중과 지속을 익힐 수 있으면 괜찮습니다.

집 정원에 아이를 위한 모래밭이나 그네를 마련해 주는 것은 지금은 바라기 어려운 일입니다. 따라서 이 나이의 아이를 단련시키려면 밖으로 데리고 나가 산책하는 것이 좋습니다. 신체 단련은 어른에게는 놀이가 아니지만 아이에게는 매일 하는 산책이 곧 놀이입니다. 356 강한 아이로 단련시키기 그리고 엄마는 아이와 함께 걸으면서 말을 걸어주도록 합니다.

333. 이 시기 주의해야 할 돌발 사고 

- 익사나 질식 사고가 생길 수 있다.
- 땅콩이 목에 걸리거나 이물질을 삼켜 사고가 나기도 한다.

사소한 사고들이 주위에 도사리고 있습니다.

아이는 걷기 시작하면 어디라도 가기 때문에 위험해집니다. 이 나이에는 베란다에서 추락하거나, 세탁기 안의 물 속에 빠지는 사고가 많습니다. 베란다에 물건을 놓아 두거나, 마루 가까이에 세탁기를 놓아두어서는 안 됩니다. 수심 20cm라도 익사할 수 있습니다.

욕실에서 놀다가 욕조의 뜨거운 물에 빠지는 사고도 끊이지 않습니다. 욕실에서 노는 습관을 들여서는 안 됩니다. 그리고 욕조에 물을 받아놓을 때는 욕실 문을 꼭 잠가두어야 합니다.

2층 침대에서 놀다가 아이 목이 난간 사이에 끼여 질식한 사례도 있습니다. 2층 침대는 큰 아이를 위한 것이므로 난간의 간격이 아기용 침대만큼 좁지 않습니다. 또 침대와 벽 사이의 벌어진 틈으로 아이가 떨어지면서 목이 끼여 사망한 사례도 있습니다. 2층 침대가 있는 집에서는 특히 주의해야 합니다.

아이 혼자 밖으로 내보내지 않는 것, 이것만 지키면 교통사고나 익사는 많이 줄일 수 있습니다. 밖으로 통하는 출입문을 철저히 단속할 것을 거듭 강조해도 지나치지 않습니다. 도로에서 가까운 연못이나 저수지에는 울타리를 쳐야 합니다.

장사를 하는 집에서 엄마가 가게 일을 거들고 있다면 아이를 보육시설에 맡겨야 합니다. 농가에서도 엄마가 농사일을 할 때 논에 아이를 데리고 가서는 안 됩니다. 또 초등학교 저학년생인 큰아이에게 어린 동생을 돌보게 하여 밖에서 놀게 내보내는 것도 위험합니다.

이물질을 삼키는 사고도 많습니다. 해열제와 수면제는 아이 손이 닿는 곳에 두어서는 안 됩니다. 장롱 정리는 아이가 자고 있을 때 이외에는 하면 안 됩니다. 엄마가 정리에 열중하고 있는 사이 아이가 나프탈렌을 먹기도 합니다. 이 시기에는 땅콩이 목에 걸리는 사고도 많으므로 아이에게 주지 않도록 합니다.

최근에 특히 많이 일어나는 사고는 액체세제를 마시는 것입니다. 이때는 그 제품의 제조 회사에 전화를 걸어보는 것이 좋습니다. 제조 회사에서 의사보다 많은 사례를 알고 있으므로 아이의 연령과 마신 양에 따라 병원에 가야 하는지 그대로 두어도 괜찮은지를 알려줄 것입니다. 식기 세척용 세제를 마셔 사망한 경우는 없는 것 같습니다.

334. 형제자매

● 이 시기에 동생이 생기기도 한다. 임신 사실을 알게 되면 수유를 중지해야 한다.

이 나이에 벌써 동생이 생긴 아이도 있습니다.

동생에게 심하게 질투하는 아이도 있고 거의 질투하지 않는 아이도 있습니다. 엄마를 빼앗긴 노여움 때문에 동생에게 해를 입히는 경우도 있습니다. 이 나이의 아이에게 "이제 형(누나)이 되었으니까…"라는 등의 설득은 불가능합니다. 아기가 태어날 때까지 큰아이를 엄마로부터 완전히 자립시킬 수 있는 것도 아닙니다. 아이가 성장하면서 새롭게 가족의 일원이 된 아기와 함께 잘 지낼 수 있게 되기를 기다려야 합니다. 큰아이는 동생이 태어난 것 자체를 질투하기보다는 "동생이 생겼으니까…"라며 갑자기 자신을 제 나이 이상의 어른으로 만들려고 하는 서먹서먹한 부모의 태도에 불만을 느끼는 것입니다.

만 1세 반 이하의 아이는 동생이 있건 없건 간에 아직 엄마의 무릎에 올라가는 것을 허용해야 합니다. 밤에 무서운 꿈을 꾸어 잠이 깨면 엄마가 품에 안아 안심시켜 주는 것은 당연합니다.

●

동생을 임신했다면 수유를 중지해야 합니다.

지금까지 밤에 자기 전과 밤중에 일어났을 때 모유를 먹여온 경우, 동생의 임신을 알았다면 수유를 중지해야 합니다. 옛날 사람들이 말하는 것처럼 임부의 모유에 독이 있어 아이의 상태가 나빠지는 일은 없습니다. 다만 나중에 엄마가 아기에게 수유하는 것에 대해 큰아이가 심하게 질투하기 때문입니다.

아기가 태어나서 젖병을 물리거나 기저귀를 갈아주는 것을 보고 큰아이가 자기도 그렇게 해달라고 하기도 합니다. 지금까지 컵으로 우유를 먹었는데 갑자기 젖병으로 달라 하고, 기저귀를 뗀 아이가 기저귀를 채워달라고 합니다. 낮에는 기저귀를 채워주지 않아도 되지만, 밤에는 아기의 등장으로 신경이 예민해진 아기가 오줌을 싸서 기저귀가 실제로 필요해지는 경우도 많습니다. 대부분의 엄마는 만 1세 반 된 큰아이에게 젖병을 물려줍니다. 이렇게 한다고 해서 나중에 해가 되는 일은 없습니다.

큰아이에게 예방접종을 하지 않았다면 백일해에 걸릴 경우 동생에게 옮길 수 있으므로 DTaP는 꼭 접종해야 합니다.

335. 홍역 예방접종

● 홍역을 예방하는 가장 좋은 방법은 예방접종이다. MMR 혼합 백신을 맞혀 예방한다.

홍역은 해를 거듭할수록 가벼워지고 있습니다.

예전처럼 홍역 때문에 폐렴을 일으키는 아이는 거의 없습니다. 그러나 몇천 명 중 한 명 정도의 비율로 홍역으로 인해 뇌염을 일으키거나 면역 부전으로 사망하는 경우가 있습니다. 이것을 막으려면 홍역에 걸리지 않도록 주의하는 것 외에는 다른 방법이 없습니다.

●

홍역을 예방하는 가장 좋은 방법은 예방접종입니다.

현재 한국이나 일본에서는 홍역 단독 백신의 접종이 현실적으로 어려운 상황이므로 MMR 혼합 백신을 접종합니다. 접종하고 나서 10일 전후에 38~39℃ 정도의 열이 1~2일 동안 나는 경우가 많습니다. 때로는 빨갛고 작은 발진이 얼굴과 몸에 드문드문 돋아 나기도 합니다. 가벼운 인공 홍역에 걸리게 하는 것입니다. 생백신은 독이 약하기 때문에 이 인공홍역이 다른 아이에게 전염되지는 않습니다. 진짜 홍역과는 달리 뇌염을 일으키는 일도 없습니다.

홍역 생백신 접종은 생후 12~15개월에 볼거리, 풍진과 함께 혼합 백신으로 1차 기초 접종을 하고 만 4~6세에 추가 접종을 합니다.

그러나 홍역이 유행할 때는 생후 6개월이 지난 아이들에게 1회 임시 접종을 한 다음 생후 12~15개월에 기초 접종, 만 4~6세에 추가 접종을 합니다. 만 1세 이전에 예방접종을 받으면 엄마로부터 받은 항체가 아직 완전히 없어지지 않아 생백신에 대한 면역력 형성이 방해받기 때문에 생후 12~15개월에 기초 접종을 다시 해야 합니다.

이전에 열성 경련을 일으킨 적이 있는 아이도 접종하는 것이 좋습니다. 5~11일 후에 열이 나면 바로 사용할 수 있도록 항경련제 좌약을 준비해 두어야 합니다. 하지만 더운 여름에는 접종해서는 안 됩니다. 아이가 더운 날씨와 열로 약해지기 때문입니다.

홍역 백신은 난황을 조직 배양하여 만듭니다. 따라서 달걀 알레르기(두드러기, 구토, 설사, 복통)가 있는 경우 과민 반응을 일으킬 수 있다고 하여 예전에는 홍역 백신을 경계했는데, 최근 연구 결과 관련이 없는 것으로 밝혀졌습니다. 따라서 달걀 알레르기가 있는 아이에게도 홍역 백신을 접종해도 되지만 접종 후 30분간은 반드시 아이의 상태를 관찰해야 합니다. 달걀 알레르기가 심한 경우에는 알레르기 전문의에게 상담을 받은 후 접종하는 것이 좋습니다.

336. 예방접종을 하지 않았을 때

● 미처 예방접종을 하지 않았다면 각각의 질병에 따른 대처 방법을 꼼꼼히 살펴 뒤늦게라도 주의를 기울여야 한다.

미처 예방접종을 하지 않았다면 사전에 백신 정보를 알아두는 것이 좋습니다.

다리를 평생 잘 쓰지 못하게 하는 유행성 소아마비로 불리던 폴리오는 없어졌습니다. 폴리오를 빨리 퇴치한 나라에서 이번에는 폴리오 생백신에 사용하는 바이러스가 사람에게서 사람으로 전염되는 동안 독성이 강해져 다시 소아마비가 발생한다는 사례가 보고되었습니다.

폴리오는 없어졌고 다른 아이들이 생백신을 먹기 때문에 우리 아이는 먹지 않아도 될 것이라고 생각해서는 안 됩니다. 변종 폴리오가 유행할지도 모르므로 생백신을 먹여서 면역이 생기게 해야 합니다.

디프테리아도 없어졌기 때문에 예방할 필요가 없다고 생각할 수도 있지만, 어린아이가 가성 크루프에 걸리는 일이 아직 발생하고 있습니다. 이때 디프테리아 백신을 이미 접종한 상태라면 디프테리아가 아니라는 것을 금방 알 수 있을 것입니다. 디프테리아 백신은 부작용이 없는 것으로 알려져 있기 때문에 중증의 심장병을 앓고 있거나 경련을 일으키는 아이에게도 접종할 수 있습니다.

파상풍은 흙 속의 세균으로 인해 발병하기 때문에 도로 포장이 잘된 곳에서는 좀처럼 발병하지 않습니다. 그러나 농촌에서는 파상풍의 위험이 있습니다. 농촌에 갔다가 차 타이어에 파상풍균을 묻혀 오는 경우도 있습니다. 교통사고에는 항상 파상풍의 위험이 있습니다. 파상풍 백신은 부작용이 거의 없으므로 늦게라도 접종하는 것이 좋습니다.

백일해 백신은 가장 부작용이 많기 때문에 사정에 따라 접종할 수 없는 아이도 있습니다. 이럴 때 백일해에 전염되지 않도록 하는 것은 부모의 책임입니다. 백일해로 사망하는 것은 생후 2개월 정도까지입니다. 하지만 요즘은 입원하면 거의 낫습니다. 단, 미숙아로 태어난 아기는 사망하는 경우도 생기므로 특히 주의해야 합니다.

백일해가 전염되는 경우는 백일해에 걸린 아이의 기침이나 재채기 속에 섞여 나오는 백일해균이 몸속에 침투했을 때입니다. 백일해균은 발병 후 3~4일경, 아직 특징적인 발작성 기침을 하기 전에 가장 많습니다.

따라서 엄마는 이웃집 아이가 기침을 하면 일단 백일해라고 생각해야 합니다. 주위에 기침을 하는 아이가 있으면 3m 이상 떨어진 곳으로 피해야 합니다. 피할 수 없는 곳(만원 전철이나 버스, 혼잡한 백화점, 병원 대기실)에는 처음부터 아이를 데리고 가지 않는 것이 좋습니다.

백일해균에 전염되어도 조기에 치료하면 고칠 수 있습니다. 이웃집 아이와 같이 놀았는데 2~3일 후에 그 아이가 백일해에 걸렸다는 것이 밝혀진 경우, 그 아이가 분명 콜록콜록 기침을 했었다면 우리 아이도 감염된 것으로 생각해야 합니다. 그리고 바로 예방을 위해 에리트로마이신을 먹여야 합니다. 아무런 처치를 하지 않고 있다가 아기가 재채기를 하거나 콧물을 흘리면 이미 발병한 것입니다. 백일해의 잠복 기간은 1주에서 10일이기 때문에 그 기간이 지나고 나서 아무 일도 없다면 감염되지 않은 것입니다.

BCG는 예전처럼 투베르쿨린 반응 검사 결과 양성과 음성을 확실하게 구별할 수 있었던 시대에는 BCG를 접종하지 않고 있다가 양성으로 확인되었을 때 약을 먹어 발병을 예방하는 방법도 있었습니다. 그러나 최근에는 투베르쿨린 반응이 확실하지 않게 되었습니다. 결핵이 아닌데도 양성으로 나오기도 하고, 한 번 양성으로 나왔다가 음성으로 나오는 경우도 늘어났습니다. 따라서 결핵에 전염되지 않은 것이 확실한 신생아 때 BCG를 접종하는 것이 안전합니다.

337. 계절에 따른 육아 포인트 

- 봄이 되면 서서히 배설 훈련을 시작한다.
- 여름에는 10cm 이상의 수심에는 가지 않게 한다.
- 겨울에는 가벼운 동상에 주의한다.

4월경에 생후 1년 3~4개월 된 아이는 배설 훈련을 시작합니다.

소변 간격이 1시간 이상인 아이는 잘 진행될 것입니다. 하지만 10월부터 3월까지는 팬티만 입고 지낼 수 없기 때문에 소변 보기가 성공하기 어렵습니다.

걸을 수 있게 된 아이는 밖에서 노는 것을 좋아합니다. 꽃이 피는 봄이 되면 옷을 너무 두껍게 입히지 않도록 합니다. 가벼운 복장으로 여러 가지 놀이 기구를 이용하여 몸을 단련시키도록 합니다. 여름에는 비닐 풀장을 많이 이용하는데, 만 1세 반 된 아이는 수심이 10cm 이상이면 안전하지 않습니다. 깨끗한 해안이라면 해수욕을 해도 됩니다.

●

소식하는 아이는 여름에는 거의 밥을 먹지 않습니다.

하루에 생우유 600ml만 먹는 아이도 있습니다. 체중은 그대로지만 기운차게 잘 논다면 걱정할 필요 없습니다. 날씨가 서늘해지면 다시 잘 먹게 되므로 환자 취급을 해서 주사를 놓아서는 안 됩니다. 가을에 갑자기 날씨가 서늘해지면 잘 놀고 열도 없는데 자주 기침을 하는 아이가 있습니다. 가래 때문에 그르렁거리는 소리를 내기도 합니다. 이것도 신경 쓸 필요 없습니다.[370 천식이다] 겨울에 가스스토브나 전기스토브를 놓을 때는 칸막이를 쳐야 합니다. 아이가 목욕하고 나와 알몸으로 뛰어다니다 가스스토브 위로 넘어져서 배에 큰 화상을 입기도 합니다.

●

겨울에는 가벼운 동상에 잘 걸립니다.

겨울에 밖에 나가는 일이 많아지면 가벼운 동상에 잘 걸립니다. 그런데 이 시기에는 양말이나 장갑을 싫어하는 아이가 많습니다. 그렇다고 가벼운 동상이 무서워서 집 밖에서의 신체 단련을 게을리 해서는 안 됩니다. 겨울에도 밖에 데리고 나가고, 밖에서 돌아오면 마사지를 해주는 것이 좋습니다. 방 안에서는 안전한 난방 장치를 설치하고 양말을 벗겨주면 실내 단련을 하기 쉽습니다. 추워질 무렵부터 밖에서 단련을 하지 않으면 아이는 밤중에 깨어 울거나 놀기 시작합니다. 나았던 습진이 재발하는 것도 추워지고 나서부터입니다. 손톱을 자주 잘라주어 긁지 않도록 해야 합니다. 바깥에서 몸을 단련시키는 것이 좋지만 햇볕으로 습진이 악화되는 아이는 햇볕을 쬐어서는 안 됩니다.

초여름에는 구내염과 수족구병[250 초여름에 열이 난다_구내염·수족구병], 늦가을에는 겨울철 설사[280 겨울철 설사이다]가 발병할 수 있다는 것을 잊어서는 안 됩니다.

엄마를 놀라게 하는 일

338. 밥을 먹지 않는다

● 아기가 기운차고 다른 신체 부분의 발육이 정상이라면 걱정하지 말고 기다리면 된다.

가장 큰 원인 중 하나가 엄마의 강요입니다.

아이가 밥을 안 먹는다고 호소하는 엄마가 매우 많습니다. "도대체 얼마만큼 먹이고 싶습니까?" 하고 물어보면, 육아 책에 1공기 반을 먹이라고 쓰여 있다거나, 이웃집 아이는 2공기나 먹는다고 대답합니다. 자기 아이에게 어느 정도가 적당한 양인지 생각해 본 적이 없는 것입니다.

예를 들어 밥을 1/2공기만 먹어도 체중이 하루 평균 5g씩 늘고 있다면 이것이 이 아이에게는 적당한 양입니다(소식하는 아이는 7~8월에는 밥을 전혀 먹지 않으므로 체중도 줄어듦). 아이가 예전부터 소식을 했고 아기 때부터 항상 분유를 남겼다면 첫돌이 지나서까지 소식을 해도 문제될 것은 없습니다.

아이가 밥을 좋아하지 않는 큰 원인 가운데 하나로 엄마의 강요를 들 수 있습니다. "밥을 다 먹을 때까지 식탁 의자에서 나오지 못하게 할 기야"라는 말을 되풀이하면 아이는 밥을 미워하게 됩니다.

몸집이 작기 때문에 밥을 많이 먹어야 한다는 생각은 잘못입니다. 만약 아이가 정말 작다면 동물성 단백질을 먹어야 큽니다. 아이에게 필요한 것은 생우유, 달걀, 생선, 고기이지 밥이 아닙니다.

지금까지 보통으로 밥을 먹던 아이가 초여름부터 갑자기 먹지 않고 기분도 좋지 않을 때는 구내염250 초여름에 열이 난다_구내염·수족구병일지도 모릅니다. 입 냄새가 나고 침을 흘린다면 거의 확실합니다.

밥을 먹이면 혀로 밀어내고 무리해서 먹이면 토하려고 하는, 목이 과민한 아이도 있습니다.299 목 안쪽이 과민하다 이런 아이는 만 1세가 지나도 분유나 죽이나 이유식 통조림밖에 먹지 않습니다. 그래도 기운차게 논다면 초조해할 필요 없습니다. 성장과 함께 점차 고형식 음식을 먹게 됩니다. 밥을 먹지 않는 아이에게 식욕 촉진 주사를 맞히는 것은 무의미하다기보다 유해합니다.

339. 살이 찌지 않는다

● 살찐 아이가 건강하다고 생각하는 것은 착각이다. 운동에서 강한 선수는 마른 체형이다.

이때는 운동 능력을 갈고 닦는 시기입니다.

대부분의 엄마는 살찐 아이가 건강하다고 생각합니다. 양손을 올렸을 때 갈비뼈를 셀 수 있을 정도라면 아이가 너무 말랐다고 생각합니다. 분유를 많이 먹는 아이를 우량아라며 분유회사에서 상을 주는 '쇼'를 몇십 년 동안 해왔기 때문에 살찐 아이가 건강하다는 의식이 잠재해 있는 것입니다.

살찐 것이 운동 능력을 얼마나 방해하는지 알려면 텔레비전에서 복싱 페더급 경기를 보면 됩니다. 강한 선수는 마른 체형입니다. 배가 나온 선수는 배를 맞으면 금방 힘을 쓰지 못하고, 지구력도 없습니다.

유아기는 운동 능력을 갈고 닦는 시기입니다. 이 시기에는 살이 찌지 않아야 할 이유가 있습니다. 체중이 1년간 2kg밖에 늘지 않았는데 키는 9cm나 자란 아이는 살이 찔 리가 없습니다. 아이가 살이 찌지 않으면 엄마는 밥을 잘 안 먹어서 그렇다고 간단하게 생각해 버립니다. 하지만 살이 찌면 체력 단련을 충분히 할 수 없기 때문에 당질을 섭취하지 않도록 자연이 설계한 것입니다. 가장 어리석은 짓은 살이 찌지 않는다고 해서 운동 능력이 좋은 아이에게 살찌는 주사를 계속 맞히는 것입니다.

340. 말을 못한다

● 청력에 문제가 없다면 이 시기에 말을 못한다 해도 문제 될 것은 없다.

말을 빨리 한다고 지능이 우수한 것은 아닙니다.

첫돌이 지난 지 2~3개월이 되었는데도 "맘마", "빵빵"이라는 말조차 못하는 아이가 있습니다. 이웃의 또래 아이나 더 어린 아이가 말을 하는 것을 보면 부모는 자기 아이가 지능이 떨어지는 것은 아닌가 하는 걱정이 앞섭니다. 그러나 말을 빨리 하는 아이가 지능이 우수하다고는 할 수 없습니다.

귀가 들리고 그 외의 동작이 또래 아이들과 별 차이가 없다면 지능은 걱정할 필요가 없습니다. 신문을 가져오라고 하면 신문을 가져오고, "아빠"라는 말을 듣고 아빠를 손가락으로 가리킬 수 있다면 말은 못해도 귀는 잘 들리는 것입니다. 만 2세까지 말을 거의 못하는 아이는 많습니다. 이것은 유전인 경우가 대부분입니다. 아빠와 엄마의 부모님께 물어보면 압니다. 지능 발달이 심하게 뒤떨어지는 아이는 말을 못한다기보다 그 이외의 행동에서 서투른 점이 눈에 띕니다. 설소대가 혀 앞쪽까지 붙어 있어 말을 하기 어렵다면 간단한 수술을 받으면 됩니다.

●

말을 못하는 아이는 귀가 들리는지 여부가 가장 중요합니다.

이름을 불렀을 때 뒤돌아본다면 괜찮습니다. 북이나 자명종소리는 음이 아니라 진동으로 느낄 수도 있으므로 확실하지 않습니다. 태어난 후 바로 패혈증이 되어 여러 종류의 항생제 주사를 맞은 아이가 만 1세 반이 되어도 말을 못할 경우에는 이비인후과에 가서 자세하게 검사를 받아보도록 합니다. 만일 청력에 이상이 있다면 농아학교 선생님과 상담하여 조금이라도 빨리 언어 훈련을 시작해야 합니다.

말을 하지 못한다고는 하지만 "엄마", "맘마", "네", "멍멍" 등 어느 한 단어라도 말할 수 있다면 귀는 들리는 것입니다. 그러므로 반드시 말을 할 수 있게 됩니다. 그림책을 펴놓고 "멍멍이 어디 있지?", "빵빵은 어디 있어?" 하고 물어보았을 때 개를 가리키거나 자동차를 가리키는 아이는 청력이 정상입니다. 또 가족이 많아 아이에게 각각 제멋대로 다른 말로 말을 걸면 아이는 말을 배우기 어렵습니다.

엄마가 별로 말이 없어 아이에게 무언가 해줄 때도 입을 다물고 있다면 아이는 말을 배울 기회가 없습니다. 아이에게는 항상 말을 걸어주어야 합니다. 그러나 과묵한 성격이 유전되어 아이가 말이 없는 경우도 있습니다. 말을 하지 않을 뿐만 아니라 엄마와 전혀 시선을 맞추려고도 하지 않는 아이는, 드문 일이지만 자폐증을 의심해 보아야 합니다. 언어 교육에 대해서는 295 말 가르치기를 참고하기 바랍니다.

341. 걷지 못한다

● 방을 따뜻하게 하고 기저귀나 양말을 벗겨 걸음마 연습할 기회를 만들어주어야 한다.

첫돌이 지나도 걷지 못하는 아이도 있습니다.

이웃집 아이는 첫돌이 되자 걷기 시작했는데 자기 아이는 첫돌이 지난 지 2개월이 넘었는데도 아직 혼자서 걷지 못한다면 부모는 걱정을 합니다. 그러나 만 1년 6개월이 넘어서까지 걷지 못하던 아이가 그 후의 성장은 정상인 사례는 많습니다.

첫돌이 지난 후에도 아직 앉지 못하는 아이는 예외지만, 발육 상태가 보통이고, 잡고 일어설 수 있으며, 벽 등을 잡고 조금은 걷는 아이라면 반드시 걸을 수 있게 됩니다. 추운 계절에 옷을 몇 겹이나 입고 기저귀를 찬 아이는 걸음마 연습을 충분히 할 수 없습니다. 방을 따뜻하게 하고 기저귀나 양말을 벗겨 걸음마 연습할 기회를 만들어주어야 합니다.

태어날 때 체중이 2kg 이하였던 아이는 걸음마가 늦어지는 것이 당연합니다. 반대로 너무 살이 쪄서 걸음마가 늦어지는 아이도 많습니다.

고관절 탈구를 모르고 있었다거나 구루병(비타민 D 부족)으로 걷지 못하는 아이는 요즘에는 거의 없습니다.

342. 늦게까지 자지 않는다

● 아침에 조금 일찍 깨우는 습관을 들이고 낮에 집 밖에서 충분히 놀게 한다.

대체로 낮의 신체 단련이 부족한 경우가 많습니다.

아이는 밤 8시가 되면 자야 한다는 생각은 이제는 통하지 않습니다. 밤 생활을 즐기는 것이 일반 사람들의 생활 양식이 되었기 때문에 가족의 일원인 아이가 밤에 가족의 화목한 시간에 참여하는 것은 당연합니다.

아이가 낮잠을 자지 않으면 밤 8시에 자지만 낮잠을 자면 밤 9시 30분까지 자지 않습니다. 늦게까지 자지 않는 편이 아빠와 놀 수도 있고 부모와 아이 모두 즐겁다면 밤 9시 30분에 자서 아침 7시에 일어나는 것이 현명한 삶의 방식입니다. 낮잠을 재우지 않으려고 조는 아이를 억지로 못 자게 해서 기분이 좋지 않은 상태에서 저녁을 먹이고 재우면 일찍 자고 일찍 일어나게 되는 것은 틀림없습니다. 하지만 부모와 아이 모두 즐겁지 않습니다.

이 나이에는 밤 8시에 잠이 든 아이가 새벽 1시나 2시에 깨어 놀기도 합니다. 이런 경우 처음이 중요합니다. 부모가 동조하여 한 번이라도 심야에 같이 놀아주면 습관이 되어버립니다.

밤중에 깨어 1~2시간 노는 아이는 대체로 낮에 바깥 활동이 부족한 경우가 많습니다. 집 밖에서 놀아 충분히 피곤해졌다면 밤에 푹 잡니다. 밤늦게까지 깨어 있다가 오전 11시까지 자는 것이 습관이 된 아이는 아침에 조금씩 빨리 깨우도록 합니다. 그리고 되도록 집 밖에서 많이 놀게 합니다.

밤중에 잠에서 깨어 울 때 놀아주어서는 안 됩니다. 부모가 엄하지 않은 가정에서 심야에 노는 아이가 많습니다.

343. 갑자기 고열이 난다

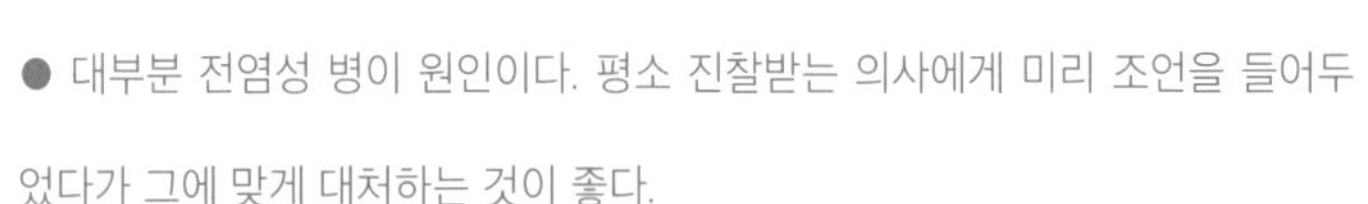

● 대부분 전염성 병이 원인이다. 평소 진찰받는 의사에게 미리 조언을 들어두었다가 그에 맞게 대처하는 것이 좋다.

대부분 전염성 병이 원인입니다.

아이의 열은 대부분이 전염성 병 때문이라고 할 수 있습니다. 누군가 옆에 있던 사람에게서 병원체가 옮은 것입니다. 따라서 우선 주위의 누군가에게 병이 있었는지를 생각해 보아야 합니다. 엄마가 2~3일 전부터 감기에 걸려 두통이 있고 코가 막힌다면, 아이의 열은 엄마의 감기가 옮았기 때문일 가능성이 큽니다. 큰아이가 13~14일 전에 홍역이나 수두에 걸렸다면, 아이의 열은 그것이 옮았기 때문인지도 모릅니다.

누구에게서 옮았는지는 모르지만 아이에게 고열이 있다면 최근에는 거의 바이러스로 인한 병입니다. 병원에서 진찰을 받으면 감기, 배탈, 편도선염, 유행성 독감, 급성 편도선염, 인두염 등의 병명으로 진단받습니다. 예전에는 폐렴, 성홍열, 단독처럼 세균으로 인해 발병하는 병이 있었으나 요즘은 없어졌다고 해도 좋을 정도입니다.

●

문제는 밤중에 열이 날 때입니다.

특히 추운 밤에는 어떻게 할 것인가? 우선 응급실로 데리고 가게 됩니다. 그러나 심야의 응급실 일은 중노동이기 때문에 노련한 소아과의사가 기다리고 있지는 않을 것입니다. 대체로 파트타임의 젊은 의사가 자리를 지키고 있습니다. 소아과에 숙달되지 않은 의사가 하는 일은 정해져 있습니다. 열이 있으면 해열제를 먹이고 폐렴 예방으로 항생제를 주사합니다. 통계적으로 말하면, 심야에 아이에게 나는 열은 보통 바이러스로 인한 감기 때문이므로 대부분의 처치가 불필요한 것이라고 할 수 있습니다.

다음 날 아침까지 기다렸다가 평소 다니는 소아과에 갈 것인지, 당장 응급실로 갈 것인지는 엄마의 판단에 따릅니다. 엄마가 평소 아이의 상태를 잘 보아왔기 때문입니다. '이 정도로 잘 놀고 있다면 열이 있어도 괜찮다'는 판단을 아빠가 내리기는 어렵습니다. 이전에 감기 때문에 열이 났을 때도 지금의 상태와 같았다는 것을 기억하고 있으면 가장 좋습니다. 평소와 달리 호흡이 가쁘고 숨을 들이마실 때마다 가슴이 들어간다면 폐렴일 가능성이 있습니다.

●

평소 진찰받는 의사와 미리 상담해 두는 것이 좋습니다.

밤중에 갑자기 열이 날 경우 어떻게 할 것인지에 대해 평소 진찰을 받는 의사와 미리 상담해 두는 것이 좋습니다. 우선 전화로 연락하라는 의사도 있을 것입니다. 또 그럴 경우 자신이 처방해 주는 약을 먹이고 다음 날 아침 병원에 데려오라는 의사도 있을 것입니다. 약국에서 파는 감기약은 '소아용'이라고 쓰여 있어도 먹이지 않는 것이 좋습니다. 열이 나면 경련을 일으키는 아이는 해열제나 신경안정제(또는 좌약)를 의사에게 미리 처방받아 놓도록 합니다. 열에 대한 처치로는 얼음베개를 베어주어 머리를 식히고, 몸을 차갑지 않게 하고, 수분(보리차, 주스, 과즙)을 원하는 만큼 먹입니다.

●

거의 매달 1~2일 고열이 나는 아이도 있습니다.

드문 경우지만 거의 매달 1~2일 39~40℃의 고열이 나는 아이가 있습니다. 콧물도 나지 않고 기침도 하지 않습니다. 열이 있을 때는 기분이 나쁘지만 그렇게 축 늘어져 있지는 않습니다. 열이 내려가면 금방 기운이 나서 잘 놉니다. 이것은 바이러스에 대한 면역항체가 늦게 생기기 때문입니다. 이런 아이는 만 3세가 되면 열이 나지 않습니다. 항체가 다 만들어지면 그 후부터는 이상이 없습니다.

태어나서 한 번도 열 난 적이 없는 아이라면 만 1세 반까지는 돌발성 발진일 수도 있습니다. 초여름에는 구내염과 수족구병250 초여름에 열이 난다_구내염·수족구병으로 열이 나는 경우가 많습니다. 입을 벌려보면 목 안쪽에서 수포를 발견할 수 있을 것입니다.

344. 고열이 오래 지속된다

● 유행성 감기, 홍역, 가와사키병 등 원인이 다양하지만 가장 많은 원인은 편도선염이다. 이때는 벌거벗겨서 다른 특별한 점은 없는지 잘 살핀다.

가장 많은 원인은 편도선염입니다.

이 나이에는 류머티스열과 장티푸스는 전혀 없다고 할 수 있으므로 그 때문에 고열이 오래 지속되는 일은 없습니다. 아이에게 고열이 3일이나 계속되면 부모는 제정신이 아닙니다. 아직 돌발성 발진을 앓은 적이 없는 아이라면 고열이 3일이나 계속되기도 하지만, 4일째에 열이 내리고 발진이 생기기 때문에 해결됩니다.

고열이 계속 나는 것으로 가장 많은 원인은 편도선염입니다. 특히 선와성(腺窩性) 편도선염인 경우에는 열이 좀처럼 내리지 않습니다. 선와성 편도선염일 때는 울퉁불퉁한 편도선의 오목하게 들어간 부분에 계곡의 돌 위에 드문드문 쌓인 눈처럼 하얀 것이 보입니다. 이때는 목의 균을 배양하여 진단하는 것이 가장 확실한 방법입니다. 대체로 항생제를 사용하는데 4~5일 동안 열이 계속되는 일도 있습니다.

용혈성 연쇄상구균이 발견되었을 때는 열이 내려도 의사는 당분간 페니실린을 사용할 것입니다. 신장의 염증을 예방하기 위해서입니다.

유행성 감기, 일명 인플루엔자가 유행할 때는 바이러스 유형에 따라 39℃ 전후의 열이 3일간 계속되기도 합니다. 감기가 유행하는 것을 알고 있다면 증상이 비슷한 것을 보고 예측할 수 있을 것입니다. 홍역도 발진이 생길 때까지 3~4일간 열이 계속되기도 하는데, 이것은 홍역이 유행할 때만 의심해 보면 됩니다. 열 이외에 기침이나 재채기를 하는 증상으로 홍역에 걸린 것을 알 수 있습니다. 항생제를 사용하고 있는데도 5일간 열이 내리지 않으면 의사는 입원을 권유할 것입니다. 가와사키병을 의심하기 때문입니다. 이 병의 원인은 아직 밝혀지지 않았습니다. 아무튼 고열이 나면 아이를 벌거벗겨서 다른 특별한 점은 없는지 잘 살펴보아야 합니다. 추울 때는 잘 잊어버리기 쉽습니다. 하계열[177 하계열이 난다]도 첫돌이 지나면 거의 발병하지 않습니다.

345. 구토를 한다

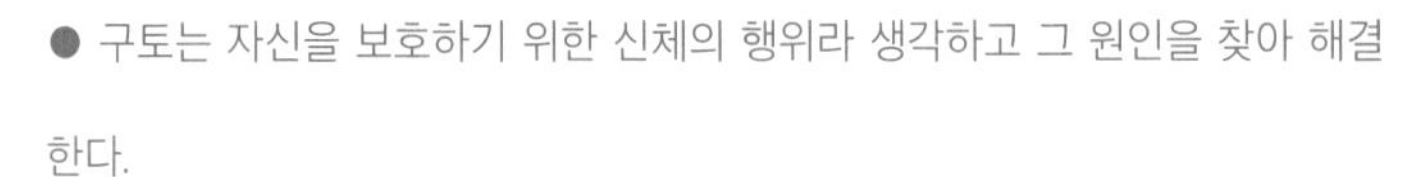
● 구토는 자신을 보호하기 위한 신체의 행위라 생각하고 그 원인을 찾아 해결한다.

자신을 보호하기 위한 신체의 행위인 셈입니다.

아이의 구토가 전부 병인 것은 아닙니다. 과식한 음식을 토해 버리는 것은 일종의 자신을 보호하기 위한 행위인 셈입니다. 아이가 과식했는지를 가장 잘 아는 사람은 엄마입니다. 아이가 좋아하는 음식을 즐거워하며 먹기에 그만 너무 많이 먹였을 때 나중에 토하는 일이 있습니다. 과식으로 인한 구토는 열도 없고, 토한 뒤에 오히려 기분이 좋아 보이는 것이 특징입니다. 쉽게 토하는 아이가 있는 반면 그렇지 않은 아이가 있는 것은 타고난 체질 때문입니다.

밤에 잘 때가 되어 아이가 저녁에 먹은 것을 토하는 원인으로 가장 많은 것은 기침입니다. 이런 아이는 대체로 평소에도 가래가 잘 끓고 가슴 속에서 그르렁거리는 소리가 납니다. 병원에 가면 천식성 기관지염 등으로 진단받습니다.

이런 아이는 새벽과 밤에 기침을 많이 합니다. 저녁 식사 후에는 위 속에 음식물이 있기 때문에 기침과 함께 토해 버립니다. 이때는 열도 없고 토한 후에도 잘 놀다가 그대로 잠들어버립니다. 밤중에 가슴 속에서 가래가 그르렁거리는 소리가 들리면 부모는 또 그것 때문이라 여기며 별로 걱정하지 않습니다. 예전에는 기침 때문에 토하는 병으로 백일해가 많았지만 예방접종을 실시하면서 지금은 거의 사라졌습니다.

●

구토를 반복할 때는 일으켜서 토하게 합니다.

아이 이마를 만져보아 뜨거우면 열 때문임을 추측할 수 있습니다. 고열이 나는 병에 자주 구토가 따릅니다. 이때는 열이 있어 힘들어 보입니다. 343 갑자기 고열이 난다 항목에서 설명한 것처럼 대처하면 됩니다. 머리를 식혀주고, 몸은 따뜻하게 유지해 주어야 합니다. 구토를 반복할 때는 일으켜서 토하게 합니다. 토한 뒤 바로 물을 먹이면 또 토합니다. 1~2시간 지난 후 깨어 있다면 차츰 조금씩 차가운 보리차나 과즙, 작은 얼음 조각을 줍니다. 토하지 않으면 수분을 주는 것이 좋습니다.

겨울에 문을 꼭 닫아둔 방에 있다가 갑자기 구토를 했을 때는 난방의 연소가 불완전하여 일산화탄소에 중독된 것은 아닌지 의심해 보아야 합니다. 이럴 때는 바로 문을 열어 신선한 공기를 마시도록 해줍니다. 일산화탄소중독의 경우 열은 나지 않습니다.

만 1세 반 가까이 되면 자가중독증369 자가중독증이다으로 구토를 하는 아이가 있습니다. 전날 멀리 여행을 했거나, 사촌이 놀러 와서 소란을 피워 매우 피곤한 상태로 잔 다음 날 아침, 열이 전혀 없는데도 구토를 하고 자주 하품을 하며 힘이 없을 때는 대체로 자가중독증입니다. 이때는 조용히 재우는 것이 가장 중요합니다.

이 나이에 장중첩증181 장중첩증이다이 발병하지 않는 것은 아닙니다. 그러나 이때는 구토만이 아니라 심한 복통도 동반하기 때문에 보통 일이 아님을 알 수 있습니다.

346. 설사를 한다

● 토해도 조금씩 수분을 주고, 설사를 해도 음식을 먹고 싶어하면 주는 것이 빨리 낫게 하는 비결이다.

돌 전의 아기보다 만 1세 이상인 아이의 설사가 더 오래갑니다.

이 나이에 11월을 맞은 아이는 겨울철 설사에 걸릴 수도 있다는 것을 각오해야 합니다. 대체로 3명 중 1명 정도가 걸립니다. 증상, 처치 등에 관해 잘 읽어두기 바랍니다.280 겨울철 설사이다

첫돌 전의 아기보다 만 1세 이상인 아이의 설사가 오히려 오래갑니다. 토해도 조금씩 수분을 주고, 설사를 해도 음식을 먹고 싶어 하면 주는 것이 빨리 낫게 하는 비결입니다. 너무 오래 단식하면 변이 굳어지기 어렵고 다른 병에 대한 저항력도 약해집니다.

여름철 설사는 집에서 요리한 음식을 가족이 모두 먹었는데 아이만 설사를 했다면 심각한 것은 아닐 때가 많습니다. 가족이 모두 설사를 하거나 백화점에 가서 아이만 아이스크림을 사 먹고 설사를 한다면 세균 감염을 생각해 봐야 합니다. 이때는 바로 의사에게 연락해야 합니다.

의사에게 오랜 시간 보이기 어려운 상황에서 아이가 열을 동반한 설사를 할 때는 응급처치로 에리트로마이신 100~150mg을 6시간마다 먹입니다. 의사와 연락이 될 때까지 수분을 충분히 섭취시키고 식사는 주지 않는 것이 좋습니다. 설사를 해도 아이가 기운차게

잘 놀고 열도 없다면 밥을 죽으로 바꾸는 정도는 괜찮지만, 열이 있거나 기운이 없다면 민간요법은 쓰지 않는 것이 좋습니다.

347. 기침을 한다

● 감기 때문인 경우가 가장 많다.

감기 때문인 경우가 많습니다.

가족 모두가 감기에 걸려 아이에게도 옮아서 코가 막히거나 콧물이나 재채기가 나면서 동시에 기침을 하는 경우에는 감기가 원인임을 알 수 있습니다. 따라서 엄마는 아이의 기침을 그다지 걱정하지 않습니다.

그러나 재채기나 콧물은 나았는데 기침만 15일이나 계속되면 감기 이외의 다른 병, 예를 들어 결핵이 아닌가 걱정하게 됩니다. 하지만 아이가 BCG 접종을 했다면 걱정할 필요가 없습니다. 또 BCG 접종을 하지 않았다면, 투베르쿨린 반응 검사를 해보아 음성이면 결핵은 아닙니다.

●

천식이라 해도 열이 없고 잘 논다면 걱정하지 않아도 됩니다.

소아천식이나 천식성 기관지염이라고 진단받은 적이 있는 아이라고 해도 열이 없고 잘 논다면 걱정하지 않아도 됩니다. 저절로 낫습니다. 처음에 감기라고 생각했던 기침이 점점 심해져 아이가 밤에 얼굴이 새빨개지면서 기침을 하고 저녁에 먹은 것을 토한다면 백일해를 의심해 보아야 합니다. 가슴속에 가래가 잘 끓는 아이의 기침과 구별이 가지 않을 때는 혈액 검사를 해봅니다.

후두(목 안쪽)에 염증이 있으면 목 안쪽에서 개가 짖는 듯이 "컹컹"대는 기침이 납니다. 예전에는 이런 기침을 하면 가장 먼저 후두 디프테리아를 의심했지만 요즘에는 예방접종 덕분에 이것도 없어졌습니다. 보통의 감기 때문인 경우가 많습니다. 하지만 디프테리아 예방접종을 하지 않은 아이라면 바로 병원에 가야 합니다. 후두 디프테리아는 열 없이 발병하기도 합니다. 아이가 갑자기 "컹컹"대는 기침을 하고 목소리도 쉬었을 때는 무언가 이물질을 삼켜서 후두에 걸려 있을지도 모르므로 이비인후과에서 진찰을 받아보도록 합니다.

●

급성 폐렴일 수도 있습니다.

갑자기 고열이 나고, 호흡이 가빠지고, 숨을 내쉴 때 신음 소리를 내고, 어깨로 숨을 쉬거나 잔기침을 하고, 기침을 할 때마다 어딘가 아픈 것처럼 얼굴을 찡그릴 경우에는 급성 폐렴을 의심해 보아야 합니다. 아이가 늘어져 있고 식욕도 없으며 웃는 얼굴도 보이지 않기 때문에 누가 보아도 중병임을 알 수 있습니다. 이때는 서둘러 아이를 병원에 데리고 가야 합니다. 다행히 요즘에는 이런 급성 폐렴은 거의 찾아볼 수 없게 되었습니다.

체질에 따라 기침을 자주 하는 아이도 있고 그렇지 않은 아이도 있습니다. 1~2주 동안이나 기침을 하는 아이도 있습니다. 이럴 때는 약도 잘 듣지 않는데, 아이가 기운차고 보통 때처럼 잘 논다면 걱정하지 않아도 됩니다.

348. 경련을 일으킨다_열성 경련 

- 갑자기 경련을 일으키면 반드시 체온을 재보아야 한다.
- 머리를 식혀주고 손발을 따뜻하게 해준다.

경련은 저절로 낫는 병입니다.

39~40℃의 고열과 동시에 경련을 일으키는 것은 이 나이의 아이에게 매우 많이 발생합니다. 처음으로 경련을 본 엄마는 아이가 이름을 불러도 대답하지 않고, 눈의 흰자위가 보이고, 온몸을 덜덜 떨기 때문에 이대로 죽는 것은 아닌가 하고 걱정합니다.

그러나 경련을 일으켜 그대로 의식이 회복되지 않고 사망하는 일은 없습니다. 경련이 한쪽 팔이나 한쪽 다리에만 있는 것은 보통 열성 경련이 아니라 간질일 가능성이 있습니다.

감기에 걸렸을 때 경련을 일으키면 그다지 놀라지 않지만, 여태껏 기분 좋게 놀던 아이가 갑자기 경련을 일으키면 엄마는 놀라서 어쩔 줄 몰라 합니다. 열 없이 경련을 일으켰다면 간질을 의심해

보아야 하지만, 열이 나면서 경련을 일으킨다면 열이 나는 병의 증세일 뿐입니다.

경련을 일으킨 아이에게 열이 있느냐 없느냐는 아주 중요한 문제입니다. 따라서 갑자기 경련을 일으킨 아이는 반드시 체온을 재보아야 합니다.

경련에 대한 처치는 그다지 어렵지 않습니다. 머리를 식혀주고, 손발을 따뜻하게 해주면 됩니다. 몇 분 지나면 반드시 의식이 돌아옵니다. 처음 경련을 일으켰을 때 근처 병원으로 달려가 주사를 맞혀 아이의 의식이 돌아왔다면 엄마는 경련은 주사를 맞혀야 치료된다고 생각하게 됩니다. 그래서 경련을 일으킬 때마다 의사를 찾아 다니게 됩니다. 그러나 경련은 저절로 낫는 병입니다.

열성 경련이라면 경련이 가라앉은 후에도 열이 계속 있습니다. 따라서 열을 내리는 조치로 아이가 싫어하지 않는 한 얼음베개를 베어주도록 합니다. 경련을 일으키기 쉬운 아이는 열이 40℃ 가까이 되면 반드시 경련을 일으킵니다. 아이가 몇 번이나 경련을 일으켰다면 의사에게 해열제가 들어 있는 좌약을 처방받아 38℃ 이상이 되었을 때 사용하는 것도 한 방법입니다.

경련을 잘 일으키는 아이가 전부 간질은 아닙니다. 그러나 그런 아이들 중 일부는 뇌파를 검사해 보면 간질 증상을 보이는 경우가 있습니다. 몇 번이나 열성 경련을 일으키거나 실신 상태가 15분 이상 계속될 경우에는 10일 이상 지난 후 상태가 좋아졌을 때 뇌파 검사를 해보는 것이 좋습니다.

열성 경련이란 열에 대한 반응이므로 원인이 되는 병이 정해져 있지 않습니다. 홍역이든 감기든 돌발성 발진이든 고열이 나면 경련을 일으킵니다. 가장 많은 원인은 감기라는 바이러스에 의한 병입니다.

●

경련을 일으켜 지능이 떨어지진 않습니다.

경련을 자주 일으킨 아이가 성장하여 지능이 떨어지는 일은 없습니다. 열 때문에 생기는 경련은 만 5세가 넘으면 횟수가 많이 줄어들고, 초등학교에 들어간 아이에게서는 거의 찾아볼 수 없습니다.

밤중에 열이 나고 경련을 일으켰을 때 의사는 진정제인 디아제팜이 들어 있는 좌약을 처방해 주면서 열이 나면 사용하라고 할 것입니다. 예전에는 열성 경련에 대한 예방으로 뇌파에 이상이 없는 아이에게도 2~3년이나 약을 먹였지만 부작용이 있기 때문에 지금은 먹이지 않습니다. 248 경련을 일으킨다_열성경련

349. 심하게 운다_분노 발작

● 감정 변화가 심한 아이에게서 잘 나타난다. 너무 어리광을 받아주는 것이 하나의 원인이다.

보통 아장아장 걸을 수 있을 때부터 시작됩니다.

엄마가 갑자기 볼일이 생겨 잠시 아이 곁을 떠나는 경우가 있습니다. 이때 아이가 혼자 남겨지는 것이 싫어 큰 소리로 우는 순간 숨이 멎은 것처럼 보이면서 입술색이 변하고, 몇 초 동안 주먹을 꽉 쥔 채 눈의 흰자위가 드러나며, 경련을 일으킨 것처럼 되는 일이 있습니다.

또 아이가 라이터를 가지고 있을 때 뺏으려고 하면 필사적으로 놓지 않고 큰소리로 울다가 "으악" 하면서 어느 순간 아무 소리 없이 경련을 일으킨 것처럼 되기도 합니다. 의사가 보면 '분노발작'이라고 할 것입니다.

이런 증상은 빠른 아이는 첫돌 전에도 나타나지만 보통 아장아장 걸을 수 있을 때부터 시작됩니다. 이것은 만 3~4세 정도까지 지속되는 경우도 드물지 않으며, 감정 변화가 심한 아이에게서 잘 나타납니다.

부모는 간질이 아닌지 걱정하는데 나중에 간질이 되거나 지능이 떨어지지는 않습니다. 만 5세가 넘으면 발작을 일으키지 않습니다. 대가족이 모여 사는 집의 아이에게 이러한 발작이 많은 것을 보면 어른들이 너무 어리광을 받아주는 것이 하나의 원인으로 생각됩니다. 어떤 아이는 이 발작을 무기로 삼기도 합니다.

화를 내거나 울부짖을 때만 발작을 일으킨다면 걱정하지 않아도 됩니다. 발작이 무서워서 가족 모두가 폭탄을 만지는 기분으로 무엇이건 요구하는 대로 다 들어주면 아이는 점점 제멋대로 되어버립니다. 가족 모두가 아이의 발작을 무시하기로 약속해야 합니다. 엄마와 아이가 전쟁을 치르고 있을 때 할머니는 아이를 감싸주지 말아야 합니다. 그리고 가능하면 아이를 집 밖으로 데리고 나가서 에너지를 충분히 발산하도록 해줍니다.

간질과 다른 점은 발작을 일으키기 전에 호흡이 멎는다는 것입니다. 물론 뇌파에 이상은 없습니다. 영아기에 몇 번이나 숨이 멎는 발작을 일으켰던 아이도 어른이 되면 평범한 사회인이나 엄마가 될 수 있습니다.

●

갑자기 울기 시작하며 아파한다. 180 갑자기 울기 시작한다, 181 장중첩증이다 참고

높은 곳에서 떨어졌다. 265 아이가 추락했다 참고

화상. 266 화상을 입었다 참고

이물질을 삼켰다. 284 이물질을 삼켰다 참고

보육시설에서의 육아

350. 즐거운 보육시설 만들기

● 침대에서 떨어지거나 땀을 너무 많이 흘려 습진이 생기거나 찬 바람에 동상이 걸리는 등 부주의로 인한 사고가 나지 않도록 각별히 신경 쓴다.

즐거운 집단을 만들려면 몇 가지 조건이 필요합니다.

집단 보육의 목적은 맡고 있는 아이가 부상을 입지 않도록 하는 것에 국한되지 않습니다. 집에서는 할 수 없는 교육을 하는 것이 집단 보육의 목적입니다. 교육은 배우는 사람이 적극적일 때 이루어집니다. 사람은 즐거운 것에 대해 적극적이 됩니다.

집단 보육은 집에서는 맛볼 수 없는 집단의 즐거움을 아이에게 안겨줄 수 있습니다. 따라서 집단 보육은 아이가 기쁘게 참여할 수 있는 즐거운 집단을 만드는 일이라는 사실을 잊어서는 안 됩니다. 즐거운 집단을 만들려면 몇 가지 조건이 필요합니다.

●

아이의 기분이 좋아야 합니다.

우선 아이의 기분이 좋아야 합니다. 울기만 하는 아이와 함께 즐거운 집단을 만드는 것은 불가능합니다. 아이의 기분을 상하게 하는 요인들을 없애는 것이 집단 보육의 첫걸음입니다.

아이에게 생리적인 불쾌감을 느끼게 하는 환경, 아이를 압박하는 인간관계가 있어서도 안 됩니다. 아이의 기분이 좋은 것은 집단 보육의 전제 조건이자 그 도달점이기도 합니다.

●

자립할 줄 아는 아이이어야 합니다.

즐거운 집단을 만드는 두 번째 조건은 아이가 어느 정도 자립할 줄 알아야 한다는 것입니다. 일상생활의 전부를 보육교사에게 의존해야만 하는 생후 5~6개월 된 아기라면 즐거운 집단을 만들 수 없습니다.

아이가 어느 정도 자립하여 적극적으로 집단을 만들기 위해서는 먼저 기초적인 생활 습관부터 배워야 합니다. 또한 자립하려면 어느 정도 운동 능력도 있어야 합니다. 집단에 참가하려면 기동성이 필요한 것입니다. 아울러 자신의 의사를 타인에게 전달하는 표현 능력도 어느 정도 갖추어야 합니다.

물론 완벽하게 자립하지 못하더라도 즐거운 집단을 만들 수 있습니다. 어느 정도 자립성을 길러주면 즐거운 집단을 만드는 것이 가능해집니다. 집단의 즐거움이 또 아이의 자립성을 길러주기도 합니다.

●

적극적이고 생기 있는 아이이어야 합니다.

즐거운 집단을 만드는 세 번째 조건은 아이가 생기 있고 적극적이어야 한다는 것입니다. 사람은 창조의 기쁨을 느낄 때 가장 생기있고 적극적으로 행동합니다. 따라서 아이의 창의성을 길러주는 것이 곧 즐거운 집단을 만드는 것이 됩니다.

아이의 창의성을 길러준다는 것은 아이에게 내재되어 있는 재능을 살려주는 것입니다. 노래를 좋아하는 아이, 그림을 좋아하는 아이, 이야기 듣는 것을 좋아하는 아이, 만들기를 좋아하는 아이, 뛰어다니기를 좋아하는 아이 등 각각 좋아하는 것을 즐길 기회를 마련해 주어야 합니다.

●

인간적인 유대를 만들어야 합니다.

즐거운 집단을 만드는 네 번째 조건은 아이와 교사 사이에, 또 아이들 서로 간에 인간적인 유대를 만들어내는 것입니다. 이것은 의사소통이 가능하도록 하는 것임에는 틀림없지만, 의사소통을 단순히 말을 주고받는 것으로 해석하면 안 됩니다. 인간과 인간의 유대란 말뿐 아니라 인간으로서의 매력이 인간과 인간을 맺어주는 것을 의미합니다. 이것은 말의 관계라기보다는 애정의 관계입니다.

●

창의성을 살릴 수 있는 집단으로 유도해야 합니다.

즐거운 집단을 만드는 다섯 번째 조건은 교사가 아이들의 창의성을 살려서 이것을 집단 만들기로 유도하는 능력을 갖추어야 한다는 것입니다. 아이들과의 인간적인 유대를 통해 즐거운 생활을 창조해 가야 하는 것입니다.

아이들의 창의성은 결코 한결같지 않으므로 각자의 창의성을 살릴 수 있는 몇 개의 소그룹을 만듭니다. 이 소그룹 안에서 연대감이 생기고, 이것이 쌓여서 보육시설이라는 집단을 키워나가게 됩니다.

아이의 창의성을 무시하는 집단을 만들어서는 안 됩니다. 즐거운 집단은 아이들의 창의성을 토대로 유지되어야 합니다. 교사는 아이 한 명 한 명에 대해 창의성의 옹호자가 되어야 하기 때문에 민주주의자여야 합니다. 아이들에게 다수결을 시킬 수 있다고 해서 민주주의자는 아닙니다.

교사는 교육자로서의 권위와 교사에 대한 아이들의 신뢰 때문에 자칫하면 아이들의 창의성을 무시하는 집단을 만들 수도 있습니다. 민주주의를 내세우면서 독재를 할 수도 있습니다. 교사가 교육문제에서 위로부터의 일방적인 지휘에 반발하는 것은 항상 창조적인 민주주의자로 남기 위해서입니다. 그렇지 않으면 아이들의 창의성에 의해 유지되는 즐거운 집단을 만들 수 없습니다.

351. 늘 기분 좋은 아이 만들기 

● 가장 중요한 것은 보육교사와 아이와의 상호 유대감이다.

평소 아이의 표정을 잘 살펴보고 기분이 어떤지를 확인해야 합니다.

보육시설에 있는 동안 아이가 기분 좋게 있을 수 있도록 보육교사는 끊임없이 신경을 써야 합니다. 아이는 몸 상태가 나쁘면 기분도 나빠집니다. 아침에 아이를 맡을 때 표정을 잘 살펴보고 기분이 어떤지를 확인해야 합니다.

평소에 아이와 인간적인 유대 관계를 맺고 있는 사람일수록 아이 표정을 잘 읽습니다. 따라서 아침에 눈으로 진찰하는 시진[322 아침 시간 시진하기]은 파트타임 아르바이트생이 아니라, 아이의 평소 얼굴을 잘 알고 있는 보육교사가 직접 해야 합니다. 보육교사들은 시차를 두고 출근하는 경우도 있으므로, 자신이 담당하는 아이들뿐만 아니라 다른 보육교사가 담당하는 아이들과도 사이좋게 지내며 얼굴을 익혀두어야 합니다.

●

아이가 기분이 나빠지는 것은 병 때문만은 아닙니다.

너무 피곤하면 기분이 나빠집니다. 요즘의 보육시설이 아무리 보육교사가 노력해도 아이를 피곤하게 만드는 환경이라는 것은 유감스러운 일입니다. 우선 보육실이 너무 좁습니다. 또 한 명의 보육교사가 담당하는 아이가 너무 많습니다. 만 1세 반인 경우는 아직 낮잠을 두 번 자는 아이도 있는데 주위가 시끄러우면 한 번밖에 자지 못합니다. 보육실과는 별도로 낮잠 자는 수면실이 꼭 필요합니다.

엄마가 일하는 것이 당연한 사회주의 국가에서는 출근 전의 분주한 상황에서 아이에게 식사를 주지 않고 보육시설에서 아침 식사를 주도록 합니다. 아침 7시에 보육시설에 데리고 오면 8시에서 8시 30분 사이에 아이에게 식사를 줍니다. 그리고 8시 30분부터 9시 30분까지 놀게 하고, 9시 30분부터 정오까지 잠을 재웁니다. 만 1세에서 1세 반까지의 아이들이 자는 동안 만 1세 반 이상의 아이들은 보육시설 밖으로 나가 산책을 합니다.

오후에는 모든 아이들이 낮잠을 자고 나중에 목욕을 시킵니다. 계절에 따라 오후에 목욕을 시키면 푹 잘 수 있습니다. 그러나 욕실(상당히 넓은 탈의실이 필요함)을 갖춘 보육시설은 아주 드뭅니다.

보육시설의 마당도 너무 좁습니다. 아이가 만 1세 반 가까이 되면 걷기를 좋아합니다. 하지만 도시에서 아이들을 보육시설 밖에서 산책시키는 일은 거의 불가능합니다. 주변이 안전한 농촌의 보육시설에서도 보육교사의 손이 부족하기 때문에 산책은 위험해서 할 수 없습니다. 이는 좁은 보육시설에 하루 종일 갇혀 있기 때문에 자유로운 기분을 느낄 수 없습니다.

배설 훈련을 할 때도 변기가 충분하지 않으면 대소변 가리기가 늦어지고, 아이는 언제나 젖은 기저귀를 차고 있어야 하므로 기분이 나쁩니다. 맛있는 간식은 아이의 기분을 좋게 하지만 맛없는 급식을 무리하게 먹이는 것은 아이의 기분을 나쁘게 합니다.

이렇게 따져보면 지금의 보육시설 환경은 즐거운 집단을 만들기 위한 기본 조건을 갖추지 못한 곳이 많습니다. 보육 조건이 결여되어 있는 것입니다.

●

보육시설의 조건이 나쁘다고 해서 꼭 아이의 기분이 나쁜 것은 아닙니다.

이런 나쁜 조건의 보육시설에서 지내는 아이들의 기분이 모두 나쁜가 하면 그렇지는 않습니다. 집의 좁은 방 안에 친구도 없이 갇혀 지내는 아이들에 비하면 보육시설의 아이들이 더 즐거워 보입니다. 이것은 보육교사들의 노력으로 아이들과 인간적인 유대를 맺고 아이들을 즐거운 친구 사이로 만들어주기 때문입니다.

이것이 가능한 보육시설은 엄마들의 지원이 많은 곳이기도 합니다. 엄마와 보육교사의 화합으로 현실의 불리한 여건을 겨우 보완해 나가고 있는 것이 현재 보육시설의 실정입니다.

352. 자립심 키우기

● 기초적인 생활 습관을 빨리 익히게 한다. 하지만 조급한 마음에 강요해서는 안 된다.

자립의 첫걸음은 혼자서 걷는 것입니다.

생후 6개월경에 보육시설에 온 아이는 대체로 만 1세가 되면 걷지만, 그 이후에 들어온 아이들 중에는 아직 걷지 못하는 아이도 있습니다. 이런 아이에게는 좋아하는 장난감을 가리키며 "자, 이거 잡으러 와봐!" 하고 걸음마 연습을 시켜야 합니다.

안전하게 산책할 수 있는 곳이 있다면 만 1세 반 가까이 되는 아이들은 되도록 밖으로 데리고 나가는 것이 좋습니다. 이때 장난감, 기저귀, 물병을 유모차에 싣고 갑니다.

●

기초적인 생활 습관도 자립을 위해서 빨리 익히게 하는 것이 좋습니다.

급식을 할 때 만 1세가 넘은 아이가 스스로 음식을 먹으려고 하는 의욕을 보이면 흘리더라도 숟가락을 쥐여줍니다(이때 왼손잡이라고 해서 오른손으로 쥐라고 강요해서는 안 됨). 컵도 점차 아이 스스로 직접 들게 합니다. 보육교사가 도와주지 않아도 보고 배워서 숟가락도 컵도 들 수 있게 됩니다. 그리고 식사할 때는 묵묵히 있지 말고 아이에게 말을 걸어줍니다.

아이가 숟가락을 사용할 수 있게 되면 급식 전에 손을 씻게 합니다. 이것을 잘하게 하려면 수도꼭지가 낮은 곳에 있고, 추운 계절에는 따뜻한 물이 나와야 합니다. 또 아이에게 스스로 먹고 싶은 마음을 불러일으키려면 급식이 맛있어야 합니다. 맛도 없고 싫어하는 음식을 무리해서 먹이려고 하면 아이는 식탁에 앉는 것조차 싫어하게 됩니다.

따뜻한 계절이 시작되었을 때 생후 1년 2~3개월 된 아이가 소변 보는 시간이 일정하면 시간을 예측해서 변기에 데려갑니다. 그러나 무조건 싫어하는 아이에게는 무리하게 시켜서는 안 됩니다. 한동안 기다렸다가 다시 시도해 봅니다. 시간을 예측해서 소변을 보게 하고 잘하는 아이는 과감히 기저귀를 빼줍니다.

추운 계절이 되면 소변 보는 간격도 짧아지고 변기에 데려가는 것을 싫어하는 아이도 많아지는데 너무 무리하게 해서는 안 됩니다. 배설 훈련에 대해서는 327 배설 훈련을 잘 읽어보기 바랍니다.

옷을 입고 벗는 것은 아직 가르치기 힘듭니다. 그러나 기저귀를 빼고 팬티만 입고 있는 아이가 "쉬"라고 말할 수 있게 되면 저절로 팬티 앞으로 손이 가는 아이도 있습니다. 이런 행동을 하면 격려해주며 "자, 팬티 내리자"라고 말을 해 점차 스스로 내리게 합니다.

●

자립하기 위해서는 자신의 의사를 표현할 수 있어야 합니다.

아이가 말을 배울 수 있도록 모든 기회에 말을 걸어야 합니다. 말을 가르치는 것에 대해서는 354 유대감 형성하기를 읽어보기 바랍니다.

아이가 자립할 수 있게 되면 막연하지만 동료들은 모두 평등하다는 의식을 처음으로 갖기 시작합니다. 집에서의 자립은 엄마에게 칭찬받는 기쁨을 느끼게 되고 보육시설에서의 자립은 자신도 한 사람 몫을 한다는 아이 자신의 내면으로부터의 기쁨을 느끼게 됩니다. 평등 의식은 타인이 가르쳐 주입시키는 것이 아니라, 자립에 의해 스스로 획득하는 것입니다.

아이에게 기초적인 생활 습관을 익히게 할 때 가장 중요한 것은 조급한 마음에 강요해서는 안 된다는 것입니다. 강제적으로 하면 아이는 자발성을 잃고 오히려 반항합니다.

353. 창의성 기르기

● 창조에 사용되는 물건과 창조의 장(場)을 적절하게 제공해 주어야 한다.

몸의 움직임에 맞는 물건을 주어야 합니다.

아이가 창조의 기쁨을 느끼도록 하려면 창조에 사용되는 물건과 창조의 장을 제공해 주어야 합니다. 창조의 원동력인 몸의 움직임에 맞는 물건을 주어야 합니다. 아이는 북을 치거나 실로폰을 두드리면서 리듬을 창조합니다. 또 자동차를 밀고 걸으면서 상상의 세계에서 질주의 스피드를 즐깁니다. 이러한 물건 없이는 아이의 창의성을 기를 수 없습니다.

장난감은 나태한 교사에게는 아이를 속이는 것에 지나지 않지만 아이에게는 창조의 대지입니다. 이 나이의 아이를 장난감 없이 보육하기란 불가능합니다. 아이가 여러 종류의 장난감 중에서 자신의 개성에 맞는 것을 고르도록 해야 하기 때문에 장난감 종류가 풍부해야 합니다. 그 중 어느 것을 아이에게 주는가가 그 아이를 관찰하고 있는 보육 교사의 역할입니다.

보육실에 갖추어야 할 장난감으로는 우선 아이가 스스로 밀며 놀 수 있는 운반 완구가 있습니다(손수레, 자동차, 기차). 소리 나는 장난감도 필요합니다(나팔, 북, 실로폰, 누르면 소리 나는 인형). 다음으로 아이가 안고 놀 수 있는 장난감이 필요합니다(봉제 인형).

걸을 수 있게 된 아이는 보육시설 마당에서 모래놀이를 하므로 삽, 양동이, 체, 모양 찍는 도구가 필요합니다. 여름에는 비닐 풀장에 물을 담아 물놀이를 할 수 있도록 물뿌리개, 배, 장난감 금붕어 등을 갖추어놓습니다. 블록, 그림책, 크레용, 매직, 종이도 빠뜨려서는 안됩니다.

이 나이의 아이들은 주로 각자 장난감을 가지고 놀 뿐, 정해진 목표가 있는 집단 놀이는 아직 하지 못합니다. 하지만 친구들이 주위에서 노는 것이 아이의 창의성을 자극하여 혼자 있을 때보다 즐거워하며 놉니다.

다양한 연령의 아이들을 혼합 보육할 경우, 제각기 좋아하는 장난감을 가지고 놀 수 있도록 하려면 충분한 숫자의 장난감이 있어야 합니다. 큰 아이가 어린아이의 장난감을 빼앗지 않도록 큰 아이도 자신의 장난감을 가질 수 있게 해주어야 합니다. 또 어린아이들이 안전하게 놀 수 있도록 보육실 공간이 넓어야 합니다. 장난감도 없고 보육실도 좁은 보육시설은 아이에게 강제수용소와 같은 곳입니다.

354. 유대감 형성하기

● 보육시설에서 아이는 보육교사와 아이들 간에 오가는 애정과 말을 통해 인간적인 유대감을 배운다.

모든 아이가 연결 고리를 가지고 있어야 합니다.

즐거운 집단을 만들려면 모든 아이가 인간과 인간을 맺어주는 연결 고리를 가지고 있어야 합니다. 그 연결 고리는 바로 애정과 말입니다. 말을 이해하고 할 수 있는 것도 중요하지만, 상대방의 표정과 동작에서 애정을 느끼고 자신의 애정을 상대방에게 전달하는 것이 더 중요합니다. 애정의 교류는 없고 말만 많은 얄팍한 사람이 되게 해서는 안 됩니다.

애정과 말을 가르치려면 아이와 일대일이 되어야 합니다. 그러기 위해서는 만 1세에서 1세 반인 아이 4~6명을 보육교사 한 명이 담당해야 합니다. 이 정도가 아니면 아이가 보육교사의 표정이나 몸의 움직임을 제대로 느끼지 못합니다. 그리고 보육교사도 아이가 말을 할 때 정말로 열심히 들어줄 수가 없습니다. 손을 잡아주거나 안아주는 것도 소그룹이 아니면 항상 해줄 수는 없습니다.

항상 커다란 방에서 보육교사가 아이들 전체를 대상으로 말을 걸면 아이는 일대일로 대화하는 법을 배울 수 없고, 많은 사람에게 말을 하는 대화법을 배울 때까지(만 3~4세 이전에는 무리임) 자신의 의사를 보육교사에게 전달할 기회도 없습니다. 말은 인간적인 유대를 위한 것이므로 보육교사는 급식, 목욕, 배설, 놀이 등으로 아이와 접촉할 때 항상 말을 걸어야 합니다. 말은 또한 외침이기도 합니다. 아이가 무언가에 감동했을 때는 그 감동을 파악하여 말로 표현해 주어야 합니다. 그러려면 '감동의 장'을 연출해야 합니다.

커다란 주머니 속에서 과연 무엇이 나올 것인가에 대해 생각하게 하고, 갑자기 꺼낸 코끼리 장난감을 보고 아이들이 좋아서 소리를 지를 때 '코끼리'라는 말을 가르쳐줍니다. 이것은 아이들에게 비록 어른 말의 흉내일지라도 '코끼리'라는 명사를 창조했다는 기쁨을 안겨줍니다.

보육시설 밖으로 산책을 갈 때 처음으로 꼬리에 길게 흰 연기를 그리며 날아가는 제트기를 보고 "야, 제트기다!"라고 말하면 아이는 금방 "제트기!"라며 반복해서 소리 지르고 오랫동안 그 말을 잊어버리지 않습니다.

말은 기쁨 속에서 배워야 합니다. 기분이 좋은 아이는 잘 기억합니다. 또한 그 경험은 학습은 기쁨이라는 것을 아이의 마음속에 새겨줍니다. 아이에게 그림책을 보여주면서 말을 가르칠 수도 있습니다. 그러나 학원의 입시 수업처럼 가르쳐서는 안 됩니다. 아이가 감동을 느낄 수 있는 장을 만들어서 가르치는 것이 좋습니다.

말을 가르치는 교과 과정이 있어도 좋습니다. 그러나 교과 과정에 맞춰 아이를 감동시키는 몇 가지 장을 설정하기란 매우 어렵습니다. 아이의 주체성을 존중한다면 감동의 장을 만드는 것은 어렵지 않습니다. 말은 그 감동을 좇아가면 됩니다. 아이에게 기쁨과 감동을 줄 만한 인간적인 매력도 없고 창의력도 없는 교사들만이 교과 과정이라는 대본을 아이 앞에서 읽어 내려가면서 무엇인가 가르쳤다는 자기 만족에 빠지는 것입니다.

인간적인 유대는 보육교사와 아이 사이에만 필요한 것이 아닙니다. 아이들 사이에도 필요합니다. 매일 같은 공간에서 얼굴을 마주하며 함께 생활하는 가운데 어른들은 잘 모르지만, 말을 못하는 아이들 사이에도 서로 통하는 이해가 만들어집니다. 이 이해속에서 아이들 사이에 말에 의한 유대가 생깁니다. 만 1세 반이 되면 아이는 친한 친구의 이름을 부르기도 합니다.

아이들 사이에 말의 소통이 가능해지도록 보육교사는 즐거운 대화의 장을 마련해 주어야 합니다. 장난감이 적은 넓은 보육실에서 큰 아이들 가운데 길 잃은 아이처럼 방황하고 있는 만 1세 반 된 아이들 사이에는 대화가 이루어지지 않습니다. 말을 잘 이해하지 못하고 지혜가 뒤떨어지는 아이에게는 손을 잡아주고 안아주면서 인간적인 유대를 가르쳐야 합니다.

355. 창의적인 집단 만들기

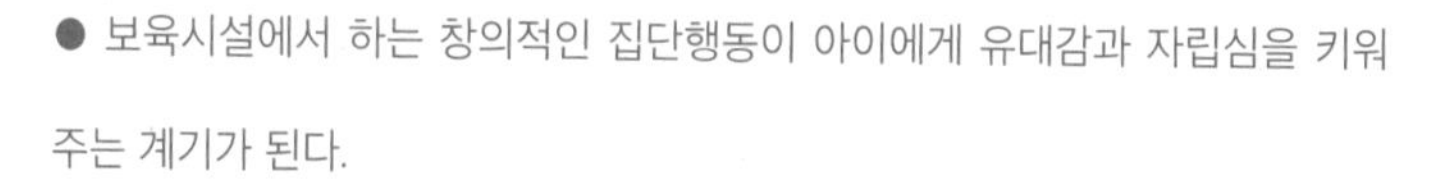

● 보육시설에서 하는 창의적인 집단행동이 아이에게 유대감과 자립심을 키워 주는 계기가 된다.

집단행동을 통해 자립심이 길러집니다.

즐거운 집단을 만들기를 바랍니다. 즐거운 집단이란 각자가 자신의 개성을 살려 성장함으로써 동료의 성장도 촉구할 수 있는 집단입니다. 아이들에게 사회성이 내재되어 있어 이것이 성장과 함께 나타나서 저절로 즐거운 집단을 만들 수 있게 되는 것은 아닙니다. 이것은 어른인 보육교사의 도움을 받아야 만들어집니다.

나이가 어릴수록 즐거운 집단은 아이의 자발성(이것은 창조 속에서 만들어짐)을 존중하는 보육교사의 창의력에 달려 있습니다. 그러다가 아이가 더욱 성장하여 자신이 처한 위치를 인식하고 협력하는 마음이 싹트기 시작함에 따라 아이들 자신이 만든 규칙이 집단을 움직이게 됩니다. 하지만 아이들의 집단을 민주주의 사회의 축소판으로 생각하여 그 이상상(理想像)에 현실의 아이를 적응시키려고 하는 것은 무리입니다. 아이들 마음속에 미래의 민주주의 사회를 만드는 싹을 키워주면 될 뿐입니다.

어린아이들의 집단에도 규율이 필요하지만, 이 규율은 아이들이 서로 의논해서 만드는 것이 아니라 어른들이 만든 것입니다. 아이는 집단생활에 적응하면서 그 규율을 따르게 됩니다. 그러나 만 1

세에서 1세 반 된 아이에게는 그 적응도 집단에서 멀어지면 불안하므로 집단에 속하고 싶다는 의존 관계입니다.

만 1세 반 된 아이가 다른 큰 아이가 앉아 있는 것을 흉내 내어 같이 앉을 수 있게 되는 것은 아이가 자립하여 그러는 것이 아니라 집단에 의존하여 그렇게 되는 것입니다. 의존에서 출발하여 '통일된 행동'을 할 수 있게 된 것이지만, 아이는 자기도 한 사람 몫을 해냈다는 자립 의식을 갖게 됩니다. 의존이 자립심을 키워나가는 것입니다.

아이의 최초의 자립 행동이 보육교사에 대한 반항으로 나타나는 경우도 있습니다. 지금까지 통일된 행동만을 해오던 아이가 반항할 때는 그 아이의 자립에 적합한 표현 수단이 주어지지 않은 것은 아닌지 생각해 보아야 합니다.

만 1세에서 1세 반 된 아이의 창의성은 자동차놀이, 차 밀기, 리듬에 맞추어 손뼉 치기, 장난감 나란히 놓기 등으로 나타납니다. 이런 놀이는 단순하고 금방 싫증이 나서 놀이집단으로 조직하기는 어렵습니다. 만 1세에서 1세 반까지의 아이 5~6명으로 조를 만들어 한 명의 보육교사가 담당하는 경우에는, 보육교사의 지도로 놀이를 지속시켜 아이들 사이에 동료 의식을 심어줄 수 있습니다.

그러나 만 1세에서 3세까지의 아이 20명을 한 명의 보육교사가 혼합 보육할 때는, 만 1세 반 된 아이를 포함한 놀이 소그룹을 그때그때 만들 수밖에 없습니다. 어린아이들의 소그룹을 어디까지 허용할 것인가는 큰 아이들의 보육 경력에 따라 달라집니다. 큰 아이들의 보살핌을 받으며 놀았던 아이들은 커서 자기보다 어린 아이들을 감싸주며 같이 놉니다.

만 1세에서 1세 반까지의 아이들은 집단이라고 부를 만큼 뭉쳐 있지는 않지만 보육에서의 집단 효과는 분명히 있습니다. 서로에게 영향을 주면서 성장이 가속되는 것, 동료라는 의식이 싹트는 것, 자립의 촉진 등이 바로 집단 효과입니다. 집단에 의존하여 행동하는 집단행동은 자립은 아니지만, 스스로 집단행동을 함으로써 즐기려고 하는 적극성이 생기면 여기에서도 자립심이 길러집니다. 그러므로 집단행동이 아이에게 즐거운 것이 되도록 할 필요가 있습니다.

356. 강한 아이로 단련시키기 

● 집에서 할 수 없는 프로그램으로 신체를 단련시켜 체질적인 취약점을 개선하고 즐거운 놀이의 장이 될 수 있도록 한다.

집단 보육에서 가장 결여되는 것은 신체 단련입니다.

엄마가 회사에 가 있는 동안 아이를 일시적으로 맡아준다는 의미의 탁아소 전통이 아직도 남아 있습니다. 그러나 보육시설에서는 집에서 할 수 없는 신체 단련을 시키는 것이 중요한 역할입니다. 이것이 가능해야 집에서 키우는 아이보다 튼튼한 아이로 키울 수 있습니다.

보육시설에서 제대로 신체 단련을 시키지 못하는 요인으로는 보육시설의 마당이 좁다는 것, 보육시설 주변의 교통이 혼잡하여 밖에서 산책을 할 수 없는 것, 보육시설의 재정이 충분하지 못해 놀이기구를 제대로 갖추지 못한 것 외에 보육교사에게도 사정이 있습니다.

혼자서 많은 아이들을 맡고 있는 보육교사에게는 아이들의 신체 단련까지 시켜줄 만한 힘이 없습니다. 남자 교사가 담당하는 그룹이 생기가 넘친다면, 그것은 여자 교사가 해주지 못하는 활발한 신체 단련이 이루어지고 있기 때문입니다.

신체 단련과 같이 아이의 성장 단계에 맞춰 따로따로 해야 하는 일을 일률적인 대그룹 활동에서는 할 수 없습니다. 그렇다고 연령별 그룹으로 신체 단련을 시키기에는 보육교사의 손이 모자랍니다. 이러한 보육시설의 체질적인 취약점이 아이의 신체 단련이라는 문제를 사회적으로 진지하게 거론하는 것조차 불가능하게 하고 있습니다. 아울러 신체 단련의 효과를 학문적으로 입증해 줄, 집단 보육을 연구하는 의사가 없다는 것도 큰 문제입니다.

이러한 이유들로 보육시설에서는 튼튼한 아이로 만드는 단련이 보육 내용에 거의 포함되어 있지 않습니다. 아이들의 신체 단련에 대한 학문적인 접근에 대해서는 혁명 이후 집단 보육 경험이 있는 구소련의 방식을 참고하는 수밖에 없습니다.

●

신체 단련에서 가장 중요한 것은 바깥 공기를 자주 쐬어주는 것입니다.

만 1세가 지난 아이의 신체 단련에서 가장 중요한 것은 바깥공기를 자주 쐬어주는 것입니다. 하루에 5시간 정도 밖에서 보내게 합니다. 그러려면 낮잠을 바깥에서 재울 수 있는 설비를 갖추어야 합니다. 하지만 마당이 좁은 보육시설에서는 이 정도로 바깥공기를 쐬어주기가 어렵습니다. 기온이 높은 계절에는 보육실 창문을 활짝 열어 바깥 공기가 들어오게 합니다.

만 1세에서 1세 반까지의 아이에게도 주 3회 체조를 하게 합니다. 걸을 수 있게 된 아이에게 평지를 똑바로 걷는 것뿐 아니라 언덕과 계단을 올라가는 연습도 다양하게 시킵니다.

폭 25cm, 길이 1.5m의 두꺼운 판자 한쪽을 10cm 높이로 올려서 완만한 경사를 만들어 올라가게 합니다. 깊이 10cm인 상자 속에도 들어갔다 나왔다 하게 합니다.

또 바닥에서 5~10cm 위에 로프(또는 막대기)를 놓고 건너가게 합니다. 옆에서 지켜서서 높이 1m의 사다리를 올라가게 합니다. 20~40cm 떨어진 거리에서 표적을 향해 공을 던지게 합니다.

지름 50cm인 목제 링을 통과하게 합니다. 보육교사와 함께 3명의 아이가 그 링을 올렸다 내렸다 하면서 무릎을 굽혔다 폈다 하는 운동을 하게 합니다.

모든 체조는 구령을 붙이거나 노래를 부르면서 즐겁게 하도록 합니다. 실내에서 하는 이러한 훈련은 아이들을 보육시설 밖으로 데리고 나가 들이나 작은 언덕, 숲 속에서 모두가 함께 놀기 위한 준비 과정입니다. 보육시설 밖의 대지야말로 아이들의 진정한 교실 입니다.

357. 사고 방지하기

- 걸어 다닐 수 있는 시기이므로 문 밖으로 나가지 못하게 해야 한다.
- 공간 내 시설물이 안전한지 매일 점검한다.

보육실 문은 철저하게 잠가두어야 합니다.

아무리 훌륭한 보육 이론을 알고 있다고 해도, 아이에게 큰 부상을 입히거나 아이가 보육시설 밖으로 혼자 나가게 해서는 소용없습니다. 아이가 걸어다니기 시작하면 보육실 문은 철저하게 잠가두어야 합니다. 그리고 어른이 출입할 때마다 문이 잘 잠겨 있는지 확인해야 합니다.

아장아장 걸어 다니다가 넘어져서 이로 입술을 깨무는 경우가 많습니다. 피가 나서 놀라지만 대단한 일은 아닙니다. 아이들은 서랍 여닫는 것을 즐거워하는데, 2~3명이 있을 때는 서랍에 손가락이 끼일 수도 있으므로 보육교사가 붙어 있어야 합니다.

만 3세 미만의 아이들을 2층에서 보육할 때는 문 밖에, 계단으로 내려가는 입구에 울타리를 하나 더 만들어두는 것이 좋습니다. 실내 미끄럼틀의 나사는 매일 아침 점검해야 합니다.

집에 돌아갈 시간이 가까워지면 아이 어깨에 가방을 메주기도 하는데 엄마가 올 때까지 그렇게 해서는 안 됩니다. 미끄럼틀에 가방끈이 걸려서 목이 졸려 사망한 사례가 있습니다. 또 귀가할 때 아이가 보육시설 문 밖으로 달아나지 않도록 철저히 주의를 기울여야 합니다.

수영장이 있는 보육시설에서는 깊이가 20cm밖에 안 되더라도 만 1세 반이 안 된 아이는 익사할 가능성이 있으므로 주의해야 합니다. 한 명의 보육교사가 아이를 3~4명만 담당하는 경우가 아니라면 물놀이는 시키지 않는 것이 안전합니다.

급식할 때 뜨거운 음식으로 화상을 입는 사고도 자주 있으므로 급식 담당은 주의해야 합니다. 또 보육시설 건물에 못이나 금속이 튀어나와 있는 곳은 없는지 샅샅이 살펴 보고 다닙니다.

보육시설 밖에서의 산책은 가능하면 하는 것이 좋지만, 자동차가 자주 다니는 길에 서는 보도가 별도로 있다고 해도 만 1세 반 된 아이 3명에 보육교사 한 명이 따라 다닐 수 없다면 데리고 나가지 않는 편이 낫습니다.

358. 잘 무는 아이 길들이기

● 아이가 요구하는 것이 무엇인지를 알아내어 즐거운 놀이 속에서 그것을 해소해 준다.

자신의 요구를 들어줄 사람이 없기 때문입니다.

만 1세 전후의 아이들 중에는 사람을 무는 아이가 있습니다. 이것은 보육시설에 다니는 아이들에게만 해당되는 것은 아닙니다. 집에서 엄마가 키우는 아이도 어쩌다 엄마의 팔을 물 때가 있습니다. 이때 대부분의 엄마는 "아파"라고 소리치면서 아이를 나무랍니다. 이렇게 하면 아이는 무서워서 더 이상 깨물지 않습니다.

보육시설에서도 아이가 물 때 처음에는 깜짝 놀랄 정도로 야단을 쳐야 합니다. 한 아이가 다른 아이를 물면 물린 아이가 울음을 터뜨립니다. 그러면 문 아이는 거기서 약간 쾌감을 느끼는 것 같습니다. 그래서 다른 아이를 또 뭅니다. 물린 아이가 이번에는 옆의 아이를 뭅니다.

이렇게 해서 보육시설 안에서 무는 것이 유행하게 됩니다. 이렇게 되면 금방 고치기가 힘들어지므로 유행하기 전에 막아야 합니다. 만 1세 가까이 되어 아이를 침대에서 바닥에 내려놓고 놀게 할 때쯤이 가장 위험합니다.

무는 아이는 지신의 요구를 상대에게 전하려고 하는데 말로 전달할 수 없기 때문에 짜증이 나서 무는 것입니다. 만 1세 반이 되어서도 아직 자신의 요구를 표현하지 못하는 아이가 뭅니다.

아이가 아이를 무는 것은 옆에 자신의 요구를 들어줄 사람이 없기 때문입니다. 보육 교사가 옆에 있어주거나, 옆에 없더라도 항상 지켜보고 있다가 아이가 무엇을 원하는지 짐작하고 아이가 무엇인가를 표현할 때 거기에 응하면 아이는 물지 않습니다. 한방에 만 3세 미만의 아이가 20명이나 있고 보육교사가 아이에게 눈을 떼고 있으면, 아이는 자기가 원하는 것을 해주지 않기 때문에 물기 시작합니다.

●

무는 것을 발견하면 처음에 심하게 야단쳐야 합니다.

물면 안 된다는 것을 인식시켜 주기 위해서 아이의 입 주변을 잡고 물면 안 된다고 말해야 합니다. 무는 아이를 따로 격리시키기보다 그 아이가 요구하는 것이 무엇인지를 알아내어 즐거운 놀이 속에서 그것을 채워주는 것이 좋습니다. 무는 것이 유행하기 시작했다면 한동안은 실외 보육으로 바꾸어 그네를 태우는 등 밖에서 놀게 하여 에너지를 발산시키도록 하는 것이 좋습니다.

무는 것과 같은 시기에 할퀴는 것도 유행합니다. 이것은 월요일에 많이 발생하므로 일요일에 부모가 손톱을 잘라주면 피해가 적어집니다. 그러나 원인을 없애는 것이 우선입니다.

359. 신입 유아 받아들이기

● 1주에서 10일 정도 시간을 두고 자연스럽게 친숙해질 수 있도록 한다.

1주에서 10일 정도 시간을 두고 천천히 적응하게 하는 것이 좋습니다.

아이가 만 1세 반 정도가 되었을 때 겨우 결원이 생겨서 희망하는 보육시설에 들어가게 되는 경우도 있습니다. 새로운 아이를 받아들이는 것은 아이가 어릴수록 쉽습니다. 만 1세 반이 될 때까지 집에서 자란 아이는 엄마에게 전적으로 의존하기 때문에 엄마에게서 떨어뜨려 낯선 환경에 혼자 두는 것은 상당한 충격입니다.

이 아이를 받아들이는 쪽인 보육시설의 영아실 아이들이 모두 만 1세 반 이하인 경우에는 아직 아이들이 집단으로 단단하게 뭉쳐 있지 않습니다. 따라서 새로 들어오는 아이에게 그렇게 이질적인 세계는 아닙니다. 동네 아이들 모임과 그다지 다르지 않습니다.

그러나 영아실에 만 3세 전후의 아이들도 있는 곳에서는 아이들이 하나의 집단을 이루고 있습니다. 놀이도 식사도 집단으로 똘똘 뭉쳐 있습니다. 그러므로 새로 들어온 아이는 낯선 집단과 부딪히게 됩니다.

그동안 집에서만 자란 아이는 먼저 보육교사에게 익숙해져야 합니다. 그러고 나서 집단에 익숙해져야 합니다. 새로 들어온 아이를 들어오자마자 집단 속에 넣을 때는 신중해야 합니다.

아이를 보육시설에 적응시킬 때는 1주에서 10일 정도 시간을 두고 천천히 하는 것이 좋습니다. 처음에는 엄마가 같이 있어주고 보육시설에 있는 시간도 짧게 합니다. 이렇게 하다가 점차적으로 보육시설에 있는 시간을 늘리면서 엄마에게서 떼어놓는 것이 아이에게 충격이 적습니다. 새로 들어온 아이가 적응하지 못하고 울기만 하면서 보육교사에게 매달려 있으면 다른 아이들의 보육에도 지장이 있습니다.

엄마가 아이를 두고 갈 때는 아이가 아무리 운다 하더라도 엄마는 간다는 것을 아이에게 알리는 것이 좋습니다. 아이가 놀고 있는 틈을 타서 몰래 가버리면 그다음부터 엄마가 또 없어지는 것이 아닌가 하는 불안감에 보육시설에 가면 절대 엄마에게서 떨어지려 하지 않습니다.

물론 1주에서 10일 정도의 준비 기간을 둘 수 없는 엄마가 많습니다. 어쩔 수 없는 엄마의 사정을 고려한 보육시설에서는 서둘러 아이를 엄마로부터 떼어놓습니다. 3~4일 울게 놔두면 익숙해질 거라고 태연하게 말하는 보육교사도 있지만, 아이에게는 아주 힘든 일임에 틀림없습니다. 엄마가 어떻게든 짬을 내서 아이에게 아무 충격을 주지 않도록 하는 것이 좋습니다.

만 3세 전후의 아이들이 1년 이상이나 다녀 보육시설 생활에 익숙해져 있으면 그 아이들이 새로 들어와서 우는 아이를 달래주기도 합니다. 보육시설에 오래 다닌 아이들이 새로 들어온 아이를 이끌어주어 집단 속으로 들어오게 하는 것입니다. 이런 모습을 보면 아이들에게는 그들만이 아는 세계가 있다는 것을 깨닫게 됩니다.

색인

1 한 개의 항목에는 한 개의 페이지만 나오도록 만들었다. 그 항목에 관해서 가장 중요한 것만을 알려주기 위한 것이다.
2 월령, 연령은 세세하게 나눈 경우(2~3개월)와 대략 나눈 경우(1~3개월, 4~6개월)가 있다. 후자의 경우, 3개월은 넘고 4개월은 아직 안 된 아기는 1~3개월로 보면 된다.
3 월령, 연령이 특별히 기입되지 않은 항목에는 일반적인 사항을 기재하였다.
4 임신과 그 경로의 관계를 알고 싶을 때는 우선 '임신'으로 찾는다. 없으면 항목 옆에 '임신'이라고 되어 있는 곳을 찾으면 된다. 예) 풍진(임신)
5 본문의 항목과는 별개로 문제별로 항목을 만들었다. 예) 토마토는 언제부터 줄 수 있나?
6 내용을 위주로 한 색인이므로 항목과 본문의 용어가 똑같지 않을 수도 있다.

기타

ㄱ

ㅅ

ㅇ

ㅈ

ㅊ

ㅋ

ㅌ

ㅍ

ㅎ

마쓰다식 임신 출산 육아 백과 2
-생후 5개월에서 만 1세 반까지-

초판 1쇄 인쇄 2022년 7월 10일
초판 1쇄 발행 2022년 7월 15일

저자 : 마쓰다 미치오
번역 : 김순희

펴낸이 : 이동섭
편집 : 이민규, 탁승규
디자인 : 조세연, 김형주
영업 · 마케팅 : 송정환, 조정훈
e-BOOK : 홍인표, 서찬웅, 최정수, 김은혜, 이홍비, 김영은
관리 : 이윤미

㈜에이케이커뮤니케이션즈
등록 1996년 7월 9일(제302-1996-00026호)
주소 : 04002 서울 마포구 동교로 17안길 28, 2층
TEL : 02-702-7963~5 FAX : 02-702-7988
http://www.amusementkorea.co.kr

ISBN 979-11-274-5420-3 14590
ISBN 979-11-274-5418-0 14590 (세트)

TEIHON IKUJI NO HYAKKA, Iwanami Bunko Edition
by Michio Matsuda
Copyright © 1999, 2008 by Shuhei Yamanaka and Saho Aoki
First published 2008 by Iwanami Shoten, Publishers, Tokyo.
This Korean print edition published 2022
by AK Communications, Inc., Seoul
by arrangement with the proprietors c/o Iwanami Shoten, Publishers, Tokyo

이 책의 한국어판 저작권은 일본 IWANAMI SHOTEN와의 독점계약으로
㈜에이케이커뮤니케이션즈에 있습니다.
저작권법에 의해 한국 내에서 보호를 받는 저작물이므로 무단전재와 무단복제를 금합니다.

*잘못된 책은 구입한 곳에서 무료로 바꿔드립니다.